国家科学技术学术著作出版基金资助出版

电磁发射用直线电机理论与技术

鲁军勇　马伟明　著

科学出版社

北　京

内 容 简 介

电磁发射技术是一种将电磁能变换为发射载荷所需瞬时能量的新型能量运用技术,直线电机是电磁发射系统的核心执行机构,为电磁发射提供瞬时磁场和加速力。传统周期稳态运行直线电机理论无法满足电磁发射用直线电机非周期瞬态分析需求。本书共七章,系统介绍电磁发射用直线电机的最新成果。第1章介绍电磁发射用直线电机的概念和近限设计方法,阐述了其特点、难点和核心技术;第2章介绍电磁发射用直线电机的非线性数学模型、屏蔽效应和饱和效应,分析故障模式及诊断算法;第3章和第4章深入介绍电磁发射用直线电机的静态和动态、纵向和横向边端效应、模型及其对电机性能的影响;第5章研究电磁发射用直线电机控制技术和分段供电方法;第6章介绍轨道发射、线圈发射等其他类型电磁发射用直线电机;第7章指出电磁发射用直线电机的典型应用场景和发展趋势。

本书可以作为电气工程、电磁发射等专业的高等院校教材和参考书,也可作为从事相关基础研究的科研人员及工程技术人员的参考资料。

图书在版编目(CIP)数据

电磁发射用直线电机理论与技术 / 鲁军勇,马伟明著. -- 北京 : 科学出版社, 2025. 5. -- ISBN 978-7-03-082141-6

Ⅰ. TM359.4

中国国家版本馆CIP数据核字第2025DH6273号

责任编辑:许 健／责任校对:谭宏宇
责任印制:黄晓鸣／封面设计:殷 靓

科学出版社 出版

北京东黄城根北街16号
邮政编码:100717
http://www.sciencep.com

南京展望文化发展有限公司排版
苏州市越洋印刷有限公司印刷
科学出版社发行 各地新华书店经销

*

2025年5月第 一 版　开本:787×1092　1/16
2025年5月第一次印刷　印张:19
字数:410 000

定价:160.00元

(如有印装质量问题,我社负责调换)

序 一

电磁发射是继机械能、化学能之后的又一次能量运用革命,在军民领域均有改变现有格局的重大战略意义。直线电机是电磁发射系统的核心执行机构,运行于非周期暂态,具有超大容量、高集成化、高推力密度、高可靠性等典型特征,其设计理论、数学模型、运行方式、工作环境与传统直线电机存在本质区别,现有的周期稳态或准稳态的设计分析理论已无法满足要求。

直线电机的历史最早可追溯到 1840 年至 1845 年,查尔斯·慧斯通(Charles Wheatstone)提出和制作了略具雏形的直线电机。有关直线电机的设想、实验到应用,至今已有 180 多年的发展历程。然而受限于直线电机理论的不成熟和变频调速技术的欠缺,直到 20 世纪 40 年代,直线电机才真正开始实用化。1945 年,美国西屋电气公司成功研制电力牵引飞机弹射器,它以 7.4 MW 的直线电机为动力,在 4.1 s 内将一架重 4.5 t 的飞机在 165 m 行程内由静止加速到 188 km/h。但由于其他技术不成熟,这种电磁发射用直线电机未进入应用阶段。20 世纪 70 年代以来,随着电力电子(尤其是大功率开关器件)、新型直线电机与控制、信息网络和系统集成等技术的不断发展和成熟,以及电磁弹射、无人机发射、导弹发射、汽车碰撞试验、高速列车等应用领域的迫切需求,电磁发射用直线电机引起了各国学者的高度重视。不同于传统的直线电机,电磁发射用直线电机具有工作电流大、多段定子共用动子等特点,导致其数学模型变量多、参数耦合复杂;由于直线电机行程长,为降低供电容量,电机采用长初级、短次级结构形式,其动静态端部效应不同于传统的短初级直线电机;电磁发射用直线电机采用分段供电,而各参与切换的初级段电机参数瞬时变化,切换时要保证行波磁场平滑,给电机动态行为分析带来极大的困难。

目前国内外有关电磁发射用直线电机的书籍匮乏,一般以某类电机或某项技术为主,边端效应建模、分段供电技术等方面的理论呈现"碎片化"特征。本书凝聚了著者多年的科研实践成果,首次提出非周期瞬态直线电机设计技术,总结了电磁发射用直线电机的共性技术,建立了一套完整的电磁发射用直线电机设计、分析理论与方法。针对电磁发射用直线电机独有的特点,从电机数学模型、纵横边端效应机理建模和运动控制技术出发,介绍了电磁发射轨迹优化及分段供电技术,提出了考虑脉冲大电流铁心饱和的非线性设计方法;发现并验证了电磁发射用直线电机阻抗不平衡规律,提出了基于对称分量法的非对称阻抗分析方法;发明了高速串联分段供电技术,建立了含段间、相间切换过程的瞬态动力学模型;提出了适用于高速长初级分段供电直线电机的运动控制理论,实现了行波磁场的平滑过渡。本书的内容涵盖了电磁发射用直线电机的理论分析、仿真设计和运动控制等各个方面,系统总结了电磁发射用直线电机在军事、民用等领域的应用前景和发展趋势。研究成果推动了电磁发射技术的创新发展,研究结论对于电磁发射用直线电机技术的基础理论研究和工程化应用具有重要的指导价值。

相信《电磁发射用直线电机理论与技术》一书的出版,能够对电磁发射技术的发展起到进一步的推动作用。借此希望更多的读者能够投身于这一研究领域,助力我国基础工业和新型直线电机产业的跨越式发展。

马伟明

2025 年 3 月于武汉

序 二

百年变局风雷激荡，强国征程战鼓催征。党的二十大擘画"以中国式现代化全面推进中华民族伟大复兴"的宏伟蓝图，明确指出"科技是第一生产力、人才是第一资源、创新是第一动力"，强调"加快实施创新驱动发展战略"和"加快实现高水平科技自立自强"。电磁发射技术作为新型作战力量建设的重要着力点，正是贯彻坚持"科技强军、人才强军"战略部署的具体实践，彰显着新时代中国科技工作者面向世界科技前沿、面向国家重大需求的使命担当。

作者团队以"闯"的精神、"创"的劲头、"干"的作风，以"十年磨一剑"的科研定力，通过大量科研实践，打破了传统稳态设计理论的局限和材料稳态使用性能边界，创建了极端条件直线电机理论，这些成果不仅为电磁发射系统的大规模工程化奠定了理论基础，也为脉冲运行场合的直线驱动系统设计提供了科学借鉴，还为我国未来空天运输体系的发射方式提供了一种新思路。

电磁弹射技术不仅是蒸汽弹射的跨代升级，还代表了国家高端装备技术水平和国防实力提升。我国电磁弹射技术已取得了重大突破，有力支撑了海军主战装备的战略转型，我国成为世界上第二个掌握全套电磁发射技术理论与工程化技术的国家，是"坚决打赢关键核心技术攻坚战"的具体实践。

作者团队编写的《电磁轨道发射理论与技术》与《电磁发射用直线电机理论与技术》是对我国电磁发射领域相关技术的整理、归纳和总结，促进了我国相关领域基础研究和技术的创新发展。《电磁轨道发射理论与技术》介绍了以"超高速、小质量"为特征的电磁发射技术，《电磁发射用直线电机理论与技术》总结了以"高速、大质量"为特征的电磁发射技术。这两部著作相互衔接，构成较为完整的电磁发射理论体系，为促进我国电磁发射领域的技术研究、人才培养和队伍建设提供了很好的学术读物。

电磁发射技术作为一种新兴的发射技术，已从理论构想走向工程实践，未来可能创新军事装备、航空航天和轨道交通等领域的发展方向，影响人类的生产生活方式。我相信，这部学术著作，定能激励更多后来者在科技强国的征途上勇攀高峰，为如期实现建军一百年奋斗目标、加快建成世界一流军队注入强劲动能。

2025 年 4 月于北京

序 三

舰载机如何从甲板上短距离起飞一直是航母技术发展的核心难题。与基于机械活塞开环驱动的传统蒸汽弹射相比,电磁弹射采用电磁力闭环控制来加速飞机,可大幅提升弹射飞机的种类、弹射效率和出动率,是弹射技术的重要发展方向。

直线电机是电磁弹射系统的"心脏",瞬时输出的功率和能量分别高达数百兆瓦和数百兆焦,受航母飞行甲板长度和高度的约束,这种类型电机工作条件极端、运行模式复杂,需满足电磁-热-力多场耦合条件下的高瞬态特性、高效率、高可靠性和极端环境适应性,必须攻克脉冲式高推力密度提升、强非线性边端效应抑制及分段供电动态电磁场重构等世界性难题。

针对上述难题,作为国内最早系统研究电磁发射技术的科研团队,作者在不断实践中发现了电磁发射用直线电机的多个独特现象,深入研究了其背后的机理,形成了一套非周期瞬态电机设计、分析和试验方法,《电磁发射用直线电机理论与技术》正是这套理论、方法的系统总结。该书围绕电磁发射用直线电机循环非周期暂态特点,深入分析了高阶非线性直线电机的设计、模型和参数计算方法,揭示了电磁发射用电机纵向和横向、静态和动态边端效应影响机理,提出了高速串联分段供电技术,构建了电磁发射用直线电机运动控制技术,从而将传统周期稳态分析理论延伸至非周期瞬态分析理论,并通过了严谨的工程实践验证,在重大装备研制中展现出卓越的工程价值,丰富和发展了电气工程的学科内涵。

该书凝聚了作者多年的心血,展现了作者在国外严密封锁、国内理论空白的局面下取得的全面、系统的原创性研究成果。全书内容贯穿基础理论、关键技术和集成验证三个维度。书中既包含作者团队在军用电磁发射领域二十余年的研究成果,也融入了对高速磁悬浮列车、电磁弹射微重力落塔等民用领域的思考,并预测和判断了未来发展趋势。书中内容既包含对电磁发射基础理论的深刻剖析,也涵盖对工程实践难题的创新解法,对持续带动脉冲功率技术、极端条件下的材料科学等相关领域的创新发展具有重要价值。

邱爱慈

2025 年 4 月于西安

前　言

电磁发射技术是一种利用电磁力推进物体到高速或超高速的发射技术，它通过将电磁能在较短时间内进行存储、功率放大和能量调控，变换为发射载荷所需的瞬时动能，实现克级至几十吨级载荷的高初速发射，在发射速度、发射效率、可控性和成本等方面具有显著优势，是继机械能发射、化学能发射以来的又一次发射技术革命。作为新兴技术，电磁发射技术在轨道交通、航天发射、太空探索和颠覆性军事装备等领域已呈现出巨大的应用潜力，具有重大的战略意义。

直线电机是电磁发射系统的核心，是系统的控制对象，也是产生电磁力的执行机构，决定了系统的适装性、可控性和寿命。与传统周期稳态运行直线电机不同，电磁发射用直线电机有如下难点：一是推力密度要求高，发射时功率和推力要求极大，而装载空间有限，需要极高的推力密度才能提供瞬时大推力；二是非周期瞬态理论匮乏，发射过程仅几秒钟，直线电机始终运行于循环非周期暂态模式，传统周期稳态设计理论已无法适用；三是边端效应不同于传统直线电机，因电磁发射用直线电机一般采用长初级供电形式，传统短初级分析边端效应的经典模型已不适用。需要建立新的边端效应模型来提高发射系统的推力和速度控制精度；四是高速分段供电控制，电磁发射用直线电机初级较长，为了降低储能容量和提高系统效率，采用分段初级轮流供电模式，需要对初级分段拓扑结构和暂态切换过程进行建模分析，确保分段切换平稳过渡和"交接棒"安全可靠。基于这些难点，限制了电磁发射用直线电机的理论发展和工程化应用。

本书以电磁发射用直线电机为研究对象，系统研究了该类电机的设计、分析和实践中遇到的科学问题，其中高速长初级直线感应电动机的设计理论、数学模型、纵向和横向边端效应、分段控制方法是核心。全书共七章：第1章介绍电磁发射技术和电磁发射用直线电机的概念，以及电磁发射直线电机的近限设计方法，阐述了其特点、难点和核心技术；第2章阐述电磁发射用直线电机的结构和数学模型，以及屏蔽效应和饱和效应带来的非线性影响，分析了故障模式及诊断算法；第3章介绍电磁发射用直线电机的静态和动态纵向边端效应现象、互感不对称机理及对电机性能的影响；第4章介绍电磁发射用直线电机的静态和动态横向边端效应，分析了次级漏感定量计算方法及其对电机性能的影响；第5章介绍电磁发射用直线电机控制技术，提出了分段供电、运动轨迹优化、弱磁控制策略和多定子控制等技术；第6章介绍其他类型电磁发射用直线电机，包括电磁轨道发射电机、电磁线圈发射电机、永磁直线同步电机等常见类型；第7章总结了电磁发射用直线电机在军事和民用领域的应用前景，探讨了其发展趋势。

本书在撰写过程中得到了马名中、许金、张育兴、李卫超、孙兆龙、徐兴华、张晓、张明元、崔小鹏、聂世雄、黄垂兵、谭赛、郭赟、戴宇峰、吴羿廷等团队老师的帮助。柳应全老师负责本书部分研究、章节校对和插图绘制等工作。谢志强、王金策、吴咏翰、张瀚、傅城龙、严康为、张凯、张贺辉等研究生和西安交通大学娄建勇副教授查阅了部分文献，在此一并表示感谢。

特别感谢航天科技集团包为民院士、西北核技术研究所邱爱慈院士、华中科技大学程时杰院士、北京航空航天大学王华明院士等专家的指导和帮助。感谢西安交通大学梁得亮教授、浙江大学方攸同和卢琴芬教授、哈尔滨工业大学李立毅教授提出的宝贵修改意见。最后，感谢国家自然科学基金青年科学基金项目（A类延续）（52525701）、集成项目（92266301）、重点项目（92166204）和国家科学技术学术著作出版基金的支持。

希望本书能为从事电磁发射用直线电机技术基础和应用研究的科技人员、高等院校相关专业的师生提供有益的帮助。受限于时间和学术水平，书中不当之处在所难免，恳请同行专家和读者给予批评指正。

著者

2025年4月于武汉

目　　录

序一
序二
序三
前言

第 1 章　绪论 ··· 1
　1.1　电磁发射技术 ·· 1
　　　1.1.1　电磁发射技术特点 ·· 1
　　　1.1.2　电磁弹射系统 ·· 3
　1.2　电磁发射用直线电机概述 ··· 9
　1.3　直线电机的近限设计方法 ··· 11
　　　1.3.1　磁场近限 ·· 12
　　　1.3.2　温升近限 ·· 13
　　　1.3.3　电流近限 ·· 14
　　　1.3.4　材料近限 ·· 15
　1.4　电磁发射用直线电机的技术难点和核心技术 ··· 16
　　　1.4.1　技术特点及难点 ·· 16
　　　1.4.2　核心技术 ·· 18
　1.5　本书重点内容 ··· 24

第 2 章　电磁发射用直线电机数学模型 ·· 26
　2.1　概述 ·· 26
　2.2　电磁发射用直线电机的结构特点 ··· 27
　　　2.2.1　长初级短次级结构 ··· 27
　　　2.2.2　多定子或多相结构 ··· 28
　　　2.2.3　分段供电 ·· 29
　　　2.2.4　铁心饱和 ·· 30
　2.3　多定子多相直线感应电机数学模型 ·· 31

2.3.1 多定子直线感应电机数学模型 ………………………………………… 32
2.3.2 多相直线感应电机数学模型 …………………………………………… 39
2.3.3 次级不对称分布参数模型 ……………………………………………… 42
2.4 屏蔽效应分析 …………………………………………………………………… 48
2.4.1 屏蔽层等效电路 ………………………………………………………… 49
2.4.2 考虑耦合效应的等效电路模型 ………………………………………… 49
2.4.3 带屏蔽层的直线感应电机推力和电压特性 …………………………… 50
2.5 饱和特性分析 …………………………………………………………………… 52
2.5.1 计及铁心饱和的直线电机模型 ………………………………………… 53
2.5.2 饱和性能的试验验证 …………………………………………………… 56
2.5.3 端部线圈对电机饱和特性的影响 ……………………………………… 57
2.6 故障模式分析 …………………………………………………………………… 59
2.6.1 分段供电故障 …………………………………………………………… 59
2.6.2 单台定子故障 …………………………………………………………… 64
2.6.3 单能量链故障 …………………………………………………………… 68
2.7 本章小结 ………………………………………………………………………… 69

第3章 电磁发射用直线电机纵向边端效应 …………………………………………… 70
3.1 概述 ……………………………………………………………………………… 70
3.1.1 纵向边端效应分类 ……………………………………………………… 70
3.1.2 静态纵向边端效应概述 ………………………………………………… 71
3.1.3 动态纵向边端效应概述 ………………………………………………… 72
3.2 静态纵向边端效应研究 ………………………………………………………… 74
3.2.1 三相互感不对称现象及规律 …………………………………………… 74
3.2.2 不对称机理分析及影响因素 …………………………………………… 76
3.2.3 对电机性能的影响 ……………………………………………………… 84
3.2.4 不对称参数测量方法 …………………………………………………… 87
3.3 动态纵向边端效应研究 ………………………………………………………… 94
3.3.1 短初级直线电机 ………………………………………………………… 95
3.3.2 长初级直线电机 ………………………………………………………… 101
3.3.3 对电机性能的影响对比 ………………………………………………… 110
3.4 本章小结 ………………………………………………………………………… 116

第4章 电磁发射用直线电机横向边端效应 …………………………………………… 118
4.1 概述 ……………………………………………………………………………… 118
4.1.1 横向边端效应分类 ……………………………………………………… 118

        4.1.2 静态横向边端效应概述 ································ 119
        4.1.3 动态横向边端效应概述 ································ 120
    4.2 静态横向边端效应研究 ·· 122
        4.2.1 等效电磁气隙 ·· 122
        4.2.2 计及边缘扩散磁场的激磁电感计算 ················ 126
        4.2.3 次级横向边缘漏感计算 ································ 128
        4.2.4 次级边缘漏感对电机性能影响 ····················· 130
    4.3 动态横向边端效应研究 ·· 133
        4.3.1 对气隙磁场的影响 ······································ 133
        4.3.2 动子结构横向不对称的影响 ························ 136
        4.3.3 对复电磁功率的影响 ·································· 139
        4.3.4 利用矢量电位法分析直线电机横向边端效应 ···· 141
    4.4 本章小结 ·· 145

第5章 电磁发射用直线电机控制技术 ·································· 146
    5.1 概述 ·· 146
        5.1.1 发射曲线设计 ··· 147
        5.1.2 分段供电策略 ··· 147
        5.1.3 直线电机弱磁控制技术 ································ 148
        5.1.4 实时闭环控制技术 ······································ 148
    5.2 分段供电技术 ·· 148
        5.2.1 分段供电研究现状 ······································ 148
        5.2.2 分段供电网络 ··· 151
        5.2.3 分段供电控制 ··· 155
        5.2.4 分段供电暂态特性 ······································ 160
    5.3 运动轨迹优化 ·· 168
        5.3.1 运动轨迹优化原理 ······································ 169
        5.3.2 基于PSO的多目标优化算法 ······················· 172
    5.4 弱磁控制技术 ·· 176
        5.4.1 弱磁原理 ·· 176
        5.4.2 电磁发射弱磁控制技术 ································ 177
        5.4.3 最佳弱磁方式 ·· 180
    5.5 多定子控制技术 ··· 182
        5.5.1 任务交班策略 ·· 183
        5.5.2 间接矢量控制 ·· 184
        5.5.3 双定子直线感应电机的位置闭环控制 ············ 185

5.5.4　样机动态测试 ·· 190
5.6　推力波动抑制 ··· 195
　　5.6.1　推力波动产生机理 ·· 195
　　5.6.2　谐波注入法 ··· 196
　　5.6.3　有限元仿真验证 ·· 200
5.7　本章小结 ··· 201

第6章　其他类型电磁发射用直线电机 ································· 202
6.1　电磁轨道发射电机 ·· 202
　　6.1.1　基本组成 ··· 203
　　6.1.2　电磁场的计算和有限元分析 ······························ 206
　　6.1.3　有用电感梯度 ·· 210
　　6.1.4　电磁轨道发射的瞬态特性 ································· 213
6.2　电磁线圈发射电机 ·· 218
　　6.2.1　分类与结构设计 ·· 219
　　6.2.2　数学模型和等效电路 ······································· 221
　　6.2.3　电磁场计算和推力特性 ···································· 228
6.3　永磁直线同步电机 ·· 233
　　6.3.1　动子结构分类 ·· 233
　　6.3.2　高速直线磁浮电机 ··· 236
　　6.3.3　圆筒型电磁发射电机 ······································· 240
6.4　本章小结 ··· 243

第7章　电磁发射用直线电机典型应用和发展趋势 ···················· 245
7.1　军事领域应用 ··· 245
　　7.1.1　电磁弹射系统 ·· 245
　　7.1.2　电磁轨道炮 ··· 246
　　7.1.3　电磁线圈炮 ··· 248
　　7.1.4　导弹和无人机电磁发射 ···································· 250
　　7.1.5　两栖登陆战车 ·· 251
7.2　民用领域应用 ··· 252
　　7.2.1　高速列车 ··· 252
　　7.2.2　航天电磁发射系统 ··· 255
　　7.2.3　微重力落塔 ··· 257
　　7.2.4　港口物流快速输运 ··· 259
　　7.2.5　民用微小便捷机场弹射起飞 ······························ 260

  7.2.6 直线电机驱动电梯 ………………………………………………………… 260
7.3 发展趋势 …………………………………………………………………………… 261
  7.3.1 高效率、高速度电磁发射 …………………………………………………… 261
  7.3.2 高能级电磁发射 ……………………………………………………………… 262
  7.3.3 动子轻量化 …………………………………………………………………… 263
  7.3.4 电力电子无缆化 ……………………………………………………………… 264
  7.3.5 轻型化、智能化、无人化 …………………………………………………… 265
7.4 本章小结 …………………………………………………………………………… 266

主要符号表 ……………………………………………………………………………… 267

参考文献 ………………………………………………………………………………… 274

第1章 绪　　论

直线电机是电磁发射系统的核心执行机构,能够在较短时间内将负载加速到高速甚至超高速,瞬时功率和电磁力高达数百兆瓦和数兆牛。相比传统直线电机,电磁发射用直线电机必须具有大功率、高推力密度、高加速度和高可靠性等特性,由于其始终工作于非周期暂态,传统周期稳态或准稳态分析设计理论难以满足其发展需求。按照直线电机的作用方式,电磁发射用直线电机可分为弹射发射类、轨道发射类和线圈发射类三种类型,本书主要介绍弹射发射类直线电机技术,本书中的"电机"特指"电动机"。

1.1　电磁发射技术

1.1.1　电磁发射技术特点

电磁发射技术是一种将电磁能直接变换为发射载荷所需瞬时动能的能量运用技术,其可以突破传统发射方式的能量和速度极限,具有发射动能高、发射频次高、启动时间快、持续发射能力强和负载可调节性强等显著优势,是未来发射方式的必然途径。它是电磁能武器、电磁增程武器、飞机弹射装置等新概念武器装备的共性技术,是现有发射技术的变革[1,2]。图1-1为电磁发射系统的构成图,它由脉冲储能系统、脉冲变流系统、电磁发射用直线电机和控制系统四个部分组成,发射前通过脉冲储能系统将能量在较长时间内蓄积起来,发射时通过脉冲变流系统调节输出瞬时超大功率电能给电磁发射用直线电机,产生电磁力并推动负载至发射速度,控制系统实现信息流对能量流的精准控制。

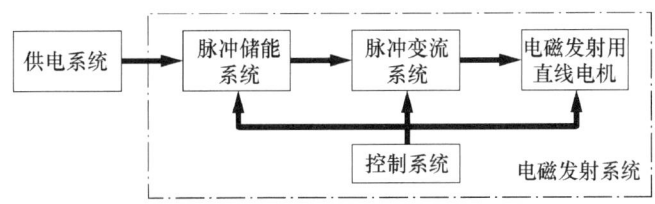

图1-1　电磁发射系统的组成

按照发射长度和末速度的不同,电磁发射技术可分为电磁弹射技术(长度百米级、速度每秒百米级)、电磁轨道发射技术(长度十米级、速度每秒数千米)和电磁推射技术(长度千米级、速度每秒数千米至数十千米),如图1-2所示。目前比较成熟的电磁发射应用是电磁弹射、电磁轨道炮和电磁线圈炮。电磁弹射普遍应用于航母及其他弹射平台上,可将作战飞机或无人机在较短的跑道上加速至起飞速度,相对于蒸汽弹射,其具有巨大的跨代优势;电磁轨道炮的主要战术应用是对海打击、对空防御和对岸火力支援,是传统身管武器的技术变革,将发挥出颠覆性的技术优势;电磁线圈炮可实现无接触式悬浮加速,采用真空发射管可以实现较高的发射效率,其潜在的应用是低成本快速发射卫星,以及用于一些大质量中低速发射场合。依据发射能量进行分类,可以将电磁发射分为纯电磁能和电磁能复合化学能两种。前者的特点是发射能量大、储能规模高,依靠初始速度达到预定的行程;后者是结合现有化学能的优势,对发射载荷进行适应性设计,实现两级加速。

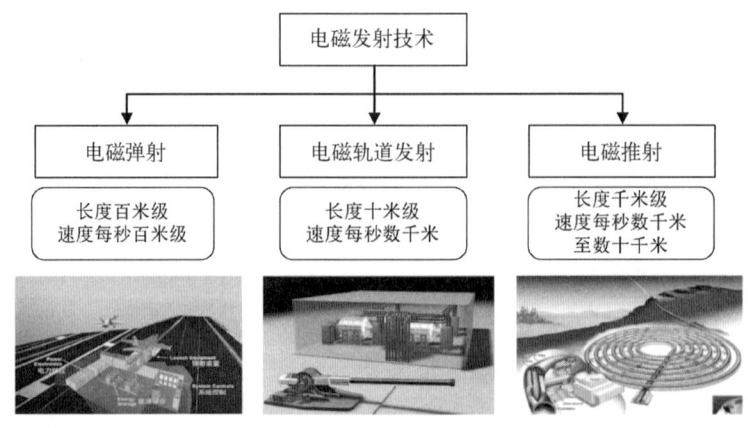

图1-2 电磁发射技术的分支

电磁发射技术的特点可以概括如下[3]:

(1)发射动能高。电磁发射实现物体的高速发射,发射体质量从几克到几吨,发射速度从几十米每秒到几千米每秒。发射动能高是电磁发射用直线电机的共同特点,电磁炮可达数十兆焦,电磁弹射可达百兆焦,航天推射可达千兆焦。与蒸汽弹射相比,电磁弹射由于采用电磁能驱动,能量利用率可以提升10倍左右;电磁动能武器(电磁炮、电磁枪、线圈炮等)的发射动能能够突破传统化学能武器的极限,在发射速度、发射效率、可控性和全寿期成本等方面具有传统发射方式无可比拟的优势。

(2)加速度峰均比低。电磁发射用直线电机通过实时闭环控制,使加速度始终处于峰值附近,充分利用加速距离实现速度的快速提升。而蒸汽弹射器无法闭环运行,弹射冲击大,易造成飞机机械疲劳,降低飞机的使用寿命,且不利于飞行员身体健康。电磁轨道发射电机和电磁线圈发射电机通过脉冲功率电源的脉冲成形网络(pulse forming network,PFN)调节,实现脉冲电流的快速上升和低纹波脉动,从而产生平稳的加速度,降低了峰均比。

（3）瞬时功率大。由于加速时间短,发射动能高,电磁发射用直线电机的平均功率和峰值功率可达数百兆瓦甚至数万兆瓦。以电磁弹射直线电机为例,在 2 s 的加速时间里发射能量达到上百兆焦,瞬时功率高达上百兆瓦;电磁轨道发射的瞬时功率高达 20 000 MW,对供电电网和动力调节系统提出了极高的要求。因此需要设计专门的储能和变换系统来提供瞬时功率。

（4）短时脉冲工作。电磁发射用直线电机均工作于短时非周期循环脉冲模式。对于长初级分段供电直线电机来说,分段电机在加速过程中线圈绕组依次接入工作,当动子远离通电段初级时切断对应绕组的供电。这种工作方式可提高系统效率,并提高线负荷,电流密度可达数百甚至数千安每平方毫米,远高于传统电机。电磁发射用直线电机工作于连续发射模式,每次发射之间有几秒到几十秒的冷却时间,如图 1-3 所示。

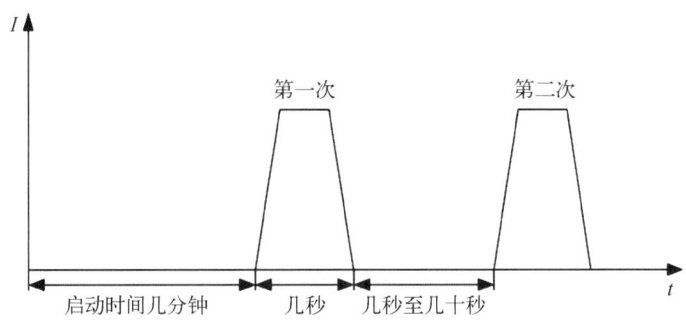

图 1-3　非周期循环脉冲工作模式

（5）有效载荷比高。电磁发射用直线电机依靠动子（电枢）的加速运动推动负载的加速,由于动子（电枢）一般为铝制结构,结构质量较轻,因此有效载荷比很高。电磁弹射负载的有效载荷比可达 95% 以上,电磁轨道发射负载有效载荷比可达 75% 以上。

（6）载荷可灵活调节。由于电磁发射的电流和推力可实时调节,从而实现不同载荷、不同速度的发射。例如,电磁弹射系统既可弹射小型无人机,又能弹射大型固定翼预警机,增加了搭载的舰载机种类;电磁轨道发射可以以不同初速发射不同弹型、弹重的载荷,使得载荷呈现多元化。

1.1.2　电磁弹射系统

1.1.2.1　电磁弹射系统简介

如何实现舰载机短距离起飞一直是制约航母发展的瓶颈技术之一。目前世界上现役航母的舰载机起飞主要有滑跃和弹射两种方式。滑跃起飞的机种单一,不能起飞固定翼预警机,航母的作战效能大大降低。弹射起飞又分蒸汽弹射和电磁弹射,蒸汽弹射虽然能起飞固定翼预警机,但由于固有的缺陷,能弹射的机种少,作战效能也不高,被称为航母上的"维护魔窟"。美国已决定淘汰蒸汽弹射器,在后续新造航母上采用电磁弹射系统(electromagnetic aircraft launch system, EMALS),首舰"福特"号航母(图1-4)已于2013年11月9日下水,2017年7月22日正式进入美国海军服役。

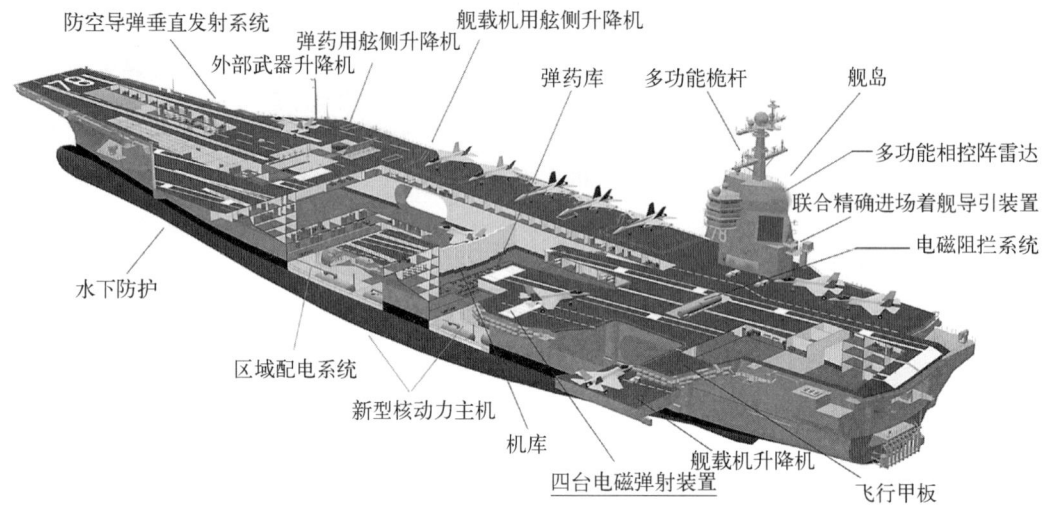

图1-4 美国"福特"号航母设计概念图

电磁弹射技术是世界公认的现代航母核心技术和标志性技术。它是利用电磁力将舰载机加速至起飞速度的一种弹射装置,主要包括四个组成部分:能量存储子系统、动力调节子系统、直线电动机和闭环控制子系统,如图1-5所示。储能电机从舰上供电系统获取电能,转化为机械能存储起来;弹射时依照闭环控制指令,通过动力调节系统短时向直线电动机定子输入高频脉冲电流,产生运动磁场,使动子在电磁力的作用下沿轨道加速运动,带动舰载机加速至 100~360 km/h 的起飞速度后,向定子输入反向高频脉冲电流,改变运动磁场的方向,动子在反向电磁力作用下减速停止,舰载机则脱离动子起飞,然后动子反向运动回到初始位置,准备下一次弹射。

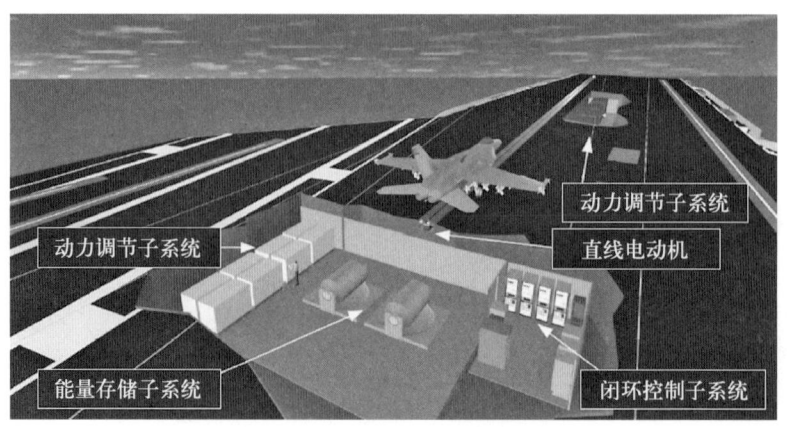

图1-5 电磁弹射系统组成及原理

1.1.2.2 电磁弹射发展历程

在历史上,从火药技术的发明,到蒸汽机、内燃机和喷气发动机的发明,再到火箭技术的发展,任何一种新的发射系统的发明和应用,都足以改变人类历史的发展历程。第二次世界大战结束后,高速喷气时代的到来使得当时航母无法满足飞机自主起飞要求,必须借助其他助推手段才有可能让喷气式飞机在航母上起飞。1947年,英国人开始研究名为开槽汽缸的以船舶主动力锅炉蒸汽驱动的直列助推设备,并由此证明蒸汽弹射器可让喷气式技术在航母上得以应用和发展,现代航空母舰由此而诞生。美国购买了英国在此领域的专利,研制出动力行程为64.36 m的C-11蒸汽弹射器,并于1954年将其安装在"汉科克"号航母上。1961年美国研制出蒸汽弹射器C-13。之后的数年间,美军先后开发出包含C-13在内的三型蒸汽弹射器,其中C-13-2型安装在"里根"号和"布什"号航母。

然而,随着航母舰载机技术的快速发展,蒸汽弹射器日益显现出其技术不足,特别是对于重型有人机和轻型无人机,难以提供可靠的弹射服务,虽然2008年服役的最后一艘"尼米兹"级航母"布什"号采用了多项新设计和新技术,但由于结构上的固有缺陷和仍采用蒸汽弹射器,只能算是"小打小闹"的有限改进。其根本原因在于蒸汽弹射器采用机械驱动的原理,存在惯性常数大、速度响应慢、速度和推力调节范围小等固有缺陷,已无法满足未来需求,因而迫需研制新型的弹射装置来适应未来战机的上舰需求。

随着海空陆联成一体的网络化作战趋势和海洋在各国军事地位的提升,现代航母成为舰机结合、攻守兼备、夺取制空制海制信息权的强大作战武器,它要求搭载的舰载机机型种类和吨位范围进一步扩大,弹射装置必须有宽广的调节能力来满足不同机型的推力和速度要求。由于电磁弹射系统的工作原理与传统弹射装置有本质的不同,且能满足现代航母信息化作战需求,故应运而生。作为一种复杂大系统工程,美国电磁弹射的研发也不是一蹴而就的,早在1945年,美国西屋电气公司就成功研制出电力牵引飞机弹射器,它以7.4 MW的直线电动机为动力,在4.1 s内成功地将一架重4.5 t的飞机在165 m的行程内由静止加速到188 km/h,由于种种原因,这种弹射器未进入应用阶段。

20世纪70年代以来,随着电力电子(尤其是大功率开关器件)、新型直线电动机与控制、信息网络和系统集成等技术的不断发展和成熟,电磁弹射作为一种先进的飞机发射技术,已经具备了良好的研制条件。20世纪80年代初,随着美国"战略防御倡议"计划的实施,电磁发射技术作为重点装备研究从概念研究进入了试验研制时期。于是,世界上再次兴起电磁发射技术的研究热潮,主要军事强国纷纷建立实验室,投入大量人力财力进行研究。美国国防委员会得出"未来高性能武器必然以电能为基础"的结论。1988年卡曼公司开发了一台长3.66 m的小比例样机,如图1-6所示,并进行了电磁弹射、制动等系统性能和电磁辐射试验,证实了直线电机的电磁辐射能够控制在槽型结构内。

1995年美国海军开始了下一代航母(CVNX)研究,航母电磁弹射器也在计划之内。进入21世纪,美国将电磁弹射技术视作实现"空海一体战"的利器和领跑世界航母技术的关键,投入了大量人力物力财力进行持续研发。经过近20年的发展,美国电磁弹射系统

图 1-6　美国卡曼公司研制的 3.66 m 长小比例样机

日趋成熟。2010 年 12 月 18 日,在美国赫斯特湖海军航空工程站,美国海军利用陆上电磁弹射系统成功弹射 1 架 F/A-18E 型战斗机,这次被称为"人类科技革命"的弹射标志着美军电磁弹射器进入实战化。2013 年 11 月 9 日,全球第一艘装有电磁弹射系统的福特级首舰"福特"号下水。正在建造的"肯尼迪"号、"企业"号、"多丽丝·米勒"号三艘福特级航母均采用电磁弹射系统。此外,2025 年 1 月,美国宣布新造"克林顿"号、"布什"号两艘电磁弹射型航母,计划在 2058 年前建造 10 艘,逐步取代尼米兹级航母。

世界其他国家也在积极开展电磁弹射技术研究。英国"威尔士亲王"号航母计划改装电磁弹射器,俄罗斯、印度新一代航母方案也在考虑采用电磁弹射方案。2022 年 6 月 17 日,中国完全自主设计建造的首艘弹射型航母"福建"舰下水,如图 1-7 所示,该舰是

图 1-7　首航试验中的中国海军"福建"舰

图片来源:https://www.peopleapp.com/column/30044777787-500005382264。新华社发(蒲海洋 摄)

全球首艘采用常规动力电磁弹射技术的航母,直接跨越了蒸汽弹射阶段,标志着中国成为世界上第二个掌握电磁弹射技术的国家。2024年12月27日,全球首艘采用电磁弹射技术的两栖攻击舰"四川"舰下水。

1.1.2.3 蒸汽弹射与电磁弹射的技术对比

蒸汽弹射通过高压蒸汽驱动活塞运动,推动舰载机在短距离内加速至起飞速度,其核心组件包括蒸汽发生器、储汽罐、活塞和滑轨等,存在效率低下、维护复杂、淡水消耗大、灵活性差等缺点。电磁弹射利用直线电机原理,通过电磁力推动舰载机加速,需依赖高功率电力系统(如航母综合电力系统)和高功率储能装置(如飞轮或超级电容)。电磁弹射代表信息化战争的需求,以其精准性、节能性和多任务能力成为未来海空作战的核心装备[4]。

与蒸汽弹射相比,电磁弹射系统在航母上的应用有着巨大优势,主要体现在以下几个方面[5,6]:

(1) 弹射能力更强。蒸汽弹射器通过机械方法控制注入汽缸的蒸汽,推力无法精确控制,并且输出的能量调节范围也很有限,因此过重和过轻的飞机都无法弹射。电磁弹射系统的最大弹射能量比蒸汽弹射器高约29%,最高可达上百兆焦,并且电磁弹射系统输出能量调节范围大,可以弹射大型舰载机,也可弹射轻型无人机,因此其弹射能力是蒸汽弹射器无法比拟的。

(2) 弹射性能更好。蒸汽弹射器的典型加速度峰均比接近2.0,弹射末速度控制精度差。由于蒸汽弹射器推力不稳定,舰载机机体受力不均衡,因此容易受损。相比而言,电磁弹射系统通过优化弹射曲线,并采用闭环反馈实时控制手段,加速度峰均比可达到1.05,弹射末速度误差可控制在1.5 m/s以内。电磁弹射系统推力可控,加速平稳,可大幅降低对舰载机和各部件的冲击,有利于飞机结构的设计,可使机体的使用寿命延长31%,还能缓解飞行员的身心压力。

(3) 可靠性更高。蒸汽弹射器是一个高温高压的复杂机械系统,部件众多,全系统的固有可靠性不高,2次重大故障间的平均周期约405周。电磁弹射系统采用多能量链冗余结构,在弹射过程中可容忍一个能量链出现故障,保证任务完成,可靠性大大提高,2次重大故障间的平均周期可达1 300周以上。蒸汽弹射器为开口汽缸结构,为保持活塞运动时汽缸内压力,需要采用金属密封条,受损更换极为频繁。而电磁弹射系统依靠定子与动子之间电磁场的非物理接触传力特性,取消了许多高磨损的机械设备,使用寿命有着巨大的优势。

(4) 适装性更佳。首先,1座C13型蒸汽弹射器的总质量为538 t,体积超过1 100 m³,而电磁弹射系统的质量相对较小,体积仅为蒸汽弹射器的一半左右。其次,蒸汽弹射器大部分质量位于上层甲板,导致船体重心升高,不利于航行稳定性;而电磁弹射系统可灵活布置,能够避免这个问题。另外,蒸汽弹射器多个部件之间由高温高压的管路连接,并且弹射汽缸必须整体安装,在航母上的总体安装与布置难度较大;而电磁弹射系统采用模块化设计,直线电机可以分段安装和拆卸,各个部件通过电缆或信号网络连接,布置灵活,适装性更好。

(5) 运行维护成本更低。蒸汽弹射器一次弹射作业需消耗 614 kg 蒸汽,耗用大量的淡水资源和加热淡水所需要的能源。而电磁弹射系统在 2 s 的弹射时间内功率约为 100 MW,折算下来仅消耗约 67 kW·h 电能。另外,对于润滑油、冷却水等其他辅助需求,电磁弹射系统也具有很大的优势。蒸汽弹射器人力需求量大,维护保养耗时耗力,一直被美军所诟病,全寿命周期费用高昂。电磁弹射系统采用电气化信息化手段,简化了操作方法,并可实现全系统的状态监控和故障自诊断,人力需求减少 30%,维护工作量大大降低,平均故障修复时间大大减少,节省了全寿命周期费用。

(6) 通用性更强。电磁弹射器不仅适装于大型航母,也适装于中小型航母和两栖攻击舰。相比蒸汽弹射,电磁弹射所涉及的储能、变流、电力推进及智能控制技术可推广应用,并带动诸多行业技术进步,充分实现军民融合、良性互动式发展。电磁弹射装置因体积小,安装简易,对一次能源要求低,可在不具备修建长跑道的孤岛上或山洞机库内修建,其对外接口仅需一些冷却水和适当的电力供应。电磁弹射技术的突破,还可带动综合电力技术和高能武器的发展。

电磁弹射系统与蒸汽弹射器(C-13型)的主要参数对比如表 1-1 所示。

表 1-1 电磁弹射系统与蒸汽弹射器对比[5]

序号	项 目	电磁弹射	蒸汽弹射	电磁弹射优势
1	弹射能量/MJ	122	94.57	比 C-13 高出约 29%
2	弹射飞机质量/t	0.2~45	20~35	弹射飞机质量范围更宽
3	弹射末速度/(m/s)	0~100	69.4~97.2	速度范围更宽
4	末速度误差/(m/s)	≤1.5	2.57~3.60	末速度误差更小
5	重大故障周期/周	1 300	405	可用性高,维修费用少
6	体积/m³	<425	>1100	减少体积约 61%
7	能量利用率/%	60	6	能量利用率提高近十倍
8	准备时间	<15 min	>24 h	作战效率高
9	人力需求	—	—	减少人力约 30%

注:表中数据参考国外电磁弹射系统网上公开参数。

1.1.2.4 电磁弹射的主要技术指标

电磁弹射系统作为现代航母的核心技术之一,其核心技术指标涉及总体指标、储能系统指标、动力调节系统指标、直线电机指标和运控系统指标等多个复杂领域。

1. 总体指标

总体指标包括系统功能、弹射器重量和弹射器体积等核心指标。其中，系统功能是指弹射系统应具有的具体功能，通常包括张紧、弹射、制动和回收等。电磁弹射系统需要紧凑设计，弹射器质量和体积是决定系统适装性的核心指标，因此需要严格限制直线电机的重量和体积。

2. 储能系统指标

储能系统蓄积能量并在发射过程中瞬时释放，由于释放时间短，因而功率极大。储能总能量、总功率和循环周期是核心指标。峰值输出能量和功率决定着系统连续弹射能力和逆变器的最大容量。功率密度高意味着能在短时间内释放更多能量，能量密度高则存储的总能量更多。

3. 动力调节指标

动力调节指标包括输出频率和输出电压等指标，其中，输出频率决定着电机同步速度，是影响弹射末速度的直接指标。输出电压受储能峰值功率限制，决定逆变器调速的能力，当输出电压饱和后，可通过弱磁控制继续调节速度，但是将影响弹射冲程。

4. 直线电机指标

直线电机指标包括最大功率、动子末速度、最大加速度、弹射冲程、能量效率和动子制动距离等指标。动子末速度由弹射机型和弹射冲程决定，最大加速度需要综合考虑飞行员和飞机能承受的过载能力，通过优化弹射曲线获得较低的加速度峰均比。弹射冲程由体积、储能系统功率和弹射末速度需求等综合决定。能量效率反映电机系统的弹射效率。动子制动距离是舰载机起飞后动子制动所需的最小距离。

5. 运控系统指标

运控系统指标包括峰均力比和末速调节误差等指标，是反映闭环控制系统控制精度的核心指标。

1.2 电磁发射用直线电机概述

电磁发射用直线电机是电磁弹射系统的核心装备，主要指应用于电磁发射用途的、由脉冲电源供电的、发射速度几十米每秒以上的直线电机[7]。根据发射末速度的不同，电磁发射用直线电机大致有三种结构形式：一是双边直线感应电机（double-side linear induction motor, DSLIM），可作为电磁弹射器，由于电机结构设计及逆变器容量限制，末速度一般不超过 100 m/s，因此主要适用于大质量物体的低速发射；二是直流直线电机，可作为轨道发射器，受限于绝缘等级、轨道强度和脉冲电源连续馈电能力等问题，末速度一般不超过 3 km/s，主要适用于小质量物体的高速发射；三是多级脉冲线圈发射电机，可作为线圈发射器，一般采用多级串联形式，理论速度可达 8~10 km/s[8]，现阶段主要应用于中等质量物体的中低速发射，未来还可应用于大质量物体的超高速推射。

不同的直线电机可以应用于不同的电磁发射用途,分别发射不同质量和形状的物体。比如,双边直线感应电机具有法向力小、推力大等优点,采用动次级结构可以在较短的距离内将负载加速到上百米每秒,是航母电磁弹射应用的首选;圆筒型直线感应电机的定子和动子之间无接触摩擦,可以将圆柱形感应次级沿轴向多级加速,是同步感应线圈炮的原型;直线直流电机原理简单,单极性结构无需换向,将励磁与电枢串联可以进一步精简结构,是大功率脉冲直流放电的理想负载,可应用于电磁轨道发射。

永磁直线同步电机综合了永磁电机和直线电机的特性,具有高推力密度、高加速度、高效率等优点[9],无需励磁,且能够实现高精度的运动控制,扁平型结构可应用于电磁弹射和高速磁悬浮交通等领域,圆筒型结构则可用于大载荷质量体的垂直发射或复合液压传动的短距离水下发射;双边直线感应电机去除铁心,就是重接炮的原型,可发射大质量的高速弹丸,具有成本低、无接触、姿态稳定的优点;为了解决线圈炮径向压缩应力远大于轴向加速力导致电磁力利用率不够的问题,根据径向磁场和发射体相互作用产生加速力的原理,产生了多极矩电磁发射电机,其具有推力大、悬浮稳定、能提供扭转力矩的优点,适合大质量、大口径载荷的高速发射。电磁发射用直线电机的结构演化如图1-8所示。

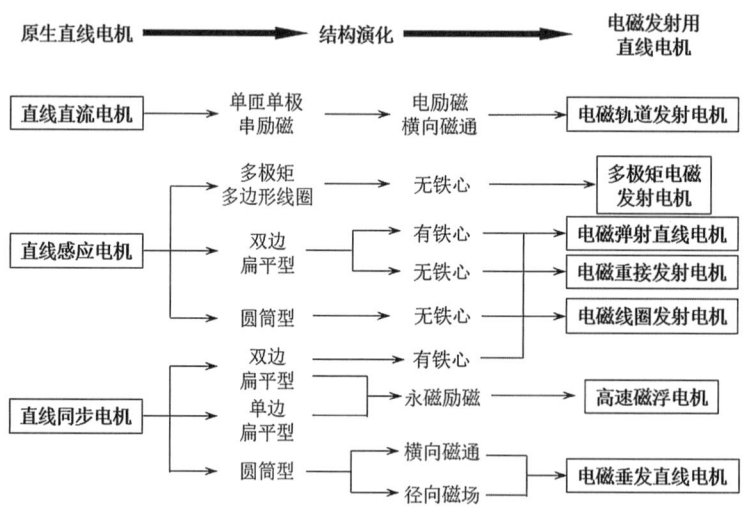

图1-8 电磁发射用直线电机的结构演化

国内外学者对电磁弹射直线电机的可用类型开展过一些研究,文献[10]~文献[12]对直线感应电机、永磁同步电机和磁阻电机在高速地面交通和电磁弹射器中的应用做了对比研究。从20世纪90年代开始,国外一些知名大学开展了多种形式的电磁发射用直线电机的论证和设计工作。例如美国南卡罗莱纳大学设计的永磁直线电机弹射系统,电机次级长3 m,极距为150 mm,采用20块NdFeB永磁体,次级自重1 480 kg,产生推力为1.29 MN[13]。文献[14]设计了一种双边圆筒型直线感应电机,用作电磁弹射电机,并以电磁推力最大作为优化目标进行结构设计,如图1-9所示。

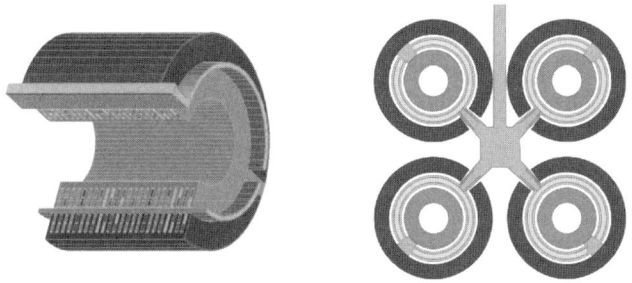

图 1-9　双边圆筒型直线感应电机[14]

国内在电磁弹射领域的起步较晚,研究经费投入较少,基础较为薄弱[15]。西安交通大学和哈尔滨工业大学等单位开展了直线直流无刷发射装置的研究工作,该电机的次级采用稀土永磁体,省去了换向用的电刷,有效解决了有刷电机致命的"烧蚀"问题,但目前国内对该类型电机的研究尚处于理论和实验室阶段。海军工程大学设计了一种永磁直线无刷直流电机作为弹射电机的方案[16],进行了多段长行程双边直线感应电机的相关研究[17]。清华大学提出了一种变极距直线感应电机方案[18],直接采用通用交流电源作为弹射电机的馈电电源,避免使用大规模的功率变换器环节。西南交通大学超导技术研究所目前正在研制高温超导磁悬浮发射样机,发射装置由 15 台直线感应电机组成,额定功率为 5 kW,采用分段供电。北京机械设备研究所提出了基于磁通切换永磁直线电机的导弹电磁发射电机,与直线感应电机相比,具有功率密度高、效率高、结构简单、适合高速等一系列优点,是一种适合导弹电磁发射技术未来工程化应用的技术方案[19]。综合分析来看,采用双边长定子的直线感应电机作为弹射电机是目前较为实用的方案[5]。

1.3　直线电机的近限设计方法

由于电磁发射直线电机的运行方式与周期稳态运行直线电机存在较大不同,因而在设计理论上也将呈现较大差别。为了进一步挖掘直线电机的性能潜力,近限设计成为突破传统电机适应电磁发射应用性能边界的关键。近限设计是在电磁发射系统的电磁负荷极限、应力耐受极限和产热均热极限等边界条件下,通过多学科优化方法,特别是材料—结构—控制等协同设计,实现发射性能(如初速、效率、能量密度等)最大化。旨在逼近电磁发射系统的物理极限(如速度、效率、应力及热管理极限等),同时确保系统的可靠性和稳定性。

直线电机的近限设计主要包括磁场、温升、电流以及材料等方面的设计。磁场近限设计指的是通过优化磁路分布与材料选择,利用饱和非线性磁导率来提高直线电机的推力;温升近限设计则是指采用高效热管理技术,确保电机在极限工况下稳定运行,延长使用寿命;电流近限设计是利用先进的控制算法,充分发挥电机电磁转换效率,实现电流承载能力的最大化以及规避高电流密度带来的趋肤效应等；材料近限设计则是通过材料科学创新,突破传统材料性能瓶颈,为直线电机极限性能提供材料基础。这些近限设计方法的协同作用,是电磁发射用直线电机区别于传统电机的设计关键。

1.3.1 磁场近限

轭部铁心作为磁场回路的关键部分,其磁场极限直接制约电机的整体性能,常见的优化方法包括材料选择、优化结构、饱和非线性磁导率利用、改进供电策略以及优化模型等方法。磁场近限设计的核心在于逼近轭部铁心磁场极限,最大化磁场利用率,同时抑制磁场饱和、漏磁和谐波效应。

在材料选择方面,可以采用高饱和磁导率的铁-钴合金,其磁饱和点高、最大直流磁导率高,能有效缓解磁饱和现象,提升磁场强度。在结构优化方面,通过多段式磁路设计,结合有限元模拟优化轭部截面积与磁路长度,使磁场分布更均匀。在改进供电策略方面,采用根据次级所在位置和电流过零点两个条件进行切换的分段供电策略,可减小分段供电驱动方式带来的电流冲击从而降低电磁力的波动,获取更稳定的磁场。此外,电磁发射用直线电机一般设计成长初级、短次级的结构,但是受电源电压电流的限制,一台直线电机能提供的推力有限。为了达到设计的推力指标,可采用在横向上放置多台直线电机并联运行的方式。与普通直线电机不同的是,在这类直线电机中,为了保证电机推力的平稳,不仅次级覆盖部分的定子需要施加激励电流,部分次级未覆盖区域的定子也需要施加激励电流,这就导致电机的漏感较大,和激磁电感基本在一个量级。为了提高功率密度和推力密度,电机通常工作在大电流工况。由于铁心尺寸较小,故电机工作在饱和状态。铁心饱和时,电机电感参数如激磁电感、定子漏感等均会发生改变,导致推力减小、效率降低,为了满足电机精确控制的要求,有必要对铁心饱和状态下的电机模型和参数展开研究。

在饱和非线性磁导率利用方面,充分利用材料的非线性磁导率,通过优化磁路设计和材料选择,使电机在饱和区附近工作,从而提高推力密度；对于长初级直线电机,次级未覆盖部分处于饱和状态,定子的漏感变小,使得电机的供电电压降低,减轻储能需求,但次级覆盖部分处于饱和状态将降低电机的性能,因而铁心的磁场近限设计可以在推力及供电电压之间进行优化。为了对饱和状态下的电机电磁性能进行准确计算,需要首先计算出电机励磁电感和漏感与励磁电流和初级电流之间的非线性关系,文献[20]利用电磁场有限元计算软件,求解出励磁电感和定子漏感与对应的励磁电流和初级电流的非线性关系,将在后面"2.5 饱和特性分析"一节中详细介绍。

在磁场近限设计过程中,还需考虑磁场均匀性、磁屏蔽和波动抑制等设计,比如通过多定子或多相结构绕组分布方式分散磁场密度,或采用无槽结构或者 Gramme 环形绕组减少齿槽效应引起的磁场波动,从而提升气隙磁场均匀性。磁屏蔽方面,通常采用高导磁合金包覆方式抑制漏磁对周边设备的电磁干扰,同时也可通过优化定子叠片工艺来减少横向磁通。此外,采用分布式短距绕组可有效降低气隙磁场中的谐波分量,改善推力波动,实现磁场的近限利用。

1.3.2 温升近限

电磁发射用直线电机一般都需要连续多次发射,根据发射用途的不同,发射间隔从毫秒到数秒不等,因此直线电机工作在周期脉冲式工作条件,多次连续发射过程使得温度逐渐累积。由于每次电磁发射的能量巨大,相应的直线电机会产生巨大的热量,如此巨大的热量在短时间内产生,导致电机的温度急剧升高。此外,初级铁心与次级板之间的间隙等结构因素也会增加热阻,进一步加剧温度累积。实验表明,等效间隙每增加0.1 mm,初级绕组、铁心和永磁体上的温度分别增加5.35℃、6.02℃、5.95℃[21]。在多次连续发射的过程中,由于温度的堆积以及恢复时间较短,每一次发射时的设备初始温度都无法回到初态,通常保持一个不稳定的状态,且随着发射次数增加温度呈现锯齿波上升直至最后一次发射,典型的电磁发射温升曲线如图1-10所示。合理的设计会使得最后一次发射的温度恰好不超过绕组绝缘短时所能承受的温度,温度过高可能会破坏线圈绝缘,从而使电机损坏。但如果温度裕量过大,则难以达到近限设计的目标。同时,电机温度的急剧变化会产生巨大的热应力,可能导致电机结构变形,影响电机的正常工作,需要通过热管理措施平衡热积累与散热效率。

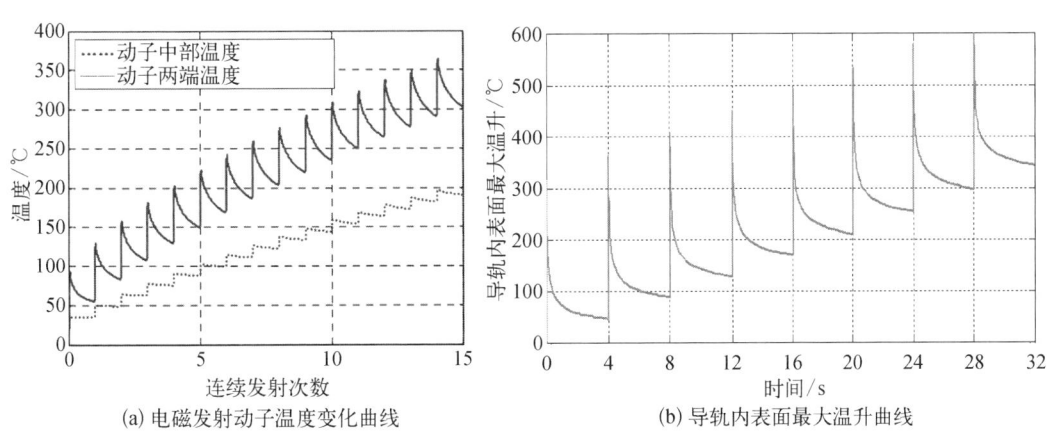

图1-10 典型的电磁发射温升曲线

由于电机的绝缘系统是阻碍电机热量散发的主要因素,为了使电机工作时的温度不超过限制值,需要在其设计过程中对电机绝缘系统提出约束条件,如导热性能、绝缘厚度等。因此预先研究电机在连续发射过程中的温度变化规律是非常有必要的。每次发射时电机定子上将产生巨大的热量,使得电磁发射过程中电机温度不断升高,导致线圈电阻不断增大,每次发射时的损耗不断提高,这就使电机电磁场和温度场具有强烈的耦合关系。文献[22]建立了周期脉冲式直线电机定子的瞬态温度计算模型并获得了其温度变化规律,考虑了温度对电机线圈电阻的影响,在计算电机定子温度过程中,利用计算得到的电机温度不断校正电机损耗,从而考虑了电机温度与电磁耦合的影响。

常见的温度优化方法包括电机结构优化、冷却系统改进、材料选取以及模型优化等。在结构优化方面,通过优化电机初级和次级结构,减少磁滞损耗和涡流损耗,降低温度波动,如可以采用分数槽双层绕组、优化齿槽宽度配比和初级裂比等方法提高电机效率并减少损耗,相应地减少温升;在冷却系统设计方面,需要采用高效的冷却系统,如强制风冷、水冷、相变冷却等,提高散热效率,降低温度累积,如在水冷式直线感应电机中,通过合理设计冷却水道有效降低定子温度;在材料选取方面,需要选择耐高温的绝缘材料和永磁体以提高电机的热稳定性,如采用耐高温的环氧树脂和钕铁硼永磁体以保证电机在高温环境下的稳定运行;在模型优化方面,需要使用更智能的算法或模型,如使用瞬态热网络节点数目的确定方法以及等效原则,建立合理的直线电机定子温度场瞬态热网络模型,在保证精度的基础上简化模型并节约计算时间等。

1.3.3 电流近限

要实现大推力密度设计,电流近限是重要一环。著者在长期工程实践中,摸索出一套特殊的设计方法。比如,在设计电枢时,以熔化通流密度作为设计准则;在设计开关时,以晶闸管的循环浪涌电流作为设计准则。同理,电流近限设计也是实现电磁发射用直线电机高功率密度的一个重要环节。提高电流密度可以显著提升电机的输出功率,是实现高性能电机的关键,在电磁发射用直线电机中,采用电流近限设计,可将电流密度从 5 A/mm^2 提高到 100 A/mm^2 甚至更高,但这同时会带来趋肤效应以及绕组温升等一系列问题,从而对电机的稳定性和寿命构成潜在威胁。极大的电流还可能引起材料的力学性能改变,采用多股利兹(Litz)线可降低导体损耗,同时抑制高频电流下的趋肤效应。

在电磁线圈发射电机中,线圈是直线电机承受高电压、大电流的载体,设计不当极易出现绝缘击穿或者机械性破坏。如何制作一个高强度耐高压的驱动线圈,一直是国际上电磁线圈发射技术的研究热点。当脉冲大电流流经线圈,带状线内将存在严重的趋肤效应,使电流密度分布不均,这将增加绕组的电阻,降低发射器效率,还会引起绕组表面过热损害绝缘层。文献[23]结果表明,径向电磁力集中到线圈截面的中心右侧,轴向电磁力集中在线圈截面中心偏下部,线圈径向电磁力远大于轴向电磁力。Litz 线模型电流丝的径向电磁力变化随着电流的变化而变化,每个电流丝受力趋势相同,因此从效率、电磁力和发热等多个角度考虑,Litz 线更适合制作高强度线圈。

采用 Litz 线绕组作为降低绕组损耗的重要措施,其作用机理是通过选取较小线径的导线以降低集肤效应的影响,并通过各股导线的绞绕换位的方式,抵消或降低外磁场在各股导线之间引起的环流效应,从而保证各股导线均分总电流,即保证各股导线的电流相同。对于高功率密度功率变换器,文献[24]通过分析导体周围磁场所计算的电流与导体实际电流间的关系,提出电流修正系数,并据此结合镜像法和 Biot-Savart 定律构建 Litz 线的损耗模型。通过与三维有限元仿真结果对比,所提出的 Litz 线损耗误差可控制在 5% 以内,解决了高频下广泛使用的 Litz 线的损耗计算问题。

在电磁轨道发射方式中,由于导轨正负极电流极大,存在较强的趋肤效应,通过设计合理的导轨结构和冷却结构,在尽量保证电流均匀的前提下,还能进一步提高通流能力。此外,馈电部分还采用同轴电缆的方式来消除或减小电缆之间的电动力,以实现电流的近限设计。

1.3.4 材料近限

在直线电机的近限设计中,材料近限设计是一个至关重要的环节,它旨在确保电机在运行过程中的材料性能能够达到极限状态,包括电磁、温度以及应力等各方面均不失效,从而保证电机的性能和寿命。不同于传统机电能量转换装备,电磁能装备受极高功率、极大电流、极高速度以及上述物理量极高变化率等极端条件的共同耦合作用,其材料的电磁、温度、应力等物理量的峰值与变化率极大,产生极端的电磁、热、力冲击环境,在材料上形成巨大的磁场梯度、温度梯度和应力梯度,以及多种高度非线性的瞬时耦合物理效应,传统周期稳态或准稳态工况建立的材料模型与性能表征、设计理论等无法适用于电磁能装备极端的冲击态物理环境,需要从冲击条件材料物性演变机理与调控、电磁能装备近限设计与稳定运行等关键科学问题开展研究。材料近限设计的关键在于优化材料的磁性能、热性能和机械性能等,以提高电机的效率、功率密度和可靠性。通过采用高性能的磁性材料可以显著提高电机的磁能积和剩磁,从而提升电机的推力密度;在热性能方面,长时间高负荷运行以及连续多次的发射可能导致电机内部温度显著升高,材料发生热膨胀,进而影响电机的精度和稳定性,通常采用具有低热膨胀系数的材料以及优化电机的冷却系统来降低工作温度;在机械应力方面,电机的关键部件需要采用具有高强度和良好韧性的材料制造,同时通过合理的结构设计和优化,可以提高电机的刚度和精度,减小机械应力对电机性能的影响[25]。

材料近限设计是指以材料性能极限为边界条件,通过多物理场耦合理论和精细化仿真手段,实现结构设计参数与极端工况的精准匹配,在安全性与效能之间达到临界平衡,具体体现在材料性能边界的极致利用、多场耦合临界状态的精确控制和冗余质量的严格剥离等方面。以电枢设计为例,在材料利用方面,设计上尽量逼近动态屈服强度极限和导电与热冲击耐受极限,通过利用相关本构模型(如 Johnson – Cook 模型)标定材料在电流密度达 10^{10} A/m², 温升速率 10^5 K/s、应变率 10^4 s^{-1} 耦合冲击工况下的真实动态强度,设计时直接采用实验测得强度值的 90%~95%(传统设计仅用 50%~70%),显著减小安全冗余量,降低电枢质量,提高有效载荷比;以电枢材料的电导率(σ)和热导率(κ)随温度变化的实验曲线为输入,设计电流密度时允许局部瞬时温升接近材料熔化温度,而非保守地限制在材料软化温度范围内。在多场仿真方面,将电磁推力、焦耳热功率和材料动态强度三者联立求解,确定电枢/导轨接触压力的极限值,动态发射工况下,通过仿真验证导轨是否处于塑性安定临界状态,而非完全弹性设计。在质量优化方面,基于变密度等拓扑优化方法,对电枢和弹托进行传力路径优化,在保证 10^4 s^{-1} 应变率下应力分布均匀性的前提下,去除低效承载区域,使结构质量逼近理论下限;仅在电磁热力耦合极端冲击区域(如导轨表面)采用高强耐磨涂层材料,而非整体使用,实现"按需分配"的材料性能利用。

由于电磁轨道发射中枢/轨界面涉及电、磁、热、力多场耦合的苛刻服役环境,轨道材料呈现出较单一物理场下更为复杂的损伤行为。实现新型轨道材料的研发需要突破多场下材料失效行为动态耦合及多重材料性能协同优化的难题。著者提出用"复合"材料的原理来解决材料的强度和导电性协同提高的难题。比如,用铜作为基体、其他高强度材料作为覆层,进行爆炸焊接后整体成形,作为导电耐磨材料;另外,材料表面改性也是开发新型高强高导金属材料的主要手段。

1.4 电磁发射用直线电机的技术难点和核心技术

1.4.1 技术特点及难点

1.4.1.1 技术特点

电磁发射用直线电机的高功率、高推力密度及高可靠性需求决定了其结构上的特殊性。与传统的民用和工业领域的直线电机相比,电磁发射用直线电机具有以下特点:

(1) 多定子多相和长初级结构。由于电磁发射用直线电机一般安装在移动平台上,体积和质量的限制使得对其推力密度和过载能力的要求高于普通电机。为了提高直线电机的推力密度,通常采用多定子结构或多相结构。为了便于集电、减小能源体积和损耗,通常采用长初级结构及分段供电方式。

(2) 电机容量最大达数百兆伏安,瞬时功率最高可达数万兆瓦,输入电压为几千伏且连续可调,输入电流高达数万安。由于励磁磁场较高,定子铁心很容易进入饱和状态,而过大的电流也会带来严重的漏磁问题,通常需要加装屏蔽结构以防止电磁干扰对周围其他电气设备的影响。

(3) 短时循环脉冲工作制式。电磁发射需要连续多频次发射,其直线电机始终循环工作于周期为数毫秒至数秒级的瞬态,脉冲工作条件下可通过近限设计来降低对能源和开关容量的需求。

(4) 电机要求有极高的可靠性、冗余性、可维护性及长寿命。此外,由于可靠性要求极高需要考虑冗余和容错设计,直线电机在故障状态下仍能完成单次发射任务。

1.4.1.2 技术难点

电磁发射用直线电机独有的特点决定了该电机的工作原理、设计方法、控制策略均不

同于常规电机。以电磁弹射用直线感应电机为例,该类电机系统存在以下技术难点:

(1) 电机结构复杂。当有槽的电机齿谐波与电机的次级交链,不产生有用的推力,仅仅产生损耗,而使次级发热,使电机的性能变差,效率变低。与常规电机不同,电磁发射用直线电机供电有两个特点:供电频率时变、周期脉冲方式,这种供电方式对绕组绝缘材料也提出了较高的要求。

(2) 数学模型变量多,参数耦合复杂。与常规直线感应电机不同,电磁发射用直线电机有多组电机并联运行,电机初级在空间上的邻近布置和共用的次级决定了这些电机不能孤立地进行分析,需统一建模并考虑各电机间的耦合关系;由于各初级每相独立控制,决定了电机模型有较多的变量;由于次级未完全覆盖通电的初级绕组,决定了单台电机各相绕组电感的不对称,这种不对称电感还是次级位置的函数;由于弹射对象不同,绕组电流、供电频率和铁心饱和程度也不尽相同,对饱和漏感和饱和激磁电感的修正系数是电机供电电流幅值、供电频率的函数;由于弹射电机工作于非周期暂态,电机的参数还涉及电磁场、温度场和应力场等多场耦合的分析计算,加剧了数学模型的复杂性和进行准确参数辨识的难度。

(3) 电磁参数的准确求取难。电机电磁参数的准确性直接决定着闭环控制的精度和鲁棒性。由于电机绕组的特殊形式,端部是三维场,边界条件复杂;多定子与单定子方案相比,电机不但直接通过各初级间互感耦合,还间接通过次级上感应的电流耦合;弹射直线电机要求尽量加大初级、次级之间的气隙,减小气隙谐波和损耗,在出现冲击载荷时能够保持足够大的间隙,其次可以增大对称性,减小法向不平衡力和减小负载推力的波动,因此气隙磁场不能近似认为只有径向分量,而应该用二维或者三维场来表达;为了降低电机容量,电机次级未覆盖初级铁心需要工作于饱和状态,铁心中磁感应强度与磁场强度之间为非线性关系,因此必须计及气隙两边铁心的饱和效应,才能准确计算磁场各个分量及其变化规律;由于采用长初级结构,为了使各段初级依次串联通电,需要每相独立控制,由此带来随时间分布的谐波,这些谐波会对气隙行波磁场产生有害影响,并增大系统的输入容量,降低电机的力能指标。

(4) 边端效应不同于常规直线感应电机。由于直线电机磁路结构的特点,边端效应是直线电机的独特现象,因而也是直线电机理论研究的一个重要问题。直线电机固有的纵向边端效应和横向边端效应,直接导致了其等效电路的参数分析较旋转电机复杂。这些边端效应,会造成直线电机的附加损耗增大、电磁推力下降,有时会严重影响直线电机的性能和指标。目前,大多数双边型直线感应电机的研究集中在短初级电机及其在快速交通运输的应用上。由于长初级 DSLIM 运行方式和边界条件与短初级 DSLIM 不同,因而边端效应对电机性能的影响存在较大差异,需要对此进行专门研究。

(5) 运行过程复杂。由于行程长、功率大,电机采用长初级、短次级结构,为了降低对电源容量的需求,初级通常采用分段供电的方式,即被次级覆盖的初级区域各段串联工作,而其他的初级段则停止工作。在段与段、相与相的切换过程当中,供电频率在变化,各参与切换的初级段电机参数(如互感、相数)也在变化,新接入的初级磁场建立存在暂态过程，各切换初级还存在电流分配的问题，这些因素加剧了分段供电过程的复杂性，且整个动态过程非常短暂，给电机动态行为分析带来极大的困难。

电磁发射用直线电机存在的许多技术问题也是直线电机行业亟需解决的共性问题：如直线电机参数求取涉及的饱和参数计算问题，这同时是研究电磁材料性能、提高电机功率密度必须突破的难点；如短次级直线电机边端效应问题，这是在短次级应用场合都需要研究和解决的关键技术；再如分段供电技术是磁悬浮分段供电及工业用矿井提升机分段供电的共性技术。

1.4.2 核心技术

电磁发射用直线电机的核心技术主要包括电机本体设计、边端效应建模、分段供电控制和电机控制策略等。

1.4.2.1 电机本体设计

电磁发射用直线电机必须满足高可靠性和冗余性的要求，以确保单个电机出现故障时仍能完成既定发射任务。有些特殊使用场合对安装体积的要求是苛刻的，因此必须设计高推力密度的大功率直线电机，这样才能满足电磁发射应用的需求。为了产生巨大的加速推力，电磁发射用直线电机需要较大的励磁磁场，这需要在电枢绕组上施加几千安的励磁电流，再考虑电流的趋肤效应，瞬时电流密度高达每平方毫米千安级，这远远超过常规铜导线的通流密度。以电磁弹射用直线感应电机为例，电机的瞬时输出功率高达百兆瓦，即使将母线电压提高到 2 000 V，电机的工作电流也有几万安。此外，电磁发射用直线电机周边电磁环境复杂，必须考虑磁屏蔽措施。

大功率直线感应电机由于齿磁阻低于槽间和导体的磁阻，磁力线在进入气隙前会集中从齿部穿过，产生磁场空间谐波[26]。在电磁弹射直线电机中，由于励磁磁场较大，会在齿槽位置出现较大的磁场阶跃，严重影响电机推力的平滑控制。传统直线电机中通常采用缩短极距、齿槽斜极或无槽和多相的措施来降低磁场空间谐波和齿槽波动[27]。需要提高供电频率才能保持同步速度，但会带来铁心损耗的增大。

为了解决磁场空间谐波问题，E. R. Laithwaite 提出一种菱形绕组[26]，但是菱形绕组没有与运动方向完全正交的导线长度，因此需要增大励磁电流才能弥补。另一种绕组方案是克莱姆(Gramme)环形绕组[28]，如图 1-11 所示，这种形式的电机端部很短，相比于鼓形绕组高度大为降低，且所用导线量有所减少。该绕组结构绕制简单且端部损耗较小，可大大减小分数谐波，由于绕组仍然缠绕于铁心上，对励磁电流没有影响，因此，环形线圈比菱形绕组更加实用。环形绕组结构的缺点是背部、上下端部等线圈是无用线圈，有用的线圈仅仅位于动子侧，而无用线圈会对电机的磁路和其他系统带来不利的影响，因此，必须对无用线圈采取一定的屏蔽措施。采用无槽结构可降低空间谐波和推力脉动，同时更易于脉冲工作间隙的电枢散热。但无槽结构中导体也是气隙的一部分，相当于电机的电磁气隙增大,电机的漏磁增大,功率因数降低,且无槽电机导体同时也处于气隙磁场之中,因而必须采用 Litz 线来降低趋肤效应和涡流损耗。

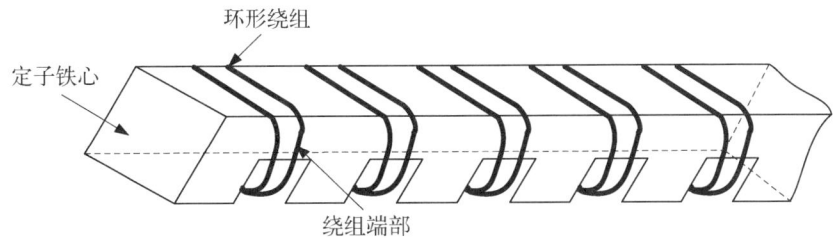

图 1-11 克莱姆(Gramme)环形绕组

在长距离加速的电磁发射场合,为了减少直线电机的供电电源容量,避免使用供电滑轨和电刷等机械式馈电装置,直线电机通常采用分段供电的方式[7]。由于系统是由独立的电机单元组合而成的,因此多台电机的控制是研究的重点。在电机动子由某一单元的定子铁心滑出,然后进入另一单元的铁心过程中,固有的边端效应会严重影响电机的稳定性和可控性,这也是这种结构不可避免的问题。

为了降低分段结构的影响,可以采用连续定子分段的方法,以获得一定平滑度的推力特性。文献[29]对环形绕组单段电机进行建模和有限元分析,得到了环形绕组电机的磁路特点,得出环形绕组是适于进行绕组分段的线圈结构的结论。

1.4.2.2 边端效应建模

电磁发射用直线电机的边端效应包括纵向边端效应、横向边端效应,且都有静态与动态边端效应之分。由于弹射用直线电机需要在次级顶部挂接负载,因而次级高度一般较大,而大的电磁气隙导致了次级边缘效应较一般直线电机明显,必须在电机的数学模型中计入次级边缘漏感的影响,才能准确描述这种类型电机的电磁性能。目前,国内外此类文献较少,一般的做法是忽略次级边缘漏感的影响,而只考虑纵向边端效应。

国际上关于动态纵向边端效应的论文大部分是针对短初级直线感应电机。文献[27]与[28]主要从电磁场解析的角度分析短初级直线电机的边端效应影响,并推导了电机的等效电路模型;文献[30]与[31]主要是从边端效应磁场建立过程出发,综合考虑了纵向边端效应在次级进入端和滑出端产生的涡流对等效电路中励磁支路的影响。而对于长初级直线感应电机,很少有文献报道其边端效应及其对电机性能的影响。

由于电磁发射用直线电机采取分段供电,在发射过程中的任一时刻,通电定子的两端都存在强导磁的铁磁材料,其端部的杂散磁场较大,进而对电机气隙中的正常行波磁场分布造成较大影响,所以分段供电直线电机的静态纵向边端效应要远大于传统直线电机的静态纵向边端效应。目前,国内外公开文献较少涉及分段供电直线电机这种效应。一般情况下,当直线电机初级极数≥6时,可直接忽略静态纵向边端效应对电机性能带来的影响。

1.4.2.3 分段供电控制

对于长行程直线电机系统,一般可以选择长初级或者长次级结构,但是选择长次级结构需要将初级绕组固定在动子上,这会增加发射体的质量和惯性,不利于高速电磁发射应用。另外,对于永磁直线电机,选择长次级结构也会带来成本的大幅增加。在长初级直线电机中,采用分段供电技术可以解决长初级定子的供电问题,提高电机效率,并降低对电源容量的要求,有利于模块化安装。对于运行距离远、推力要求大的垂直运输系统,从经济、供电、可靠性等方面考虑,可采用定子绕组分段式结构。文献[32]针对垂直运输系统用永磁直线同步电机的特点,首先对单台电机进行优化设计,然后主要针对垂直运输系统进行分段式优化设计。文献[33]提出了一种连续的分段式永磁直线同步电机位置(功角)和速度的检测方法。在各段电机的边端槽中附加传感线圈,检测动子在运行过程所感应的空载电动势,从而求解出动子的位置(功角)和速度。

磁浮列车和轨道交通是分段供电中发展较为完善、研究较多的方向。沿线的直线电机的定子被分成很多区段,只有磁浮列车所在的那一段的定子绕组是通电的,重点是把变电站输出的交流电由开关站切换给特定的定子绕组供电,各个定子段按照运行要求顺序通电,非定子段切换时每次只有一个定子段通电,定子段切换时则有两个相邻定子段通电,如图1-12所示。

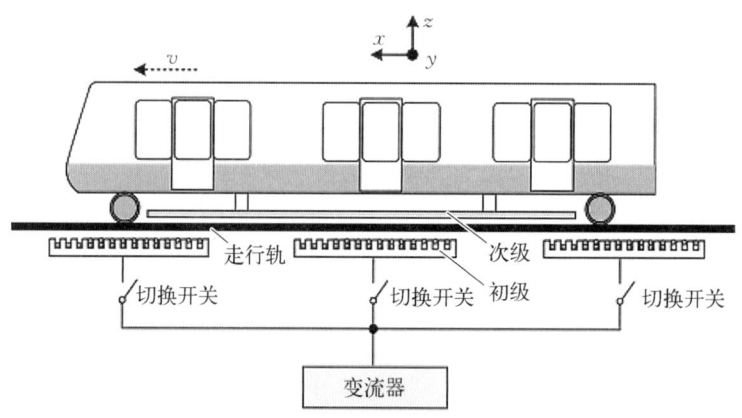

图 1-12 分段供电轨道交通直线电机

文献[34]研究了磁浮列车直线同步电机分段供电的方法,主要有跳步法供电、变步法供电和三步法供电三种形式,三种供电方式各有特点,可分别用于不同的分段,如图1-13所示。

从不同供电方式的电气连接特性来看,跳步法逆变电源的功率为牵引供电系统的额定功率,而变步法则由于两侧同时供电,理论上每组汇流排母线的功率为牵引系统额定功率的一半。跳步法供电两侧电机绕组以串联形式连接,在相同速度下,定子绕组反电势较高,而变步法供电时电机绕组反电势较低。因此变步法连接方式适用于高速路段。同时

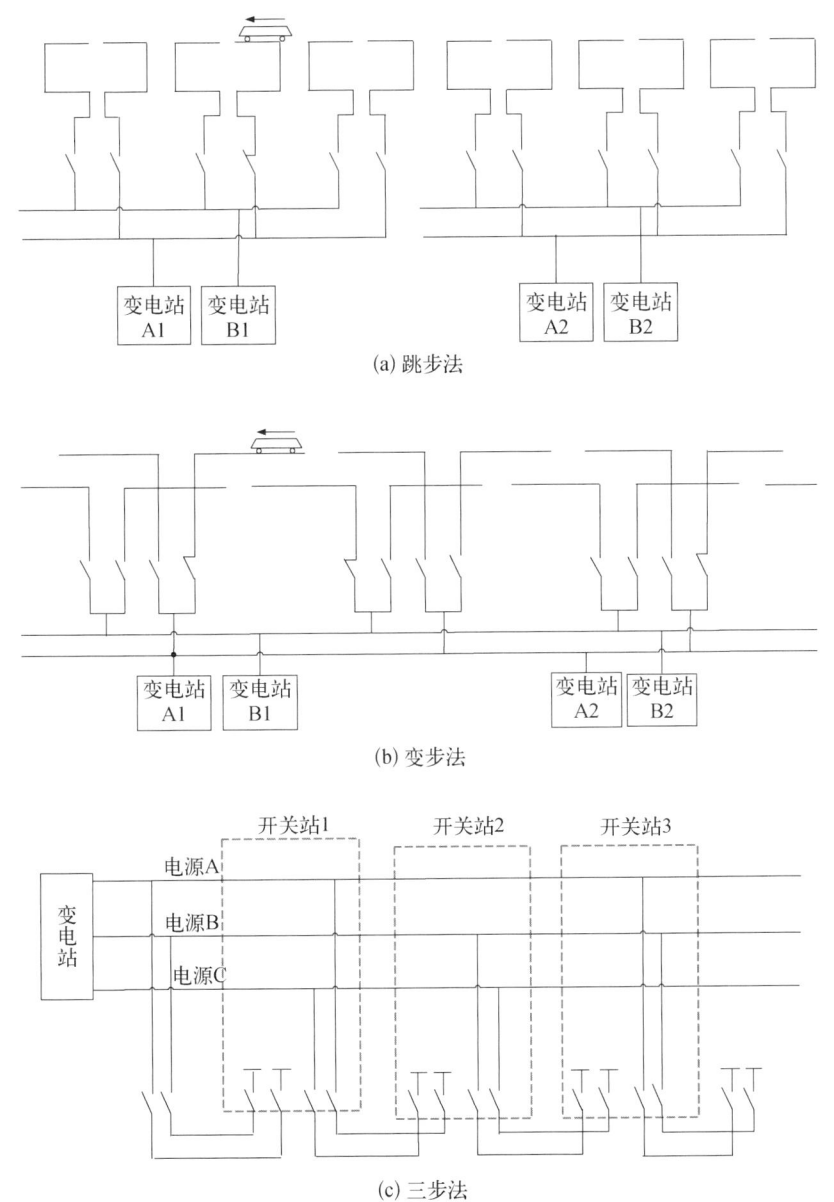

图 1-13 分段供电的三种形式[34]

当逆变器一侧的汇流排有故障时,变步法连接的供电方式仍可使车辆运行,这样系统就具备了容错功能。与变步法和跳步法相比较,三步法驱动方式需要较多的设备投资,牵引供电系统需要独立的三套整流逆变模块,沿轨道线路需附设三套独立的三相电缆电路,但轨道旁的切换开关数目不变。

长行程直线电机系统,如航母电磁弹射、无人机发射、汽车碰撞平台等应用场合,需要采用分段供电网络形式。高速长初级直线电机的分段供电方式将在第 5.1 节进行介绍。分布馈电式电磁轨道发射和多级同步感应线圈发射也涉及分段供电技术,它们一般采用独立电源馈电的方式,可较为方便地调整脉冲电源触发时机,从而达到分段供电的目的。文献[35]研究了圆筒型长初级直线感应电机的分段供电技术,将初级划分成 5 段,每一段由一个固定频率的电源驱动,电源频率分别为 33 Hz、66 Hz、100 Hz、134 Hz 和 167 Hz。文献[36]与[37]采用独立电源分别给每一级初级通电,实现多级同步感应线圈炮的连续加速运动。对于电磁发射用直线电机,由于次级始终运行于瞬态,电机的初级供电频率和次级速度一直在增大,且各初级段切换频繁,若采用常规初级并联分段供电方式,则次级被分为若干段,随着次级的运动,直线电机的电磁参数不断发生变化,为了保证电机出力最大且波动最小,需要保持初级段的电流恒定,因而各初级段的供电电压是不一样的。这样,每个初级段需要独立的变频器控制,控制系统异常复杂,且无法保证各段切换时行波磁场的平滑性,导致推力波动很大。因此,对于电磁发射用直线电机,一般采用串联分段供电。

虽然分段供电技术解决了长初级直线电机供电所带来的高成本以及对电源容量需求大等问题,但是分段供电也面临着如下需要解决的难点[38]:

(1) 由于动子的运动,其覆盖每段定子的长度不断变化,因此通电定子段电机参数不断变化,难以实现对负载的精确控制;

(2) 定子采用分段供电,动子速度快,导致切换开关数量多且切换频率高,控制算法复杂;

(3) 由于定子分段导致的定子间气隙处的边端效应,对动子推力波动影响较大;

(4) 采用常规单层分布绕组型式的直线电机,即使通入三相对称电流,通电段气隙磁场中依然会有较大的脉振偏置分量,未通电段部分也会有一定大小的脉振磁场;

(5) 由于电磁弹射电流大,所以对分段供电关断和开通所需开关器件的功率、耐热性要求高。

1.4.2.4 电机控制策略

电磁发射用直线电机控制策略的选择需要综合考虑以下因素:① 动态响应,主要体现在动子从弹射过程切换到动子制动过程的阶段,控制系统必须有足够的动态响应能力来跟踪变化的推力指令;② 低速性能,控制系统必须具有较宽速度范围内的调节性能($0\sim100$ m/s);③ 位置跟随性能,动子必须在规定的有限距离内达到预定的末速度,并且可靠地制动。

电磁发射用直线电机的运动控制过程可以划分为三个阶段:加加速、恒加速和减加速,其控制策略与传统的稳态运行直线电机存在明显的区别:① 初始态需要通过控制克服载荷的静摩擦力,也就是需要控制电机动子预张紧,具备预加速条件;② 加速过程中,初级通电段不断切换,需要控制段开关依次接入,采用前馈补偿控制策略实现分段切换过程中引入的推力波动;③ 随着速度的增加,控制电压受到电源容量的限制无法继续升高,需要通过弱磁控制减小励磁电流,从而达到高速运行的目的。

电磁发射用直线电机的动态运行曲线如图 1-14 所示。

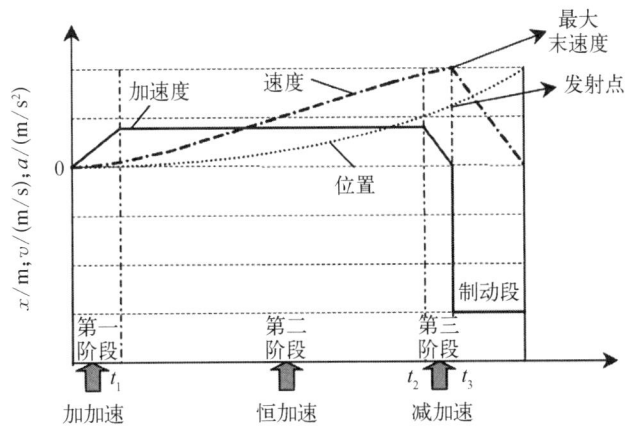

图 1-14 动态运行曲线[39]

第一阶段：加速度以预定的加加速度 j_1 从 0 加速到最大加速度 a_{max}，时间为 t_1。加速过程满足以下公式：

$$\begin{cases} a_1 = j_1 t \\ v_1 = \dfrac{1}{2} j_1 t^2, \ 0 < t \leqslant t_1 \\ x_1 = \dfrac{1}{6} j_1 t^3 \end{cases} \tag{1-1}$$

第二阶段：保持加速度 a_{max} 不变，所用时间为 t_2。加速过程满足以下公式：

$$\begin{cases} a_2 = j_1 t_1 \\ v_2 = \dfrac{1}{2} j_1 t_1 (2t - t_1), \qquad t_1 < t \leqslant t_2 \\ x_2 = \dfrac{1}{6} j_1 t_1 (3t^2 - 3t_1 t + t_1^2) \end{cases} \tag{1-2}$$

第三阶段：加速度以预定的减加速度 j_3 减速到 0，并释放负载。加速过程满足以下公式：

$$\begin{cases} a_3 = j_3(t - t_2) + j_1 t_1 \\ v_3 = j_1 t_1 \left(t - \dfrac{1}{2} t_1 \right) + \dfrac{1}{2} j_3 (t - t_2)^2, \qquad t_2 < t \leqslant t_3 \\ x_3 = \dfrac{1}{6} j_3 t^3 + \dfrac{1}{2} (j_1 t_1 - j_3 t_2) t^2 + \dfrac{1}{2} (j_3 t_2^2 - j_1 t_1^2) t + \dfrac{1}{6} j_1 t_1^3 - \dfrac{1}{6} j_3 t_2^3 \end{cases}$$

$$\tag{1-3}$$

上式中，x_1、x_2 和 x_3 分别为 3 段的位移，位置曲线可以根据 3 段通过时间 t_1、t_2、t_3 以及加加速度 j_1、减加速度 j_3 计算得到。如何确保动子在预定的加速距离上达到预定的末速度是电机控制的难点问题之一,动态轨迹设计时必须同时兼顾运动方程、电机方程、过载限制(载人机一般不大于 $5g$)、供电电压限制等因素,从而得到最优方案。

对于多定子电磁发射用直线电机,闭环控制器通过控制不同定子间同步工作,才能确保较高的可靠性和冗余性,因此控制策略需要实现与底层控制器和传感器之间的高速通信传输,同时控制策略本身要具有较高的鲁棒性能[40]。故障模式下冗余控制的难点在于:① 设计合理的故障能量链退出机制,确保单次发射任务可靠完成且不会引起故障扩大;② 电机由 N 定子切换至 $N-1$ 定子运行时,需要维持切换前后电机输出的电磁推力平稳;③ 设置合理的任务分配机制,即尽量维持切换后工作能量链的输出功率和能量均衡。

分段供电的控制经常采用"传感器+控制器+切换开关"的模式,故传感器或者切换开关发生故障都可能影响电机的正常工作,还可能损坏设备。在分段供电系统中,切换传感器发生故障时,就会给切换开关传递错误信号,从而导致切换开关误动作,并且此类故障较为隐蔽,往往难以及时发现。文献[41]提出了一种新的切换传感器故障的在线诊断方法:对采集的传感器信号数据进行压缩,并根据次级运动规律,定义标准信号集合;用计算出的传感信号差异度来分析信号的相似程度;利用有向图对问题进行描述,并提出最优搜索算法;给出了切换传感器故障诊断与定位流程。该方法可应用于无位置数据时的分段供电切换控制系统的在线故障诊断。文献[42]针对长初级短次级直线电机系统,以一种典型的分段供电切换系统为对象,通过研究传感器信号随次级运动过程的变化规律,分析了系统中出现传感器异常高电平和异常低电平两种典型故障时的影响,并据此提出诊断的容错范围,给出了一种对传感器故障进行实时分析的算法流程。

在分段供电系统中,晶闸管作为切换开关的主要器部件,对于根据控制信号来控制各段电机的初级接入供电回路至关重要。文献[43]针对分段供电系统中晶闸管的关断故障,通过分析故障发生时的电流波形特点,提出基于过零检测的故障特征提取方法,利用过零信号的占空比及电流分段积分的特征,通过统计分析的方法对异常关断故障进行分类,以此得到诊断依据。通过分析故障切换开关的驱动脉冲下降沿与故障特征的关系,给出了故障定位方法。

1.5 本书重点内容

本书系统介绍了电磁发射用直线电机的最新成果。第 1 章在简要概括电磁发射技术的基础上,介绍了电磁弹射技术的进展,引出了电磁发射用直线电机的概念,提出了电磁发射用直线电机的近限设计方法,并重点介绍电磁发射用直线电机的特点、难点和核心技术;第 2 章介绍电磁发射用直线电机的数学模型,以及屏蔽效应和饱和效应带来的非线性影响,介绍故障模式及诊断算法;第 3 章介绍电磁发射用直线电机的纵向边端效应现象、互感不对称机理及其对电机性能的影响;第 4 章介绍电磁发射用直线电机的横向边端效应现象、次级漏感和激磁电感的定量计算及其对电机性能的影响;第 5 章研究电磁发射用直线电机控制技术,主要包括高速串联分段供电技术、运动轨迹优化及弱磁控制技术、多定子控制技术;第 6 章介绍几种其他类型电磁发射用直线电机,包括电磁轨道发射电机、电磁线圈发射电机等;第 7 章介绍电磁发射用直线电机在军事和民用领域的典型应用前景,并指出电磁发射用直线电机的发展趋势。

第2章 电磁发射用直线电机数学模型

本章从电磁发射用直线电机的结构形式出发,分析长初级短次级结构、多定子或多相结构、分段供电和铁心饱和等特性,在此基础上建立多定子直线电机的数学模型,对电机的屏蔽特性和饱和特性进行分析。为了确保电磁发射的冗余性,分析了多定子直线电机的故障运行模式及相应的故障诊断算法。

2.1 概 述

电磁发射装置需要在有限的距离内将载荷加速到指定速度,因此对发射电机的体积、质量有严格的限制,需要采用大推力密度的直线电机。与永磁直线同步电机相比,直线感应电机制造工艺相对简单、动子质量轻、无效质量小,容易实现加减速,没有永磁体在高温、反复冲击下失磁的风险,因此直线感应电机是比较优选的电磁发射直线电机类型。电磁弹射直线电机一般选用双边长初级直线感应电机,这种电机具有可靠性高、容错性好、法向力小和维护方便等固有优势,适合短距离将动子加速到较高速度。文献[44]研究了双边长初级直线感应电机的电磁推力特性,并对发卡式全填充绕组和次级开槽等改善推力性能的措施进行分析验证。文献[45]计算了饱和状态下 DSLIM 的非线性参数特性。文献[46]提出了一种多相直线感应电机(linear induction machine,LIM)的端部漏感计算方法,并通过样机试验验证了其准确性。文献[47]研究了非周期瞬态工况下动初级六相 LIM 的工作特性,为了得到准确的动初级高速六相 LIM 模型,推导了考虑动态边端效应时的等效电路,并通过电磁推力计算及效率评估详细分析了动态边端效应影响下电机的工作特性。

然而,电磁发射用直线电机要求在较小的空间产生极高的推力,而超大脉冲功率及间歇工作方式使得电机不同于常规的 LIM,需要采用全新的设计方法。为了提高直线电机的推力密度、功率密度和能量效率,通常采用多定子结构或多相结构。为了便于集电、减小能源需求,一般采用短次级结构及分段供电的方式。电磁发射用直线电机通常工作在大电流条件下,导致定子铁心容易饱和并引起参数的非线性,过大的电流也会带来较严重的漏磁场,为了极限利用电机的材料性能,通常需要在电机周边加装屏蔽结构,防止电磁泄漏影响飞机等载荷的安全。本章对电磁发射用直线电机的数学模型、屏蔽效应与饱和特性等问题进行深度研究。

2.2 电磁发射用直线电机的结构特点

2.2.1 长初级短次级结构

对于扁平型的直线电机,在次级两侧均配置初级绕组的,称为双边型直线电机,仅在某一侧配置初级绕组的,称为单边型直线电机。单边型直线电机的初级和次级间存在着很大的法向磁拉力。双边型直线电机能使两边的法向磁拉力相互抵消,且可在次级铝板上产生两倍于单边型直线电机的切向电磁推力,因而适于大载荷物体的直线运动场合,如电磁弹射飞机等。

按照气隙磁通闭合路径的不同,双边型电机可以分为轴向磁通电机(N-N结构)和横向磁通电机(N-S结构)。轴向磁通,即从直线电机初级产生的磁通通过次级导体的轴向方向,然后再回到初级铁心上来,如图2-1(a)所示,轴向磁通式结构的次级表面需要覆盖铁磁材料。横向磁通,就是让初级产生的磁通从初级铁心的一侧穿过次级,通过另一侧的初级铁心,然后回到原来的一侧,如图2-1(b)所示。为了减少次级的质量和制动能量,增大系统能量效率,电磁发射用直线电机一般采用横向磁通结构。

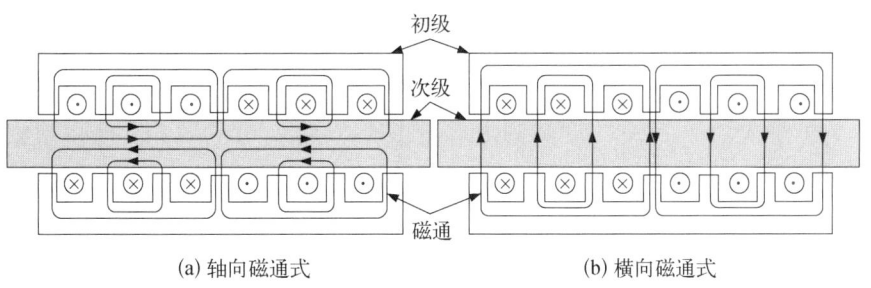

图 2-1 双边型直线电机的分类

为了保证 LIM 在所需行程范围内初级和次级之间的耦合关系始终保持不变,通常将初级和次级制造成不同长度。在 LIM 制造时,既可以是短初级长次级结构,也可以是长初级短次级结构,如图2-2所示。由于动子必须是较短的部分,采用长初级短次级结构可以避免滑动馈电、运动部分质量过大等问题,而长初级将带来制造成本增加的问题,但对于行程不到100米的电磁弹射系统来说,这是可以接受的[6]。在一些特殊的电磁发射应用中,为了规避分段供电带来的系统复杂度和电缆压降大等问题,且动子行程较短以至于分段供电对相阻抗平衡的贡献低于短初级结构带来的成本优势和控制自由度,此时可以考虑采用短初级长次级结构。文献[48]深入研究了适用于大推力密度场合的新型动初级六相 LIM 的性能,对其数学模型进行了研究,并通过试验与物理模型计算分析了新型六相 LIM 工作特性,验证了数学建模的正确性。

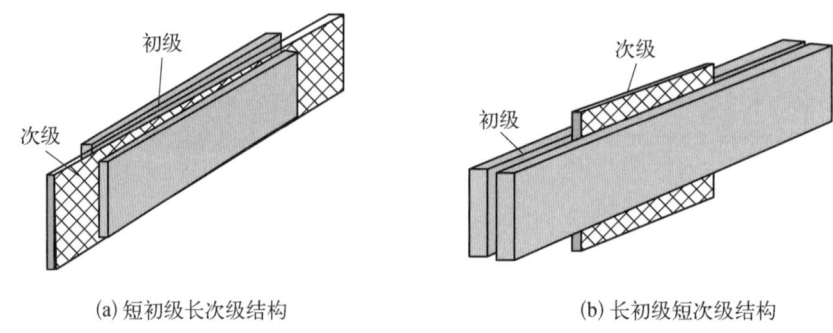

(a) 短初级长次级结构　　　　　(b) 长初级短次级结构

图 2-2　双边扁平型 LIM

2.2.2　多定子或多相结构

电磁发射装置对电机推力指标要求较高,而受电源电压电流的限制,一台直线电机能提供的推力有限,为了达到推力指标要求,可采用在横向上放置多台直线电机并联运行,即多定子直线电机,如图 2-3 所示,这种结构采用多组电源供电可有效提高电磁推力。

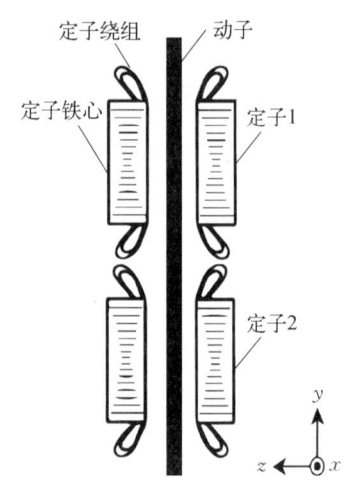

图 2-3　两定子双边型 LIM 示意图

文献[49]基于电磁弹射特殊需求,设计了一种新型四定子双边 LIM,并建立了这种新型 LIM 的耦合等效电路模型。并基于等效电路模型,分析了电机的电磁耦合特性,推导了电机典型工况下的电磁力特性。文献[50]和[51]分别对多定子 LIM 的任务交班策略和闭环控制策略展开研究,得到多定子 LIM 输出电磁推力的计算表达式,并推导出适用于多定子 LIM 的间接矢量控制方程。多定子直线电机不同于单定子双边型结构,其在公共次级同一面感应的涡流会相互耦合出新的涡流路径,使得传统的次级电阻等效处理方法不够准确。

多定子结构虽是目前主流的电磁弹射直线电机方案,但是传统的三相电机不可避免地面临推力脉动大、逆变器容量指标高的问题,以及随之而来的振动噪声、功率开关串并联均压均流难等次生隐患。因此,一部分学者将多相 LIM 作为大功率直线推进系统的可行方案[46-48]。与多定子 LIM 相比,多相 LIM 具有以下优点[52]:

(1) 多定子 LIM 各个定子模块均存在上下端绕组,而多相 LIM 只存在一对上下端部绕组,所以多相 LIM 的定子高度可明显小于多定子 LIM,多相 LIM 绕组长度也小于多定子 LIM,从而降低了损耗,提高了效率。

(2) 多定子 LIM 不同高度位置定子模块的气隙磁场耦合关系不同,多相 LIM 各套三相绕组气隙磁场的耦合关系基本相同。

（3）相数的增加提高了系统的冗余度和容错能力,在单相出现故障时无需改变硬件结构,通过容错控制算法即可实现无扰运行。

文献[52]建立了 abc 坐标系和 dq0 坐标系的基本数学模型,据此阐述了多相电机内部复杂的电磁耦合关系,基于 T 型等效电路分析了大推力六相 LIM 的工作特性并进行了试验。文献[53]推导了十二相双边长定子 LIM 的 abc 坐标系数学模型,并分析了直线电机与旋转感应电机的端部绕组空间结构的不同,揭示了十二相双边长定子 LIM 的端部漏感不对称规律。文献[54]将互感不对称矩阵引入 abc 坐标系,从而构建描述六相圆筒式 LIM 不对称的数学模型。文献[55]设计了一种应用于电磁推进的双边滑片型十二相永磁直线电机,并对电机相数、方波驱动和正弦波驱动等几种特征进行对比设计,研究结果表明十二相绕组结构在消除磁动势低次谐波、增大推力和减小推力脉动方面具有显著效果。相对多定子三相电机来说,多相直线电机制造和控制更加复杂一些,模块化集成方面相对较差。

2.2.3 分段供电

长初级短次级结构的直线电机虽然具有结构简单、响应快和可靠性高等优点,但是该类电机也存在定子漏感大、电压利用率低等问题。为了提高供电效率,解决长距离安装困难等问题,可将直线电机的初级分成若干独立的区段,并采用分段供电的方式。分段供电控制可以根据次级运动位置的改变,实时切换初级通电区段,给与次级耦合的相邻若干初级通电。分段供电电机如图 2-4 所示,当动子位于 1、2 段时,1#定子、2#定子和 3#定子通电,当动子离开 1#定子时,2#定子、3#定子和 4#定子通电,1#定子断电。

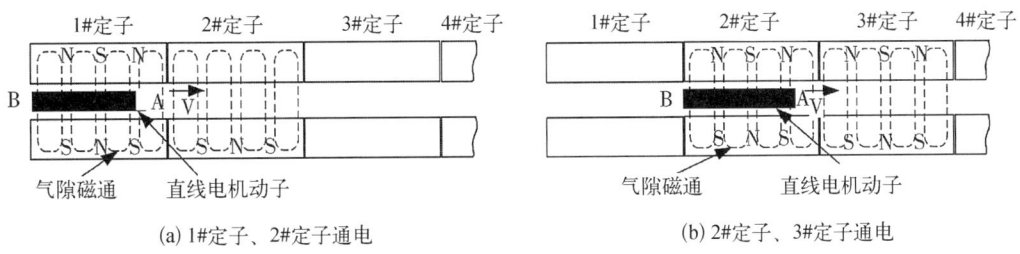

(a) 1#定子、2#定子通电　　　　　　　　(b) 2#定子、3#定子通电

图 2-4 分段供电电机示意图

分段供电的目的是通过缩短同时通电的定子段数来减小供电功率消耗、提升运行效率,此外,通过缩短初级励磁段,增加了与次级耦合段(覆盖次级)的长度占总供电长度的比例,间接改善了三相阻抗的对称性,从而提升电机的综合性能。对于双边长初级 LIM,需要考虑双边绕组的供电同步性,使法向磁拉力能够被抵消。由于与动子覆盖段和未覆盖段电机参数不同,如何保证磁场连续性是需要研究的重点问题。

分段供电的首要约束条件是次级的长度,太长会增加动子质量,从而影响弹射效率,太短可能会影响出力的大小,而次级的长度又直接决定了通电初级段数和长度[56]。总体来说,次级长度主要由电机设计时额定气隙磁通和输出功率决定。一般而言,设计次级长度比两段初级长度之和少一个极距,既可使次级长度尽量最大,也可以保证次级前端在进入第4段初级之前,完成分段切换供电的暂态过程,文献[57]给出了证明过程。文献[58]对次级极距进行了优化研究,目标是减小推力脉动。

长初级分段会导致电机中的电感不平衡,从而引发推力波动,从而致使系统性能下降。针对电感不平衡现象及其造成的推力波动问题,通常采用两种方法来消除或减弱,一种是通过修改端部绕组型式消除脉振磁场,另一种是通过电流控制方法来抵消由于不对称造成的推力波动。文献[59]提出了在分段端部增设补偿线圈,该方法从理论上消除了由分段供电引起的电感不平衡问题,但对于环形绕组,则无法应用该方法。文献[60]提出了 HPP(每极半相,half per pole)和 OPP(每极一相,one per pole)两种型式的集中绕组,可有效消除通电段气隙磁场中的脉振磁场分量及未通电段气隙中的脉振磁场。但是,其通电段气隙磁场中谐波含量较大,导致电机推力波动较大。通过对绕组型式的端部绕组匝数进行优化,较好地消除了由相邻分段铁心带来的脉振磁场问题。文献[61]考虑了三相馈电电缆阻抗不对称对永磁同步电机的影响,并采用比例谐波控制器抑制谐波电流。然而,尽管通过控制手段可以抑制由电感(或其他参数)不对称引起的推力或转矩脉动,但增加了控制器算法的复杂度和计算量,在脉冲工况的高加速弹射系统中较难达到预期效果。

2.2.4 铁心饱和

电磁发射用直线电机的推力密度大,电机驱动电流需要达到数千甚至上万安培。在这种大电流运行条件下,电机铁心会处于饱和状态。电机的电感参数(如激磁电感、定子漏感等)均会发生改变,电机将由线性区进入非线性饱和区。

当考虑电磁发射用直线电机的多定子结构、分段供电、磁路饱和以及高速运行下的边端效应等影响时,LIM 是一个高阶、非线性、强耦合的多变量系统,电机的数学模型将会变得十分复杂。为了提高电机的电磁设计效率和控制系统的可靠性,文献[62]与[63]提出了感应电机电磁参数的精确辨识和测量方法,但是未考虑 LIM 的边端效应和饱和效应,因此难以直接应用于电磁发射用直线电机的电磁参数辨识。文献[30]利用有限元进行参数辨别,并且考虑了铁心饱和和边端效应,但模型和算法过于复杂,不适合用于电机优化设计。文献[64]对 LIM 的饱和非线性展开分析,但没有考虑电机的三维电磁特性。文献[45]通过二维有限元模型获得了激磁电感和激磁电流之间的非线性关系,利用迭代的方法获得激磁电感,通过堵转实验验证了该方法的准确性,减少了三维模型的非线性计算量,有利于大尺寸电机方案优化迭代设计。

综上,长初级短次级、多定子多相、分段供电和铁心饱和是电磁发射用直线电机设计应用中面临的重点与难点技术,该类直线电机的数学模型、工作边界、设计原理和控制策略不同于常规电机。除此以外,直线电机还具有两边铁心开断和气隙较大等特殊结构,带来了边端效应、漏感较大和控制复杂等难题。

2.3 多定子多相直线感应电机数学模型

电机的数学模型和等效电路是电机设计和驱动控制的重点研究内容。旋转电机的数学模型相对成熟,能够达到较高的设计一致性和建模精度。而电磁发射用直线电机结构特殊,存在回路电感不对称、边端效应波、磁路饱和等现象,难以达到与旋转电机相当的模型精度。从公开文献来看,对于 LIM 数学模型的研究文献很多,但大多集中于轨道交通用单边短初级结构,文献[65]与[66]分别从一维场分析方法出发推导了单边 LIM 的数学模型和等效电路,考虑了边端效应对次级电阻和激磁阻抗的影响。文献[30]与[67]对短初级 LIM 的工作原理、数学模型、参数计算和性能进行了详细的研究。文献[68]与[69]对低速单边长初级直线同步电机进行了理论分析和仿真研究。目前的文献对于双边型高速长初级结构 LIM 的研究较少。

从建模机理角度,电机的数学模型可以划分为等效电路模型[39,70]和有限元分析模型[71,72]。等效电路模型采用电路元件来描述电机内部的输入输出关系,将次级侧的电路方程折算到初级侧,并通过耦合系数来等效边端效应对电路元件数值的影响。电机的电压方程构成了等效电路模型的框架,磁链方程和运动方程的影响主要体现在电路参数上,但是由于场路方程及气隙磁通密度求解过程中的理想化处理,使得计算的电路参数数值会出现偏差,因此等效电路模型的精度比有限元分析模型要差。有限元分析模型的精度与空间维度相关,可以划分为准 1D 模型、2D 模型和 3D 模型。目前准 1D 模型、2D 模型是解决特定案例的有效手段,趋肤效应和边端效应在建模时可区别考虑,并根据空间场方程求解出气隙磁通的空间分布函数。但是模型的维度越高,偏微分方程的阶数就越高,求解过程也就越复杂和耗时,通常 3D 模型场方程的分布参数过多而不能应用于电机的矢量控制。因此,一般将有限元分析模型得到的分布函数作为修正系数应用于等效电路模型,从而获得更高的建模精度。文献[70]提出了包含非对称常数的 LIM 等效电路模型,非对称常数通过实验方法得到,但是没有考虑 dq 坐标下的等效电路模型。文献[31]从双边 LIM 的工作原理出发推导了 dq 坐标下的数学模型,考虑了分段供电的特殊结构,并将模型应用于系统仿真与矢量闭环控制,仿真设计与实验结果基本吻合。文献[71]与[72]采用时间步长有限元分析的方法将电路与磁路方程进行强耦合,研究了 LIM 的动态性能。为了解决运算量大的问题,文献[30]采用了基于非线性瞬态有限元的非对称常数和计及速度的激磁电感,修正了静态和动态边端效应的影响,可更快地获得较高的建模精度。

由于便于理解、简单实用以及可以接受的模型精度,等效电路模型应用最为广泛,根据模型的复杂程度,可以划分为静态模型和动态模型。静态模型是一种理想化情况,指三相平衡正弦交流电激励且动子工作在恒定速度下,一般直接从旋转异步电机的电路模型推导得到,再根据工作状态、电源频率和运行速度对电路参数做一些简化等效。由于 LIM 存在不同于旋转异步电机的边端效应,采用静态模型难以实际等效,而动态模型会考虑部分或全部的边端效应,并以此来衡量其描述 LIM 动态行为的精度。Duncan 模型中对边端效应的处理方法被广泛采用[30,66],在 T 型等效电路的基础上定义了一些基于边端效应系数 Q 的额外参数,这些参数考虑了电机边端效应对激磁电感的影响,以及次级板的额外损耗。Duncan 模型的主要贡献有两点:一是提出了采用指数函数来描述边端效应对电机性能的影响;二是在传统 T 型等效电路的激磁电感上并联了一个激磁电阻,并引入两个系数 K_a 和 K_r 来修正激磁电感和次级电阻。但是 Duncan 模型只适用于动初级 LIM,且未考虑磁特性的非线性。文献[73]在 Duncan 模型的基础上考虑了运行条件变化对电路参数的影响。

文献[66]对 Duncan 模型做了进一步的改进,通过等效极数考虑了半填充槽的影响,引入 4 个系数 K_r、K_x、C_r 和 C_x,分别描述纵向边端效应和横向边端效应对次级电阻和激磁电抗的影响,并将等效电路模型变换到 dq 坐标系下进行控制策略研究。文献[74]与[75]针对 Duncan 模型在电机转差率 $s>0.5$ 时,由于磁动势分布不符合指数函数造成精度较差的问题,改进了气隙磁场和次级电流的分布模型,可以在全转差率范围获得较高的模型精度。文献[76]基于电机的结构参数(极距、气隙长度、次级厚度等)提出了 LIM 的动态模型,初始定义了一个适当的气隙分布函数,函数中包含了边端效应的影响。由于可以同时考虑静态和动态边端效应,因此模式是比较精确的,但也存在模型比较复杂、计算量大、参数不能辨识等缺点。文献[77]提出了 LIM 的空间矢量动态模型,考虑了动态边端效应,将模型方程改写成状态方程,这样对于进一步的非线性控制、状态观测及无传感器控制的研究更加友好。从等效电路模型本身的结构出发,可将等效电路模型划分成 T 型等效电路[66]和 Π 型等效电路[65],还可以划分成并联等效电路和串联等效电路[72]。

本节主要讨论多定子和多相 LIM 的数学模型,以及动子不对称分布对模型参数的影响,为后续性能分析和闭环控制创造条件。

2.3.1 多定子直线感应电机数学模型[49]

单定子长初级直线电机的结构如图 2-5 所示。与短初级 LIM 不同,图中定子和动子的极对数不相等。

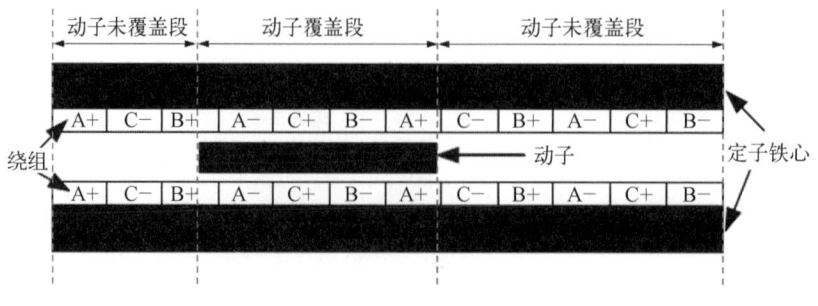

图 2-5 单定子长初级 LIM 的结构图

按照定子与动子的覆盖长度划分,将定子分为动子覆盖段和动子未覆盖段,其在 dq 坐标下的等效电路模型如图 2-6 所示。

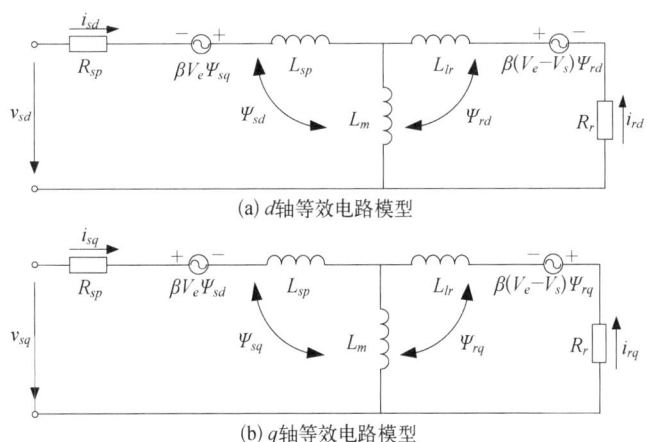

(a) d轴等效电路模型

(b) q轴等效电路模型

图 2-6 长定子 LIM 等效电路模型

当且仅当将动子未覆盖部分的定子绕组考虑为覆盖部分额外增加的漏抗时,全部归结到 L_{sp} 中,动子和定子的极对数可以看为一致,此时可以将长初级 LIM 等效为普通的 LIM。其中,R_{sp} 为通电段定子绕组和屏蔽层等效电阻,L_m 表示激磁电感,L_{lr} 表示次级板的等效漏感,V_s 表示动子速度,V_e 表示行波磁场速度,β 表示旋转角速度与直线角速度转换系数,定义为 $\beta = \pi/\tau$。

为了满足电磁发射场合的高推力密度和冗余性需求,直线电机一般设计为长初级多定子 LIM 的结构形式。多个定子在动子左右方向对称布置,沿高度方向并列布置,共用一个动子,从而构成了高度方向并列的双边多定子 LIM,如图 2-7 所示。

与单定子 LIM 不同,多定子 LIM 由于初级层叠布置,各定子绕组不仅与动子之间存在耦合,而且各定子之间存在边缘气隙磁场的耦合,上下定子之间在动子上的感应涡流之间也存在耦合,如图 2-8 所示。由于发射时间较短,频率始终在变化,且存在大电流饱和等现象,可见,多定子 LIM 是一个高阶、强耦合、非线性系统。

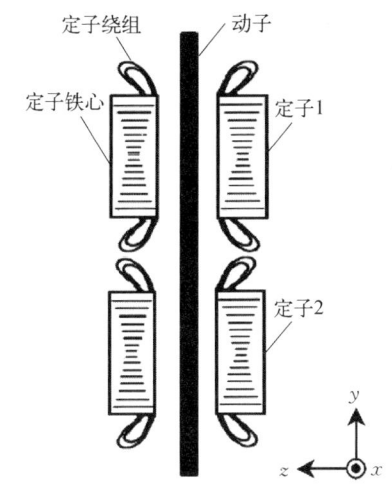

图 2-7 双边多定子 LIM 结构图

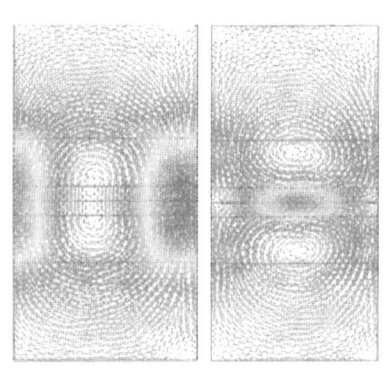

(a) 两台通同向电流　(b) 两台通反向电流

图 2-8 双定子 DSLIM 的次级涡流场耦合关系

2.3.1.1 单相耦合电路模型

从图 2-8 可以看出,上下定子在次级板上感应的涡流在中间区域存在耦合,耦合方式分为上下环流之间的磁路耦合和中间重叠区域的感生电场耦合。根据传统 LIM 的分析方法,可以将次级上下感应涡流回路看成在次级表面存在的三相等效电流绕组,等效的前提是气隙磁场、有功功率和无功功率保持不变。次级侧耦合主要表现为边缘气隙扩散磁场的耦合及次级涡流的耦合,这种耦合可以看作电机横向边端效应的耦合。

为简化分析模型,首先以双定子直线电机为例来分析次级侧的耦合效应。由于次级上下感应涡流回路相互耦合,三相等效电流绕组也相应地存在耦合,因此,上下环流之间的磁路耦合可以通过耦合电感 L_{xr} 来表示,中间重叠区域的感生电场耦合可以通过耦合电阻 R_{xr} 来表示。在次级上下等效三相绕组相应物理量的正方向不变的前提下,次级上下等效 A 相绕组的回路方程如下:

$$j\omega_s L_m(I_{sa1}+I_{ra1}) + j\omega_s(L_{lr1}+L_{xr})I_{ra1} - j\omega_s L_{xr}I_{ra2} + I_{ra1}(R_{lr1}+R_{xr}) - I_{ra2}R_{xr} = 0$$
$$j\omega_s L_m(I_{sa2}+I_{ra2}) + j\omega_s(L_{lr2}+L_{xr})I_{ra2} - j\omega_s L_{xr}I_{ra1} + I_{ra2}(R_{lr2}+R_{xr}) - I_{ra1}R_{xr} = 0$$

$$(2-1)$$

式中,L_m 是初级绕组与次级绕组之间的互感。$L_{lr1}+L_{xr}$ 和 $L_{lr2}+L_{xr}$ 分别表示次级上下等效绕组的等效漏感,其中 L_{lr1} 和 L_{lr2} 分别表示次级上下部分各自的等效漏感,它们的大小与次级板伸出初级的长度和周围的磁场介质相关;L_{xr} 表示次级中间耦合区域的等效漏感,在数值上等于次级上下部分等效绕组的互感。$R_{lr1}+R_{xr}$ 和 $R_{lr2}+R_{xr}$ 分别表示次级上下等效绕组的等效相电阻,其中 R_{lr1} 和 R_{lr2} 分别表示次级板上下部分各自的等效电阻,它们的大小与次级板伸出初级的长度有关,当伸出长度相同时,$R_{lr1}=R_{lr2}$;R_{xr} 表示次级中间耦合区域的等效电阻,在数值上等于次级上下部分等效绕组的互阻。ω_s 是转差角频率。I_{sa1} 和 I_{sa2} 分别表示上下两部定子绕组 A 相的电流。I_{ra1} 和 I_{ra2} 分别表示次级上下两部分等效绕组 A 相的电流。

基于式(2-1)所示的回路电压方程,可以得到次级侧耦合单相等效电路模型如图 2-9 所示。其中,I_{m1} 和 I_{m2} 分别表示上下两部定子的激磁电流。

由于上下相邻定子之间存在横向端部耦合,可以用耦合电感 L_{xs} 和互阻 R_{xs} 来表示,建立上下两部定子 A 相绕组的回路电压方程如下:

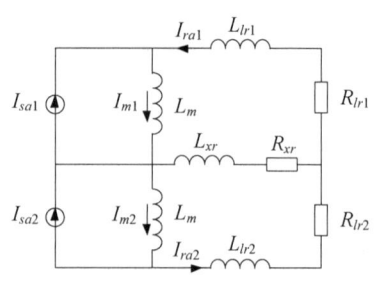

图 2-9 次级侧耦合单相等效电路模型

$$j\omega_1 L_m(I_{sa1}+I_{ra1}) + j\omega_1(L_{ls1}+L_{xs})I_{sa1} - j\omega_1 L_{xs}I_{sa2} + I_{sa1}R_s + (I_{sa1}-I_{sa2})R_{xs} = U_{sa1}$$
$$j\omega_1 L_m(I_{sa2}+I_{ra2}) + j\omega_1(L_{ls2}+L_{xs})I_{sa2} - j\omega_1 L_{xs}I_{sa1} + I_{sa2}R_s - (I_{sa1}-I_{sa2})R_{xs} = U_{sa2}$$

$$(2-2)$$

式中,$L_{ls1}+L_{xs}$ 和 $L_{ls2}+L_{xs}$ 分别表示上下两台定子 A 相之间的漏感,其中 L_{ls1} 和 L_{ls2} 分别表示

上下定子自身漏感，L_{xs} 表示上下两台定子由于端部磁路耦合产生的互感。R_{xs} 表示上下两台定子由于端部电场耦合产生的互阻。R_s 表示相电阻。ω_1 是同步角频率。U_{sa1} 和 U_{sa2} 分别表示上下定子绕组 A 相的端电压。

基于式(2-2)所示的回路电压方程，可以得到初级上下两台定子的单相等效电路模型如图 2-10 所示。其中，$E_1 = j\omega_1 L_m (I_{sa1} + I_{ra1})$ 和 $E_2 = j\omega_1 L_m (I_{sa2} + I_{ra2})$ 分别表示上下定子的单相感应电动势。

将图 2-9 与图 2-10 的模型合并，可以得到双定子耦合的单相等效电路如图 2-11 所示。

电磁发射用直线电机采用四定子双边 LIM 结构，相比于双定子结构更加复杂、耦合更多。对于不相邻的定子，由于相距较远，它们之间的磁场耦合及次级上的涡流耦合较弱，因而可以忽略不相邻定子间的耦合效应，这样得到了四定子双边 LIM 的简化耦合电路模型，如图 2-12 所示。多于四定子情况的分析方法与上述方法类似。

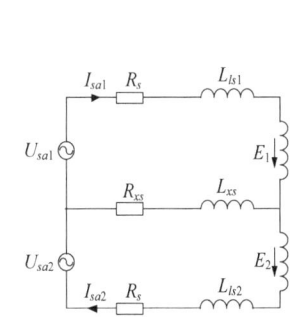

图 2-10 初级侧的单相等效电路模型

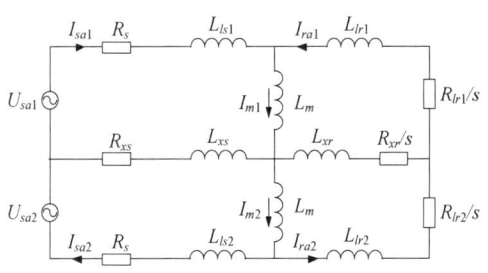

图 2-11 双定子 LIM 的单相等效电路模型

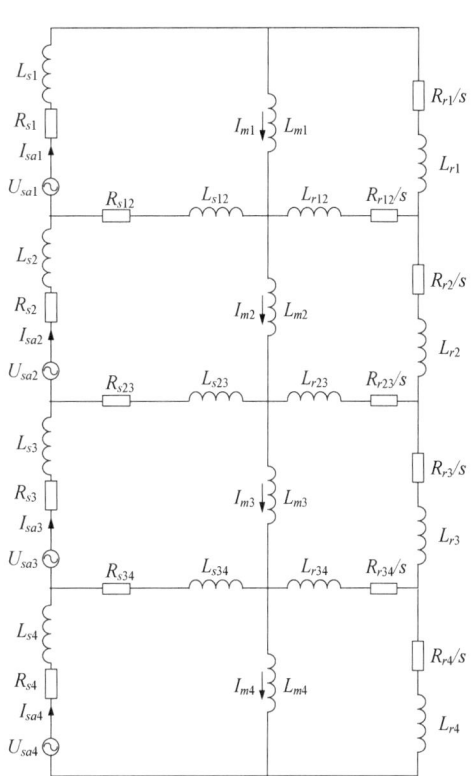

图 2-12 四定子 DSLIM 的等效电路模型

2.3.1.2 简化的 dq 坐标系基本方程

基于前面的分析，电磁发射四定子 LIM 的数学模型非常复杂，若仅考虑电机内部定子绕组和转子绕组的 $dq0$ 三个变量，每台双边 LIM 的基本方程至少为 6 阶，则四定子结构的基本方程至少为 24 阶。若进一步考虑每台电机自带屏蔽层，则每台双边 LIM 的基本方程为 9 阶，四定子结构的基本方程为 36 阶。该模型无论是进行电机性能分析，还是运行控制,其运算量都很大。为了降低数学分析的复杂程度,需要进行必要的简化处理。与传统的 LIM 相比,多定子 LIM 数学模型的复杂性主要体现在上下相邻初级及对应的次级环流之间存在耦合,故简化的主要思路是对相邻初级之间的耦合进行等效或解耦处理。

当上下四台定子的电流大小相等时,通过有限元仿真可以得到动子上的感应涡流分布如图 2-13(a)所示。可以看出,当上下各台定子的电流大小相等时,动子表面存在一个总的感应环流,这是因为当各台定子的电流大小和频率相等时,将在动子上产生一个沿高度方向连续且大小基本相等的磁场,该磁场可等效为一个高度等于四台定子总高度的单台定子产生的磁场,该磁场沿动子长度方向正弦分布,且相对动子以转差速度做直线运动,因而这时动子感应涡流对应的简化等效电路可由图 2-13(b)来表示。图中,R_r、L_{lr} 分别为动子总的等效电阻和等效漏感,$L_{mk}(k=1,2,3,4)$ 表示第 k 台定子与动子的互感。

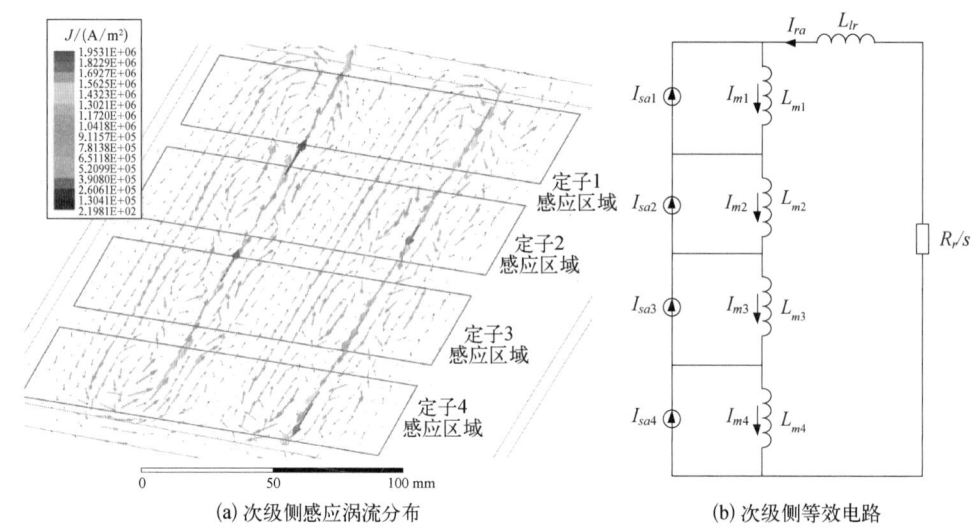

(a) 次级侧感应涡流分布   (b) 次级侧等效电路

图 2-13 四定子 DSLIM 次级侧等效电路(定子侧电流相同时)

当多定子 LIM 上下定子的电流大小相等时,相邻定子的耦合阻抗在单台定子中产生的电压降可解耦为该台定子电流与耦合阻抗的乘积,从而可将相邻定子的耦合阻抗折算到每台定子的自阻抗中。综上,可以得到多定子 LIM 的简化等效电路,如图 2-14 所示。

假设上下各台定子和动子的 dq 轴位置重合,可推导出对应的 dq 坐标系下的基本方程。

磁链方程:

$$\boldsymbol{\Psi} = \begin{bmatrix} \boldsymbol{\Psi}_1^T & \boldsymbol{\Psi}_2^T & \boldsymbol{\Psi}_3^T & \boldsymbol{\Psi}_4^T & \boldsymbol{\Psi}_r^T \end{bmatrix}^T = \boldsymbol{LI}$$

$$= \begin{bmatrix} \boldsymbol{L}_{S1} & 0 & 0 & 0 & \boldsymbol{L}_{S1R} \\ 0 & \boldsymbol{L}_{S2} & 0 & 0 & \boldsymbol{L}_{S2R} \\ 0 & 0 & \boldsymbol{L}_{S3} & 0 & \boldsymbol{L}_{S3R} \\ 0 & 0 & 0 & \boldsymbol{L}_{S4} & \boldsymbol{L}_{S4R} \\ \boldsymbol{L}_{S1R}^T & \boldsymbol{L}_{S2R}^T & \boldsymbol{L}_{S3R}^T & \boldsymbol{L}_{S4R}^T & \boldsymbol{L}_{RR} \end{bmatrix} \begin{bmatrix} \boldsymbol{i}_1^T & \boldsymbol{i}_2^T & \boldsymbol{i}_3^T & \boldsymbol{i}_4^T & \boldsymbol{i}_r^T \end{bmatrix}^T \quad (2-3)$$

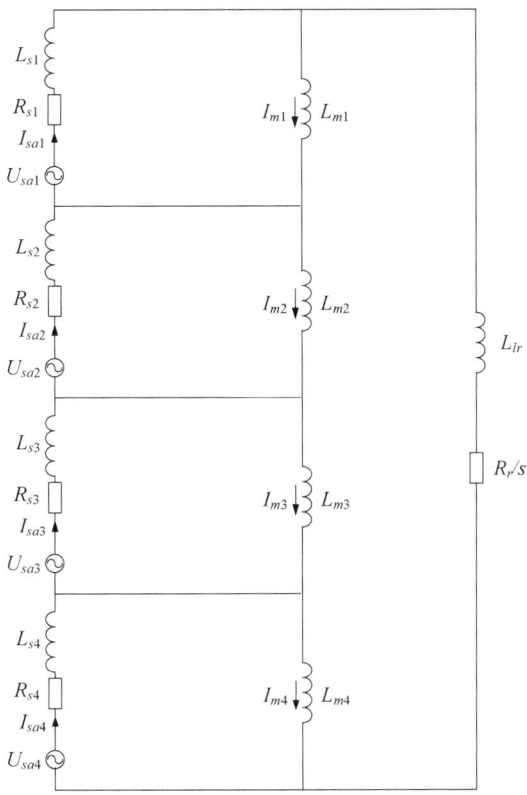

图 2-14 四定子 DSLIM 的简化等效电路

式中,

$$\boldsymbol{\psi}_k = \begin{bmatrix} \psi_{sdk} & \psi_{sqk} & \psi_{0k} \end{bmatrix}^T, \boldsymbol{\psi}_r = \begin{bmatrix} \psi_{rd} & \psi_{rq} \end{bmatrix}^T \quad (k = 1, 2, 3, 4)$$

$$\boldsymbol{i}_k = \begin{bmatrix} i_{sdk} & i_{sqk} & i_{0k} \end{bmatrix}^T, \boldsymbol{i}_r = \begin{bmatrix} i_{rd} & i_{rq} \end{bmatrix}^T \quad (k = 1, 2, 3, 4)$$

$$i_{sd1} = i_{sd2} = i_{sd3} = i_{sd4} = i_{sd}, \; i_{sq1} = i_{sq2} = i_{sq3} = i_{sq4} = i_{sq}$$

$$\boldsymbol{L}_{Sk} = \begin{bmatrix} L_{lsk} + L_{mk} & 0 & 0 \\ 0 & L_{lsk} + L_{mk} & 0 \\ 0 & 0 & L_0 \end{bmatrix} \quad (k = 1, 2, 3, 4)$$

$$\boldsymbol{L}_{RR} = \begin{bmatrix} L_{lr} + \sum_{k=1}^{4} L_{mk} & 0 \\ 0 & L_{lr} + \sum_{k=1}^{4} L_{mk} \end{bmatrix} \quad (k = 1, 2, 3, 4)$$

$$\boldsymbol{L}_{SkR}^T = \begin{bmatrix} L_{mk} & 0 & 0 \\ 0 & L_{mk} & 0 \end{bmatrix} \quad (k = 1, 2, 3, 4)$$

电压方程:

$$RI + L\frac{\mathrm{d}I}{\mathrm{d}t} + KK_\omega \boldsymbol{\Psi} = U \tag{2-4}$$

式中，

$$U = \begin{bmatrix} \boldsymbol{u}_1^\mathrm{T} & \boldsymbol{u}_2^\mathrm{T} & \boldsymbol{u}_3^\mathrm{T} & \boldsymbol{u}_4^\mathrm{T} & \boldsymbol{u}_r^\mathrm{T} \end{bmatrix}^\mathrm{T}$$

$$\boldsymbol{u}_k = \begin{bmatrix} u_{sdk} & u_{sqk} & u_{0k} \end{bmatrix}^\mathrm{T}, \boldsymbol{u}_r = \begin{bmatrix} u_{rd} & u_{rq} \end{bmatrix}^\mathrm{T} \quad (k = 1, 2, 3, 4)$$

$$\boldsymbol{R} = \begin{bmatrix} \boldsymbol{R}_1 & 0 & 0 & 0 & 0 \\ 0 & \boldsymbol{R}_2 & 0 & 0 & 0 \\ 0 & 0 & \boldsymbol{R}_3 & 0 & 0 \\ 0 & 0 & 0 & \boldsymbol{R}_4 & 0 \\ 0 & 0 & 0 & 0 & \boldsymbol{R}_R \end{bmatrix}, \boldsymbol{R}_k = \begin{bmatrix} R_{sk} & 0 & 0 \\ 0 & R_{sk} & 0 \\ 0 & 0 & R_{sk} \end{bmatrix} (k = 1, 2, 3, 4)$$

$$\boldsymbol{R}_R = \begin{bmatrix} R_r & 0 \\ 0 & R_r \end{bmatrix}$$

$$\boldsymbol{KK}_\omega = \begin{bmatrix} \boldsymbol{K}_{\omega 1} & 0 & 0 & 0 & 0 \\ 0 & \boldsymbol{K}_{\omega 1} & 0 & 0 & 0 \\ 0 & 0 & \boldsymbol{K}_{\omega 1} & 0 & 0 \\ 0 & 0 & 0 & \boldsymbol{K}_{\omega 1} & 0 \\ 0 & 0 & 0 & 0 & \boldsymbol{K}_{\omega s} \end{bmatrix}$$

$$\boldsymbol{K}_{\omega 1} = \begin{bmatrix} 0 & -\omega_1 & 0 \\ \omega_1 & 0 & 0 \\ 0 & 0 & 0 \end{bmatrix}, \boldsymbol{K}_{\omega s} = \begin{bmatrix} 0 & -\omega_s \\ \omega_s & 0 \end{bmatrix}$$

参考旋转电机理论，四定子双边 LIM 的总输入功率表达式为

$$\begin{aligned} P_{in} &= \sum_{k=1}^{4} P_{ink} \\ &= \sum_{k=1}^{4} \left[\frac{3}{2}(u_{sdk}i_{sdk} + u_{sqk}i_{sqk} + u_{0k}i_{0k}) \right] \\ &= \sum_{k=1}^{4} \frac{3}{2} \left[(i_{sdk}^2 + i_{sqk}^2 + 2i_{0k}^2)R_s + (i_{sdk}p\psi_{sdk} + i_{sqk}p\psi_{sqk} + 2i_{0k}p\psi_{0k}) + \omega_1(\psi_{sdk}i_{sqk} - \psi_{sqk}i_{sdk}) \right] \end{aligned}$$
$$\tag{2-5}$$

上式右侧第一项表示第 k 台直线电机的定子铜耗，右侧第二项表示第 k 台直线电机磁场能量的变化所对应的输入功率，右侧第三项表示第 k 台直线电机定子向对应的动子传递的总电磁功率，定义为

$$P_{em} = \sum_{k=1}^{4} P_{emk} = \sum_{k=1}^{4} \left[\frac{3}{2}\omega_1(\psi_{sdk}i_{sqk} - \psi_{sqk}i_{sdk}) \right] \tag{2-6}$$

将式(2-3)的磁链方程代入式(2-6)可以推导出:

$$P_{em} = \frac{3}{2}\omega_1 \sum_{k=1}^{4}[L_{mk}(i_{sqk}i_{rdk} - i_{sdk}i_{rqk})] \quad (2-7)$$

可以得到四定子 LIM 输出的电磁力为

$$F_e = \frac{\beta P_{em}}{\omega_1} = \frac{3}{2}\beta \sum_{k=1}^{4}[L_{mk}(i_{sqk}i_{rdk} - i_{sdk}i_{rqk})] \quad (2-8)$$

当上下各台定子电流的瞬时值相等时,可以进一步推导出基于简化模型的电磁力表达式:

$$F_e = \frac{3}{2}\beta(i_{sq}i_{rd} - i_{sd}i_{rq}) \sum_{k=1}^{4} L_{mk} = \frac{3}{2}\beta(i_{sq}i_{rd} - i_{sd}i_{rq})L_m \quad (2-9)$$

式中,$\sum_{k=1}^{4} L_{mk} = L_m$。

2.3.2 多相直线感应电机数学模型

当电磁发射用直线电机高度受限时,还可以考虑用多相来提高推力和可靠性。进行多相 LIM 模型研究时,作如下假设:

(1) 忽略空间谐波,假定直线电机的各相绕组对称分布,所产生的磁动势沿气隙周围按正弦规律分布;
(2) 忽略铁心损耗;
(3) 忽略频率和温度变化对绕组电阻的影响;
(4) 忽略次级集肤效应;
(5) 电机为环形饼式绕组,忽略端部漏感。

2.3.2.1 磁链方程

将次级等效为 abc 三相绕组,以六相 LIM 为例进行分析,其磁链方程如下[54]:

$$\begin{bmatrix} \boldsymbol{\psi}_s \\ \boldsymbol{\psi}_r \end{bmatrix} = \begin{bmatrix} L_{ss} & L_{sr} \\ L_{rs} & L_{rr} \end{bmatrix} \begin{bmatrix} \boldsymbol{i}_s \\ \boldsymbol{i}_r \end{bmatrix} \quad (2-10)$$

其中,初级磁链向量为

$$\boldsymbol{\psi}_s = [\psi_{a1} \quad \psi_{b1} \quad \psi_{c1} \quad \psi_{a2} \quad \psi_{b2} \quad \psi_{c2}]^T \quad (2-11)$$

次级磁链向量为

$$\boldsymbol{\psi}_r = [\psi_{ra1} \quad \psi_{rb1} \quad \psi_{rc1}]^T \quad (2-12)$$

初级电流向量为

$$\boldsymbol{i}_s = [i_{a1} \quad i_{b1} \quad i_{c1} \quad i_{a2} \quad i_{b2} \quad i_{c2}]^T \quad (2-13)$$

次级电流向量为

$$\boldsymbol{i}_r = \begin{bmatrix} i_{ra1} & i_{rb1} & i_{rc1} \end{bmatrix}^T \qquad (2-14)$$

其中,下标 $a1$、$a2$、$ra1$ 分别表示初级 A_1 相、初级 A_2 相、次级 A 相绕组。式(2-10)中,L_{ss} 为六相初级绕组之间的互感矩阵,L_{rr} 为次级等效绕组之间的互感矩阵,L_{sr} 为六相初级绕组与次级等效绕组之间的互感矩阵。

1. 初级互感

六相初级绕组气隙磁场对应的主电感由两部分构成,分别为次级覆盖部分气隙磁场对应的激磁电感 L_{ssm},次级未覆盖部分气隙磁场对应的漏感 L_{ss_un}。初级漏感 L_{ss_sl} 主要由槽漏感 L_{ss_slot}、谐波漏感 L_{ss_ha} 和齿顶漏感 L_{ss_td} 等组成,则初级互感矩阵为

$$\boldsymbol{L}_{ss} = \boldsymbol{L}_{ssm} + \boldsymbol{L}_{ss\_un} + \boldsymbol{L}_{ss\_sl} \qquad (2-15)$$

式中,

$$\boldsymbol{L}_{ssm} = \begin{bmatrix} L_{mm1} & -\frac{1}{2}L_{mm1} & -\frac{1}{2}L_{mm1} & L_{mm1}\cos\frac{\pi}{6} & L_{mm1}\cos\frac{5\pi}{6} & L_{mm1}\cos\frac{\pi}{2} \\ -\frac{1}{2}L_{mm1} & L_{mm1} & -\frac{1}{2}L_{mm1} & L_{mm1}\cos\frac{\pi}{2} & L_{mm1}\cos\frac{\pi}{6} & L_{mm1}\cos\frac{5\pi}{6} \\ -\frac{1}{2}L_{mm1} & -\frac{1}{2}L_{mm1} & L_{mm1} & L_{mm1}\cos\frac{5\pi}{6} & L_{mm1}\cos\frac{\pi}{2} & L_{mm1}\cos\frac{\pi}{6} \\ L_{mm1}\cos\frac{\pi}{6} & L_{mm1}\cos\frac{\pi}{2} & L_{mm1}\cos\frac{5\pi}{6} & L_{mm1} & -\frac{1}{2}L_{mm1} & -\frac{1}{2}L_{mm1} \\ L_{mm1}\cos\frac{5\pi}{6} & L_{mm1}\cos\frac{\pi}{6} & L_{mm1}\cos\frac{\pi}{2} & -\frac{1}{2}L_{mm1} & L_{mm1} & -\frac{1}{2}L_{mm1} \\ L_{mm1}\cos\frac{\pi}{2} & L_{mm1}\cos\frac{5\pi}{6} & L_{mm1}\cos\frac{\pi}{6} & -\frac{1}{2}L_{mm1} & -\frac{1}{2}L_{mm1} & L_{mm1} \end{bmatrix} \qquad (2-16)$$

$$\boldsymbol{L}_{ss\_un} = \begin{bmatrix} L_{ls\_un1} & -\frac{1}{2}L_{ls\_un1} & -\frac{1}{2}L_{ls\_un1} & L_{ls\_un1}\cos\frac{\pi}{6} & L_{ls\_un1}\cos\frac{5\pi}{6} & L_{ls\_un1}\cos\frac{\pi}{2} \\ -\frac{1}{2}L_{ls\_un1} & L_{ls\_un1} & -\frac{1}{2}L_{ls\_un1} & L_{ls\_un1}\cos\frac{\pi}{2} & L_{ls\_un1}\cos\frac{\pi}{6} & L_{ls\_un1}\cos\frac{5\pi}{6} \\ -\frac{1}{2}L_{ls\_un1} & -\frac{1}{2}L_{ls\_un1} & L_{ls\_un1} & L_{ls\_un1}\cos\frac{5\pi}{6} & L_{ls\_un1}\cos\frac{\pi}{2} & L_{ls\_un1}\cos\frac{\pi}{6} \\ L_{ls\_un1}\cos\frac{\pi}{6} & L_{ls\_un1}\cos\frac{\pi}{2} & L_{ls\_un1}\cos\frac{5\pi}{6} & L_{ls\_un1} & -\frac{1}{2}L_{ls\_un1} & -\frac{1}{2}L_{ls\_un1} \\ L_{ls\_un1}\cos\frac{5\pi}{6} & L_{ls\_un1}\cos\frac{\pi}{6} & L_{ls\_un1}\cos\frac{\pi}{2} & -\frac{1}{2}L_{ls\_un1} & L_{ls\_un1} & -\frac{1}{2}L_{ls\_un1} \\ L_{ls\_un1}\cos\frac{\pi}{2} & L_{ls\_un1}\cos\frac{5\pi}{6} & L_{ls\_un1}\cos\frac{\pi}{6} & -\frac{1}{2}L_{ls\_un1} & -\frac{1}{2}L_{ls\_un1} & L_{ls\_un1} \end{bmatrix} \qquad (2-17)$$

式(2-16)中,L_{mm1}为次级覆盖段激磁电感,定子两相轴线重合时,两者之间互感最大。式(2-17)中,L_{ls_un1}为次级未覆盖段漏感,定子两相轴线重合时,两者之间互感最大。

$$\boldsymbol{L}_{ss\_sl} = \mathrm{diag}(L_{ss\_sl}, L_{ss\_sl}, L_{ss\_sl}, L_{ss\_sl}, L_{ss\_sl}, L_{ss\_sl}) \tag{2-18}$$

其中,$\boldsymbol{L}_{ss\_sl}$为定子每相等效漏感。

2. 次级互感

次级由铁心和表面导电层构成,将其看作一个整体,并等效为一套三相绕组,其等效绕组间互感 $\boldsymbol{L}_{rr}$ 见式(2-19)。其中 L_{mm1} 为等效绕组两相轴线重合时,两者互感最大值,L_{lr} 为次级每相等效绕组漏感。

$$\boldsymbol{L}_{rr} = \begin{bmatrix} L_{mm1} + L_{lr} & -\dfrac{1}{2}L_{mm1} & -\dfrac{1}{2}L_{mm1} \\ -\dfrac{1}{2}L_{mm1} & L_{mm1} + L_{lr} & -\dfrac{1}{2}L_{mm1} \\ -\dfrac{1}{2}L_{mm1} & -\dfrac{1}{2}L_{mm1} & L_{mm1} + L_{lr} \end{bmatrix} \tag{2-19}$$

3. 初级与次级等效绕组间互感

初级绕组为两套半对称的三相绕组,次级绕组为一套等效三相绕组,设初级 a_1 相绕组轴线与次级 a 相绕组轴线之间的夹角为 θ_r,则初级与次级绕组之间的互感 $\boldsymbol{L}_{sr}$ 见式(2-20)。

$$\boldsymbol{L}_{sr} = \begin{bmatrix} L_{mm1}\cos\theta_r & L_{mm1}\cos\left(\theta_r + \dfrac{2\pi}{3}\right) & L_{mm1}\cos\left(\theta_r + \dfrac{4\pi}{3}\right) \\ L_{mm1}\cos\left(\theta_r + \dfrac{4\pi}{3}\right) & L_{mm1}\cos\theta_r & L_{mm1}\cos\left(\theta_r + \dfrac{2\pi}{3}\right) \\ L_{mm1}\cos\left(\theta_r + \dfrac{2\pi}{3}\right) & L_{mm1}\cos\left(\theta_r + \dfrac{4\pi}{3}\right) & L_{mm1}\cos\theta_r \\ L_{mm1}\cos\left(\theta_r - \dfrac{\pi}{6}\right) & L_{mm1}\cos\left(\theta_r + \dfrac{2\pi}{3} - \dfrac{\pi}{6}\right) & L_{mm1}\cos\left(\theta_r + \dfrac{4\pi}{3} - \dfrac{\pi}{6}\right) \\ L_{mm1}\cos\left(\theta_r + \dfrac{4\pi}{3} - \dfrac{\pi}{6}\right) & L_{mm1}\cos\left(\theta_r - \dfrac{\pi}{6}\right) & L_{mm1}\cos\left(\theta_r + \dfrac{2\pi}{3} - \dfrac{\pi}{6}\right) \\ L_{mm1}\cos\left(\theta_r + \dfrac{2\pi}{3} - \dfrac{\pi}{6}\right) & L_{mm1}\cos\left(\theta_r + \dfrac{4\pi}{3} - \dfrac{\pi}{6}\right) & L_{mm1}\cos\left(\theta_r - \dfrac{\pi}{6}\right) \end{bmatrix}$$

$$\tag{2-20}$$

2.3.2.2 电压方程

电压方程为

$$\begin{bmatrix} \boldsymbol{U}_s \\ \boldsymbol{U}_r \end{bmatrix} = \mathrm{p} \begin{bmatrix} \boldsymbol{\psi}_s \\ \boldsymbol{\psi}_r \end{bmatrix} + \boldsymbol{R} \begin{bmatrix} \boldsymbol{i}_s \\ \boldsymbol{i}_r \end{bmatrix} \tag{2-21}$$

初级电压向量为

$$\boldsymbol{U}_s = \begin{bmatrix} u_{a1} & u_{b1} & u_{c1} & u_{a2} & u_{b2} & u_{c2} \end{bmatrix}^\mathrm{T} \tag{2-22}$$

次级电压向量为

$$\boldsymbol{U}_r = \begin{bmatrix} u_{ra1} & u_{rb1} & u_{rc1} \end{bmatrix}^\mathrm{T} \tag{2-23}$$

式中，p 为微分算子；$\boldsymbol{R} = \mathrm{diag}(R_s, R_s, R_s, R_s, R_s, R_s, R_{r1}, R_{r1}, R_{r1})$，$R_s$ 为初级每相电阻，R_{r1} 为次级每相等效电阻。

2.3.2.3 电磁力及运动方程

根据虚位移原理可以推导电磁力方程为

$$F_e = \frac{1}{2}\beta \begin{bmatrix} \boldsymbol{i}_s \\ \boldsymbol{i}_r \end{bmatrix}^\mathrm{T} \begin{bmatrix} 0 & \dfrac{\partial \boldsymbol{L}_{sr}}{\partial \theta_r} \\ \dfrac{\partial \boldsymbol{L}_{sr}^\mathrm{T}}{\partial \theta_r} & 0 \end{bmatrix} \begin{bmatrix} \boldsymbol{i}_s \\ \boldsymbol{i}_r \end{bmatrix} \tag{2-24}$$

其中，θ_r 是次级位移为 x 时对应的电角度，即 $\theta_r = \beta x$。根据牛顿第二定律，可得运动方程为

$$F_e = F_L + (M + m)\frac{\mathrm{d}v}{\mathrm{d}t} + Dv^2 + \mu(M + m)g \tag{2-25}$$

式中，F_L 为负载阻力；m 为次级质量；v 为次级速度；M 为发射载荷质量；D 为风摩系数；μ 为滑动摩擦系数；g 为重力加速度。

2.3.3 次级不对称分布参数模型

2.3.3.1 次级等效绕组模型[78]

建立次级不对称模型的难点在于，次级为一块铝板，次级涡流分布在铝板上，难以对次级的参数进行精确计量。如何具体地、定量地描述次级涡流，是计算次级不对称参数的前提。

当初级电流变化时，气隙磁场强度随之改变，为了抵抗气隙磁场的变化，次级感应出相应的涡流。次级涡流以气隙磁场为媒介响应定子电流的变化，可直观地理解为初级电流的"镜像"，因此可以假设次级沿一套等效绕组流动，该等效绕组和初级绕组具有相同的形式。

根据上述假设,建立图 2-15 所示的直线电机模型。次级等效绕组与初级绕组型式相同,为三相单层绕组,每相在每对极下的线圈数为 q,极距为 τ,次级的长度为 $2p\tau$。次级 a 相等效绕组每对极第 i 个线圈的电流分布在图 2-15 中标出,左端第 i 个线圈与次级左边端的距离为 x_{1i},右端第 i 个线圈与动子右边端的距离为 x_{2i}。次级左侧的铁心长度为 l_1,次级右侧的铁心长度为 l_2。为了便于下文的气隙磁场分析,对各个线圈间的电磁气隙进行了编号[78]。

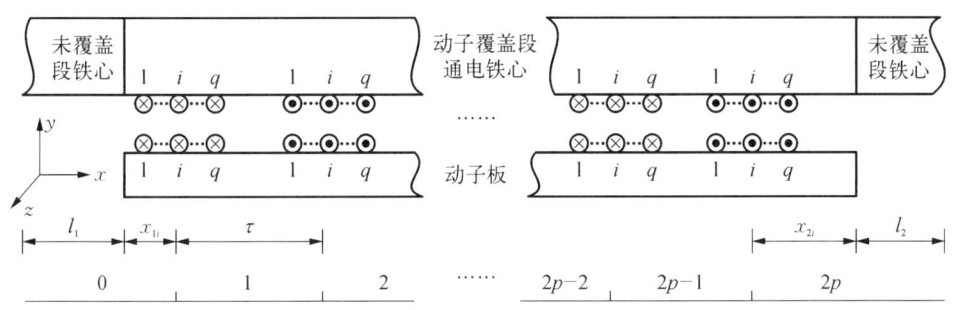

图 2-15 直线电机模型

2.3.3.2 次级等效绕组产生的气隙磁场

由于次级两端存在初级铁心,次级涡流将在两端铁心的电磁气隙中产生杂散磁场,当次级两端初级铁心较长时,需要考虑初级铁心中的磁压降的影响。对于长初级 LIM,在次级运动的大部分行程里,次级两端的初级铁心均较长,因此首先对两端铁心长度较大时的气隙磁动势进行推导。

定义磁动势的正方向为坐标 y 的正方向,电流的正方向为坐标 z 的正方向,由第 i 个动子等效线圈在电磁气隙中编号 i 处产生的磁动势 f 满足如下关系式:

$$\begin{cases} f_1 - f_0(x_{1i}) = N_c i_{ar} \\ f_2 - f_1 = -N_c i_{ar} \\ \cdots \\ f_{2p}[2p\tau - x_{2i}] - f_{2p-1} = -N_c i_{ar} \end{cases} \quad (2-26)$$

式中,N_c 为次级等效绕组的线圈匝数;i_{ar} 为次级等效 a 相绕组电流。由式(2-26)可得

$$\begin{cases} f_0(x_{1i}) = f_2 = f_4 = \cdots = f_{2p}[2p\tau - x_{2i}] = f_m \\ f_1 = f_3 = f_5 = \cdots = f_{2p-1} = f_n \\ f_n - f_m = N_c i_{ar} \end{cases} \quad (2-27)$$

由磁通连续性定理,动子覆盖段和未覆盖段所构成的总电磁气隙中,y 方向的磁感应强度满足

$$\int_{-l_1}^{2p\tau+l_2} B_y \mathrm{d}x = 0 \qquad (2-28)$$

对于线性系统,有 $B_y = \mu_0 f/g$。其中 μ_0 为空气气隙磁导率;g 为电磁气隙的大小;f 为磁动势。由式(2-28)可以推导出:

$$f_n p\tau + f_m(p-1)\tau + \int_{-l_1}^{x_{1i}} f_0(x)\mathrm{d}x + \int_{2p\tau-x_{2i}}^{2p\tau+l_2} f_{2p}(x)\mathrm{d}x = 0 \qquad (2-29)$$

考虑到铁心中磁压降的影响,磁动势将随着其与绕组距离的增大而减小。对于动子 a 相等效绕组的左端铁心($-l_1 < x < x_{1i}$),根据磁通连续性定理,其磁通密度 $B_j(x)$ 满足表达式

$$B_j(x)h_j = \int_{-l_1}^{x} \lambda f_0 \mathrm{d}x \qquad (2-30)$$

式中,$\lambda = \mu_0/g$,h_j 为定子铁心宽度。由式(2-30)可得到磁场强度 $H_j(x)$ 的表达式:

$$H_j(x) = \frac{1}{\mu_{rj} h_j g} \int_{-l_1}^{x} f_0 \mathrm{d}x \qquad (2-31)$$

式中,μ_{rj} 为铁心的相对磁导率。根据安培环路定理有

$$f_1 - f_0(x) - \int_{x}^{x_{1i}} H_j \mathrm{d}x = N_c i_{ar} \qquad (2-32)$$

将式(2-31)代入式(2-32)中,并将式(2-32)两边对坐标 x 求 2 次导数,可以得到关于 $f_0(x)$ 的二阶微分方程:

$$f_0''(x) - k f_0(x) = 0 \qquad (2-33)$$

式中,$k = 1/(u_{rj} h_j g)$。同时令

$$\begin{cases} f_0(x_{1i}) = f_m \\ f_0(-l_1) = 0 \end{cases} \qquad (2-34)$$

联立式(2-33)、式(2-34),解得 $f_0(x)$ 的表达式为

$$f_0(x) = \frac{f_m}{\mathrm{e}^{\sqrt{k}x_{1i}} - \mathrm{e}^{-\sqrt{k}(x_{1i}+2l_1)}} \mathrm{e}^{\sqrt{k}x} + \frac{f_m}{\mathrm{e}^{-\sqrt{k}x_{1i}} - \mathrm{e}^{\sqrt{k}(x_{1i}+2l_1)}} \mathrm{e}^{-\sqrt{k}x} \qquad (2-35)$$

同样,对于动子 a 相等效绕组的右边端铁心($2p\tau - x_{2i} < x < 2p\tau + l_2$),解得磁动势 $f_{2p}(x)$ 的表达式为

$$f_{2p}(x) = \frac{f_m}{\mathrm{e}^{2\sqrt{k}p\tau}(\mathrm{e}^{-\sqrt{k}x_{2i}} - \mathrm{e}^{\sqrt{k}(x_{2i}+2l_2)})} \mathrm{e}^{\sqrt{k}x} + \frac{f_m}{\mathrm{e}^{-2\sqrt{k}p\tau}(\mathrm{e}^{\sqrt{k}x_{2i}} - \mathrm{e}^{-\sqrt{k}(x_{2i}+2l_2)})} \mathrm{e}^{-\sqrt{k}x} \qquad (2-36)$$

得到 $f_0(x)$ 和 $f_{2p}(x)$ 的表达式后,结合式(2-27),可解得气隙磁动势为

$$\begin{cases} f_m = -\frac{1}{2}N_c i_{ar} + \frac{1}{2}N_c i_{ar} \frac{l}{p\tau + l} \\ f_n = \frac{1}{2}N_c i_{ar} + \frac{1}{2}N_c i_{ar} \frac{l}{p\tau + l} \end{cases} \quad (2-37)$$

式中,l 代表动子两端铁心的等效长度,其表达式为

$$\begin{cases} l = \frac{l_1' + l_2' - \tau}{2} \\ l_1' = \frac{e^{2\sqrt{k}(x_{1i}+l_1)} - 1}{\sqrt{k}(e^{2\sqrt{k}(x_{1i}+l_1)} + 1)} \\ l_2' = \frac{e^{2\sqrt{k}(x_{2i}+l_2)} - 1}{\sqrt{k}(e^{2\sqrt{k}(x_{2i}+l_2)} + 1)} \end{cases} \quad (2-38)$$

从式(2-37)中可以发现,次级等效 a 相绕组在电磁气隙中产生的磁动势,除了含有方波脉振磁动势外,还含有一个与空间位置无关的脉振磁动势分量,其大小为

$$\Delta f_{a\_i} = \frac{1}{2}N_c i_{ar} \frac{l}{p\tau + l} = \frac{1}{2}N_c i_{ar} \frac{1}{p\tau/l + 1} \quad (2-39)$$

该脉振磁动势与方波脉振磁动势的比值,取决于次级长度与次级两端初级铁心有效长度的比值,次级长度越大,或者两端初级铁心有效长度越小,则脉振磁动势与方波磁动势的比值越小。

当次级两端的初级铁心长度较小时,可忽略铁心中的磁压降,两端铁心中各点的磁场大小近似相等,式(2-29)简化为

$$f_n p\tau + f_m[(p-1)\tau + x_{1i} + l_1 + x_{2i} + l_2] = 0 \quad (2-40)$$

联立式(2-37)、式(2-40),解得气隙磁动势为

$$\begin{cases} f_m = -\frac{1}{2}N_c i_{ar} + \frac{1}{2}N_c i_{ar} \frac{l'}{p\tau + l'} \\ f_n = \frac{1}{2}N_c i_{ar} + \frac{1}{2}N_c i_{ar} \frac{l'}{p\tau + l'} \end{cases} \quad (2-41)$$

式中 $l' = (l_1 + l_2)/2$,对比式(2-37)和式(2-41),两式的形式相同,说明动子位置改变时,磁动势的分布规律保持不变。图2-16是根据(2-37)、式(2-41)绘制的磁动势比值随次级两端铁心长度变化的曲线。

式(2-37)在两端铁心较长时精确度较高,式(2-41)在两端铁心较短时精确度较高,因此脉振磁动势与方波脉振磁动势的比值,在铁心长度较短时如图2-16中的实线所

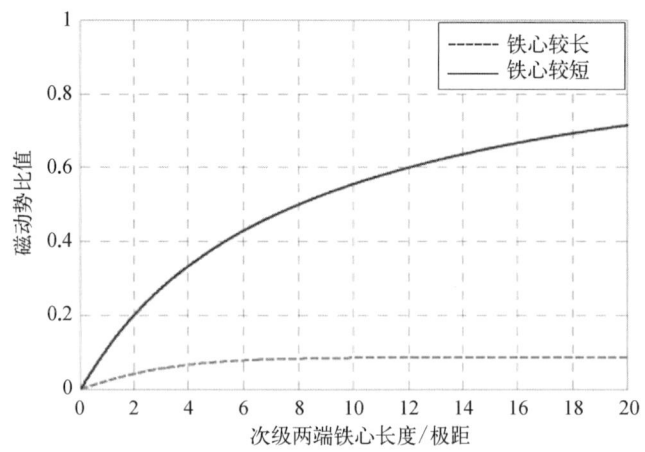

图 2-16 磁动势比值与铁心长度的关系

示,在铁心较长时如虚线所示。当次级两端铁心长度很短时,磁动势的比值接近 0,此时次级两端铁心引起的杂散磁场很小,因此次级的不对称参数很小。当次级两端铁心的长度大于 6 倍极距时,虚线基本不再爬升,据此可以推测:对于长初级 LIM,在次级从电机一端运动到另一端的整个行程中,除去起始位置和停止位置,在绝大部分行程中,由于次级两端铁心长度大于 6 倍以上极距,磁动势的比值保持恒定,次级的不对称参数将是基本恒定的。

通过傅里叶级数展开,可以得到次级 a 相等效绕组每对极第 i 个线圈,在电磁气隙中所产生的 v 次谐波磁动势的表达式为

$$f_{ai\_v} = \frac{2}{\pi} \frac{N_c i_{ar}}{v} k_{yv} \cos(v\beta x - v\theta_i) \tag{2-42}$$

式中,$v = 1, 3, 5, \cdots$;$k_{yv} = \sin\left(v\frac{\pi}{2}\right)$;$\theta_i = \beta\left(x_{1i} + \frac{\tau}{2}\right) = \left(i - \frac{1}{2}\right)\Delta\theta + \frac{\pi}{2}$;$\Delta\theta = \frac{\pi}{3q}$。则动子 a 相等效绕组每对极 q 个线圈在电磁气隙中所产生的 v 次谐波磁动势表达式为

$$f_{a\_v} = \sum_{i=1}^{q} f_{ai\_v} = \frac{2}{\pi} \frac{1}{v} N k_{\omega v} i_{ar} \cos(v\beta x - v\theta_{ar}) \tag{2-43}$$

式中,N 为每个极相绕组的线圈匝数;$k_{\omega v} = k_{yv} k_{qv}$;$N = qN_c$;$k_{qv} = \sin\left(q\frac{v\Delta\theta}{2}\right) \Big/ \left(q\sin\frac{v\Delta\theta}{2}\right)$;$\theta_{ar} = \frac{\pi}{2} + \frac{q\Delta\theta}{2}$ 表示次级 a 相等效绕组轴线位置。次级等效 a 相绕组每对极 q 个线圈所产生的与空间位置无关的脉振磁动势为

$$\Delta f_a = \sum_{i=1}^{q} \Delta f_{a\_i} = \frac{1}{2} N i_{ar} \frac{l}{p\tau + l} \tag{2-44}$$

类似于上面的推导过程，可以得到次级等效 b、c 相绕组的磁动势：

$$\begin{cases} f_{b\_v} = \dfrac{2}{\pi}\dfrac{1}{v}Nk_{\omega v}i_{br}\cos(v\beta x - v\theta_{br}) \\ \Delta f_b = \dfrac{1}{2}Ni_{br}\dfrac{l}{p\tau + l} \\ f_{c\_v} = \dfrac{2}{\pi}\dfrac{1}{v}Nk_{\omega v}i_{cr}\cos(v\beta x - v\theta_{cr}) \\ \Delta f_b = -\dfrac{1}{2}Ni_{cr}\dfrac{l}{p\tau + l} \end{cases} \quad (2-45)$$

式中，$\theta_{br} = \dfrac{2\pi}{3} + \theta_{ar}$；$\theta_{cr} = \dfrac{4\pi}{3} + \theta_{ar}$。

由式(2-43)~式(2-45)，可以得到次级等效绕组在电磁气隙中产生的基波磁场以及与空间位置无关的脉振磁场为

$$\begin{cases} B_{a1} = \dfrac{2}{\pi}\lambda Nk_{\omega 1}i_{ar}\cos(\beta x - \theta_{ar}) \\ \Delta B_a = \dfrac{1}{2}\lambda Ni_{ar}\dfrac{l}{p\tau + l} \\ B_{b1} = \dfrac{2}{\pi}\lambda Nk_{\omega 1}i_{br}\cos(\beta x - \theta_{br}) \\ \Delta B_b = \dfrac{1}{2}\lambda Ni_{br}\dfrac{l}{p\tau + l} \\ B_{c1} = \dfrac{2}{\pi}\lambda Nk_{\omega 1}i_{cr}\cos(\beta x - \theta_{cr}) \\ \Delta B_c = -\dfrac{1}{2}\lambda Ni_{cr}\dfrac{l}{p\tau + l} \end{cases} \quad (2-46)$$

2.3.3.3 不对称电感矩阵

根据式(2-46)的磁场表达式，可以得到次级 a 相等效绕组产生的基波磁场、脉振磁场在次级 a 相等效绕组中产生的磁链：

$$\begin{cases} \psi_{a-a1} = B_m\dfrac{2}{\pi}p\tau hNK_{\omega 1}i_{ar} \\ \Delta\psi_{a-a} = \Delta B_m p\tau hNi_{ar} \end{cases} \quad (2-47)$$

式中，$B_m = \dfrac{2}{\pi}\lambda Nk_{\omega 1}$，$\Delta B_m = \dfrac{1}{2}\lambda N\dfrac{l}{p\tau + l}$，则次级 a 相等效绕组的自感为

$$L_{aa} = (\psi_{a-a1} + \Delta\psi_{a-a})/i_{ar} = L_{aa1} + \Delta L_{aa}$$
$$= \lambda N^2 p\tau h\left(\frac{4}{\pi^2}K_{\omega1}^2 + \frac{1}{2}\frac{l}{p\tau + l}\right) \tag{2-48}$$

类似于上面的推导过程,最终可以得到次级3相等效绕组的电感矩阵

$$\begin{bmatrix} L_{aa1} + \Delta L_{aa} + L_{aal} & L_{ab1} + \Delta L_{ab} & L_{ac1} + \Delta L_{ac} \\ L_{ab1} + \Delta L_{ab} & L_{bb1} + \Delta L_{bb} + L_{bbl} & L_{bc1} + \Delta L_{bc} \\ L_{ac1} + \Delta L_{ac} & L_{bc1} + \Delta L_{bc} & L_{cc1} + \Delta L_{cc} + L_{ccl} \end{bmatrix} \tag{2-49}$$

式中,L_{aal}、L_{bbl}、L_{ccl} 表示次级等效绕组的漏感。令 $L_{aa1} = L_{m1}$、$\Delta L_{aa} = \Delta L_r$、$L_{aal} = L_{rl}$,则式(2-49)中各电感值的大小关系为

$$\begin{cases} L_{aa1} = L_{bb1} = L_{cc1} = L_{m1} \\ L_{ab1} = L_{ac1} = L_{bc1} = -\frac{1}{2}L_{m1} \\ \Delta L_{aa} = \Delta L_{bb} = \Delta L_{cc} = \Delta L_{ab} = \Delta L_r \\ \Delta L_{ac} = \Delta L_{bc} = -\Delta L_r \\ L_{aal} = L_{bbl} = L_{ccl} = L_{rl} \end{cases} \tag{2-50}$$

由于初级和次级都是两端开断的结构,初级绕组和次级等效绕组的磁路相同,且具有相同的形式,因此初级不对称参数矩阵和次级不对称参数矩阵形式相同,如式(2-51)所示:

$$\begin{bmatrix} L_{m1} + L_{sl} + \Delta L_s & -\frac{1}{2}L_{m1} + \Delta L_s & -\frac{1}{2}L_{m1} - \Delta L_s \\ -\frac{1}{2}L_{m1} + \Delta L_s & L_{m1} + L_{sl} + \Delta L_s & -\frac{1}{2}L_{m1} - \Delta L_s \\ -\frac{1}{2}L_{m1} - \Delta L_s & -\frac{1}{2}L_{m1} - \Delta L_s & L_{m1} + L_{sl} + \Delta L_s \end{bmatrix} \tag{2-51}$$

式中,ΔL_s 表示初级绕组的不对称电感;L_{sl} 代表初级绕组的漏感。

2.4 屏蔽效应分析

由于电磁发射用直线电机的推力密度较高,因此所需的绕组电流大。为有效屏蔽电机对外泄漏磁场,提高系统的电磁兼容性能,著者所在团队提出给电磁发射用直线电机定子外侧加装屏蔽结构,这将使电机的数学模型与传统电机存在较大差别,屏蔽结构如图2-17所示。

由于定子和屏蔽层之间存在耦合效应,会减小磁化电感和动子电阻,从而减小电机的峰值推力,因此需要建立一个考虑屏蔽层和定子之间耦合效应的等效电路模型。到目前为止,很少有关于带屏蔽结构的 LIM 模型可以参考,著者团队对带屏蔽结构的双边 LIM 模型进行了研究,并且考虑了屏蔽板与电枢之间的耦合效应[79]。本节主要讨论带屏蔽结构的双边 LIM 的等效电路模型,首先给出忽略耦合效应的等效电路模型,再通过引入耦合系数,推导出考虑耦合效应的等效电路模型。

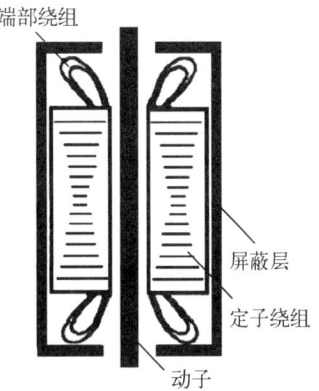

图 2-17 带有屏蔽结构的 LIM 的二维模型

2.4.1 屏蔽层等效电路

双边 LIM 的初级线圈、次级板和屏蔽层可以分别用电阻和电感并联或者串联的电路来描述,他们之间的互感效应可以通过互感系数来表示。其中,定子绕组屏蔽层可以等效为屏蔽层电阻和屏蔽层电感的并联电路结构,如图 2-18(a)所示,其中 R_{bp} 为屏蔽层电阻,L_{bp} 为屏蔽层电感。为了便于直线电机的参数测量和实现闭环控制的方便,可对屏蔽层等效电路进行串联电路等效,如图 2-18(b)所示,其中 R_{bs} 为屏蔽层串联等效电阻,L_{bs} 为屏蔽层串联等效电感。

根据端口阻抗相等的原则,可得 R_{bs} 和 L_{bs} 的对应关系为

$$R_{bs} = \frac{-R_{bp}\omega^2 L_{bp}^2}{R_{bp}^2 + (\omega L_{bp})^2}$$
$$L_{bs} = \frac{L_{bp}R_{bp}^2}{R_{bp}^2 + (\omega L_{bp})^2}$$

(2-52)

上式表明,串联等效后的屏蔽层电阻和电感均为定子供电频率 ω 的函数。

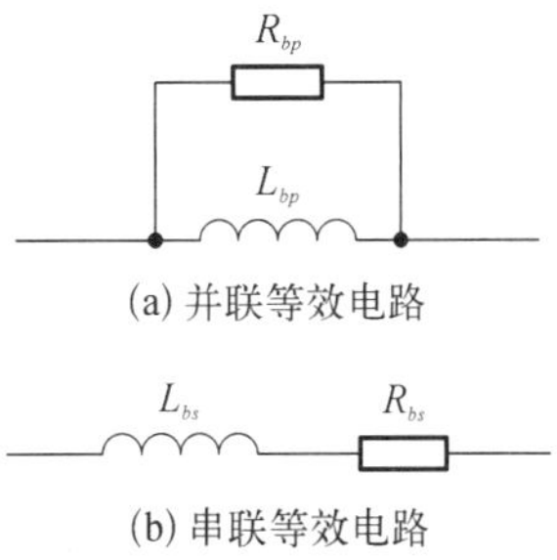

图 2-18 屏蔽层等效电路

2.4.2 考虑耦合效应的等效电路模型

在研究考虑耦合效应的等效电路模型之前,先给出忽略电枢和屏蔽板之间耦合效应的简化等效电路模型,通过将动子侧漏感折算至定子侧,可得稳态下直线电机的 L 型等效电路,如图 2-19 所示。

根据变换前后功率不变的原则,可得图 2-19 中参数满足如下关系:

$$L'_{sl} = L_{bs} + L_{sl} + kL_{rl},\ k = L_m/(L_{rl} + L_m)$$

在动子和屏蔽层之间存在耦合效应,而又很难通过等效电路模型表现这种耦合效应,因

此可以通过引入磁化电感耦合系数 $k_L(\omega)$ 和电枢电阻耦合系数 $k_R(\omega)$ 来描述这种耦合效应：

$$k_L(\omega) = \frac{L_{mc}(\omega)}{L_{muc}}, \ k_R(\omega) = \frac{R_{rc}(\omega)}{R_{ruc}} \tag{2-53}$$

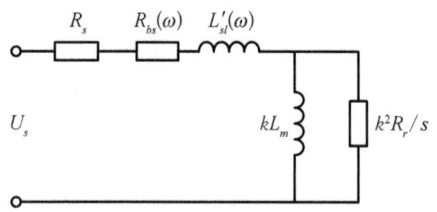

图 2-19　忽略动子与屏蔽层耦合
效应的 L 型等效电路

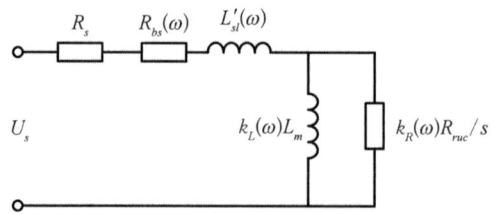

图 2-20　考虑耦合效应的带屏蔽结构的
双边 LIM 的串联等效电路

其中，L_{muc} 和 R_{ruc} 是不考虑耦合效应时的磁化电感和电枢电阻，$L_{mc}(\omega)$ 和 $R_{rc}(\omega)$ 是考虑耦合效应后的磁化电感和电枢电阻。考虑动子与屏蔽层耦合效应后的等效电路模型如图 2-20 所示。

LIM 的推力表达式如下：

$$F_e = \frac{2m\pi^2 I^2}{\tau} \frac{f_s R_{ruc} L_{muc}^2}{R_{ruc}^2 + 4\pi^2 f_s^2 L_{muc}^2} \tag{2-54}$$

其中，F_e 是电机推力，f_s 是转差频率，τ 是极距，m 是相数。

通过三维有限元分析可以分别得到不考虑耦合效应和考虑耦合效应时的不同供电频率下的电机推力，然后由上式可以通过最小二乘法分别拟合得到对应的磁化电感和电枢电阻，由此可以得到式(2-53)中的两个耦合系数。

2.4.3　带屏蔽层的直线感应电机推力和电压特性

在电磁场有限元仿真的基础上，采用不依赖于网格剖分精度的虚位移法计算电机的推力与法向力。由有限元结果就可以获知电机推力、法向力的大小，进一步分析可以得到它们与电机参数之间的关系，电机参数如表 2-1 所示。

表 2-1　双定子 LIM 参数

参　数	数　值	参　数	数　值
τ/mm	300	铁心厚度 w_{iron}/mm	65
g_e/mm	30	铁心高度 h_{iron}/mm	120
w_a/mm	10	电导率/(MS/m)	37.7

图 2-21 显示了恒定电流 430 A、动子和屏蔽层各个方向的电磁力曲线随转差频率的变化曲线。从图 2-21 中可以看出,动子和屏蔽层受到的最大切向推力对应的转差频率为 18 Hz,且动子受到一定的向上的推力,需要动子滚轮来承受,法向力随着转差频率变大而越来越大。

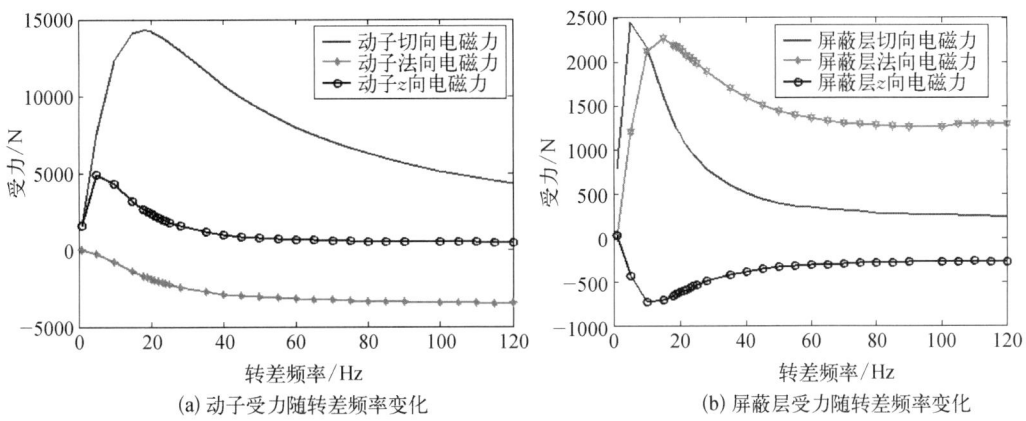

(a) 动子受力随转差频率变化　　　　(b) 屏蔽层受力随转差频率变化

图 2-21　430 A 下动子和屏蔽层受力曲线

为了验证新型直线电机的等效电路模型和设计方法,定子通入转差频率电流(I_n = 50 A、60 A、70 A 等情况),利用转差频率法将集总参数等效电路计算值与试验值进行对比分析。图 2-22(a)、(c)、(e) 和 (b)、(d)、(f) 分别给出了单定子电机在 50 A、60 A、70 A 下的切向推力及相电压计算结果和测试结果。可见,计算值和测试值吻合得较好。

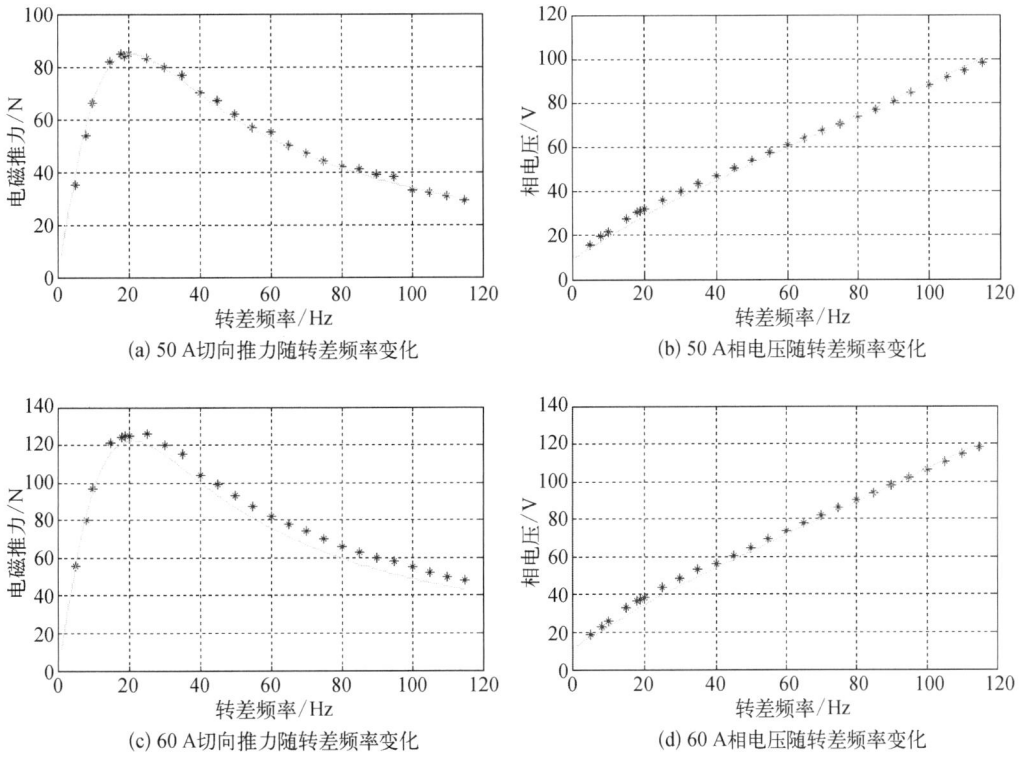

(a) 50 A 切向推力随转差频率变化　　　　(b) 50 A 相电压随转差频率变化

(c) 60 A 切向推力随转差频率变化　　　　(d) 60 A 相电压随转差频率变化

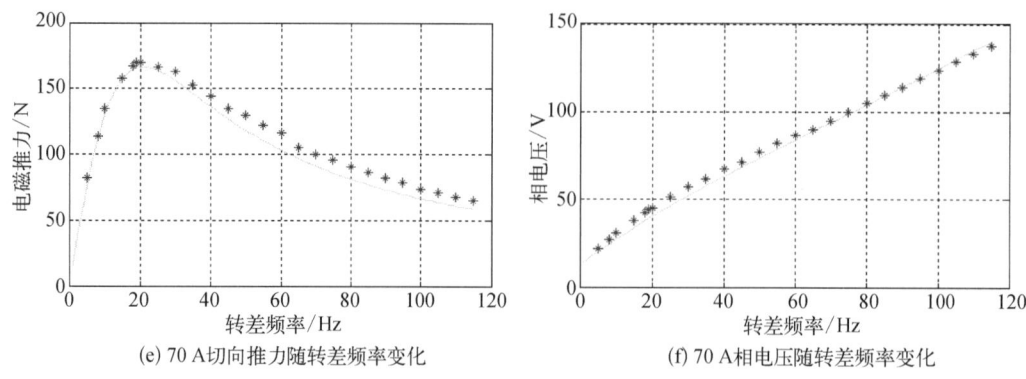

(e) 70 A 切向推力随转差频率变化　　(f) 70 A 相电压随转差频率变化

图 2‑22　不同电流下电磁推力和电压随转差频率变化曲线

图 2‑23(a)、(b)分别给出了单定子和双定子电机(平分到每个定子)在 35 A 下的电磁推力及相电压计算结果和测试结果。从图中可以看出,双定子电机(平分到每个定子)出力比单定子电机大,说明了双定子直线电机增加了动子有效作用涡流路径。

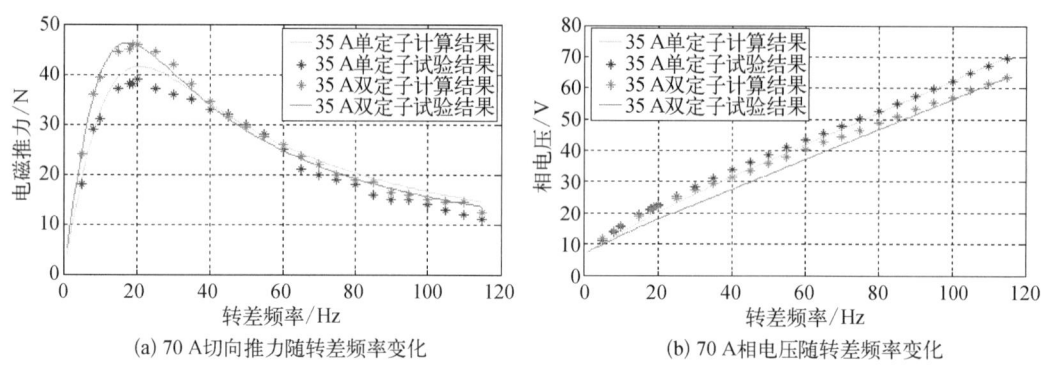

(a) 70 A 切向推力随转差频率变化　　(b) 70 A 相电压随转差频率变化

图 2‑23　相同电流下电磁推力和电压随转差频率变化曲线

2.5　饱和特性分析

由于电磁发射用直线电机的体积重量受限,而推力密度要求很高,因而在大电流作用下,初级铁心将进入饱和状态。对于长定子 LIM,存在动子覆盖部分和动子未覆盖部分,当电机供电电流较大时,若动子未覆盖部分铁心处于饱和状态,这时电机的漏感减小,电机功率因数提高;若电机动子覆盖部分定子铁心处于饱和状态,则电机励磁电感减小,导致电磁推力减小,但电机励磁电感除了与定子电流有关外,还与转差角频率 ω_s 有关,即电机供电电流一定时,在较小的转差频率下,电机处于饱和状态,励磁电感小于线性值,在较大的转差频率下,电机退出饱和状态,励磁电感等于线性值。所以,对于长定子直线电机,动子未覆盖部分处于饱和状态,可以改善电机性能,但动子覆盖部分处于饱和状态,将降低电机的性能。对于一定的供电电流,若动子未覆盖部分处于饱和状态,则动子覆盖部分是否处于饱和状态将取决于转差频率的大小。因此,有必要建立计及铁心饱和的 LIM 模型并探索铁心饱和规律。

文献[80]对大功率 LIM 铁心饱和规律进行了深入的试验研究,对铁心饱和工况下的电机模型进行了理论分析,并提出了一种基于实测数据的参数修正方法。文献[81]通过对双定子 LIM 的线性电路模型进行修正,提出了气隙饱和系数和激磁电感饱和系数及其计算方法,最后得到了双定子 LIM 的饱和电路模型,并通过空载堵转实验验证了该模型的有效性和准确性。文献[20]基于电磁场有限元仿真计算得到了电机定子漏感和励磁电感的饱和特性,给出了电机非线性工况的计算方法,并通过实验验证了该计算方法的正确性。文献[45]对双边长初级 LIM 的饱和特性进行了分析,并提出了三维有限元线性分析和二维有限元非线性分析相结合的电机参数计算方法,该计算方法可以极大地降低三维非线性计算的时间成本。本节将在分析电机饱和特性和非线性参数计算的基础上给出计及铁心饱和的 LIM 模型。

2.5.1 计及铁心饱和的直线电机模型

计及铁心饱和时,电机模型和不考虑铁心饱和时相同,但此时电机励磁磁链 ψ_m 和供电电流 I 呈非线性关系,因此可以基于 LIM 在 dq 坐标系下的等效电路模型,引入饱和系数 K_m 对励磁磁链进行修正,从而得到计及铁心饱和的 LIM 模型。

对于励磁回路,考虑饱和效应建模时假设 d 轴和 q 轴的饱和是一致的。通过空载计算和测试,电机磁链 ψ_m 和供电电流 I 的关系如图 2-24 所示。

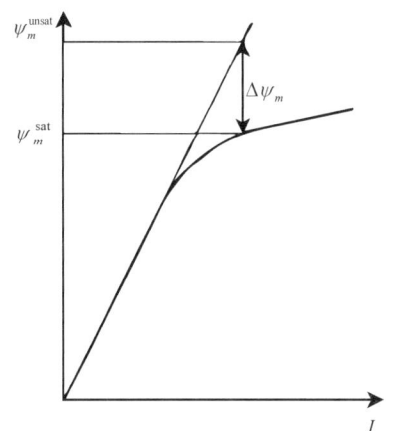
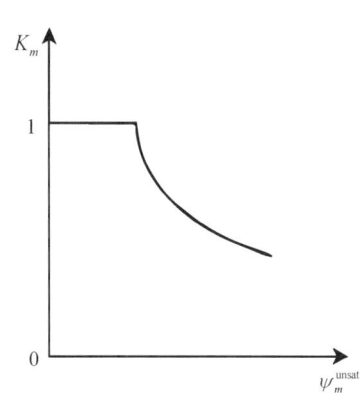

图 2-24 固定频率下励磁磁链和供电电流 I 的关系   图 2-25 饱和系数随未饱和励磁磁链变化曲线

定义饱和系数 K_m 为饱和磁链 ψ_m^{sat} 和未饱和磁链 ψ_m^{unsat} 的比值,即

$$K_m = \frac{\psi_m^{\text{sat}}}{\psi_m^{\text{unsat}}} \tag{2-55}$$

饱和系数 K_m 随未饱和励磁磁链变化曲线如图 2-25 所示。K_m 的选取与铁心、电流相关,可以通过仿真和试验摸索得到饱和系数 K_m,因此在实际应用中,通常通过实际使用

工况查表得到对应的饱和系数 K_m。

当铁心饱和时,铁心磁阻不能忽略,为此,可以利用修正电机气隙的方法来考虑铁心磁阻的影响。假设电机实际气隙为 g_e,考虑铁心磁阻后的等效气隙为 g_{ie},则定义气隙饱和系数 k_{gsat} 如下:

$$k_{gsat} = \frac{g_{ie}}{g_e} \tag{2-56}$$

利用一维场理论,可以得到气隙饱和系数表达式:

$$k_{gsat} = 1 + \frac{1}{\beta^2 w_{iron} \mu_{ir} g_e} \tag{2-57}$$

式中,μ_{ir} 为铁心相对磁导率;w_{iron} 为铁心厚度。

一种常用的硅钢曲线简化方法如图 2-26 所示,然而该简化方法忽略了线性区到深度饱和区间的过渡区。为此,对上述简化曲线进行改进,将磁化曲线分为3个区域——线性区、过渡区和饱和区,如图 2-27 所示。

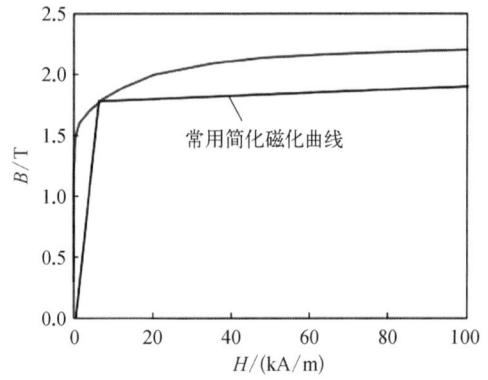

图 2-26 简化硅钢磁化曲线

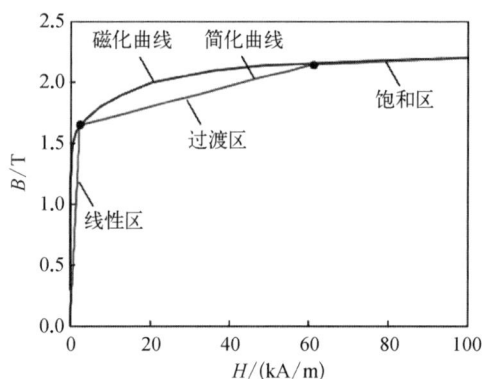

图 2-27 三段简化硅钢磁化曲线

定义:

(1) 当 $k_{gsat} - 1 \leq k_{is0}$ 时,铁心处于线性区,这里取 $k_{is0} = 1\%$。这种情况下,在线性区,铁心磁阻小于总磁阻的 1%,与气隙磁阻相比,可以忽略。因此在线性区,可以近似认为电机铁心相对磁导率为无穷大,根据以上定义,由式(2-57)可以得到线性区的相对磁导率范围为

$$\mu_{ir1} \geq \mu_{ir0}^1 \tag{2-58}$$

其中,$\mu_{ir0}^1 = 1/(k_{is0} \beta^2 w_{iron} g_e)$。

(2) 当铁心相对磁导率减小到 1 时,其后续的区域为饱和区。显然,在饱和区,铁心的相对磁导率保持为 1,即真空相对磁导率。其中,铁心相对磁导率定义如式(2-59)所示:

$$\Delta \mu_{ir} = \frac{dB_{im}}{dH_{im}} \frac{1}{\mu_0} \tag{2-59}$$

（3）线性区与饱和区之间为过渡区。由此，硅钢磁化曲线可以简化为式(2-60)，简化后的硅钢磁化曲线如图 2-27 所示。

$$\mu_{ir} = \begin{cases} \mu_{ir0}^1, & B_{im} \leq B_{isat1} \\ \dfrac{B_{im}}{\dfrac{B_{isat1}}{\mu_{ir0}^1} + \dfrac{B_{im} - B_{isat1}}{\Delta\mu_{ir2}}}, & B_{isat1} \leq B_{im} < B_{isat2} \\ \dfrac{B_{im}}{\dfrac{B_{isat2}}{\mu_{ir0}^2} + B_{im} - B_{isat2}}, & B_{isat2} \leq B_{im} \end{cases} \quad (2-60)$$

其中，$\Delta\mu_{ir2} = (B_{isat1} - B_{isat2})/[\mu_0(H_{isat1} - H_{isat2})]$；$\mu_{ir0}^2 = B_{isat2}/(\mu_0 H_{isat2})$，$B_{isat1}$、$B_{isat2}$ 分别为线性区与过渡区间及过渡区与深度饱和区间的分界点，μ_0 为真空磁导率。将式(2-60)代入式(2-57)，得到铁心相对磁导率与气隙磁场的关系函数如下：

$$k_{gsat} = \begin{cases} 1, & B_{gm} \leq \beta w_{iron} B_{isat1} \\ a + \dfrac{b}{B_{gm}}, & \beta w_{iron} B_{isat1} \leq B_{gm} < \beta w_{iron} B_{isat2} \\ c + \dfrac{d}{B_{gm}}, & \beta w_{iron} B_{isat2} \leq B_{gm} \end{cases} \quad (2-61)$$

其中，

$$a = 1 + 1/(\Delta\mu_{ir2}\beta^2 w_{iron} g_e)$$
$$b = B_{isat1}(\Delta\mu_{ir2} - \mu_{ir0}^1)/(\Delta\mu_{ir2}\mu_{ir0}^1 \beta g_e)$$
$$c = 1 + 1/(\beta^2 w_{iron} g_e)$$
$$d = B_{isat2}(1 - \mu_{ir0}^2)/(\mu_{ir0}^2 \beta g_e)$$

根据一维场理论，得到气隙磁场与 d 轴电流间的关系为

$$B_{gm} = \frac{\sqrt{6}\mu_0 k_w N i_d}{\pi g_{ie}} \quad (2-62)$$

式中，k_w 为绕组系数。

由式(2-61)和式(2-62)，得到气隙修正系数和励磁电流间关系为

$$k_{gsat} = \begin{cases} 1, & i_d \leq i_{sat1} \\ \dfrac{aei_d}{ei_d - b}, & i_{sat1} < i_d < i_{sat2} \\ \dfrac{cei_d}{ei_d - b}, & i_{sat2} \leq i_d \end{cases} \quad (2-63)$$

其中，$e = \sqrt{2/3} \cdot (m\mu_0 k_w N)/(\pi g_e)$；$i_{sat1} = \beta w_{iron} B_{isat1}/e$；$i_{sat2} = (a\beta w_{iron} B_{isat2} + b)/e$。

假设线性激磁电感为 L_{m0}，饱和激磁电感 $L_{msat}(i_d)$，定义激磁电感饱和系数如下：

$$k_{Lsat}(i_d) = \frac{L_{msat}(i_d)}{L_{m0}} \quad (2-64)$$

显然，由于激磁电感反比于气隙长度，可以得到如下关系式：

$$k_{Lsat}(i_d) = \frac{1}{k_{gsat}(i_d)} \quad (2-65)$$

从图 2-27 可以看到，在过渡区，简化曲线与实际磁化曲线差异较大，对此，可以增加在过渡区的折线段来提高精度，如图 2-28 所示。利用上述简化曲线，计算了电机的激磁电感饱和系数，如图 2-29 所示。由图 2-29 可以看出，当折线数大于 5 时，计算的饱和系数基本无明显差异。

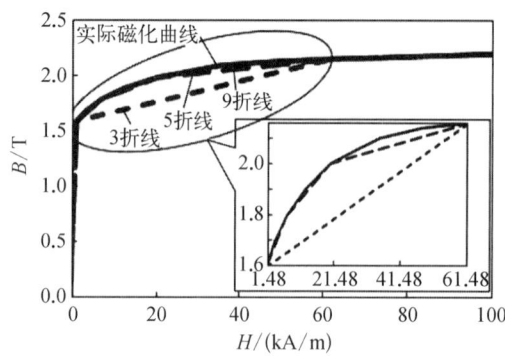

图 2-28 改进硅钢简化磁化曲线

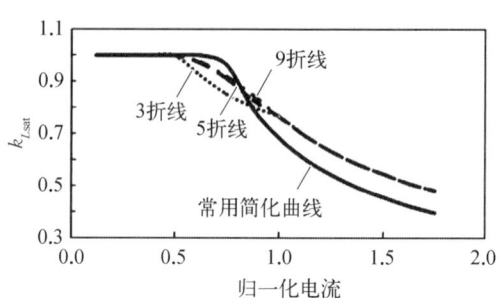

图 2-29 激磁电感饱和系数

2.5.2 饱和性能的试验验证

文献[45]提出了双边长定子 LIM 非线性计算方法，并通过有限元仿真计算得到的电机电感值与电流之间的非线性关系，计算不同电流、不同转差频率下的励磁电感饱和系数、电机推力变化曲线，如图 2-30 所示。

从图 2-30(a)可以看出，在电机供电电流一定时，转差频率越大，励磁电感饱和系数 K_m 越大，即励磁电感 L_m 越大，这是因为当转差频率增大时，动子感应涡流的去磁效应明显，动子覆盖部分的气隙磁场减小，铁心饱和程度下降。而在转差频率一定时，定子电流越大，励磁电感饱和系数 K_m 越小，即励磁电感 L_m 越小，这是由于定子电流增大时，动子覆盖部分的气隙磁场增大，铁心饱和程度增大。

从图 2-30(b)可以看出，在转差频率相同时，定子电流越大，电磁推力越大。进一步分析得出，当定子铁心处于饱和状态时，电机最大电磁推力对应的转差频率大于线性状态

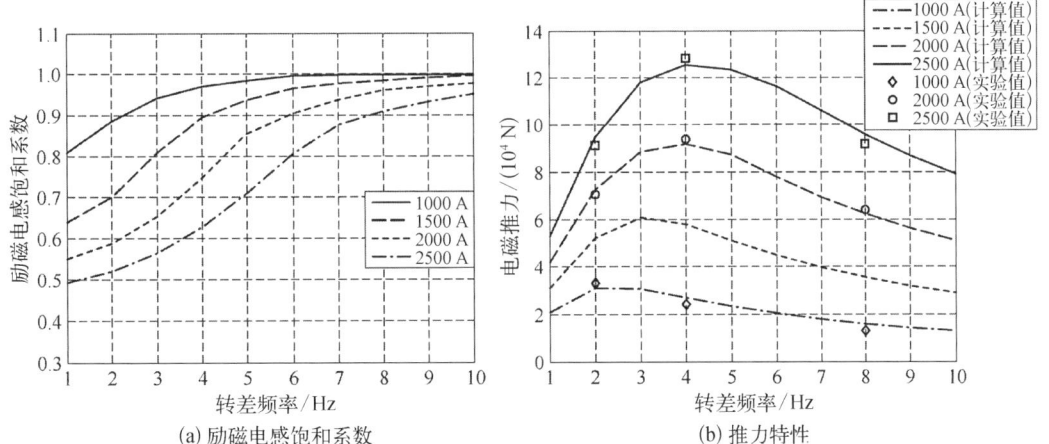

图 2-30 非线性工况下电机的励磁电感饱和系数与推力特性

时电机最大电磁推力对应的转差频率。

为了对饱和状态下的电机电磁性能进行准确计算,需要首先计算出电机励磁电感和励磁电流的非线性关系,由于通过解析推导很难准确计算出电机非线性状态下的磁场分布,从而难以准确地解析推导出电感和电流的非线性关系。可以利用电磁场有限元计算软件计算励磁电流分别等于不同设定值时动子覆盖部分的励磁磁链,根据不同电流所对应的磁链,求出不同电流所对应的激磁电感值。

为了验证双定子 LIM 的饱和特性,著者开展了空载堵转试验。将次级动子从电机中抽去,给电机施加一小电流,根据测得的电机相电压和相电流计算得到电机的线性电感值,然后给电机施加不断增大的电流,得到不同电流等级下的电机电感,从而获得电机电感的饱和系数与归一化电流之间的关系曲线,如图 2-31 所示。可以看出,单台电机电感饱和系数的计算值与实验值吻合良好。

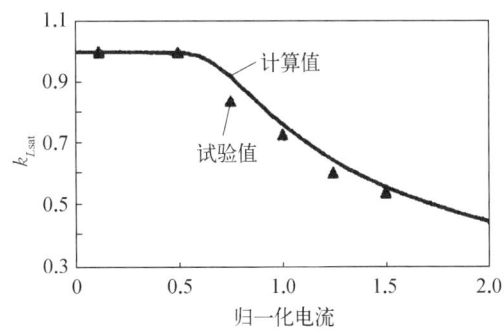

图 2-31 激磁电感与励磁电流的非线性饱和关系

2.5.3 端部线圈对电机饱和特性的影响

为了降低电机高度,将端部线圈紧贴着铁心,这就使端部线圈产生的磁通基本上都进入铁心,使铁心的饱和程度加剧。为此,下面给出了计及端部线圈影响的电机饱和特性计算方法。

假设由端部线圈产生的进入定子铁心的额外磁通为 ϕ_{end},气隙侧线圈产生的磁通为 ϕ_{gap},定义端部磁通系数如下:

$$k_{\phi\text{end}} = 1 + \frac{\phi_{\text{end}}}{\phi_{\text{gap}}} \qquad (2-66)$$

显然计及端部线圈影响后的定子铁心中的磁通为

$$\phi'_{\text{iron}} = k_{\phi\text{end}}\phi_{\text{gap}} \qquad (2-67)$$

此时,铁心磁密与气隙磁密的关系修正为

$$B_{im} = k_{\phi\text{end}}\frac{B_{gm}}{\beta w_{\text{iron}}} \qquad (2-68)$$

气隙饱和系数变为

$$k_{g\text{sat}} = 1 + \frac{k_{\phi\text{end}}}{\beta^2 w_{\text{iron}}\mu_{ir}g_e} \qquad (2-69)$$

则式(2-63)变为

$$k_{g\text{sat}} = \begin{cases} 1, & i_d \leqslant i'_{\text{sat}1} \\ \dfrac{a'ei_d}{ei_d - b}, & i'_{\text{sat}1} < i_d < i'_{\text{sat}2} \\ \dfrac{c'ei_d}{ei_d - b}, & i'_{\text{sat}2} \leqslant i_d \end{cases} \qquad (2-70)$$

其中,$a' = 1 + k_{\phi\text{end}}/(\Delta\mu_{ir2}\beta^2 w_{\text{iron}}g_e)$,$c' = 1 + k_{\phi\text{end}}/(\beta^2 w_{\text{iron}}g_e)$,$i'_{\text{sat}1} = \beta w_{\text{iron}}B_{i\text{sat}1}/(k_{\phi\text{end}}e)$,$i'_{\text{sat}2} = (a'\beta w_{\text{iron}}B_{i\text{sat}2} + b')/(k_{\phi\text{end}}e)$。

然而,由于端部线圈的不规则性,端部磁通难以准确地解析计算出来,因此端部磁通系数难以计算。为此,建立了直线电机的有限元模型,如图 2-32 所示。

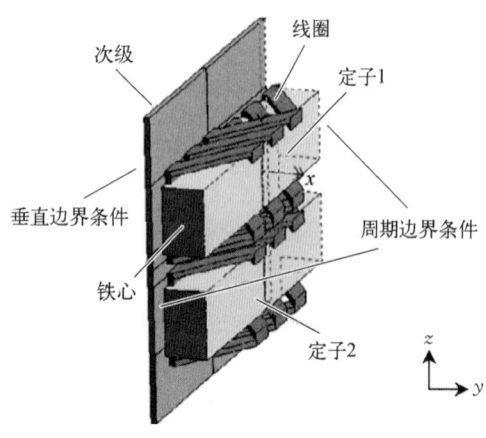

图 2-32 直线电机三维有限元模型

利用此模型分别计算了线性情况下的直线电机的气隙侧线圈电感 L_{end} 及端部线圈漏感 L_{gap};同时,为了简化分析难度,假设在饱和情况下,电机端部线圈漏感 L_{end} 与气隙侧线圈电感 L_{gap} 的比值恒定,与线性情况下的值相同,可以得到端部磁通系数:

$$k_{\phi\text{end}} = 1 + \frac{L_{\text{end}}i_d}{L_{\text{gap}}i_s} \qquad (2-71)$$

式中,L_{end}、L_{gap} 分别为电机端部线圈漏感及气隙侧线圈电感。

2.6 故障模式分析

LIM采用分段供电,可以有效提高供电效率,解决长距离安装困难等问题,但其在长期运行过程中的切换控制或者切换开关故障可能会导致缺相和并联故障,对于多定子LIM也可能出现单台定子故障的问题。因电磁发射可靠性要求较高,必须要研究故障模式模型及其应对措施。

因为直线电机的任何故障最终都会在电流和位置参数上表现出来,因此通常采用与系统健康状态直接相关的三相电流和位置参数的实测值进行设备状态分析判断。文献[82]针对分段供电可能带来的潜在故障类型,采用与系统健康状态直接相关的电流和位置状态作为特征量,给出判定准则并设计出快速诊断电机分段供电相关状态的检测算法。文献[83]对多定子LIM的数学模型进行了深入研究,分析了单台定子因故障而退出运行,另一台定子维持输出电磁推力不变时的三相电流的过载规律,并利用两定子双边LIM进行实验,验证了理论分析的正确性。

2.6.1 分段供电故障

国内外学者对直线电机电磁特性、优化设计、等效电路模型和控制策略都进行过详细研究,对于电机故障及冗余控制也有不少研究,但是对于分段供电直线电机的故障模式和诊断的研究较少。本节采用与系统健康状态直接相关的电流以及位置状态等为特征量进行分析,设计出快速判断系统运行状态的算法。

2.6.1.1 故障类型

在分段供电控制过程中,实测电流量和位置量是闭环控制的反馈量,能够直接反映电流环和位置环的控制状态,是系统健康状态的直观表现。任何故障最终都会体现在电流和位置的变化上,因此,采用三相电流和动子位置的实测值来进行故障状态的分析和判断。

分段供电主要通过涡流传感器和切换开关控制器实现,如果切换开关发生故障,可能会导致系统出现并联运行故障或缺相运行故障。

1. 并联运行故障

当分段供电LIM并联运行时,若除了与次级耦合的初级导通外,其他段初级也导通,则会发生并联故障。以两段初级同时通电为例,在次级运行过程中,次级尾部进入第二段,第2#、3#段初级通电,第1#段初级断电,当切换控制误动作,发生并联故障,可能出现第1#、2#、3#段同时导通的情况,如图2-33所示。

2. 缺相运行故障

当与次级耦合的初级三相电流出现一相以上缺失,则发生缺相故障。例如在次级运

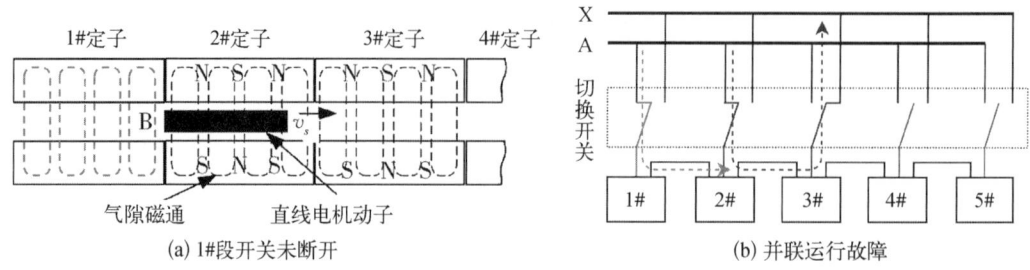

图 2-33 并联运行故障示意图

行过程中,次级尾部进入第二段,第 2#、3#段初级通电,第 1#段初级断电,当发生缺相运行时,通电的第 2#、3#段初级有一相以上缺失,如图 2-34 所示。

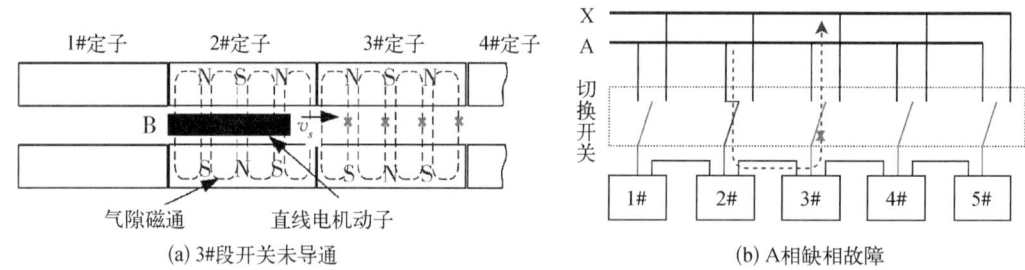

图 2-34 缺相运行故障示意图

2.6.1.2 诊断算法

三相电流作为内环控制对象,反映设备运行的健康状态,当直线电机切换控制出现故障时,可以将电流作为诊断特征量。首先将三相电流进行 dq 变换,即

$$\boldsymbol{I}_{dq0} = \boldsymbol{C}_{dq0}^{abc}(\theta)\boldsymbol{I}_{abc} \tag{2-72}$$

其中,

$$\boldsymbol{C}_{dq0}^{abc}(\theta) = \sqrt{\frac{2}{3}}\begin{bmatrix} \sin\theta & \sin\left(\theta - \frac{2}{3}\pi\right) & \sin\left(\theta + \frac{2}{3}\pi\right) \\ \cos\theta & \cos\left(\theta - \frac{2}{3}\pi\right) & \cos\left(\theta + \frac{2}{3}\pi\right) \\ \frac{1}{\sqrt{2}} & \frac{1}{\sqrt{2}} & \frac{1}{\sqrt{2}} \end{bmatrix} \tag{2-73}$$

影响零轴分量的主要因素是直线电机固有静、动态边端效应,以及切换开关的动态过程。对其可以进行简单的阈值判断[82]:

$$|I_0| < C_1, \ |I_0| < C_2\sqrt{i_d^2 + i_q^2} \tag{2-74}$$

其中,C_1、C_2 为常数。

正序电流是产生电磁推力的分量。对于正序分量可以通过给定值与实测值计算所得误差进行判断。其计算式为

$$e_{I_d} = I_d - i_d, \quad e_{I_q} = I_q - i_q \qquad (2-75)$$

其中,i_d 和 i_q 为给定的 dq 轴电流值;I_d、I_q 和 I_0 为测量计算得到的 $dq0$ 轴电流值;e_{I_d} 和 e_{I_q} 为测量和给定的误差。

对于电机电流的分析主要集中在负序电流的分析上。负序电流分析主要有以下步骤:

(1) 电机次级在加速运动过程中,三相电流和电角频率都随时间变化。由于电角频率已知,将时间坐标下的电流转化到电角度坐标下。假设三相电流采样频率为 $S(\text{Hz})$,负角频率是个变化量,最大值为 $R(\text{Hz})$,采样方法以等分电角度获得每个等分点处的电流幅值,每个电角度周期采样可以取 S/R,因此能够识别电流幅值计算误差小于 $1 - \cos[2\pi/(2S/R)]$。

(2) 计算出三相电流瞬时幅值标幺值。

$$A = \sqrt{A_s^2 + A_c^2} \qquad (2-76)$$

其中,A 为每相电流幅值,A_s 和 A_c 分别为相电流与正余弦内积。

(3) 计算电流幅值差、电流平均值和电流标准差值。其中电流幅值差是三相电流最大与最小值之差,电流幅值差、电流平均值和标准差共同反映了电流健康状态。分段供电 LIM 三相电流分析算法流程如图 2-35 所示。

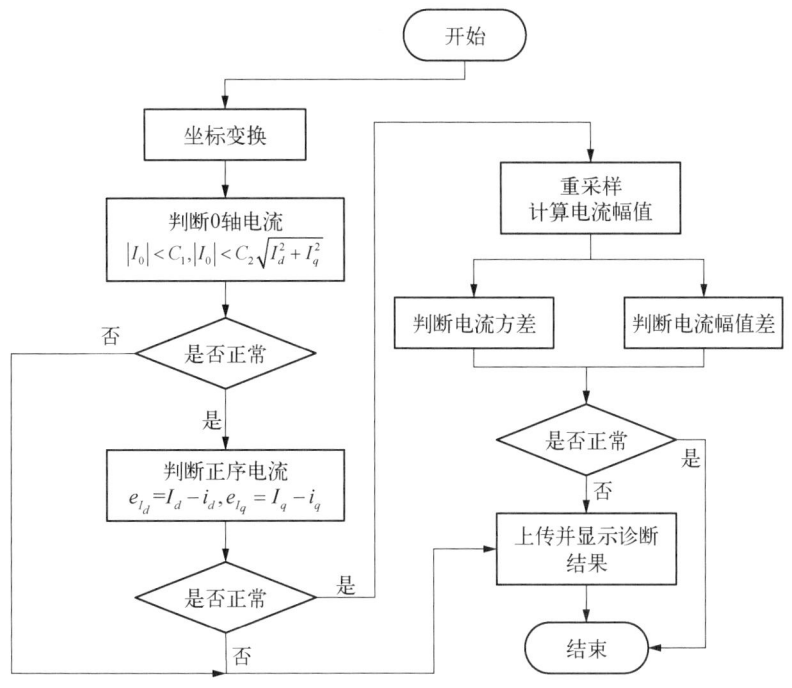

图 2-35 分析算法流程

对于次级位置的判断是通过给定值与测量值所得误差进行判断。其计算式为

$$e_x = x_d - x_e \qquad (2-77)$$

其中，x_d 为位置给定值；x_e 为位置测量值；e_x 为误差值。

2.6.1.3 切换模态

在分段供电直线电机中，由于采用了同时根据位置切换信号和电流过零信号综合进行切换判断的策略，且三相电流是依次轮流过零切换的，因此不可避免地会出现短暂的特殊阶段。比如，当 A 相已经切换到 2、3、4 段初级通电，而 B、C 相还是 1、2、3 段初级通电，这就是所谓的错位模态，如图 2-36(a)所示；或者当 A 相切换为 1、4 段初级并联再与 2、3 段初级串联通电，这就是所谓的并联模态，如图 2-36(b)所示；又或者当 A 相 1、4 段初级的段开关都没有开通，由于是串联供电，出现 A 相断路，这就是所谓的缺相模态，如图 2-36(c)所示。

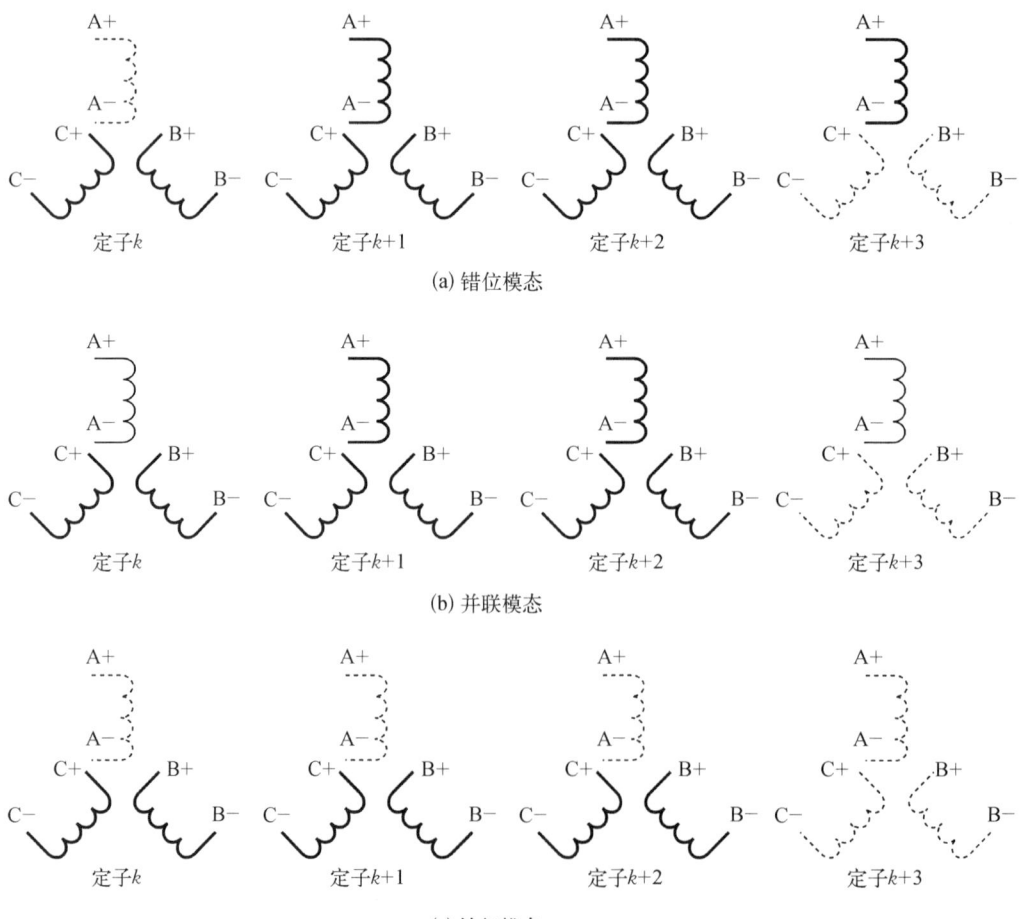

图 2-36 几种常见的分段供电模态

在静止 A、B、C 坐标系下，三相 LIM 方程为

$$u = Ri + \frac{d}{dt}(Li) \quad (2-78)$$

其中，$u = [u_A \ u_B \ u_C \ 0 \ 0 \ 0]^T$，

$i = [i_A \ i_B \ i_C \ i_a \ i_b \ i_c]^T$，且 $R = \begin{bmatrix} R_{ss} & 0 \\ 0 & R_{rr} \end{bmatrix}$，$L = \begin{bmatrix} L_{ss} & L_{sr} \\ L_{rs} & L_{rr} \end{bmatrix}$。

当电机处于三段定子正常通电模态时，各参数矩阵为

$$R_{ss} = \begin{bmatrix} R_s & 0 & 0 \\ 0 & R_s & 0 \\ 0 & 0 & R_s \end{bmatrix}, R_{rr} = \begin{bmatrix} R_r & 0 & 0 \\ 0 & R_r & 0 \\ 0 & 0 & R_r \end{bmatrix}, L_{ss} = \begin{bmatrix} L_m + L_{ls} & L_p & L_t \\ L_p & L_m + L_{ls} & L_t \\ L_t & L_t & L_m + L_{ls} \end{bmatrix},$$

$$L_{sr} = L_{rs}^T = L_m \begin{bmatrix} \cos(\beta X) & \cos\left(\beta X - \frac{4}{3}\pi\right) & \cos\left(\beta X - \frac{2}{3}\pi\right) \\ \cos\left(\beta X - \frac{2}{3}\pi\right) & \cos(\beta X) & \cos\left(\beta X - \frac{4}{3}\pi\right) \\ \cos\left(\beta X - \frac{4}{3}\pi\right) & \cos\left(\beta X - \frac{2}{3}\pi\right) & \cos(\beta X) \end{bmatrix},$$

$$L_{rr} = \begin{bmatrix} L_m + L_{lr} & -L_m/2 & -L_m/2 \\ -L_m/2 & L_m + L_{lr} & -L_m/2 \\ -L_m/2 & -L_m/2 & L_m + L_{lr} \end{bmatrix}$$

其中，X 表示次级位移。

当电机处于并联模态时，以 A 相某段并联为例，每段的电机参数是 3 段总参数的 1/3，则 A 相并联模态时的电机总的等效参数是原 3 段总参数的 5/6，故并联模态电机参数矩阵为

$$R_{ss} = \begin{bmatrix} 5R_s/6 & 0 & 0 \\ 0 & R_s & 0 \\ 0 & 0 & R_s \end{bmatrix}, L_{ss} = \begin{bmatrix} 5(L_m + L_{ls})/6 & L_p & L_t \\ 5L_p/6 & L_m + L_{ls} & L_t \\ 5L_t/6 & L_t & L_m + L_{ls} \end{bmatrix}$$

其他参数同正常模态。

当电机处于错位模态时，以 A 相错位为例，电机参数矩阵为

$$L_{ss} = \begin{bmatrix} L_m + L_{ls} & 5L_p/6 & 5L_t/6 \\ 5L_p/6 & L_m + L_{ls} & L_t \\ 5L_t/6 & L_t & L_m + L_{ls} \end{bmatrix} \quad (2-79)$$

其他参数同正常模态。

文献[83]建立了正常模态下的多电机耦合数学模型及其等效电路,并由此建立了考虑分段切换供电时的系统暂态模型,通过对错位、并联和缺相等特殊模态进行仿真和定量研究,总结了进行分段切换供电策略时应该遵循的基本原则,即绝对避免缺相模态,尽可能减少并联模态运行的时间。由于采用了电流过零三相依次切换供电的方法,因此错位模态不可避免,但错位模态仅在切换的暂态过程中会导致电流尖峰,故对电磁力的波动影响较小。

2.6.2 单台定子故障

为了满足电磁发射高可靠性和安全性的需求,直线电机采用多台初级上下并联布置的结构,共用一个次级动子。这种结构使得电机在运行的过程中,当某台定子出现故障时,依然可以通过剩下 $N-1$ 台定子完成预先设计的发射任务,因此具有很强的冗余性。针对这种多定子结构 LIM,已有文献采用多种不同的研究方法对其数学模型进行了探讨分析[84]。文献[50]对多定子 LIM 在单台定子故障时由 N 台定子工作切换为 $N-1$ 台定子工作时的切换控制策略进行了深入研究,文献[85]在此基础上对不同的仿真控制算法进行了仿真对比分析,这些研究工作为多定子 LIM 的工程应用奠定了坚实的理论基础。

多定子 LIM 在单台定子出现故障时,由 N 台定子工作切换至 $N-1$ 台定子工作,控制系统将通过调整控制策略,利用剩下 $N-1$ 台定子来完成预先设定的任务,其要求是实现故障前后直线电机输出电磁推力维持不变,而这也必定导致剩下的工作定子电流过载[86]。为了保证系统工作安全性,供电电源的容量和电机定子通流能力设计应该留有一定的裕量。本节基于多定子 LIM 耦合参数等效电路模型,详细分析了 LIM 输出电磁推力与电机上下定子输入相电流、工作转差频率之间的关系,进而得到了两定子 LIM 运行过程中,当单台定子因故障而退出运行、另一台定子维持电机输出电磁推力不变时三相电流的过载规律。

2.6.2.1 集总参数模型

多定子 LIM 通常采用 $N(N \geq 2)$ 台初级绕组上下层叠布置,使得 N 台定子的电磁推力共同作用于同一个次级的结构形式,如图 2-37 所示。

从式(2-3)和式(2-4)所示的磁链方程和电压方程可以看出,多定子直线电机的数学模型维度较高,控制参数较多,对闭环控制系统带来较大挑战。尤其是在单台电机出现故障时,很难从模型中隔离故障电机并维持冗余运行状态。为了实现多定子直线电机在故障情况下的冗余运行,需要对直线电机系统中的电磁参数进行集总设计,确保某台电机初级出现故障后,仍然可以利用剩下的 $N-1$ 台电机完成预先设定任务。

借鉴单定子 LIM 模型,在同步旋转坐标系下,N 定子 LIM 的电压方程为

$$u_s = R_s i_s + \text{p}\psi_s - \text{j}\beta V_e \psi_s$$
$$0 = R_r i_r + \text{p}\psi_r - \text{j}\beta(V_e - V)\psi_r$$
$$(2-80)$$

式中,定子及动子的电压、电流、磁链均以空间矢量形式表示,且为 N 维列向量;R_s、R_r 分别为定子绕组电阻和次级等效电阻,为 $N \times N$ 的正定矩阵;V_e 为同步速度;V 为动子实际速度;p 为微分算子。

电机的磁链方程为

$$\begin{cases}\psi_s = (L_m + L_{ls})i_s + L_m i_r \\ \psi_r = L_m i_s + (L_m + L_{lr})i_r\end{cases} \quad (2-81)$$

式中,L_m 为激磁电感;L_{ls} 为定子漏感;L_{lr} 为动子漏感,这些变量均为 $N \times N$ 的正定矩阵。

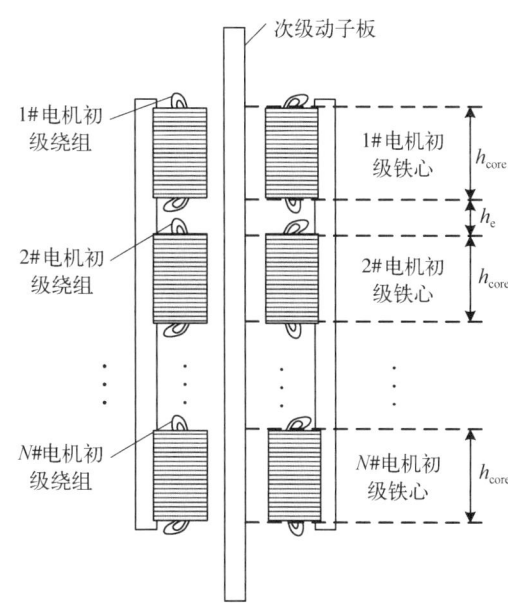

图 2-37 多定子 LIM 结构形式

多定子 LIM 数学模型中,由于存在初级绕组边缘扩散磁场耦合,以及次级动子板涡流路径耦合,导致 L_m 及 R_r 均为非对角阵,初/次级之间的耦合关系强弱通过 L_m 及 R_r 中非对角位置的非零元素体现。上述电机方程对应的稳态 T 型等效电路模型如图 2-38(a)所示。通过将动子侧漏感参数 L_{lr} 折算到定子侧,得到其稳态 L 型等效电路模型,如图 2-38(b)所示:

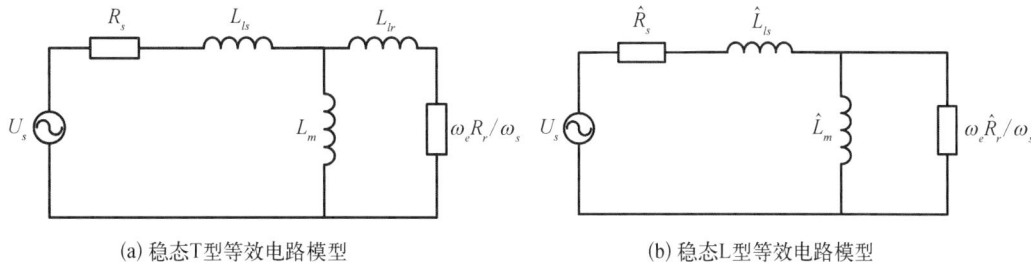

(a) 稳态T型等效电路模型　　　　　　(b) 稳态L型等效电路模型

图 2-38 电机的等效电路模型

根据变换前后端口电压及功率不变的原则,可以得到图 2-38(b)中的参数满足如下关系:

$$\begin{cases}\hat{R}_s = R_s \\ \hat{L}_{ls} = L_{ls} + L_m(L_m + L_{lr})^{-1}L_{lr} \\ \hat{L}_m = L_m(L_m + L_{lr})^{-1}L_m \\ \hat{R}_r = L_m(L_m + L_{lr})^{-1}R_r(L_m + L_{lr})^{-1}L_m\end{cases} \quad (2-82)$$

上述 L 型等效电路便于利用空载和堵转试验进行电机参数的测量,从而为控制系统的设计奠定了基础。

定子 LIM 模型中,如果控制 N 台定子磁链在空间上同相位,此时选择同步 dq 轴坐标系统,使 d 轴与励磁电流 i_m 同相位,则在 L 型等效电路中,由基尔霍夫电压回路方程及电流定律可得

$$i_q = \omega_s \hat{\boldsymbol{R}}_r^{-1} \hat{\boldsymbol{L}}_m i_d \qquad (2-83)$$

$$i_s = i_d + \mathrm{j}\omega_s \hat{\boldsymbol{R}}_r^{-1} \hat{\boldsymbol{L}}_m i_d \qquad (2-84)$$

上式表明,对于任意给定的励磁电流 i_d 及转差频率 ω_s,可以得到相应的定子电流 i_s 来维持与动子交链的磁链不变。利用动子上消耗的总功率减去动子电阻损耗功率,可以得到多定子 LIM 次级板输出的机械功率为

$$P_e = \frac{\omega - \omega_s}{\omega_s} i_q^{\mathrm{T}} \hat{\boldsymbol{R}}_r i_q \qquad (2-85)$$

则直线电机输出的电磁推力为

$$F_e = \frac{P_e}{V} = \frac{\beta}{\omega_s} i_q^{\mathrm{T}} \hat{\boldsymbol{R}}_r i_q \qquad (2-86)$$

将式(2-83)代入式(2-86)可得

$$F_e = \beta \omega_s i_d^{\mathrm{T}} \hat{\boldsymbol{L}}_m^{\mathrm{T}} \hat{\boldsymbol{R}}_r^{-1} \hat{\boldsymbol{L}}_m i_d \qquad (2-87)$$

上式表明,当保持励磁电流 i_d 不变时,电磁推力 F_e 与转差频率 ω_s 成正比,因此可以通过控制转差频率来得到所需要的电磁推力,实现间接矢量解耦控制。然而,多定子 LIM 在实际工作过程中,为了尽可能提高推力密度和能量效率,其励磁电流 i_d 并非任意选择,通常要求其工作在特定的转差频率。

2.6.2.2 电磁力特性分析

以某两定子长初级 LIM 样机为例,该样机技术参数如表 2-1 所示。根据式(2-87)可以计算得到单定子工作和两定子同时工作时,电机输出电磁推力 F_e 与转差频率 ω_s 之间的关系曲线,如图 2-39 所示。

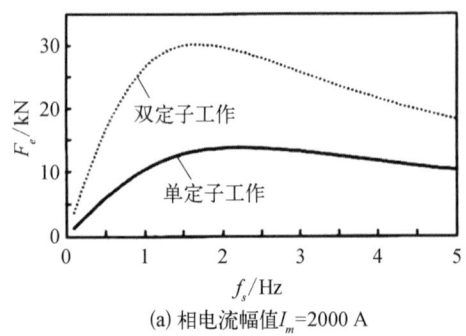

(a) 相电流幅值 I_m=2000 A

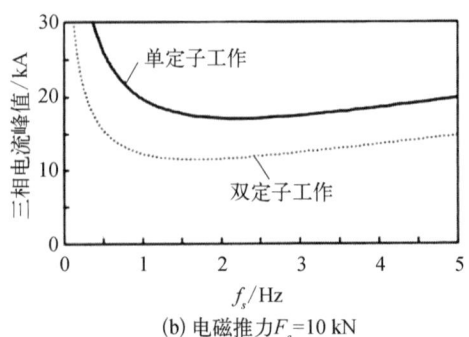

(b) 电磁推力 F_e=10 kN

图 2-39 电磁推力与转差频率之间的关系曲线

从图 2-39(a)可以看出,当相电流幅值 I_m 固定时,该两定子 LIM 由于耦合因素的影响,在转差频率 0~5 Hz 的工作区间内,上下定子通入相同电流时其电磁推力达到单定子工作时电磁推力的 2.705 倍,而获得最大电磁推力对应的转差频率由单定子工作时的 2.2 Hz 降低至 1.6 Hz。从图 2-39(b)可以看出,当输出电磁推力固定在 10 kN 时,工作在 1.6 Hz 附近时所需的相电流幅值 I_m 最小。以此工作点为基准,假设电机运行过程中某台定子发生故障,另一台定子维持故障前的电磁推力不变,则故障后不同转差频率下定子的相电流幅值过载比值曲线如图 2-40 所示。

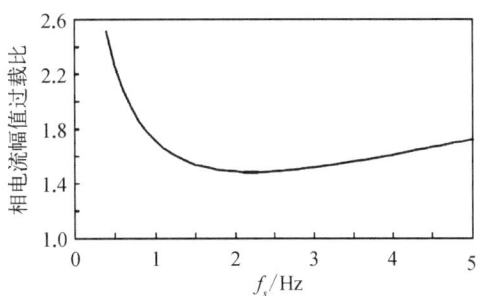

图 2-40 单台定子故障时工作定子相电流幅值过载比值曲线

可以看出,虽然该两定子双边 LIM 在单台定子出现故障切换到单定子工作时,理论上电磁推力过载 100%,但是其相电流过载值与故障后电机运行的转差频率密切相关。通常条件下,LIM 采用间接矢量控制时 d 轴电流为给定值,当电机切换到单定子运行时,剩下的工作定子 q 轴电流会在闭环控制的调节下增大,导致工作转差频率上升。如果其转差频率升高至 2.2 Hz,则该定子相电流仅需过载 48.35% 即可使电机故障前后电磁推力维持不变。

2.6.2.3 试验验证

利用图 2-41 所示的双定子长初级双边 LIM 样机进行单定子故障试验验证,样机技术参数如表 2-1 所示。该试验样机的两台定子由独立的两套电压源及逆变器供电,采用独立控制器进行并行控制。为了满足电机运行在最佳工作点 f_s = 1.6 Hz,两台定子 d 轴给定电流为 $i_{d,1} = i_{d,2} = 0.3618$ pu。两台定子正常工作时,电机在动子加速阶段 dq 轴归一化电流波形如图 2-42 所示。

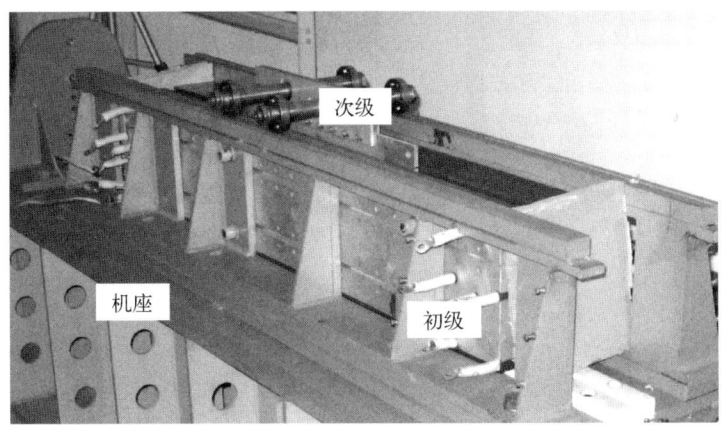

图 2-41 样机实物图

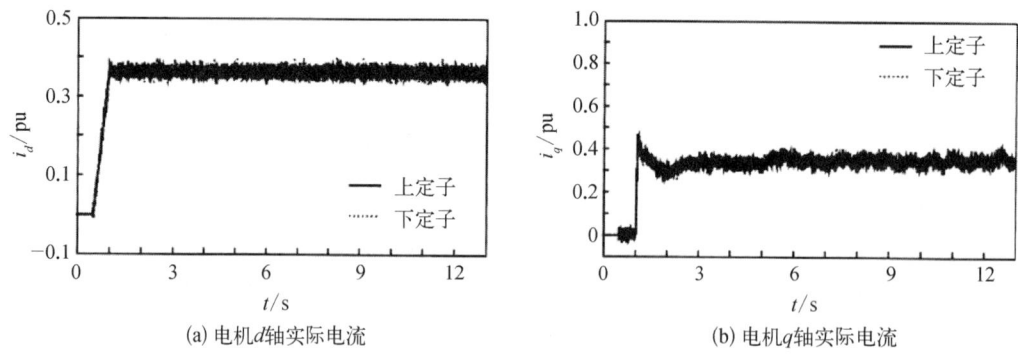

图 2-42 双定子正常运行时电机 dq 轴电流波形

为了验证多定子 LIM 故障模式下的电流过载特性,在动子加速阶段,设计 1 号定子(上定子)在 $t=7.6\text{ s}$ 时刻出现故障,控制系统检测到故障时迅速封锁 1 号定子供电变频器驱动脉冲,电机动子在另一台定子电磁推力作用下继续按照设定的轨迹进行加速,该工况下,电机两台定子的 dq 轴归一化电流波形如图 2-43 所示。

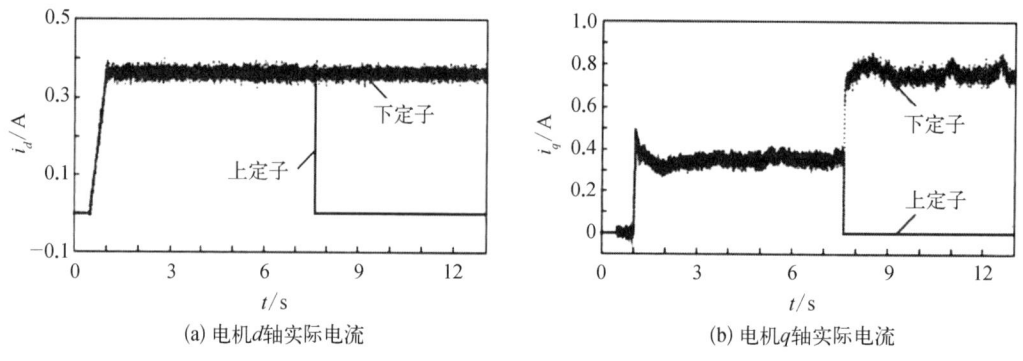

图 2-43 上定子故障时电机 dq 轴电流波形

由图 2-43 可以看出,在 $t=7.6\text{ s}$ 时刻 1 号定子出现故障时,另一台定子维持故障运行前的 d 轴电流不变,为了维持动子加速所需的电磁推力,其 q 轴电流迅速升高,实测转差频率也由 $f_s=1.6\text{ Hz}$ 渐变至 $f_s=4.33\text{ Hz}$。实测故障前后 2 号定子的相电流分别为 0.29 pu 和 0.4812 pu,过载值约为 65.93%,与图 2-40 计算的理论过载值(64.66%)较为接近,验证了理论分析的正确性。

2.6.3 单能量链故障

为了提高系统的冗余性,电磁发射系统的储能分系统、动力调节分系统和直线电机分系统由多套独立装置并行工作,即多定子 LIM 的每一个定子由一套单独的能量链供电且由单独的动力调节系统变换。因此,当单能量链出现故障时,对应的单定子即停止出力,但是由于动子磁链暂态过程的存在以及动子侧耦合作用,控制算法会出现电磁力指令计算的偏差,导致系统出现电磁力波动和过载的情况。单能量链故障时电磁发射系统的拓扑结构如图 2-44 所示。

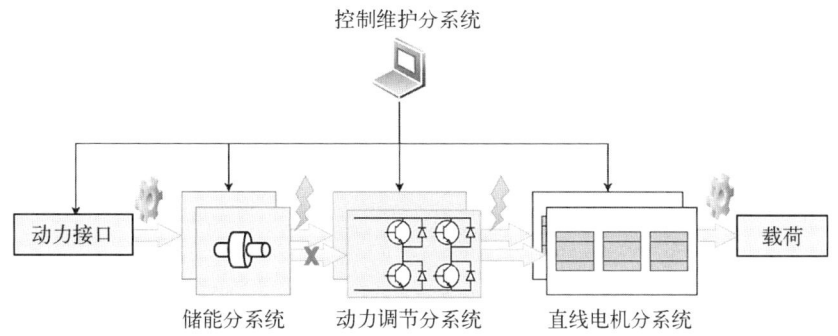

图 2-44　单能量链故障时电磁发射系统的拓扑结构

针对单能量链故障的处置,需要从控制策略层面进行精准设计,确保故障切换过程能够平稳可靠,且满足预定的发射任务需求。单能量链的故障模型和电磁力特性可参照单定子故障进行分析研判,此处不加赘述。

2.7　本章小结

本章分析了电磁发射用直线电机的基本特点,推导了多定子多相 LIM 的数学模型,探讨了考虑耦合效应的带屏蔽层结构 LIM 的基本特性,建立了考虑电机饱和特性的非线性数学模型。最后讨论了电磁发射用直线电机的常见故障模式,并给出相应的诊断算法,以便对故障进行分析判断。

(1) 为了实现高推力密度的指标,电磁发射用直线电机通常具有长初级短次级结构、多定子或多相结构、分段供电和铁心饱和等特点,带来电机结构模型的不同。

(2) 本章建立了多定子多相直线电机数学模型和次级涡流引起的不对称参数模型,是分析该类直线电机的理论前提。

(3) 本章探讨了考虑屏蔽层耦合的等效电路模型和屏蔽层对电机推力特性的影响规律。双定子电机平均到每个定子的出力比单定子电机大,说明双定子直线电机增加了动子有效作用涡流路径。

(4) 本章研究了考虑电机铁心饱和的非线性数学模型,发现转差频率、定子电流和励磁电感之间的相互影响规律。当定子铁心处于饱和状态时,电机最大电磁推力对应的转差频率大于线性状态时电机最大电磁推力对应的转差频率。

(5) 本章分析了分段供电故障、单定子故障和单能量链故障等故障模式及相应的故障诊断算法。

第 3 章 电磁发射用直线电机纵向边端效应

与旋转电机不同,LIM 具有四个独特的效应——静态纵向边端效应、动态纵向边端效应、静态横向边端效应和动态横向边端效应。由于电磁发射用直线电机具有长初级短次级结构、铁心尺寸较长、次级板较高、脉冲分段供电等独有特点,其边端效应与传统直线电机存在较大差别。本章重点介绍电磁发射用直线电机的静态和动态纵向边端效应作用机理,及其对电机性能产生的影响。

3.1 概 述

3.1.1 纵向边端效应分类

直线电机是直接产生直线运动的电动机,它可以看成是从旋转电动机演化而来的。设想把旋转电动机沿径向剖开,并将圆周展开成直线,就得到应用广泛的扁平型直线电机,如图 3-1 所示。旋转电机的径向、周向和轴向对应直线电机的法向、纵向和横向。

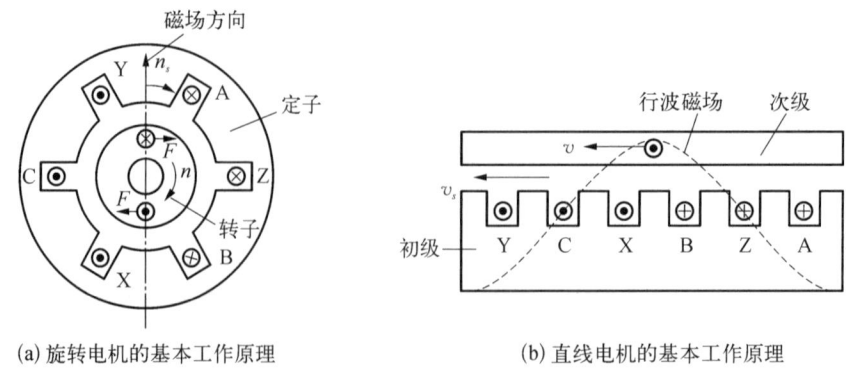

(a) 旋转电机的基本工作原理　　(b) 直线电机的基本工作原理

图 3-1　旋转电机到直线电机的演化

直线电机绕组在纵向端部上不连续,行波磁场存在一个"入口端"和一个"出口端",这两个边端的存在对于电机的气隙磁场分布有显著的影响,称之为纵向边端效应[1]。纵向边端效应又有静态和动态之分,当仅有定子电流(空载)时的边端效应称为静态纵向边端效应,也称第一类纵向边端效应;当动子与定子之间有相对运动或者动子中也有电流时产生的边端效应称为动态纵向边端效应,也称第二类纵向边端效应。

3.1.2 静态纵向边端效应概述

由于直线电机铁心在初级两端断开,各相之间互感不相等,因此当通入三相对称电压时,将产生不对称的相电流。按照对称分量法,可将相电流分解为正序、负序、零序电流。对应的磁场分别为正向行波磁场、负序反向行波磁场和零序脉振磁场,后两种磁场在次级运行过程中将产生阻力和附加损耗,这种现象称为直线电机的静态纵向边端效应。静态纵向边端效应的存在使得三相阻抗不平衡,并且气隙磁场和轭磁场发生畸变,导致其等效电路的参数分析比旋转电机复杂。根据初级和次级相对长度的不同,LIM 可分为长初级 LIM 和短初级 LIM 两种类型,如图 3-2 所示。

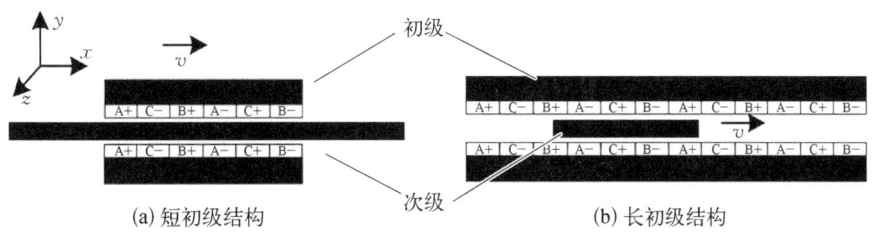

图 3-2 双边 LIM 两种结构类型的二维示意图

为了消除静态纵向边端效应的影响,国内外许多学者对其作用机理和抑制措施进行了深入研究[87,88],但研究主要集中在短初级 LIM 和端部无铁心长初级 LIM 的静态边端效应上,比如如何补偿阻抗和改善气隙磁场畸变。而针对如图 3-3 所示的长初级、分段供电的 LIM 研究较少。

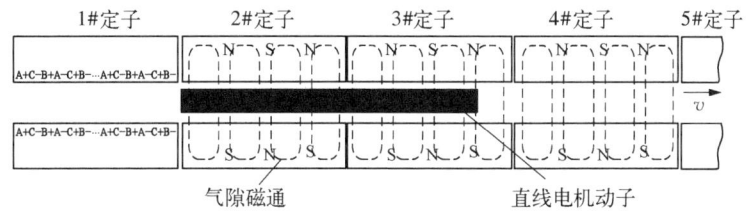

图 3-3 多段初级 LIM 分段通电示意图

这种多段初级 LIM 采用模块化设计,安装方便、更换灵活,采用分段供电的方式,既节电又减小了对电源容量的要求,适用于中远距离运输和推进系统,尤其适用于电磁发射装置、汽车碰撞平台等场合。由于采用分段供电,多段初级 LIM 在通电初级绕组外还存在端部较长的不通电初级铁心,这就导致了这种结构的 LIM 的磁场边界条件与传统 LIM 不同,因而端部效应的影响存在较大差异。

文献[89]与[90]在忽略次级回路的导电体以及齿谐波磁场的干扰后,应用逐步法研究不同极数、不同边缘齿宽、不同绕组型式以及不同绕组连接方式对 LIM 静态纵向边端效应的影响,并提出了增加电机极数、双层绕组电机端部加补偿绕组等改善措施,但没有对端部带铁心的 LIM 进行研究;文献[91]对长初级 LIM 的气隙磁场分布进行了推导,但并未对这种类型 LIM 的互感矩阵进行分析;文献[92]根据直线电机双层绕组实际分布,建立了双层绕组模型,并分区对奇数极和偶数极 LIM 的脉动磁场进行了分析,根据所得到的磁场方程进行实验验证,得到了电机极数小于 6 时,装设附加绕组可以减小或消除脉振磁场的结论,并提出了增加极数或在铁心纵向两端装设附加绕组可以削弱静态边端效应的影响的结论,但并未对端部铁心长度、极数、气隙等因素的影响进行深入分析。文献[93]提出,当三台相同直线电机一起工作时,通过各相绕组之间的换位来抵消不对称电流,从而消除静态纵向边端效应,但对于多段初级分段形式的 LIM,无法使用这种方法来保持气隙行波磁场的连续性。当传统直线电机的初级极数 ≥6 时,可认为负序及零序电流相对正序已经足够小,影响可以忽略。但试验发现,对于多段初级 LIM,尽管通电初级总极数一般大于 6 极,由于端部铁心的影响,其电流不对称度依然很大。

文献[94]从多段初级 LIM 的特殊现象出发,利用二维电磁场理论和有限元分析软件,对多段初级 LIM 的静态纵向边端效应进行了深入分析,得到了多段初级 LIM 三相互感矩阵不平衡规律及影响机理,并分析了电机的电磁推力、轭部磁场及阻抗矩阵的特点。对于实际工程应用的偶数极 LIM,电机端部铁心长度的影响不会超过 1 个初级段;对于奇数极 LIM,电机不对称度与端部铁心长度无关;增加极数可以降低电机气隙磁场的不对称度[95]。

3.1.3 动态纵向边端效应概述

当次级导体板与初级产生相对运动时,磁场在进入和滑出初级的端部区域会产生瞬态畸变,引发纵向行波磁场畸变、涡流损耗增加和体力波动等问题,这种现象称为直线电机的动态纵向边端效应。

关于该类问题的研究,主要集中在如图 3-4 所示各类短初级和长初级 LIM 上。短初级 LIM 主要应用于直线轨道交通上,如广州地铁 4 号线、5 号线,文献[96]与[97]对考虑其纵向边端效应的等效电路模型已有详细研究。文献[27]主要从电磁场解析的角度分析了短初级双边 LIM 的边端效应影响,并推导了电机的等效电路模型,其主要思路是从边端效应磁场建立过程出发,综合考虑了纵向边端效应在次级(通常称为感应板)滑入端和滑出端产生的涡流对等效电路中励磁支路的影响。文献[98]分析了边端效应波衰减速度与电机速度的关系、滑入端效应力的特点、滑入端效应力与电机极数之间的关系,结果表明,高速运行的电机,滑入端行波传播速度影响大,不可忽略;滑入端效应力是反向阻力,增加电机极数可削弱滑入端效应力。文献[99]从次级产生涡流的原理出发,采用次级磁场定向方法,控制速度和励磁推力两个电流分量,研究表明,补偿励磁分量后,电机线速度上升时间缩短,动态响应速度加快,并能够保证电机磁链不受动态边端效应影响,保持推力恒定。

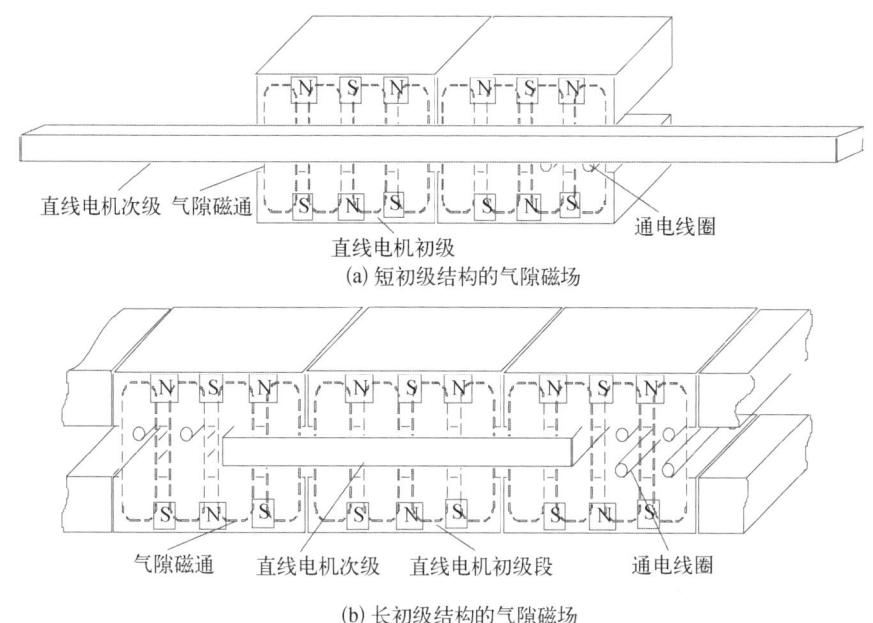

图 3-4　两种类型直线电机结构的气隙磁场区别

从工作原理来看,对于如图 3-4(a)所示的短初级结构,次级感应板较长,且仅在初级覆盖范围内存在涡流,因而在动子运动过程中,动子进入端的表面磁场是从零增大到气隙合成值,滑出端是从气隙合成值衰减到零,这与长初级直线电机端部涡流对气隙磁场的作用有着明显不同。对于长初级结构,次级感应板始终位于初级的激磁磁场中,当以次级为参考坐标时,气隙磁场以转差频率切割次级,因而在次级运动过程中,次级进入端的表面磁场是从空载气隙值减小到气隙合成值,次级滑出端是从气隙合成值增大到空载气隙值。这与短初级直线电机相比,端部涡流对气隙磁场的作用是不同的,因而等效电路模型会存在明显区别,特别是动子做高速运动时,两者纵向边端效应对电机性能的影响会显著不同。有关短初级直线电机端部涡流对气隙磁场的作用将在本书第 3.3 节展开。

对于电磁发射用直线电机来说,一般采用图 3-4(b)所示的长初级 LIM 结构。由于这种双边型直线电机的动子较轻(一般为整块铝板或铜板),装置体积较小,在动子进行高速大推力运动的场合有着明显优势。文献[100]从长初级双边直线电机次级端部涡流对气隙磁场产生的影响机理出发,建立了分析模型,得到了次级面电流密度表达式和电磁推力表达式,并进行仿真分析和优化瞬时推力,研究表明,采用多个短小的、在空间错开一定位置的并辅以机械连接的次级,可以减小次级瞬时推力的波动幅度,对初级绕组采用正弦分布可以削弱空间驻波。文献[101]推导了 LIM 纵向边端效应对气隙磁场的影响,并给出了考虑纵向边端效应时的修正系数及其等效电路。文献[102]从电磁场分析的角度出发,推导出考虑纵向边端效应时长初级直线电机的等效电路模型及其修正系数,得到了该类型电机在高速运行时纵向边端效应对电机性能的影响并不明显的结论,通过选择合适的次级极数和工作转差率,长初级双边 LIM 的纵向边端效应将远小于短初级双边 LIM。

3.2 静态纵向边端效应研究

本节主要基于电磁发射用多段长初级 LIM,研究其静态纵向边端效应对三相电机电气参数和动态性能的影响。

3.2.1 三相互感不对称现象及规律

3.2.1.1 三相互感不对称现象

长初级直线电机一般极数较多,本节以 24 级样机为例,由于采用分段供电方式,在通电工作区外还存在未通电的定子铁心,导致其端部磁场的边界条件与常规直线电机不同。为了进行对比分析,在二维静磁场模块中建立了单段定子端部无铁心、有铁心模型和三段串联定子端部无铁心、有铁心模型(电机相序按照 ACB 排列)。

计算得到电机绕组的自感和互感矩阵如表 3-1 所示,表中还给出了在相同条件下的试验值,试验具体方法为:利用频率特性分析仪,在 LIM 测量绕组中通入一个正弦电流,并测量通电绕组的自感和其他两相互感。

表 3-1 多段初级 LIM 三相互感不对称现象及规律

定子端部情况	仿 真 值	试 验 值
各相自感	$L_{aa}=L_{bb}=L_{cc}$	$L_{aa}=L_{bb}=L_{cc}$
单段定子(8极)孤立运行,两端均无铁心	$L_{ac}=L_{bc}=1.15L_{ab}$	$L_{ac}=L_{bc}=1.57L_{ab}$
单段定子(8极)一端有铁心时	$L_{ac}=L_{bc}=1.91L_{ab}$	$L_{ac}=L_{bc}=2.69L_{ab}$
单段定子(8极)两端均有铁心	$L_{ac}=L_{bc}=2L_{ab}$	$L_{ac}=L_{bc}=6.25L_{ab}$
三段定子(24极)串连,两端均有铁心	$L_{ac}=L_{bc}=2.08L_{ab}$	$L_{ac}=L_{bc}=1.85L_{ab}$

从表 3-1 中的仿真结果可知,分段供电 LIM 端部不通电定子铁心的存在使电机三相互感满足 $L_{ac}=L_{bc}=kL_{ab}$,其中 $k>1$,k 的值与端部铁心有较大关系。当电机两端部去掉一端铁心时,k 从 6.25 下降到 2.69;当将电机端部铁心都去掉时,单段 LIM 的 k 值变为 1.57。定子通电极数也对不对称电感比值有较大影响,同样是两端均有铁心,当电机极数从 8 极增加到 24 极时,k 值从 6.25 下降到 1.85。对于单段定子两端有铁心情况,由于试验时两边铁心较长,各有 5~8 段,而建模时考虑到模型计算量和精度,只在通电段定子两端各设

一段未通电铁心,因而此时仿真值和试验值差别较大。

仿真结果还表明:当电机端部无铁心时,单段电机的气隙磁场是对称的;当电机端部有铁心时,单段电机的气隙磁场不对称,增加极对数可以改善电机互感的不对称度。仿真结果与试验结果的趋势一致,其中三段通电结果较为接近。

3.2.1.2 三相电压电流不对称现象

通过在多段初级 LIM 三相绕组施加对称电压(电流)的方法,对电机不对称运行进行二维瞬态场分析和试验研究,电机的主要参数采用表 3-2 所示的样机参数。

表 3-2 样机电磁参数

参　　数	参　数　值
初级铁心高度/mm	52
单段初级铁心长度/mm	1 300
次级长度/mm	2 500
通电初级极数	24
次级极数	15
每相电阻/Ω	0.239 4
激磁电感/mH	1.334 4
初级漏感/mH	2.820
次级电阻/Ω	0.169 1
次级漏感/mH	0.086 52

仿真结果和试验结果如表 3-3 所示,从表中可以看出:① 若三相对称电流源供电时,则电机的端电压并不对称,电压最大值为 C 相,最小值为 B 相,电机各相相角也存在不对称;② 三相对称电压源供电时,则三相绕组电流并不对称,其中 B 相最大,A 相次之,C 相最小,电机各相相角也是不对称的,其规律如表 3-3 所示。

表 3-3 多段初级 LIM 三相电压/电流规律

模式分析		不对称情况	不对称度	相　位　差		
电流对称电压不对称	仿真结果	$U_C > U_A > U_B$	8.4%	∠AB=93.6°	∠AC=126°	∠BC=136°
	试验结果	$U_C > U_A > U_B$	10.8%	∠AB=102°	∠AC=129°	∠BC=128°

续 表

模式分析		不对称情况	不对称度	相 位 差		
电压对称电流不对称	仿真结果	$I_B>I_A>I_C$	5.35%	∠AB=126°	∠AC=116°	∠BC=118°
	试验结果	$I_B>I_A>I_C$	8.2%	∠AB=127°	∠AC=114.5°	∠BC=117.8°

图 3-5(a)和(b)分别为施加对称电流、对称电压情况下的电机绕组测量的三相电压、三相电流标幺值。

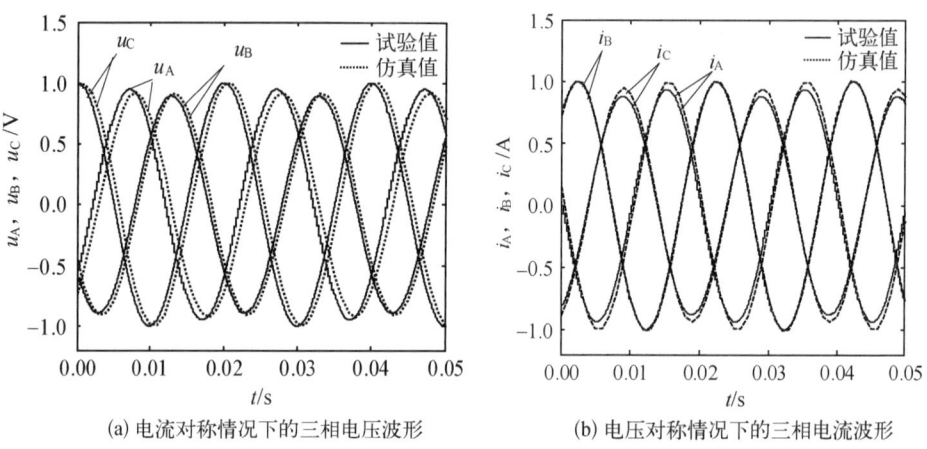

(a) 电流对称情况下的三相电压波形　　(b) 电压对称情况下的三相电流波形

图 3-5　多段长初级 LIM 三相不对称特性

3.2.2　不对称机理分析及影响因素

3.2.2.1　气隙磁场计算

与一般直线电机不同,多段初级 LIM 通电定子铁心端部存在不通电的定子铁心,且随着次级的运动和分段供电,通电绕组区域外的两端铁心长度也在发生变化。为了保证分段供电直线电机的最大出力,电机需要工作在三相对称恒流状况下,但由于静态纵向边端效应的影响,电机各相绕组的供电电压将不同。为了查明多段初级 LIM 静态纵向边端效应的影响因素及机理,建立了端部带铁心的双边 LIM 电机分析模型[101],如图 3-6 所示。图中模型共分为三个区域,图中 ε 为两端无电流区域铁心长度,p 为极对数,τ 为极距,$2p\tau$ 为有效通电铁心长度。

基本假设如下:① 各场量是时间的正弦函数;② 不计通电区域铁心饱和的影响;③ 所有电流仅有 z 分量;④ 可用等值的电流层代替载流的初级绕组,并认为初级绕组的磁动势空间正弦分布,即只取基波;⑤ 在铁心外区域磁场为 0。

对图 3-6 的 3 个区域利用全电流定律和边界条件,可得有效通电区域内的气隙磁场。

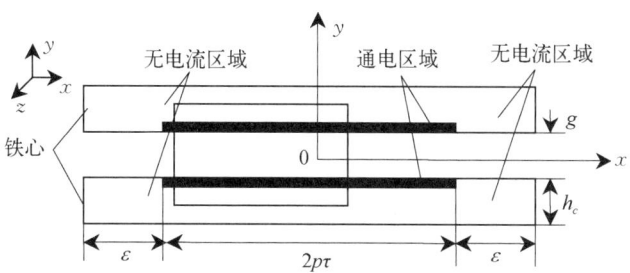

图 3-6 多段初级 LIM 电磁场分析模型

当极数为偶数时,通电区域内的气隙磁场为

$$B_{1y} = B_g \cos\left(\omega t - \frac{\pi}{\tau}x\right) - (-1)^p \frac{\varepsilon}{p\tau} B_g \cos \omega t \qquad (3-1)$$

式中,ω 为初级电流角频率;B_g 为气隙磁场幅值。

脉振场与行波场的大小之比为

$$K_1 = \frac{\dfrac{\varepsilon}{p\tau}\cos \omega t}{\cos\left(\omega t - \dfrac{\pi}{\tau}x\right)} \qquad (3-2)$$

当极数为奇数时,通电区域内的气隙磁场为

$$B_{1y} = B_g \cos\left(\omega t - \frac{\pi}{\tau}x\right) - (-1)^{p-0.5}\frac{1}{p\pi} B_g \cos \omega t \qquad (3-3)$$

脉振场与行波场的大小之比为

$$K_2 = \frac{\dfrac{\cos \omega t}{p\pi}}{\cos\left(\omega t - \dfrac{\pi x}{\tau}\right)} \qquad (3-4)$$

从式(3-1)和式(3-3)可以看出,端部铁心的存在使气隙磁场存在一个沿 x 方向幅值不变的脉振磁场,从而使得气隙对称行波叠加一个偏置的气隙磁通,并随时间按正弦规律脉振,从而使气隙行波发生不对称。从式(3-2)可知,当电机的极数为偶数时,它的影响与极对数和极距成反比,与端部铁心长度成正比,从式(3-4)可知,当电机的极数为奇数时,它的影响与极对数成反比,与铁心长度无关。

从上面分析得知,不论多段初级 LIM 的极数为奇数还是偶数,增加极对数可以有效降低纵向静态边端效应的影响。对于偶数极,端部铁心长度也会极大影响电机的脉振磁场幅值。

3.2.2.2 电机端部铁心长度的影响

对于偶数极,由式(3-2)可知,电机的不对称度与端部铁心长度成正比。为了进行有限元计算验证,在二维静磁场模块中分别建立样机端部无铁心和有铁心模型,并计算出电机的单相磁场分布及绕组电感矩阵。具体方法为:在电机A相中通入1A电流,且B相和C相电流为0时,计算出电感矩阵,并可得到电机的气隙磁场分布(为便于对比,每极每相匝数为1匝)。

1. 端部无铁心模型

在二维静磁场中建立单段定子的有限元计算模型,边界条件取球形边界。在A相通入1A电流,B相和C相电流为0时,磁力线分布和A相磁密分布如图3-7、图3-8所示。

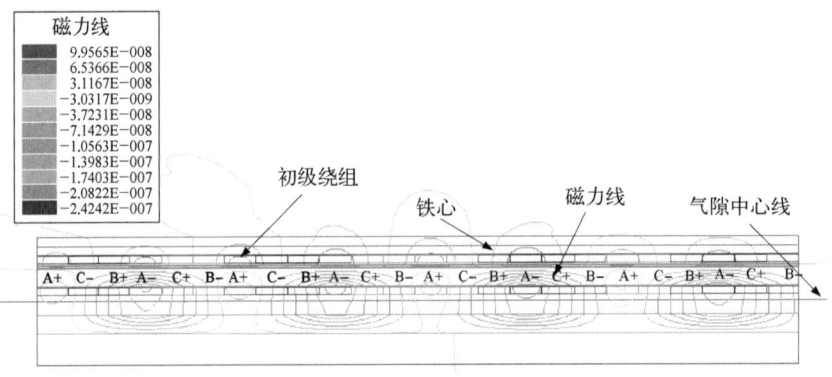

图3-7 单段定子端部无铁心磁力线分布

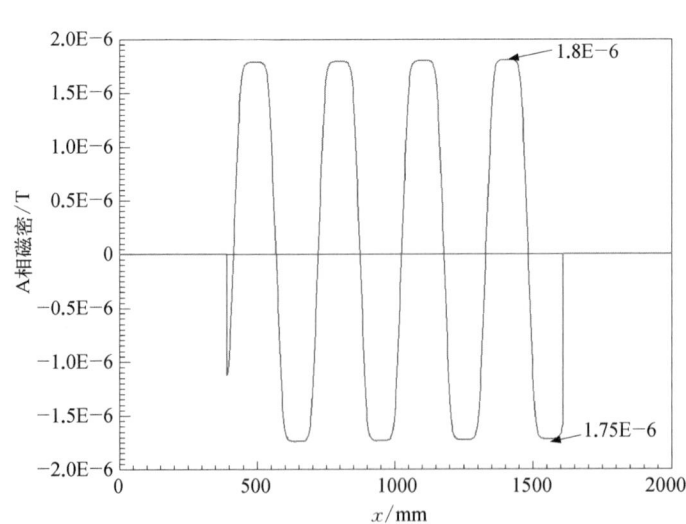

图3-8 A相磁密分布

求得的电感矩阵如式(3-5)所示。可见,A、B、C三相自感基本相等。AB相互感小于AC相和BC相互感,且 $1.15 L_{ab} = L_{ac} = L_{bc}$。

$$\begin{bmatrix} L_{aa} & L_{ab} & L_{ac} \\ L_{ba} & L_{bb} & L_{bc} \\ L_{ca} & L_{cb} & L_{cc} \end{bmatrix} = \begin{bmatrix} 1.938\,5e^{-7} & -6.54e^{-8} & -7.492\,7e^{-8} \\ -6.54e^{-8} & 1.938\,6e^{-7} & -7.494\,1e^{-8} \\ -7.492\,7e^{-8} & -7.494\,1e^{-8} & 1.966\,4e^{-7} \end{bmatrix} \quad (3-5)$$

2. 端部有铁心模型

将图 3-7 中的电机铁心左右各延长一对极,在 C 相通入 1 A 电流,A 相和 B 相电流为 0,磁力线分布如图 3-9 所示。从图中可以看出,由于端部不通电铁心的存在,通电区域的轭部磁通扩散到这些区域,使得气隙磁场分布发生了改变;另外,从图 3-10 中可见,C 相气隙磁密在气隙中线两侧明显出现不对称,这样将导致 C 相通电时,在 A 相和 B 相的耦合磁链出现不同,从而导致互感不对称。

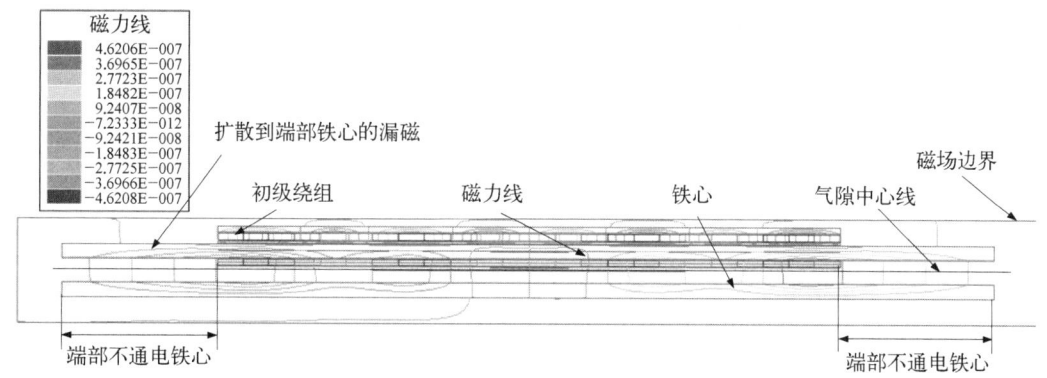

图 3-9 单段定子端部有铁心磁通分布

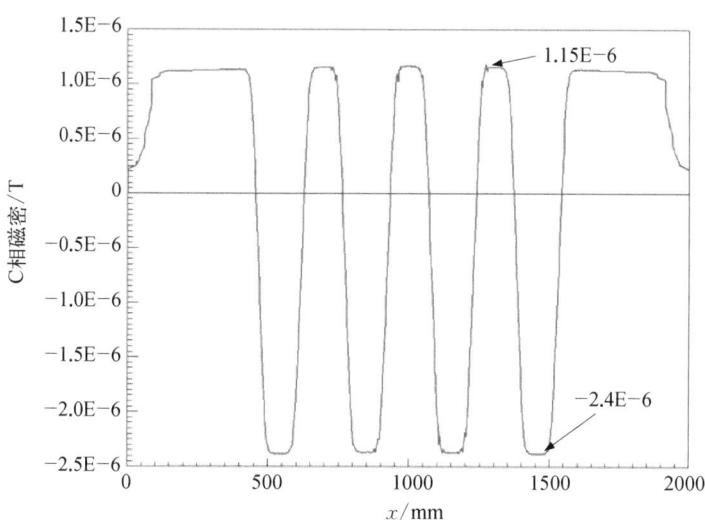

图 3-10 C 相磁密分布(端部有铁心)

此时求得的电感矩阵如式(3-6)所示。可见,A、B、C 三相自感基本相等。AB 相互感小于 AC 相和 BC 相互感,且 $2L_{ab} = L_{ac} = L_{bc}$。

$$\begin{bmatrix} L_{aa} & L_{ab} & L_{ac} \\ L_{ba} & L_{bb} & L_{bc} \\ L_{ca} & L_{cb} & L_{cc} \end{bmatrix} = \begin{bmatrix} 4.716\,1\mathrm{e}^{-7} & -1.150\,3\mathrm{e}^{-7} & -2.307\,9\mathrm{e}^{-7} \\ -1.150\,3\mathrm{e}^{-7} & 4.715\,8\mathrm{e}^{-7} & -2.308\mathrm{e}^{-7} \\ -2.307\,9\mathrm{e}^{-7} & -2.308\mathrm{e}^{-7} & 4.730\,3\mathrm{e}^{-7} \end{bmatrix} \quad (3-6)$$

可见,通电初级段端部不通电铁心的存在,使得电机通电区域的气隙磁场发生了不对称,并且不对称度与不通电铁心的长度成正比。而式(3-1)在电磁场推导过程中忽略了端部铁心的磁阻和各段间隙的空气磁阻,但在实际工程应用时,为了满足环境温升要求,电机在安装时各段定子必须留有一定间隙,文献[92]仿照横向边缘磁场分布规律,求出了端部纵向漏磁的等效作用区域 ε,如式(3-7)所示:

$$\varepsilon = d + 0.83 g_e \quad (3-7)$$

其中,d 表示纵向铁心两端无电流区长度;g_e 表示等效电磁气隙。式(3-7)考虑了端部漏磁在空气中的衰减,但没有计入端部铁心范围内磁通量的减少,对于多段初级 LIM 显然也不符合实际情况。

为了确定实际端部铁心长度和安装间隙对电机性能的影响,分别对小型样机的 1#~10#电机依次选取连续的三段进行空载和堵转阻抗测量,测试方法采用三相平均等效方法,目的是比较处于不同位置的三段定子参数之间的差异。具体测量方法为:选取 1#、2#、3#定子,调节供电电流,从 20 A、25 A、30 A、35 A、40 A 进行空载(抽出次级)、堵转(固定次级)试验,求出空载平均参数——空载端口阻抗 z_0、空载电阻 r_0、空载电抗 x_0,和堵转平均参数——堵转端口阻抗 z_k、堵转电阻 r_k、堵转电抗 x_k。再选取 2#、3#、4#;3#、4#、5#、…、10#定子,进行同样的测试,最后将测得参数进行总的平均,得到小型样机的空载平均参数 z_{0a}、r_{0a}、x_{0a} 和堵转平均参数 z_{ka}、r_{ka}、x_{ka},测试结果如表 3-4 所示。图 3-11 为不同位置的三段串联测试参数与平均值误差对比曲线。

表 3-4 三段同时通电上下定子平均参数

	空 载 测 试			堵 转 测 试		
	z_{0a}/Ω	r_{0a}/Ω	x_{0a}/Ω	z_{ka}/Ω	r_{ka}/Ω	x_{ka}/Ω
上定子	1.297 8	0.417 4	1.228 8	1.065 5	0.531 3	0.923 6
下定子	1.321 1	0.440 3	1.245 5	1.105 4	0.548 5	0.959 7

从图 3-11 可见,端部含 1#和 10#的三段初级(1#、2#、3#和 8#、9#、10#)的参数与平均值相比,在 3%~4%之外,中间的其他三段串联参数较为接近,误差基本在 1%以内。这些不同位置的初级,端部不通电铁心的长度也是不同的。可见,端部铁心长度对电机不对称度的影响是有限的。从试验结果来看,对于小型样机,电机的纵向静态边端效应的影响一般不会大于一个初级段。

在二维涡流场中建立通电区域为 4 极、两端不通电区域长度分别 1/2 极、2 极、8 极

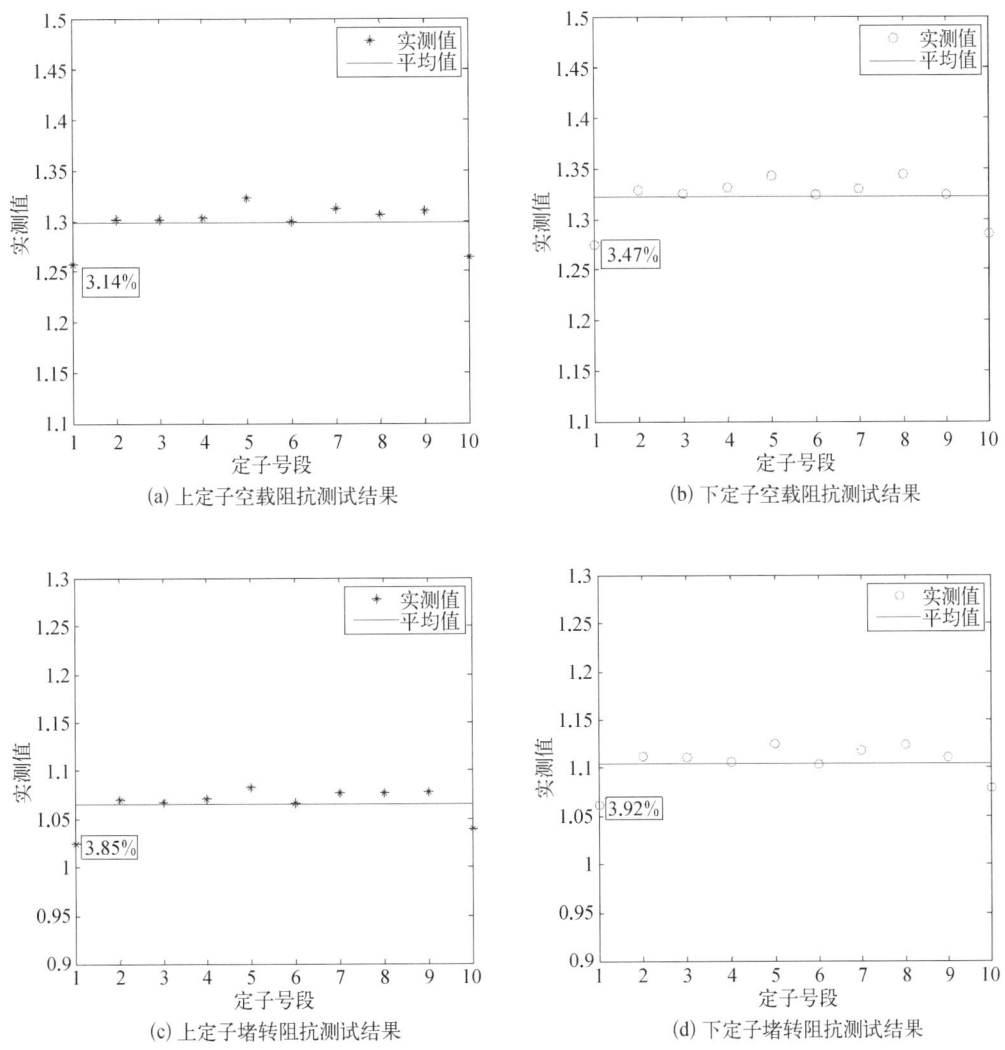

图 3-11 不同位置的三段串联阻抗测试参数与平均误差对比曲线

的直线电机模型,每相电流 430 A,求得的通电区域磁场分布如图 3-12 所示。从图中可见,随着不通电铁心长度的增加,气隙磁场的不对称度增大。但不通电铁心为 2 极和 8 极的气隙磁场差别基本不大,说明对于偶数极,端部铁心长度对不对称度的影响是有限的。

当通电铁心为奇数极时,由式(3-4)可知,电机的不对称度与电机端部铁心长度无关。从通电初级的磁场边界来看,由于奇数极两个端部的磁场方向正好相反,抵消了端部不通电铁心的磁场影响。为了验证以上结论,在有限元软件中建立了 23 极初级、15 极次级的模型。供电电流幅值为 608 A,总匝数 414 匝,频率 11 Hz,分别建立初级两端部铁心长度为 2 极和 8 极的模型,其气隙磁场分布如图 3-13 所示,图中 B 表示磁通密度。从图中可见,虽然两者端部长度不同,但气隙磁场几乎完全重合,且基本对称。可见,当通电铁心为奇数极时,端部铁心长度对气隙磁场基本无影响。

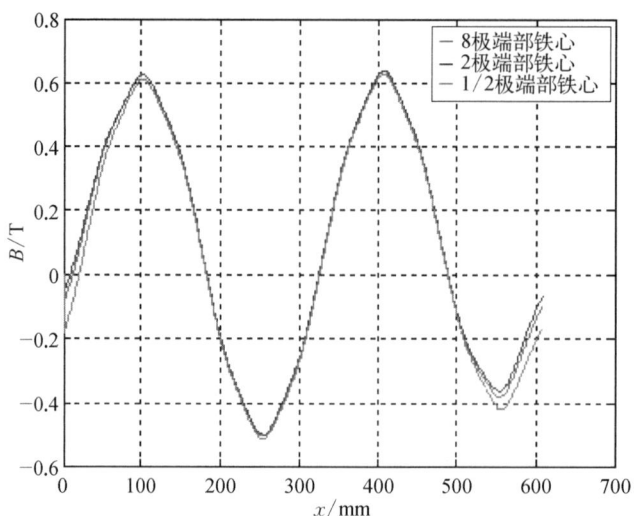

图 3-12 不同端部铁心长度对气隙磁场的影响

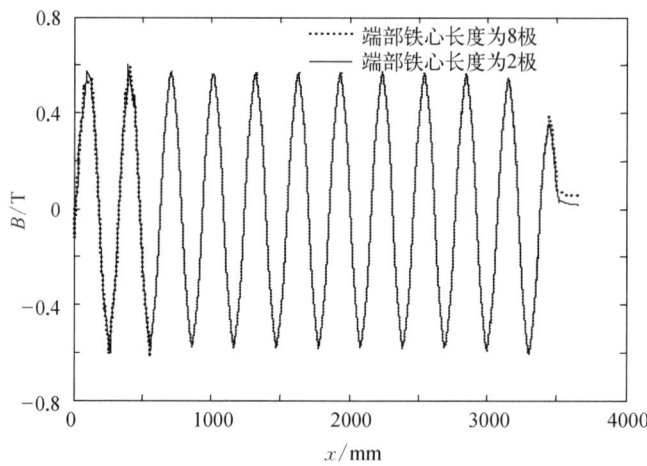

图 3-13 不同端部铁心长度气隙磁场对比结果

3.2.2.3 极数的影响

由式(3-2)和式(3-4)可知,增加通电区域电机初级极数可以降低气隙磁场的脉振分量。传统直线电机的初级极数不小于 6 时,脉振磁场分量所占比例较小,可以忽略。但对于分段初级 LIM,由于运行方式不同,在端部铁心长度一定的情况下(一般其静态纵向端部效应影响为相邻一段初级长度),气隙磁场的不对称随极数的变化规律如图 3-14 所示。为了便于比较,用解析方法和有限元仿真方法对 4 极、8 极、24 极初级气隙磁场分别进行计算。从图中可以看出,增加极数可以降低气隙磁场的不对称度。极数相同时,解析方法计算的不对称度大于有限元计算结果,这是由于解析计算时忽略了铁心磁阻和电机的安装间隙。当电机极数为 24 极时,电机气隙磁场仍然存在一定的不对称度。

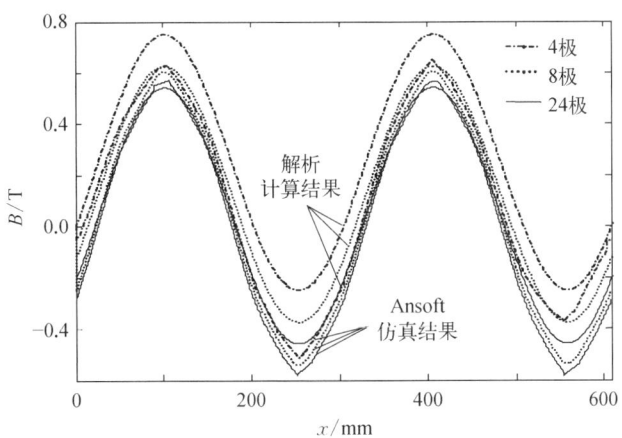

图 3-14 不同极数气隙磁场解析和仿真结果

3.2.2.4 供电频率的影响

由于直线电机的运行方式为升频升压,在整个运行过程中频率一直在增大。为了得到各个频率下电机阻抗的不对称度,利用变频器供电,在样机上测试三相电流平衡(保持 15 A)时的三相电压值。为保证三相电流基本对称,每相串一个 9 Ω 的电阻,分别进行了频率为 10 Hz、18 Hz、30 Hz、50 Hz、70 Hz、115 Hz 的试验,试验中,三相电流和电压均采用谐波分析仪进行采集。根据试验数据得到堵转试验时电压的不对称度(负序电压∶正序电压)如表 3-5 所示。

表 3-5 电机电压不对称度随频率变化的实验结果

频率	10 Hz	18 Hz	30 Hz	50 Hz	70 Hz	115 Hz
正序电压	6.204	8.873 4	11.908 1	16.452	21.328 3	33.612 5
负序电压	0.507 1	0.814 5	1.184 4	1.678 3	2.367 4	4.071 4
不对称度	8.17%	9.18%	9.95%	10.2%	11.09%	12.11%

可以看到,随着频率的增大,电机电压的不对称度略微增大,但并不明显。下面通过仿真进一步验证该结论。分别对 10 Hz、30 Hz、50 Hz、115 Hz 频率下,电机通入三相对称电流恒为 15 A 的工况进行瞬态场仿真,得到了三相反电势,并分别对各相反电势进行不对称分析,得到的仿真结果如表 3-6 所示。

表 3-6 电机电压不对称度随频率变化的仿真结果

频率	10 Hz	30 Hz	50 Hz	115 Hz
正序电压	0.813 2	2.318 3	3.825 2	8.740 1

续 表

负序电压	0.104	0.3286	0.53	1.929
∠AB	129.6°	133.2°	126°	132.48°
∠BC	100.8°	97.2°	99°	99.36°
∠AC	129.6°	129.6°	135°	128.16°
不对称度	12.79%	14.17%	13.86%	22.07%

由表 3-5 和表 3-6 可知，随着供电频率变化，电机总阻抗的不对称度随频率变化不明显。根据弹射直线电机的运行特点，其供电频率随着运动速度的增加而增大，但在控制模型中可以不考虑频率对电机静态边端效应的影响。

以上不对称的影响机理是基于空载情况下进行的，著者还对次级存在时的初级端部不通电铁心长度、极数和供电频率对电机不对称度的影响进行了仿真和试验研究，结果表明次级的存在对电机的不对称度基本无影响。

3.2.3 对电机性能的影响

下面主要基于以上的推导分析静态纵向边端效应对铁心磁场、电磁推力和驱动控制等直线电机性能的影响。

3.2.3.1 对铁心磁场的影响

静态纵向边端效应使得分段初级 LIM 气隙磁场产生不对称，同样，气隙磁场的不对称也将导致轭部铁心磁场的畸变。偶数极轭部磁场解析表达式如下：

$$B_c = B_g \frac{1}{h_c} \left\{ \left[\frac{g_e/0.73 - (x + g_e/0.73)}{1 + 0.73\frac{p\tau}{g_e}} \right] \cos\omega t + \frac{2\tau}{\pi} \sin\frac{\pi x}{2\tau} \cos\left(\omega t - \frac{\pi x}{2\tau}\right) \right\} \quad (3-8)$$

式中，h_c 为铁心轭部高度；g_e' 为等效电磁气隙。

利用式(3-8)求取轭部磁场的方法称为解析法，为便于比较，建立时谐涡流场有限元模型求取轭部磁场，两者对比如图 3-15 所示，解析计算结果与有限元分析结果吻合。

从图中可以看出，分段初级 LIM 的轭部磁场与普通电机轭部磁场不同。普通电机轭部磁场在 x 方向呈对称正弦分布，而分段初级 LIM 轭部磁场在 x 方向磁场明显不对称，且磁场幅值随位移 x 的增加而呈增大趋势，这是由于气隙对称行波叠加了一个相当于直流偏置的气隙磁通，随时间按正弦规律脉振，从而使气隙行波发生不对称，导致铁心磁通畸

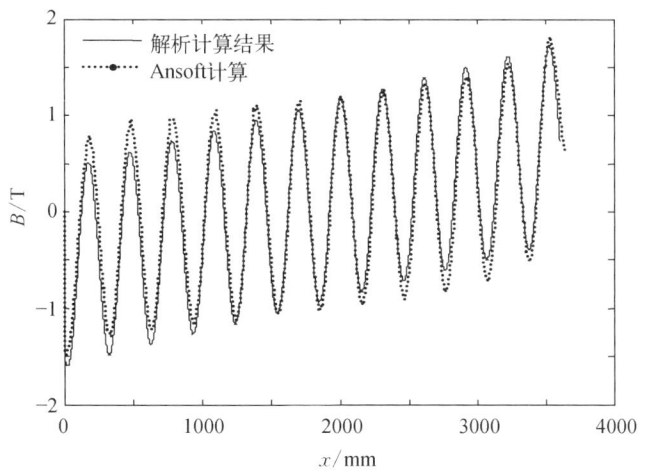

图 3-15 分段初级 LIM 的轭部磁场分布图

变。因此,在设计这类电机时,要充分考虑电机的轭部可能会出现局部饱和的情况。

3.2.3.2 对电磁推力的影响

电磁推力是直线电机的重要技术指标之一。当电机端口加入三相对称电流时,电机的气隙磁场为对称磁场,则此时的电磁推力不受静态边端效应的影响。当电机端口加入三相对称电压时,由于电机各相阻抗不对称,将导致电机的三相电流不对称,电机的正序电流分量将产生正方向电磁推力,电机的负序电流分量将产生反方向的电磁推力。将 LIM 样机三相绕组外加 230 V 对称交流电压,产生的三相不对称电流分别为

$$\begin{cases} i_A = 236\cos \omega t \\ i_B = 251\cos(\omega t - 114.5°) \\ i_C = 268\cos(\omega t + 117.8°) \end{cases} \quad (3-9)$$

运用对称分量法可以得到正序、负序和零序电流 i_1、i_2、i_0:

$$\begin{cases} i_1 = \dfrac{1}{3}[236\cos \omega t + 251\cos(\omega t + 5.5°) + 268\cos(\omega t - 2.2°)] \\ i_2 = \dfrac{1}{3}[236\cos \omega t + 251\cos(\omega t - 234.5°) + 268\cos(\omega t + 237.8°)] \quad (3-10) \\ i_0 = \dfrac{1}{3}[236\cos \omega t + 251\cos(\omega t - 114.5°) + 268\cos(\omega t + 117.8°)] \end{cases}$$

可以得到正序、负序和零序电流的波形如图 3-16 所示,其中正序电流的幅值为 251 A,负序电流的幅值为 19 A,零序电流的幅值为 3.7 A。

LIM 在堵转条件下的推力公式如下:

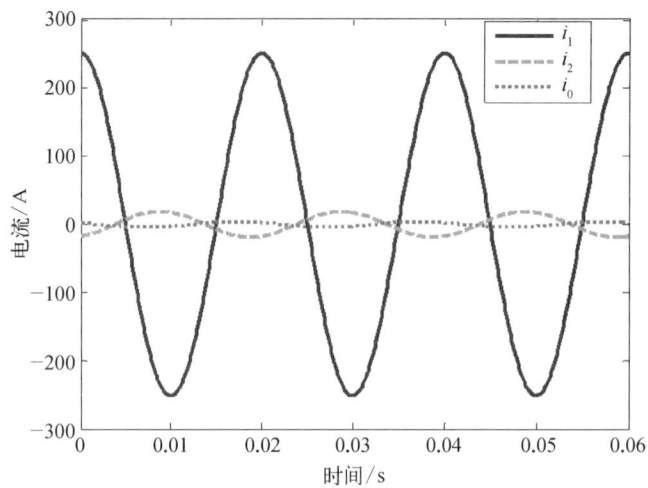

图 3‑16　三相对称电压时产生的正序、负序和零序电流波形

$$F_e = \frac{P}{v_s} = \frac{12I^2\pi^2}{\tau} \frac{fR_r L_m^2}{R_r^2 + 4\pi^2 f^2(L_{lr} + L_m)^2} \quad (3-11)$$

式中,F_e 为电磁推力;v_s 为同步速度;I 为电流有效值;f 为供电频率;R_r 为次级电阻;L_m 为激磁电感;L_{lr} 为次级漏感。

根据式(3‑11)可以分别算出正序和负序电流产生的推力,对于堵转的情况,正序和负序电流相对于次级的转差频率是一样的,次级电阻也一样,故推力和电流的有效值的平方成正比。对于上述情形,即直接将三相对称电压加在电机上产生不对称电流,负序电流造成的推力减小率为正序电流的0.57%。

为了验证上述结论,建立时谐涡流场有限元模型对电机的推力特性进行分析计算。具体方法为:在初级绕组区域施加电流载荷,载荷包括电流幅值、相位角和转差频率。同时将正序电流、负序电流代入涡流场中进行分析,得到结论如下:当三相正序电流为251 A时,50 Hz产生的正向电磁推力为1 148.7 N;负序电流分量为19 A时,产生的反向电磁推力为6.7 N,为正向推力的0.58%左右,与理论分析一致。可见,静态纵向边端效应对多段初级LIM的电磁推力影响很小。

3.2.3.3　对驱动控制的影响

高速直线电机的脉冲运行过程在瞬间完成(2~3 s),驱动系统输出电压在几十伏到几千伏大范围变化,频率泵升极快,现有的变频器及控制系统难以做到如此高的频率变化率,常规的控制方式不能满足电机运行的实时性要求。为了提高系统的动态性能,通常采用"前馈控制+反馈控制"的控制方式。前馈控制根据运动方程和电磁方程对直线电机的轨迹曲线进行实时控制,满足系统的动态要求,反馈控制根据控制误差信号对控制器进行校正,满足系统的控制精度。

前馈控制的准确性基于直线电机数学模型的精度,电机的控制算法是 dq 坐标系下的解耦控制算法,该算法以电机的 T 型等效电路为基础,而等效电路的前提是电机三相对称。传统 LIM 的极数大于 6 时,可以近似忽略静态边端效应,于是提取参数时,可以将直线电机等效为三相对称电机处理。而分段初级 LIM 端部铁心的存在使电机的三相互感出现严重的不对称,因而需要进行适当的变化,以得到适合控制的电机参数和模型。多段初级 LIM 的 abc 坐标系下电压方程为

$$U = Z_{ph}I \quad (3-12)$$

其中,U 为电机的电压列向量;I 为电机的电流列向量;Z_{ph} 为直线电机的阻抗矩阵且满足以下规律:

$$Z_{ph} = \begin{bmatrix} Z & Z_r & Z_t \\ Z_r & Z & Z_t \\ Z_t & Z_t & Z \end{bmatrix} \quad (3-13)$$

其中,$Z = r + jx$,r 为绕组电阻,$x = \omega L$ 为自电抗,ω 为电角速度,L 为电机各相的自感;$Z_r = r_r + jx_r$,r_r 为绕组 AB 间的互阻,$x_r = \omega L_r$ 为绕组 AB 间的互电抗,L_r 为绕组 AB 间的互感;$Z_t = r_t + jx_t$,r_t 为绕组 AC 间或 BC 间的互阻,$x_t = \omega L_t$ 为绕组 AC 间或 BC 间的互电抗,L_t 为绕组 AC 间或 BC 间的互感,AC 间与 BC 间的互阻、互电抗、互感分别相等。

从式(3-13)可以看出,电机的阻抗矩阵并非循环对称,因此序阻抗不能化成对角阵,因而电机不能按照常规方法得到 T 型等效电路,下面将重点介绍如何得到适合电机控制器的等效电路模型和参数。在阻抗矩阵不是循环对称阵的前提下,若电机驱动系统输出三相对称电压,电机绕组中将产生不对称的三相电流,因而电流存在正序、负序和零序分量。显然正序分量是做功分量,需要进行反馈控制,而负序分量对电机的推力影响不大,为了尽量使供电电流对称,还需要采用相关的控制措施,对零序分量进行补偿。

3.2.4 不对称参数测量方法

针对上节分析得到的新型直线电机的阻抗矩阵,其序阻抗不能化成对角阵,因而需要考虑正序、负序以及零序的电压之间的交叉耦合。本节针对非循环对称电机阻抗矩阵的参数计算和测量方法进行研究。

3.2.4.1 直线电机序阻抗分析模型

由于直线电机的设计及性能分析都是建立在基波正序的基础上,故参数的提取也应该基于正序阻抗。由于序量电压存在交叉耦合项,故此时求得的正序阻抗还和负序以及零序电流有关[103]。

将式(3-13)代入式(3-12),可得到电机的三相电压方程如下:

$$\begin{bmatrix} \dot{v}_a \\ \dot{v}_b \\ \dot{v}_c \end{bmatrix} = \begin{bmatrix} z & z_r & z_t \\ z_r & z & z_t \\ z_t & z_t & z \end{bmatrix} \begin{bmatrix} \dot{i}_a \\ \dot{i}_b \\ \dot{i}_c \end{bmatrix} \tag{3-14}$$

其中，$\dot{v}_a$、$\dot{v}_b$、$\dot{v}_c$ 以及 $\dot{i}_a$、$\dot{i}_b$、$\dot{i}_c$ 分别为直线电机三相电压向量和三相电流向量。

利用对称分量法可以得到正序、负序、零序的电压方程：

$$\boldsymbol{C}_{ph}^{se}\begin{bmatrix} \dot{v}_1 \\ \dot{v}_2 \\ \dot{v}_0 \end{bmatrix} = \begin{bmatrix} z & z_r & z_t \\ z_r & z & z_t \\ z_t & z_t & z \end{bmatrix} \boldsymbol{C}_{ph}^{se}\begin{bmatrix} \dot{i}_1 \\ \dot{i}_2 \\ \dot{i}_0 \end{bmatrix} \tag{3-15}$$

其中，$\boldsymbol{C}_{ph}^{se} = \dfrac{1}{\sqrt{3}}\begin{bmatrix} 1 & 1 & 1 \\ a^2 & a & 1 \\ a & a^2 & 1 \end{bmatrix}$，$\boldsymbol{C}_{ph}^{se} = \dfrac{1}{\sqrt{3}}\begin{bmatrix} 1 & a & a^2 \\ 1 & a^2 & a \\ 1 & 1 & 1 \end{bmatrix}$，$a = \mathrm{e}^{\mathrm{j}\frac{2}{3}\pi}$，$\dot{v}_1$、$\dot{v}_2$、$\dot{v}_0$、$\dot{i}_1$、$\dot{i}_2$、$\dot{i}_0$ 分别为直线电机正序电压向量、负序电压向量、零序电压向量以及正序电流向量、负序电流向量、零序电流向量。

式(3-15)可变换为

$$\begin{bmatrix} \dot{v}_1 \\ \dot{v}_2 \\ \dot{v}_0 \end{bmatrix} = \boldsymbol{C}_{se}^{ph}\begin{bmatrix} z & z_r & z_t \\ z_r & z & z_t \\ z_t & z_t & z \end{bmatrix} \boldsymbol{C}_{ph}^{se}\begin{bmatrix} \dot{i}_1 \\ \dot{i}_2 \\ \dot{i}_0 \end{bmatrix}$$

$$= \dfrac{1}{3}\begin{bmatrix} 1 & a & a^2 \\ 1 & a^2 & a \\ 1 & 1 & 1 \end{bmatrix}\begin{bmatrix} z & z_r & z_t \\ z_r & z & z_t \\ z_t & z_t & z \end{bmatrix}\begin{bmatrix} 1 & 1 & 1 \\ a^2 & a & 1 \\ a & a^2 & 1 \end{bmatrix}\begin{bmatrix} \dot{i}_1 \\ \dot{i}_2 \\ \dot{i}_0 \end{bmatrix} \tag{3-16}$$

可以解得

$$\begin{bmatrix} \dot{v}_1 \\ \dot{v}_2 \\ \dot{v}_0 \end{bmatrix} = \dfrac{1}{3}\begin{bmatrix} 3Z - Z_r - 2Z_t & 2a(Z_r - Z_t) & a^2(Z_t - Z_r) \\ 2a^2(Z_r - Z_t) & 3Z - Z_r - 2Z_t & a(Z_t - Z_r) \\ a(Z_t - Z_r) & a^2(Z_t - Z_r) & 3Z + 2Z_r + 4Z_t \end{bmatrix}\begin{bmatrix} \dot{i}_1 \\ \dot{i}_2 \\ \dot{i}_0 \end{bmatrix} \tag{3-17}$$

由于电机驱动系统输出的三相电压对称，因而 $\dot{v}_2 = \dot{v}_0 = 0$，设电机等效正序阻抗为 $Z_{eq} = \dfrac{\dot{v}_1}{\dot{i}_1}$，这就是将电机作为对称模型下所需的电机参数。由于正序电压 $\dot{v}_1$ 不仅和正序电流 $\dot{i}_1$ 有关，还与负序以及零序电流有关。由于负序电压和零序电压为零，可以通过式(3-17)求出零序电流、负序电流与正序电流的关系：

$$\dot{i}_0 = \dfrac{2a(Z_r - Z_t)^2 - a(Z_t - Z_r)(3Z - Z_r - 2Z_t)}{a^3(Z_t - Z_r)^3 - (3Z + 2Z_r + 4Z_t)(3Z - Z_r - 2Z_t)}\dot{i}_1 \tag{3-18}$$

$$i_2 = \frac{a^2(Z_t - Z_r)^2 + 2a^2(Z_t - Z_r)(3Z + 2Z_r + 4Z_t)}{(Z_t - Z_r)^2 - (3Z + 2Z_r + 4Z_t)(3Z - Z_r - 2Z_t)}i_1 \qquad (3-19)$$

将式(3-18)和式(3-19)代入式(3-17)中,可求得考虑了负序、零序电流影响的正序阻抗 Z_{eq}。

$$\begin{aligned} Z_{eq} &= \frac{1}{3}(3Z - Z_r - 2Z_t) \\ &+ \frac{1}{3}\frac{4(Z_t - Z_r)^2(3Z + 2Z_r + 4Z_t)}{(Z_t - Z_r)^2 - (3Z + 2Z_r + 4Z_t)(3Z - Z_r - 2Z_t)} \\ &- \frac{1}{3}\frac{(Z_t - Z_r)^2(3Z - Z_r - 2Z_t)}{(Z_t - Z_r)^2 - (3Z + 2Z_r + 4Z_t)(3Z - Z_r - 2Z_t)} \end{aligned} \qquad (3-20)$$

3.2.4.2 等效参数测量方法

根据式(3-20),利用空载和堵转实验数据即可得到空载正序端口阻抗 Z_{eq0} 和堵转正序端口阻抗 Z_{eqk}。设

$$Z_{eq0} = r_0 + jx_0 \qquad (3-21)$$

$$Z_{eqk} = r_k + jx_k \qquad (3-22)$$

式中,r_0、x_0、r_k、x_k 是实验已知数据,而所求的等效电路参数包含五个待定的参数:定子电阻 R_{sp}(包括绕组和屏蔽层等效电阻)、定子漏感 L_{sp}(包括绕组和屏蔽层等效漏感)、激磁电感 L_m、动子漏感 L_r、动子电阻 R_r。该方法需要先确定一个参数,一般设定激磁电感 L_m 为已知量,于是可以求出剩余的四个参数:R_s、L_s、L_r、R_r。

假设铁心不饱和,在某一频率下激磁电抗可采用以下两种方法求取。

(1) 计算法。采用如下公式计算:

$$x_m = 4m_1\mu_0 f \frac{(N_1 k_{w1})^2}{\pi p}\frac{L_{\text{eff}}\tau}{g_e} \qquad (3-23)$$

式中,m_1 为电机相数;μ_0 为空气磁导率;L_{eff} 为定子铁心计算长度;N_1 为一相绕组串联匝数;k_{w1} 为基波绕组系数;p 为极对数;f 为电源频率;τ 为极距;g_e 为等效电磁气隙。

(2) 试验法。用细的电磁线绕制一个多匝(w_k)矩形探测线圈,直线部分等于定子铁心长度,线圈宽度等于一个极距 τ,置于靠近定子绕组的气隙中,气隙中的行波磁场在线圈中感应出电动势,用高阻抗电压表测得电压值 u_k,按下式计算:

$$x_m = \frac{u_k}{I_m}\frac{N_1 k_{w1}}{w_k} \qquad (3-24)$$

式中,I_m 为空载励磁电流。调节定子外加电压,取 4~5 点数据,然后取平均值。

依据电机的设计参数,电机铁耗相对于电机的铜耗和屏蔽层损耗可忽略不计。直线电机空载和堵转时的等效电路如图3-17、图3-18所示。

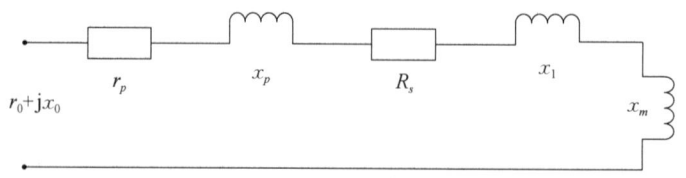

图3-17 空载等效电路(抽出动子)

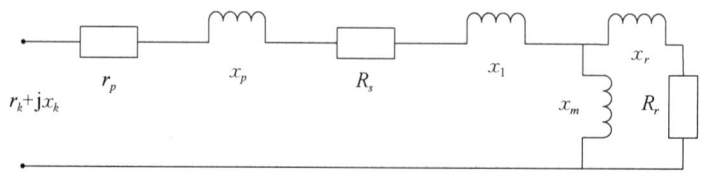

图3-18 堵转等效电路

注:图中 r_p、x_p 为内外屏蔽层等效电阻和电抗;R_s、x_1 为定子单相电阻和漏抗;x_m 为折算后的激磁电抗;R_r 为折算后的次级电阻;x_r 为折算后的次级漏抗。

由空载等效电路和堵转等效电路可得空载和堵转方程分别为

$$r_0 + jx_0 = r_p + jx_p + R_s + jx_1 + jx_m \tag{3-25}$$

$$r_k + jx_k = r_p + jx_p + R_s + jx_1 + jx_m/(jx_r + R_r) \tag{3-26}$$

根据式(3-25)利用空载阻抗可以求出定子侧参数:

$$R_{sp} = R_s + r_p = r_0 \tag{3-27}$$

$$x_{sp} = x_1 + x_p = x_0 - x_m \tag{3-28}$$

利用式(3-26)可以解出次级电阻和次级漏感:

$$R_r = \frac{-R_t(R_t - x_t x_m) + R_t x_m(x_m - x_t)}{R_t^2 + (x_m - x_t)^2} \tag{3-29}$$

$$x_r = \frac{-R_t^2 x_m - x_t x_m(x_m - x_t)}{R_t^2 + (x_m - x_t)^2} \tag{3-30}$$

其中,$x_t = x_k - x_{sp}$,$R_t = r_k - R_{sp}$。

通过式(3-23)与式(3-27)~(3-30)可以求解出 L_m、R_{sp}、L_{sp}、R_r、L_r 5个参数。通过测量定子绕组直流电阻,还可以分离出 R_s 和 r_p,但无法分离出 L_1(定子气隙侧基波漏感)和 L_p(屏蔽层等效漏感)。

3.2.4.3 等效参数测量结果

不通电铁心对电机的静态边端效应(电机各相之间的互感相差很大)有较大影响,导致 1、2、3 段和 2、3、4 段的参数有差异。以 18 段定子为例,通常可认为 2、3、4 依次至 15、16、17 段定子的参数相同,1、2、3 段和 16、17、18 段参数也相同。因而,只需要分别测量 1、2、3 段和 2、3、4 段串联通电参数,即可认为测量出了全部定子段的参数。将次级漏感折算到定子侧,得到直线电机驱动系统所需的等效电路模型如图 3-19 所示。

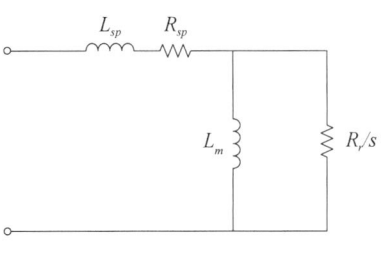

图 3-19 驱动系统所需电机等效模型

以电机实际运行时工作在恒转差频率 18 Hz 下为例,表 3-7 给出了直线电机 18 Hz 下次级侧测量参数。为了进行对比分析,表中还给出了相应计算值及其误差。电机初级侧参数(R_{sp}、L_{sp})随供电频率变化而变化,因而需要在控制器中输入不同频率的参数,并查表获得瞬时参数。图 3-20 和图 3-21 给出了测量值。

表 3-7 电机次级侧参数的测试结果

次级漏感折算后的次级侧参数		2#、3#、4#试验值	1#、2#、3#试验值	上、下定子计算值	2#、3#、4#误差(以试验值为基值)
激磁电感 L_{m1}/H	上定子	0.001 281 9	0.001 234 6	0.001 220	-4.83%
	下定子	0.001 263 7	0.001 196 8	0.001 220	-3.46%
动子电阻 R_{r1}/Ω	上定子	0.136 05	0.132 5	0.133 4	-1.99%
	下定子	0.132 21	0.124 5	0.133 4	-0.9%

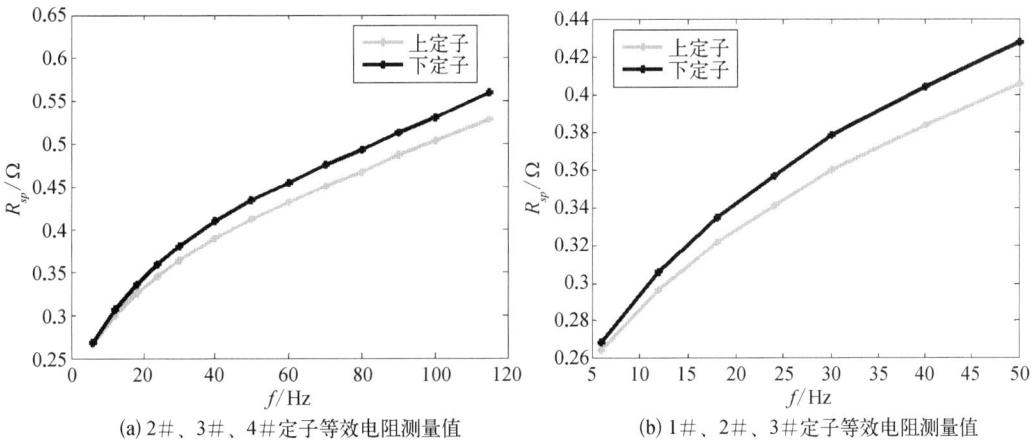

(a) 2#、3#、4#定子等效电阻测量值 (b) 1#、2#、3#定子等效电阻测量值

图 3-20 定子电阻随频率变化曲线

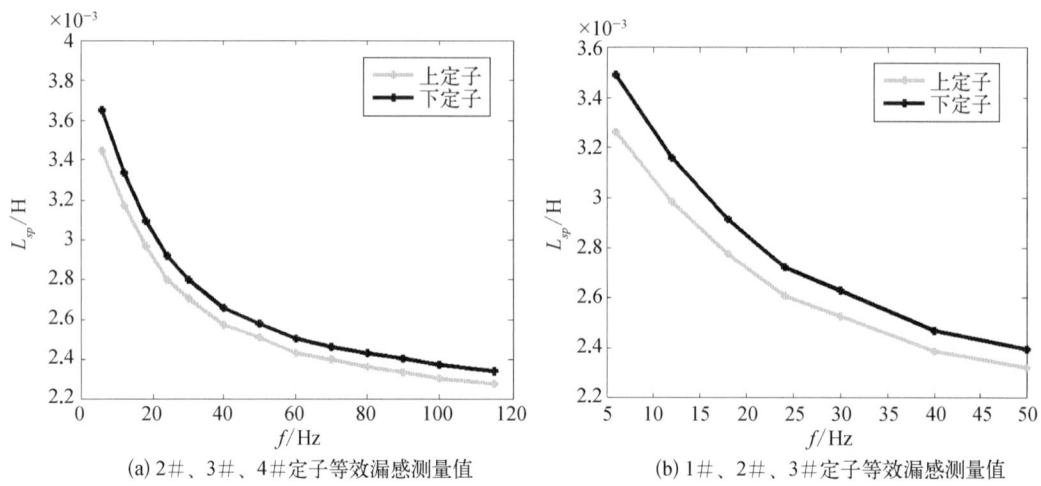

(a) 2#、3#、4#定子等效漏感测量值   (b) 1#、2#、3#定子等效漏感测量值

图 3‑21　上下定子等效漏感随频率变化曲线

从图 3‑20 和图 3‑21 可以看出，上定子的等效电阻和等效漏感要小于下定子，这是由于两者的磁场边界存在一定差别。在结构上，下定子靠近一块导磁的机座，因而等效参数与上定子存在一定差别。表 3‑8 给出了直线电机初级侧 2#、3#、4#定子等效电阻 R_{sp} 测量参数。表 3‑9 给出了直线电机初级侧 2#、3#、4#定子等效漏感 L_{sp} 测量参数。

表 3‑8　电机初级侧等效电阻 R_{sp} 的测量结果

频率/Hz	上定子测试值/Ω	下定子测试值/Ω	计算值/Ω	上定子误差	下定子误差
0(充磁)	0.201 4	0.201 4	0.198 7	1.340 6%	1.340 6%
6	0.266 4	0.268 4	0.235 5	11.599 1%	12.257 8%
12	0.299 5	0.306 9	0.244 5	18.363 9%	20.332 4%
18	0.324 9	0.336 2	0.249 6	23.176 4%	25.758 5%
24	0.345 7	0.359 5	0.255 0	26.236 6%	29.068 2%
30	0.364 1	0.380 0	0.261 0	28.316 4%	31.315 8%
40	0.390 3	0.409 4	0.272 4	30.207 5%	33.463 6%
50	0.412 3	0.434 3	0.284 6	30.972 6%	34.469 3%
60	0.432 2	0.454 4	0.297 0	31.281 8%	34.639 1%
70	0.451 0	0.474 8	0.309 0	31.485 6%	34.92%
80	0.467 4	0.492 5	0.320 0	31.536 2%	35.025 4%

续 表

频率/Hz	上定子测试值/Ω	下定子测试值/Ω	计算值/Ω	上定子误差	下定子误差
90	0.4872	0.5121	0.3301	32.2455%	35.5399%
100	0.5033	0.5304	0.3391	32.6247%	36.0671%
115	0.5280	0.5597	0.3508	33.5606%	37.3236%

注：表中参数误差以测试值为基值。

表 3-9 电机初级侧等效漏感 L_{sp} 的测量结果

频率/Hz	上定子测试值/H	下定子测试值/H	计算值/H	上定子误差	下定子误差
0(充磁)	0	0	0.0021	—	—
6	0.0034456	0.0036525	0.0029	15.8347%	20.6023%
12	0.0031710	0.0033355	0.0025	21.1605%	25.0487%
18	0.0029681	0.0030936	0.0025	15.7710%	19.188%
24	0.0027963	0.0029184	0.0024	14.1723%	17.7632%
30	0.002705	0.0027999	0.0024	11.2754%	14.2827%
40	0.0025717	0.0026576	0.0024	6.6765%	9.693%
50	0.0025073	0.0025789	0.0023	8.2679%	10.8147%
60	0.0024296	0.0025039	0.0023	5.3342%	8.1433%
70	0.0023957	0.0024626	0.0023	3.9947%	6.6028%
80	0.0023608	0.0024272	0.0023	2.5754%	5.2406%
90	0.0023341	0.0024013	0.0023	1.4609%	4.2185%
100	0.0023052	0.0023702	0.0022	4.5636%	7.1808%
115	0.0022763	0.0023421	0.0022	3.3519%	6.0672%

注：表中参数误差以测试值为基值。

为了进行对比，将设计值也列在表中。图 3-22 给出了初级侧参数的对比曲线。

从图 3-22 中可以看出，等效漏感拟合较好，等效电阻存在一定差别。这是由于在计算定子内屏蔽层等效电阻时，假设其为 C 型无孔平板，涡流为规则矩形路径，而在实际装置中，为了固定铁心和安装楔子，在内屏蔽层上开有多个钢套孔和定位孔，这将导致屏蔽

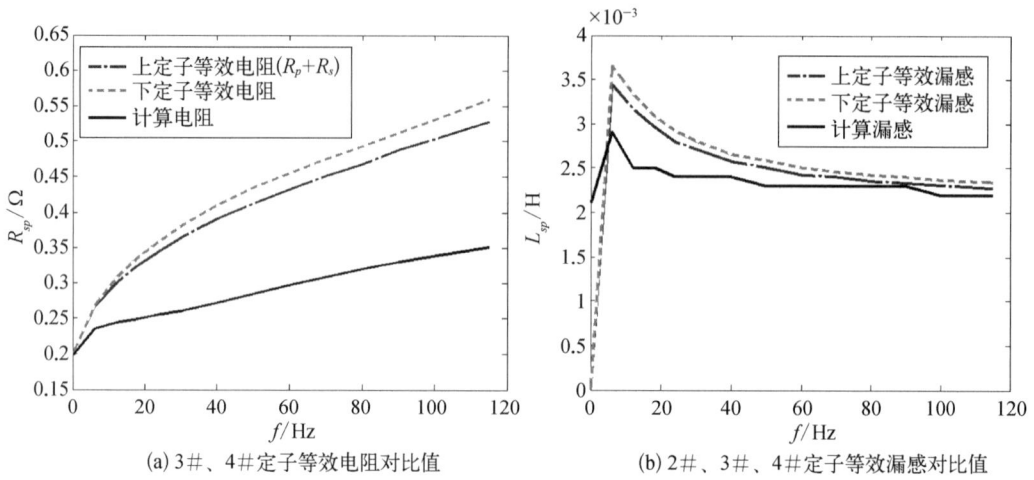

(a) 3#、4#定子等效电阻对比值　　(b) 2#、3#、4#定子等效漏感对比值

图 3-22　初级侧等效参数

层等效电阻变大,从而导致计算值存在较大误差。

为了验证测量参数的准确性,利用测量的电机参数计算 35 A 电流和不同频率下的电机上定子的电磁推力。为了便于比较,对样机上定子进行堵转推力测试,其测试结果如图 3-23 所示。从图中可看出,等效参数计算结果与电机静态性能测试结果吻合,说明本节参数测量和提取的精确度较好。

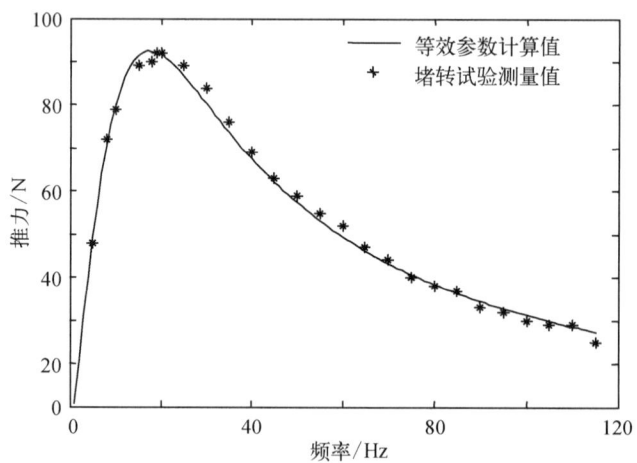

图 3-23　恒流供电下推力-频率曲线

3.3　动态纵向边端效应研究

本节主要介绍短初级和长初级直线电机在动态纵向边端效应上的产生机理和区别,并提出相应的等效电路,为控制系统提供模型基础。

3.3.1 短初级直线电机

在轨道交通领域,以磁悬浮列车为例,常常将绕组布置在列车上作为电机初级,地面铺设轨道作为次级,这就构成了短初级长次级的直线电机[104]。在列车高速运行时,动态纵向边端效应对该类电机的动态性能会造成极大影响[105]。而 LIM 的大多数分析模型都是基于场论提出的,一般用电磁场分析求解其气隙磁场解析式,然后计算其运行特性,但这样的分析计算只适应于初级电流为已知的情况[106]。而在实际应用中,电机经常恒压驱动,解决这一问题最好的办法是求出电机的等效电路模型。本节主要参考了 J. Duncan 1983 年发表的文章"直线感应电机等效电路模型"(*Linear induction motor-equivalent-circuit model*)[31],该文根据旋转电机等效电路模型,建立了考虑纵向边端效应的短初级直线电机等效电路模型,利用所建立的等效电路模型分析了电机推力与电机滑差率的关系。

3.3.1.1 旋转电机等效电路模型

旋转电机等效电路模型如图 3-24 所示,其中 ω_1 是电源频率,ω_2 是滑差频率,R_{21} 为归算到定子的转子电阻,L_{21} 为归算到定子的转子漏感,L_m 为励磁电感。记 I_m 为定子励磁电流。

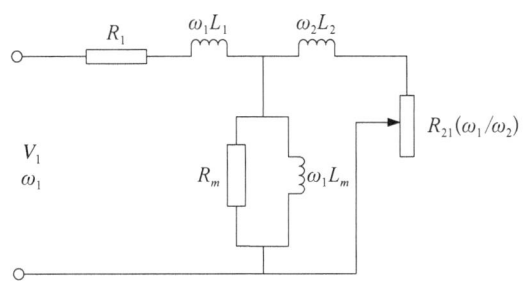

图 3-24 旋转电机等效电路模型

3.3.1.2 考虑边端效应影响时的等效电路

1. 励磁支路模型

在直线电机中,当初级移动时,次级不断被新的部分取代。次级为阻碍磁通量的突然增加而产生感应电流(即涡流),同时只允许在气隙中逐渐增加磁通量。当 LIM 的初级线圈移动时,主气隙磁场穿透滑入端的次级板,而现有磁场则在初级铁心的滑出端消失,磁场的产生和消失都会在次级板中产生涡流。相对而言,滑入端的涡流非常迅速地增长到初级电流水平,以抵消初级突然加载的磁动势,并在滑入端将气隙磁通减少到接近零。另外,滑出端的涡流产生了一种尾流场,以应对初级突然消失的磁动势,如图 3-25 所示。

总的来说,当初级移动时,次级板的初级磁动势将在滑入端减小,并在次级板滑出端增加,以保持气隙磁通的连续性。具体地说,滑入端涡流的极性与滑出端涡流的极性相

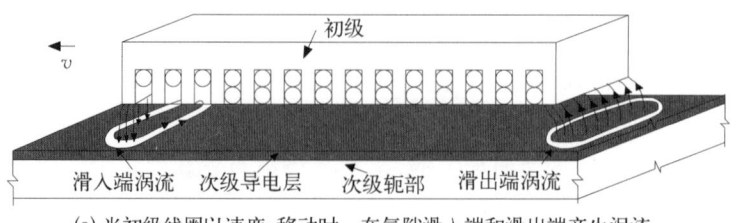

(a) 当初级线圈以速度v移动时,在气隙滑入端和滑出端产生涡流

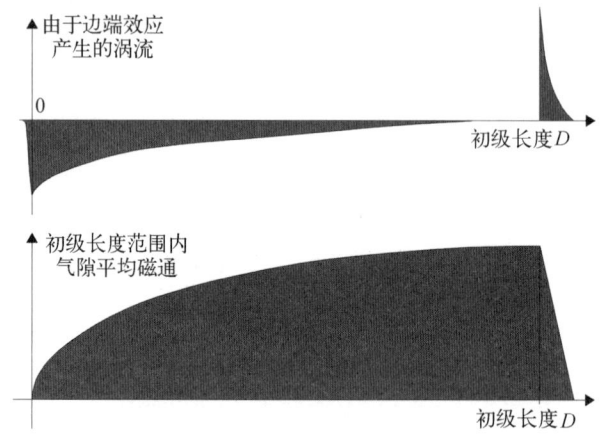

(b) 滑入端和滑出端涡流极性分布和气隙磁通分布

图 3-25 短初级直线电机动态纵向边端效应示意图[31]

反,因为它们在本质上分别与磁场的产生和消失相关。另外,滑入端涡流与滑出端涡流的时间衰减常数不同。0 时刻次级板中的涡流增长很快,其增长速度受时间常数 $\dfrac{L_{rl}}{R_r}$ 控制,但这个时间常数与励磁或者互感时间常数相比很小,故在实际应用中可以忽略,因此 0 时刻折算后的涡流大小几乎等于初级励磁电流 I_m,相位相反,并随时间常数 $T_2 = (L_m + L_{rl})R_r$ 缓慢衰退,该常数为次级时间常数。

假设初级速度为 v,初级长度为 D,初级在一个次级时间常数内移动的距离为 vT_2,电机通过次级板某一点所用时间为 $T_v = \dfrac{D}{v}$,定义无量纲量

$$Q = \frac{T_v}{T_2} = \frac{DR_r}{(L_m + L_{rl})v} \qquad (3-31)$$

Q 用于表征正则化时间标度上的初级长度。在此基础上,初级长度依赖于初级移动速度,在速度为 0 时初级长度为无限长,随速度增加,初级有效长度将缩短。如图 3-26 所示,在 $x=0$ 和 $x=Q$ 之间的 i_{me} 曲线表示单位长度气隙磁动势 MMF 沿初级长度的分布情况。因此,这个概念可以描述在任何速度下有效磁动势沿初级长度的分布。

通过图 3-26 可以看出,高速度会导致初级有效长度减小,从而使得电机前面的磁通量损失,而在速度为 0 的情况下,磁通量的损失可以忽略不计。因此,若要降低边端效应,

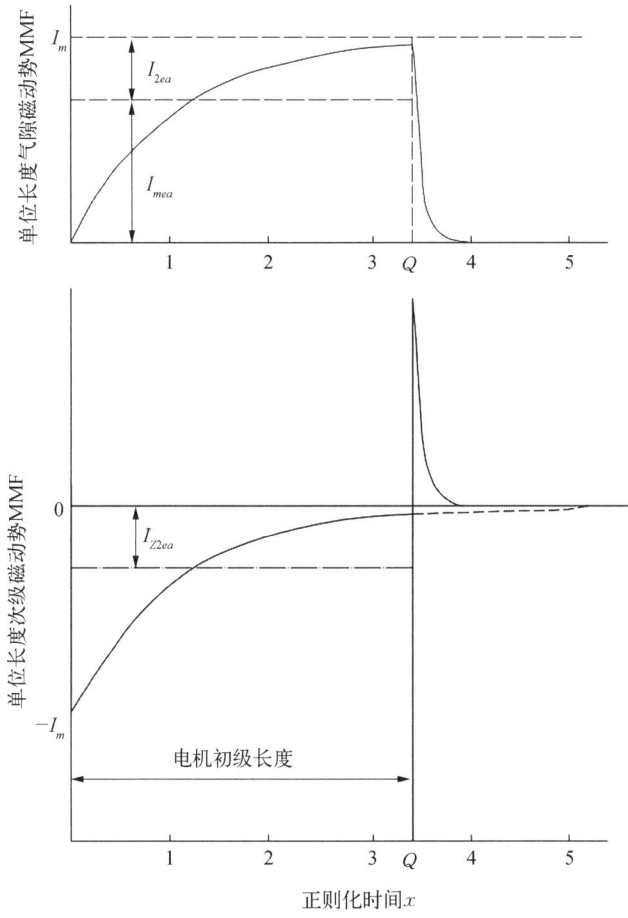

图 3-26　在速度大于 0 的情况下，有效磁动势的分布[31]

就需要提高 Q 的值，即降低初级速度 v。因此，Q 表征电机抵抗由边端效应引起的输出损耗的能力，这意味着短初级直线电机适应于低速度、高电阻、高磁阻或较低的 L_m 的情况。

初级励磁电流用于表示初级单位长度的磁动势分布，则次级去磁涡流折算到初级后表现为初级单位长度的负磁动势分布。单位长度的次级涡流平均值为

$$I_{2ea} = \frac{I_m}{Q}\int_0^Q e^{-x}dx = I_m \frac{1-e^{(-Q)}}{Q} \tag{3-32}$$

单位长度的初级励磁电流平均值为

$$I_{mea} = I_m - I_{2ea} = I_m\left(1 - \frac{1-e^{(-Q)}}{Q}\right) \tag{3-33}$$

次级涡流的去磁效果可以通过与 L_m 并联并承载涡流 I_{2ea} 的等效电感来表示，如图 3-27(a) 所示，其物理意义是产生与在单位电机长度上的 I_{2ea} 相同的励磁损耗所需的电感大小，所以并联电感的值为

$$\frac{L_m I_{mea}}{I_{2ea}} = L_m\left(\frac{Q}{1-e^{-Q}} - 1\right) \tag{3-34}$$

将该电路变换为等效串联电路,如图 3-27(b)所示,则总电感为

$$L_m\left(1 - \frac{1-e^{-Q}}{Q}\right) \tag{3-35}$$

定义 $f(Q) = [1-e^{-Q}]/Q$,则考虑边端效应后等效励磁电感为

$$L'_m = L_m(1 - f(Q)) \tag{3-36}$$

此时该励磁支路所承载的励磁电流为

$$I_m = I_{mea} + I_{2ea} \tag{3-37}$$

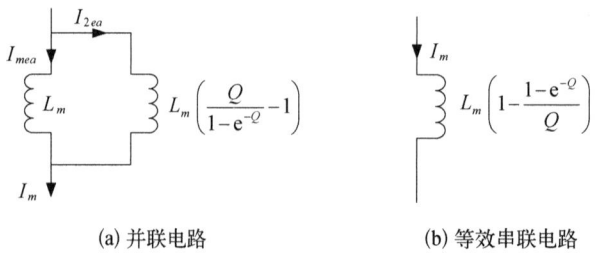

(a) 并联电路 (b) 等效串联电路

图 3-27 短初级直线电机励磁支路

2. 次级涡流支路模型

当滑入端和滑出端涡流在次级中流动时,它将产生欧姆损耗。考虑次级电阻为 R_r,初级单位长度上的次级滑入端涡流有效值为

$$I_{2er} = \left(\frac{I_m^2}{Q}\int_0^Q e^{-2x} dx\right)^{0.5} = I_m\left(\frac{1-e^{-2Q}}{2Q}\right)^{0.5} \tag{3-38}$$

则次级滑入端涡流所产生的欧姆损耗为

$$P_{entry} = I_{2er}^2 R_r = I_m^2 R_r \frac{1-e^{-2Q}}{2Q} \tag{3-39}$$

随着初级的移动,滑出端的磁能在次级电阻中被损耗掉。根据式(3-32),气隙中的总涡流等于 $I_m(1-e^{-Q})$,这个电流必须在 T_v 时间段内在次级板滑出端消失,以满足气隙通量的稳定条件。因此,由滑出端涡流引起的损耗为

$$P_{exit} = \frac{L_{lr} I_m^2 (1-e^{-Q})^2}{2T_v} = I_m^2 R_r \frac{(1-e^{-Q})^2}{2Q} \tag{3-40}$$

将式(3-39)与式(3-40)求和,得到次级涡流引起的总欧姆损耗为

$$P_{eddy} = I_m^2 R_r \frac{1-e^{-Q}}{Q} = I_m^2 R_r f(Q) \tag{3-41}$$

因此，为了在等效电路中考虑由次级涡流引起的总欧姆损耗，要在励磁支路上串联一个电阻 $R_r \dfrac{1-\mathrm{e}^{-Q}}{Q}$，得到直线电机等效电路如图 3-28 所示。

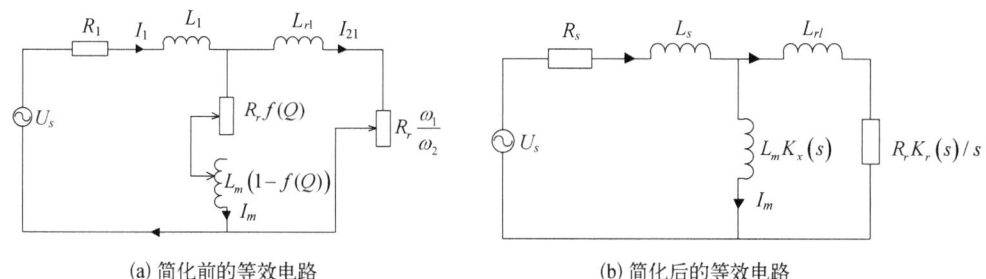

图 3-28　直线电机的等效电路

图 3-28(a)可以用图 3-28(b)表示，其中 R_s 和 L_s 分别是初级电阻和初级电感，L_m 是不考虑边端效应的激磁电感，L_{rl} 是次级漏感，R_r 是不考虑边端效应的次级电阻，$K_r(s)$ 和 $K_x(s)$ 分别是考虑纵向动态边端效应时次级电阻的修正系数和初级激磁电抗的修正系数，$K_r(s)$ 和 $K_x(s)$ 可基于复功率法的理论推导得到。

3.3.1.3　推力仿真与分析

由滑差电流引起的电机推力可通过旋转电机等效电路的经典方法获得：

$$F_s = \dfrac{3 I_{21}^2 R_r \pi}{\omega_2 \tau} \tag{3-42}$$

次级涡流引起的电机推力可表示为

$$F_2 = 3 I_m^2 R_r \dfrac{f(Q)}{v} \tag{3-43}$$

系数 3 是三相电机产生的推力之和。值得注意的是，在电机速度为零时，推力将会达到极限值：

$$F_{2m} = 3 I_m^2 \dfrac{L_m + L_{21}}{D} \tag{3-44}$$

基于短初级直线电机稳态等效电路，电机推力为[105]

$$F_e = 3\beta I_s \dfrac{[K_x(s) L_m]^2 K_r(s) R_r \omega_s}{[K_r(s) R_r]^2 + \omega_s^2 [K_x(s) L_m + L_{lr}]^2} \tag{3-45}$$

文献[107]以某栅格次级 LIM 为例，分析纵向边端效应对电机性能的影响，并提出通过 t_p/t_s 评估边端效应影响程度来优化电机结构设计，其中，t_p 表示初级铁心通过次级某个点的时间，t_s 表示转差频率的半周期。电机参数如表 3-10 所示。

表 3-10 栅格次级 LIM 电磁参数[107]

参　　数	参　数　值
额定速度/(km/h)	40
额定推力/kN	11
初级铁心长度/m	2.50
初级铁心厚度/m	0.35
栅格电阻率/(Ω/m)	2.03×10^{-8}

采用二维电磁场分析方法,得到动态纵向边端效应对电机推力和输出功率的影响如图 3-29 所示。可以看到,在转差率较高时($s=0.186$),纵向边端效应引起的推力和输出

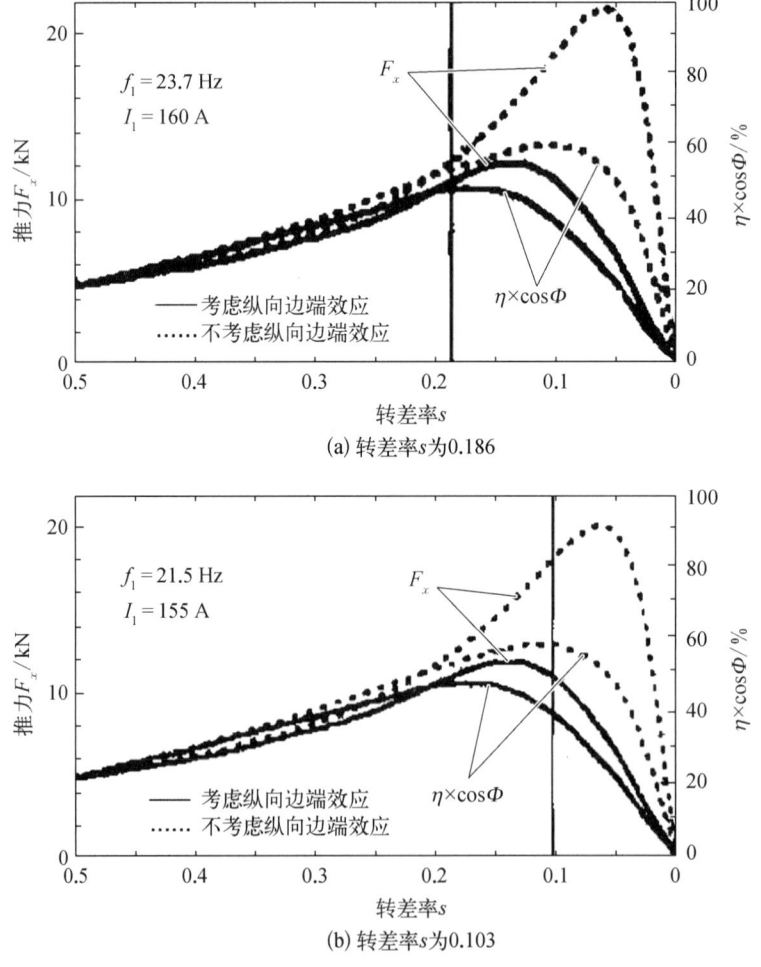

(a) 转差率 s 为0.186

(b) 转差率 s 为0.103

图 3-29 纵向边端效应对推力和输出功率的影响[107]

功率下降比分别为 9.4% 和 9.7%。在转差率较低时($s=0.103$),纵向边端效应引起的推力和输出功率下降比分别为 39.3% 和 32.6%。

3.3.2 长初级直线电机

本节基于场论的方法对长初级双边直线电机动态边端效应展开研究。根据其纵向边端效应机理,建立三维有限元分析模型,得到该类型电机的气隙磁场分布和电磁推力曲线。最后,通过对长初级直线电机的样机实验,测得电机的 F-s 曲线,并将实验结果与等效电路计算结果和有限元仿真结果进行对比分析。

3.3.2.1 电磁场分析模型

LIM 的磁场与动子电流分布属于三维问题。对于高速直线电机,一般极距较大,在电机的气隙不太大的情况下,可以考虑用一维模型,并采用一些合理的假设,得到可用于实际计算的解析解,用修正过的、考虑纵向边端效应与横向边端效应后的等效电路进行实际工程计算。长初级双边 LIM 的一维模型如图 3-30 所示。

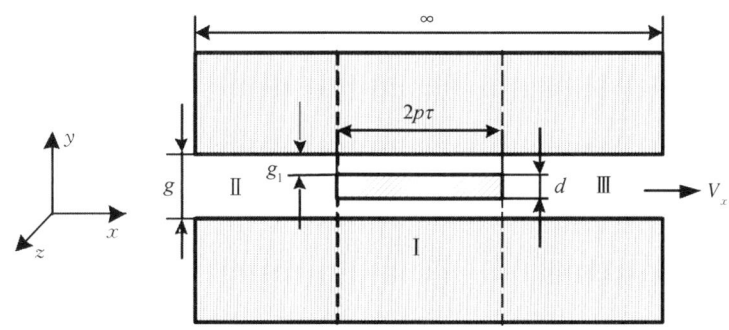

图 3-30 长初级双边 LIM 的一维模型

基本假设:① 各场量是时间的正弦函数;② 用修正系数 $K_j>1$ 来体现动子的集肤效应;③ 所有电流仅有 z 分量;④ 不计铁心饱和影响;⑤ 可用等值的电流层代替载流的定子绕组,并认为定子绕组的磁动势空间呈正弦分布,即只取基波。

考虑到定子与动子存在相对运动,用于 LIM 理论分析的电磁场基本方程为

$$\nabla \times \boldsymbol{H} = \boldsymbol{J}_s + \boldsymbol{J}_r \tag{3-46}$$

$$\nabla \times \boldsymbol{E} = -\frac{\partial \boldsymbol{B}}{\partial t} \tag{3-47}$$

$$\nabla \cdot \boldsymbol{B} = 0 \tag{3-48}$$

$$\boldsymbol{J}_r = \sigma(\boldsymbol{E} + \boldsymbol{V} \times \boldsymbol{B}) \tag{3-49}$$

式中,$\boldsymbol{H}$ 为磁场强度矢量;$\boldsymbol{B}$ 为磁感应强度矢量;$\boldsymbol{E}$ 为电场强度矢量;$\boldsymbol{J}_s$、$\boldsymbol{J}_r$ 分别为定子与

动子体电流密度矢量;V 为动子对定子的相对线速度矢量;σ 为动子的电导率。

对于一维情况,有

$$\begin{cases} \boldsymbol{J} = J_z(x,t)\boldsymbol{k} \\ \boldsymbol{E} = E_z(x,t)\boldsymbol{k} \\ \boldsymbol{H} = H_y(x,t)\boldsymbol{j} \\ \boldsymbol{B} = B_y(x,t)\boldsymbol{j} \\ \boldsymbol{V} = V_x\boldsymbol{i} \end{cases} \quad (3-50)$$

由式(3-46)可得

$$\frac{\partial H_y}{\partial x} = J_{sz} + J_{rz} \quad (3-51)$$

由式(3-47)可得

$$\frac{\partial E_z}{\partial x} = \frac{\partial B_y}{\partial t} = \mu_0 \frac{\partial H_y}{\partial t} \quad (3-52)$$

由式(3-51)可得

$$g_e \frac{\partial H_y}{\partial x} = J_{s1} + J_{r1} \quad (3-53)$$

式中,$g_e = K_c g$ 为等效气隙长度,J_{s1}、J_{r1} 分别为定子和动子的面电流密度。

当定子绕组磁动势空间分布为正弦时,同时它又是一个正弦激励行波,定子面电流密度可写为复数形式:

$$J_{s1} = J_{sm}\sin(\omega t - \beta x) = \operatorname{Im}(J_{sm}\mathrm{e}^{\mathrm{j}(\omega t - \beta x)}) \quad (3-54)$$

式中,ω 为定子电流角频率;$\beta = \dfrac{\pi}{\tau}$;Im 为取虚部(以后略去不写);定子面电流密度幅值 J_{sm} 为

$$J_{sm} = \frac{m_1(2w_1 k_{w1})}{2p\tau}\sqrt{2}I_1 \quad (3-55)$$

式中,m_1 为定子绕组的相数;w_1 为定子绕组每相串联匝数;k_{w1} 定子基波绕组系数;I_1 为定子相电流有效值。于是式(3-53)写为

$$g_e \frac{\partial H_y}{\partial x} = J_{sm}\mathrm{e}^{\mathrm{j}(\omega t - \beta x)} + J_{r1} \quad (3-56)$$

由式(3-49)可得动子体电流密度为

$$J_{rz} = \sigma_z(E_z + V_x B_y) \tag{3-57}$$

动子面电流密度为

$$J_{r1} = J_{rz}d = \sigma_s(E_z + V_x B_y) \tag{3-58}$$

式中,$\sigma_s = \sigma d$ 为动子等效面电导率。于是有

$$g_e \frac{\partial H_y}{\partial x} = J_{sm} e^{j(\omega t - \beta x)} + \sigma_s(E_z + V_x B_y) \tag{3-59}$$

由式(3-52)、式(3-53)与式(3-59)可得

$$\frac{\partial^2 H_y}{\partial x^2} - \mu_0 \sigma_e V_x \frac{\partial H_y}{\partial x} - \mu_0 \sigma_e \frac{\partial H_y}{\partial t} = -j\beta \frac{J_{sm}}{g_e} e^{j(\omega t - \beta x)} \tag{3-60}$$

式(3-60)还可写为

$$\frac{1}{\mu_0} \frac{\partial^2 B_y}{\partial x^2} - \sigma_e V_x \frac{\partial B_y}{\partial x} - \sigma_e \frac{\partial B_y}{\partial t} = -j\beta \frac{J_{sm}}{g_e} e^{j(\omega t - \beta x)} \tag{3-61}$$

式中,$\sigma_e = \dfrac{\sigma_s}{g_e} = \dfrac{\sigma d}{g_e}$。这是一个非齐次方程,它的解包括 H'_y、H''_y 两部分,前者为非齐次方程的特解,即稳定分量,后者为齐次方程的通解,即过渡分量。式(3-60)的特解是定子电流 J_{s1} 激励下的强制分量,因此 H'_y 与 J_{s1} 应有相同的解形式,令

$$H'_y = H_{ym}\sin(\omega t - \beta x + \phi) = H_{ym}e^{j(\omega t - \beta x + \phi)} \tag{3-62}$$

代入式(3-60)可得磁场强度 y 分量的幅值复数形式为

$$H_{ym} = \frac{J_{sm}e^{-j\phi}}{g_e \beta(sG - j)} \tag{3-63}$$

式中,G 为品质因数,$G = \dfrac{\mu_0 \sigma_s \omega}{g_e \beta^2}$;s 为转差率,$s = \dfrac{V_s - V_x}{V_s}$,$V_s = 2\tau f$ 为同步线速度,f 为供电频率;$\phi = \tan^{-1}\left(\dfrac{1}{sG}\right)$。

式(3-60)或式(3-61)的过渡分量 H''_y 由齐次方程(3-64)的通解决定。

$$\frac{\partial^2 H_y}{\partial x^2} - \mu_0 \sigma_e V_x \frac{\partial H_y}{\partial x} - \mu_0 \sigma_e \frac{\partial H_y}{\partial t} = 0 \tag{3-64}$$

可应用分离变量法进行求解。

结合式(3-62)与式(3-63),可得到式(3-64)的一般解的复数形式为[87]

$$H_y(x,t) = C_1 e^{-\frac{x}{\lambda_1}} e^{j(\omega t - \beta_e x)} + C_2 e^{\frac{x}{\lambda_2}} e^{j(\omega t + \beta_e x)} + H_{ym} e^{j(\omega t - \beta x + \phi)} \quad (3-65)$$

式中,C_1、C_2 为待定常数。式(3-65)从理论上表达了 LIM 行波磁场沿纵向(x 方向)运动时的边端效应。该式第三项为正常的、稳定的且与定子激励源相关的正方向磁场行波;第一项为沿 x 正方向衰减行波,称为滑入边端效应波,叠加在正常行波上使滑入端的磁场削弱;第二项为与正常行波反方向的行波,沿 x 负方向衰减,称为滑出边端效应波,叠加在正常波上使滑出端的磁场加强。λ_1、λ_2 分别为滑入边端效应波的透入深度和滑出边端效应波的透入深度。τ_e 为滑入端及滑出端效应波的半波长,$\beta_e = \pi/\tau_e$,表示滑入端及滑出端效应波的等效转换系数。这两种边端效应波使正常行波磁场发生畸变,影响电机的运行性能,因此通常在运用"路"的方法分析计算时,采用修正等效电路中参数的办法予以考虑。

为了分析滑入端及滑出端效应波的影响,定义衰减系数如下:

$$k_{a1} = \lambda_1/\tau, \; k_{a2} = \lambda_2/\tau \quad (3-66)$$

图 3-31 所示为 β_e 在不同取值(5β、2β、β、0.5β)时,不同转差率下的衰减系数变化,从图中可以看到,随着转差率的减小,滑入端衰减系数逐步增大,而滑出端衰减系数逐步减小,可见在高速情况下,滑出端效应波趋近于零,因此可以忽略。

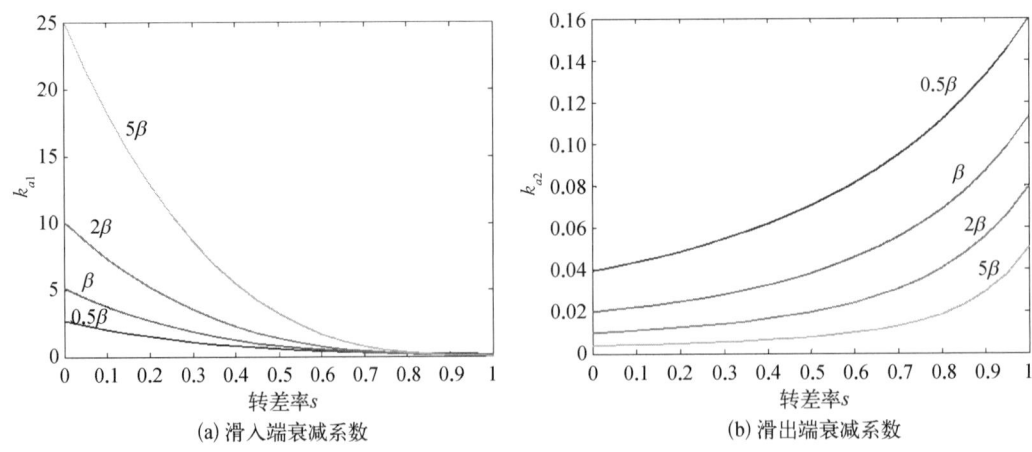

图 3-31 不同转差率下的衰减系数[98]

结合前两小节的分析可知,短初级长次级直线电机的气隙磁场分布如图 3-32(a)所示,在次级的滑入端和滑出端,由于边端效应的作用,气隙磁场逐渐衰减;与此相反,由于定子通电部分的长度大于次级长度,长初级短次级直线电机次级覆盖部分的气隙磁场分布有着明显的区别,其气隙磁场分布如图 3-32(b)所示,在次级的两个纵向靠近端部的区域,气隙磁场明显增强。

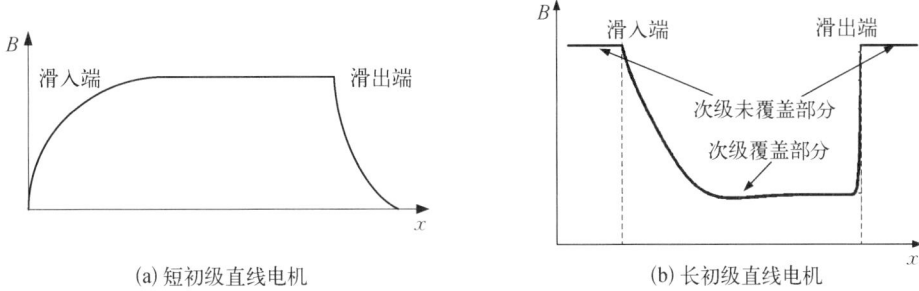

(a) 短初级直线电机　　　　　　(b) 长初级直线电机

图 3-32　气隙磁场纵向分布示意图[98]

3.3.2.2　感应电动势和感应电流

式(3-65)中的积分常数由边界条件确定,为此,将直线电机分为三个区域,图 3-33 表示了边界条件分区及其坐标设置。

$$\begin{cases} 0 < x < 2p\tau, & \text{范围内为 I 区} \\ -\infty < x < 0, & \text{范围内为 II 区} \\ 2p\tau < x < +\infty, & \text{范围内为 III 区} \end{cases}$$

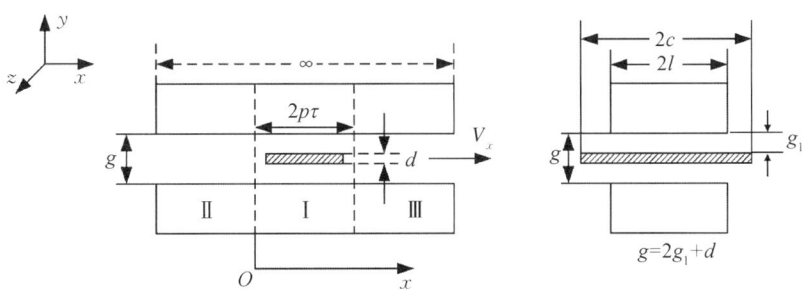

图 3-33　确定边界条件的分区

$0 < x < 2p\tau$ 的区域为电机的工作区,磁感应强度的径向分量可写为

$$B_{y1}(x,t) = C_1\mu_0 e^{-\frac{x}{\lambda_1}} e^{j(\omega t - \beta_e x)} + C_2\mu_0 e^{\frac{x}{\lambda_2}} e^{j(\omega t + \beta_e x)} + \mu_0 H_{ym} e^{j(\omega t - \beta x + \varphi)} \quad (3-67)$$

由式(3-52)可求得次级感应电动势

$$E_{z1} = \int \frac{\partial B_{y1}}{\partial t} dx = j\omega\mu_0 \left[-\frac{C_1}{Q_1} e^{-Q_1 x} + \frac{C_2}{Q_2} e^{Q_2 x} - \frac{H_{ym}}{j\beta} e^{-j\left(\frac{\pi}{\tau}x - \varphi\right)} \right] e^{j\omega t} \quad (3-68)$$

其中,$Q_1 = \dfrac{1}{\lambda_1} + j\beta_e$,$Q_2 = \dfrac{1}{\lambda_2} + j\beta_e$。

由式(3-58)可求得次级电流密度

$$J_{r1} = \sigma_s \left(\frac{\mu_0 V_x C_1}{1 + j\lambda_1 \beta_e} e^{-Q_1 x} + \frac{\mu_0 C_2 (V_x + j2\omega\lambda_2)}{1 + j\lambda_2 \beta_e} e^{Q_2 x} - \mu_0 s V_s H_{ym} e^{-j(\beta x - \varphi)} \right) e^{j\omega t} \quad (3-69)$$

由式(3-69)计算得到的次级涡流沿纵向分布如图3-34所示。根据计算(假设次级长度为7 m),由于纵向边端效应的影响,在动子滑出端将会产生大的涡流,但作用时间短,滑入端涡流作用时间长,这将使动子前端出现局部过热现象,这一点在分析动子温度时必须加以考虑。

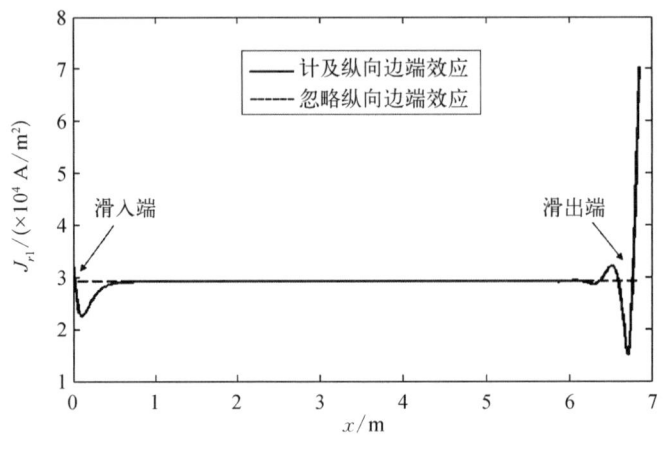

图3-34 次级涡流密度分布[98]

在Ⅱ区 $-\infty < x < 0$ 和Ⅲ区 $2p\tau < x < +\infty$ 范围内,有定子电流(设定子绕组为无限长)而无动子电流,即 $J_{r2} = 0$,这一边界条件显然与短初级 DSLIM 不同。由式(3-56)有

$$g_e \frac{\partial H_y}{\partial x} = J_{s1} = J_{sm} e^{j(\omega t - \beta x)} \tag{3-70}$$

可得

$$H_{y2} = j \frac{J_{sm}}{g_e \beta} e^{j(\omega t - \beta x)}, \; x < 0 \tag{3-71}$$

$$H_{y3} = j \frac{J_{sm}}{g_e \beta} e^{j[\omega t - \beta(x - 2p\tau)]}, \; x > 2p\pi \tag{3-72}$$

由于磁场强度的切向分量必须连续,可得Ⅰ区与Ⅱ区、Ⅱ区与Ⅲ区的边界条件:

$$H_{y1}|_{x=0} = H_{y2}|_{x=0}, \; H_{y2}|_{x=2p\tau} = H_{y3}|_{x=2p\tau} \tag{3-73}$$

由式(3-67)与式(3-71),令 $x = 0$,(推导时暂省去 $e^{j\omega t}$ 因子),有

$$C_1 + C_2 + H_{ym} e^{j\phi} = j \frac{J_{sm}}{g_e \beta} \tag{3-74}$$

由式(3-67)与式(3-72),令 $x = 2p\tau$,有

$$C_1 e^{-2Q_1 p\tau} + C_2 e^{2Q_2 p\tau} + H_{ym} e^{-j(2p\pi - \phi)} = j \frac{J_{sm}}{g_e \beta} \tag{3-75}$$

联立式(3-74)与式(3-75),可确定积分常数 C_1、C_2 如下:

$$C_1 = \frac{jJ_{sm}}{g_e\beta\Delta}\left[\frac{jsG(1-e^{Q_2})}{1+jsG}\right] \qquad (3-76)$$

$$C_2 = \frac{jJ_{sm}}{g_e\beta\Delta}\left[\frac{jsG(e^{-Q_1}-1)}{1+jsG}\right] \qquad (3-77)$$

以上两式中,$\Delta = e^{-2Q_1 p\tau} - e^{2Q_2 p\tau}$。

对于高速 DSLIM,一般有 $\lambda_1 \gg \lambda_2$,$C_1 \gg C_2$。经简化计算后,可将积分常数表示为

$$C_1 \approx \frac{-J_{sm}sG}{g_e\beta(1+sG)}, \quad C_2 \approx 0 \qquad (3-78)$$

由式(3-67)可得磁感应强度 y 分量的复数表达式(计入因子 $e^{j\omega t}$)为

$$B_{y1} = B_{ym}e^{j(\omega t-\beta x+\delta_b)}(1+jsGe^{-\frac{x}{\lambda_1}}e^{j(\beta-\beta_e)x}) \qquad (3-79)$$

式中,δ_b 为幅角,B_{ym} 为磁感应强度 y 分量的模,表示为

$$B_{ym} = \frac{GJ_{sm}}{V_s\sigma_s\sqrt{1+(sG)^2}}, \quad \delta_b = \tan^{-1}\left(\frac{1}{sG}\right) \qquad (3-80)$$

由式(3-68)可得电场强度 z 分量的复数表达式(计入因子 $e^{j\omega t}$)为

$$E_{z1} = \omega B_{ym}e^{j(\omega t-\beta x+\delta_b)}\left(\frac{sG\lambda_1\tau_e}{\sqrt{\tau_e^2+(\lambda_1\pi)^2}}e^{-\frac{x}{\lambda_1}}e^{j[(\beta-\beta_e)x-\theta]}-\beta\right) \qquad (3-81)$$

式中,$\theta = \tan^{-1}(\lambda_1\beta_e)$。同样,可以推导动子电流密度等表达式。

3.3.2.3 动态纵向边端效应系数计算

根据上节有关假设与理论分析结果,可以推导出 LIM 的等效电路参数及其纵向边端效应修正系数 $K_x(s)$、$K_r(s)$。在推导等效电路参数时,忽略铁心损耗和动子漏电抗,等效电路如图 3-35 所示。横向边端效应修正系数 $C_x(s)$、$C_r(s)$ 直接引用短初级电机的分析结果。

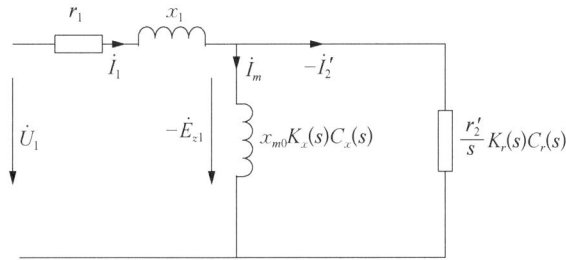

图 3-35 考虑边端效应的等效电路

利用式(3-54)与式(3-81),可以推导出由定子绕组建立的磁场传递到气隙和动子复功率一个周期内的平均值为

$$S_i = 2l \int_0^{2p\tau} \frac{1}{2}(-J_{s1}^* \cdot E_{z1}) \mathrm{d}x$$

$$= lB_{ym}J_{sm}V_s \left\{ 2p\tau\cos\delta_b - N\left[-\frac{1}{\lambda_1}e^{-\frac{2p\tau}{\lambda_1}}\cos(\delta_b - \theta + K_s 2p\tau) + \frac{1}{\lambda_1}\cos(\delta_b - \theta) \right. \right.$$

$$\left. \left. + K_s e^{-\frac{2p\tau}{\lambda_1}}\sin(\delta_b - \theta + K_s 2p\tau) - K_s\sin(\delta_b - \theta) \right] \right\}$$

$$+ jaB_{ym}J_{sm}V_s \left\{ 2p\tau\sin\delta_b - N\left[-\frac{1}{\lambda_1}e^{-\frac{2p\tau}{\lambda_1}}\sin(\delta_b - \theta + K_s 2p\tau) + \frac{1}{\lambda_1}\sin(\delta_b - \theta) \right. \right.$$

$$\left. \left. - K_s e^{-\frac{2p\tau}{\lambda_1}}\cos(\delta_b - \theta + K_s 2p\tau) + K_s\cos(\delta_b - \theta) \right] \right\}$$

$$(3-82)$$

式中,J_{s1}^* 为 J_{s1} 的共轭复数,l 为定子铁心一半计算宽度(见图3-33),而各系数为

$$K_s = \frac{\pi}{\tau} - \frac{\pi}{\tau_e}, \quad N = \frac{sG\lambda_1\tau_e\pi}{\tau M\sqrt{\tau_e^2 + (\lambda_1\pi)^2}}, \quad M = \left(\frac{1}{\lambda_1}\right)^2 + (\beta - \beta_e)^2$$

令

$$K_1 = 2p\tau\cos\delta_b - N\left[-\frac{1}{\lambda_1}e^{-\frac{2p\tau}{\lambda_1}}\cos(\delta_b - \theta + K_s 2p\tau) + \frac{1}{\lambda_1}\cos(\delta_b - \theta) \right.$$

$$\left. + K_s e^{-\frac{2p\tau}{\lambda_1}}\sin(\delta_b - \theta + K_s 2p\tau) - K_s\sin(\delta_b - \theta) \right] \quad (3-83)$$

$$K_2 = 2p\tau\sin\delta_b - N\left[-\frac{1}{\lambda_1}e^{-\frac{2p\tau}{\lambda_1}}\sin(\delta_b - \theta + K_s 2p\tau) + \frac{1}{\lambda_1}\sin(\delta_b - \theta) \right.$$

$$\left. - K_s e^{-\frac{2p\tau}{\lambda_1}}\cos(\delta_b - \theta + K_s 2p\tau) + K_s\cos(\delta_b - \theta) \right] \quad (3-84)$$

于是,复功率可写为

$$S_i = lB_{ym}J_{sm}V_s(K_1 + jK_2) = P_i + jQ_i \quad (3-85)$$

根据式(3-55)定子绕组相电流为

$$I_1 = \frac{p\tau J_{sm}}{\sqrt{2}m_1 w_1 k_{w1}} \quad (3-86)$$

又因

$$m_1 I_1 E_{z1} = P_i + jQ_i \qquad (3-87)$$

所以有

$$E_{z1} = \frac{S_i}{m_1 I_1} = \frac{lB_{ym}J_{sm}V_s}{m_1 I_1}(K_1 + jK_2) \qquad (3-88)$$

将式(3-80)结果代入上式,得到定子绕组感应电动势的复数表达式

$$E_{z1} = \frac{\sqrt{2}\, l w_1 k_{w1} G J_{sm}}{p\tau\sigma_s \sqrt{1+(sG)^2}}(K_1 + jK_2) \qquad (3-89)$$

在忽略铁耗与动子漏电抗的情况下,由等效电路可知,磁场传递的有功功率和无功功率分别为

$$\begin{cases} P_i = m_1 I_2'^2 R_2(s) \\ Q_i = m_1 I_m^2 X_m(s) \end{cases} \qquad (3-90)$$

所以,可得动子回路等效电阻为

$$\begin{aligned} R_2(s) &= \frac{m_1 |E_{z1}|^2}{P_i} = \frac{m_1 E_{z1} \cdot E_{z1}^*}{P_i} \\ &= \frac{2l m_1 (w_1 k_{w1})^2}{(p\tau)^2 \sigma_s} \cdot \frac{G}{\sqrt{1+(sG)^2}} \cdot \frac{(K_1^2 + K_2^2)}{K_1} \end{aligned} \qquad (3-91)$$

若令 $N=0$,即不计纵向动态边端效应,由式(3-83)与式(3-84),则有

$$\begin{cases} K_1 = 2p\tau\cos\delta_b \\ K_2 = 2p\tau\sin\delta_b \end{cases} \qquad (3-92)$$

而 $\tan\delta_b = \dfrac{1}{sG}$,所以 $\cos\delta_b = \dfrac{sG}{\sqrt{1+(sG)^2}}$,$\sin\delta_b = \dfrac{1}{\sqrt{1+(sG)^2}}$。则由式(3-91)和式(3-92)可得动子电阻为

$$R_2(s) = \frac{4l m_1 (w_1 k_{w1})^2}{\sigma_s p\tau \cdot s} = \frac{4l m_1 (w_1 k_{w1})^2}{\sigma_2 dp\tau \cdot s} = \frac{r_2'}{s} \qquad (3-93)$$

式中,r_2' 为动子归算到定子侧的电阻值,

$$r_2' = \frac{4l m_1 (w_1 k_{w1})^2}{\sigma_2 dp\tau} \qquad (3-94)$$

式(3-94)说明,不计边端效应时,LIM 等效电路动子回路参数与正常感应电机相同,σ_2 是考虑了集肤效应的动子等效电导率,如不计集肤效应,动子电导率即为材料的电导

率 $\sigma=1/\rho$。因此式(3-93)可写成

$$R_2(s) = \frac{r_2'}{s} K_r(s) \tag{3-95}$$

式中,$K_r(s)$ 为考虑纵向动态边端效应时动子电阻的修正系数,其表达式为

$$K_r(s) = \frac{sG}{2p\tau\sqrt{1+(sG)^2}} \cdot \frac{K_1^2 + K_2^2}{K_1} \tag{3-96}$$

同理,可得激磁回路电抗为

$$X_m(s) = \frac{m_1 |E_{z1}|^2}{Q_i} = \frac{m_1 E_{z1} \cdot \hat{E}_{z1}}{Q_i}$$

$$= \frac{2lm_1(w_1 k_{w1})^2}{(p\tau)^2 \sigma_s} \cdot \frac{G}{\sqrt{1+(sG)^2}} \cdot \frac{K_1^2 + K_2^2}{K_2} \tag{3-97}$$

若令 $N=0$,即不计纵向动态边端效应,则有

$$X_m(s) = X_{m0} = r_2'G = \frac{4\mu_0 lm_1 V_s (w_1 k_{w1})^2}{p\pi g_e} \tag{3-98}$$

$$X_m(s) = X_{m0} K_x(s) \tag{3-99}$$

式中,X_{m0} 为不考虑边端效应时定子绕组每相激磁电抗;$K_x(s)$ 为考虑纵向动态边端效应时定子激磁电抗的修正系数,其表达式为

$$K_x(s) = \frac{1}{2p\tau\sqrt{1+(sG)^2}} \cdot \frac{K_1^2 + K_2^2}{K_2} \tag{3-100}$$

3.3.3 对电机性能的影响对比

3.3.3.1 纵向边端效应对推力脉动的影响

在计算电机推力时,我们采用前面的方法,将电机推力分为三部分[108]:

$$F = F_s + F_1 + F_2 \tag{3-101}$$

其中,F_s、F_1 与 F_2 分别代表行波力以及滑入端效应波与滑出端效应波产生的力,其表达式分别如式(3-102)、(3-103)和(3-104)所示。需要注意的是,在计算电机推力时,需要采用实部相乘的方法,这样才能将推力脉动分量表达出来。

$$F_s = h \int_0^{2N_{act}\tau} \text{Re}(J_s) * \text{Re}(B_s) dx \tag{3-102}$$

$$F_1(t) = h\int_0^{2N_{act}\tau} \text{Re}(J_s) * \text{Re}(B_1) dx \tag{3-103}$$

$$F_2(t) = h\int_0^{2N_{act}\tau} \text{Re}(J_s) * \text{Re}(B_2) dx \tag{3-104}$$

其中，B_1、B_2、B_s 分别表示式(3-67)右侧的第一项至第三项。将式(3-103)展开可以发现，滑入端效应波产生的力由两部分组成：

$$F_1 = F_{dc1} + F_{ac1} \tag{3-105}$$

其中，

$$F_{dc1} = hJ_{sm}B_{1m}\int_0^{2N_{act}\tau} \cos[(\beta_e - \beta)x - \theta_1]e^{-x/\lambda_1} dx \tag{3-106}$$

$$F_{ac1}(t) = hJ_{sm}B_{1m}\int_0^{2N_{act}\tau} \cos[2wt - (\beta + \beta_e)x + \theta_1]e^{-x/\lambda_1} dx \tag{3-107}$$

可以看出，F_{dc1}、F_{ac1} 分别为滑入端效应波产生的平均力及两倍频力，同样可以得到滑出端效应波产生的平均力及两倍频力 F_{dc2}、F_{ac2}[109]。由于在高速时，滑出端效应波可以忽略，因此在后续分析中，忽略了滑出端效应波力。各分量力的表达式如式(3-108)~(3-110)所示：

$$F_s = 0.5p\tau hJ_{sm}B_{sm}\cos\theta_s \tag{3-108}$$

$$F_{dc1} = 0.5hJ_{sm}B_{1m}\frac{C + De^{-2N_{act}\tau/\lambda_1}}{1 + \lambda_1^2(\beta_e - \beta)^2} \tag{3-109}$$

$$F_{ac1} = 0.5hJ_{sm}B_{1m}E[\sin(2\omega t + \theta_1 + \theta') - \sin(2\omega t - \theta_{ac1} + \theta')e^{-2N_{act}\tau/\lambda_1}] \tag{3-110}$$

其中，

$C = \lambda_1\cos\theta_1 + \lambda_1^2(\beta_e - \beta)\sin\theta_1$, $D = -\lambda_1\cos\theta_{dc1} + \lambda_1^2(\beta_e - \beta)\sin\theta_{dc1}$,

$E = \dfrac{\lambda_1}{\sqrt{1 + \lambda_1^2(\beta_e + \beta)^2}}$, $\theta' = \arctan\dfrac{1}{\lambda_1(\beta_e + \beta)}$, $\theta_{dc1} = 2N_{act}\tau(\beta_e - \beta) - \theta_1$,

$\theta_{ac1} = 2N_{act}\tau(\beta_e + \beta) - \theta_1$。

由于两倍频力的存在，使得电机推力出现波动，如图3-36(a)所示。为了描述这一影响，定义直线电机力的纹波系数 k_{rip} 如下：

$$k_{rip} = F_{ac1m}/F_{av} \tag{3-111}$$

其中，F_{ac1m} 为两倍频力的峰值；F_{av} 为电机的时均平均力。

图3-36(b)为对一台双定子LIM进行静态推力测试时在转差频率为2 Hz时得到的推力波形，可以看出，推力中含有两倍频的脉动分量。

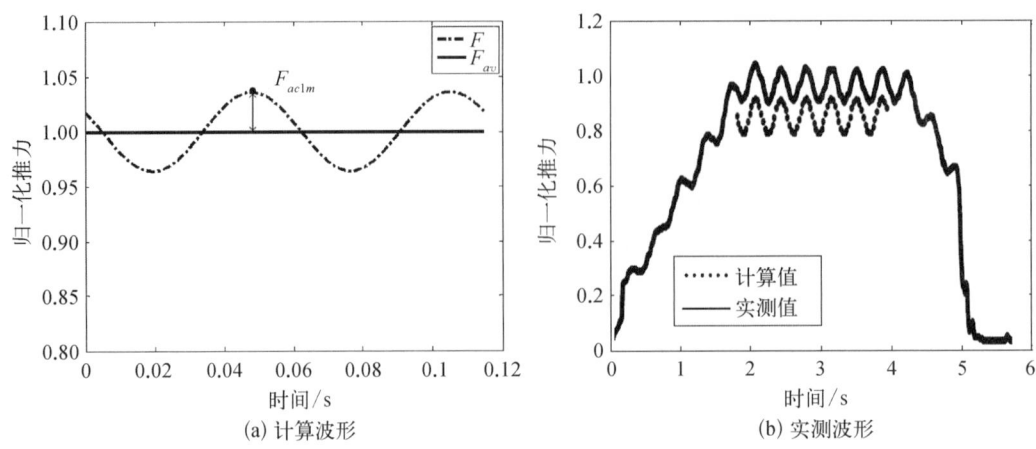

图 3-36 推力脉动波形[98]

图 3-37 为根据测试推力波形计算得到的推力纹波系数与计算值的对比,从图中可以看出,随着转差频率的增加,推力脉动增大。需要注意的是,在静态推力测试中,由于速度为零,滑出端效应波的影响不能忽略,因此,在计算堵转工况下的推力纹波系数时,需要考虑滑出端效应波的影响。

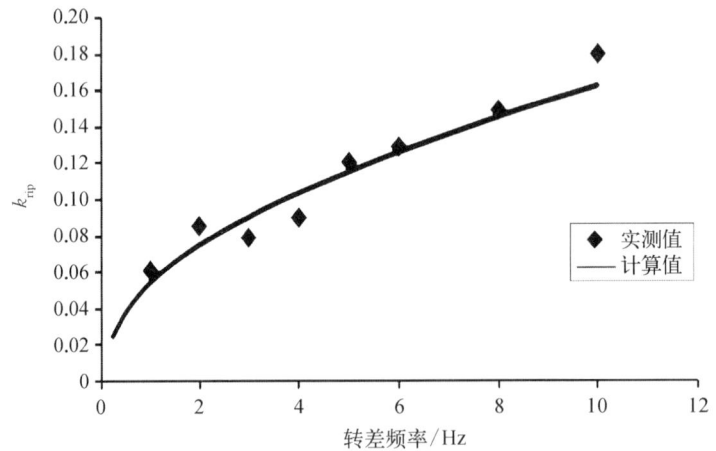

图 3-37 推力纹波系数计算值与测试值对比[98]

另外,尽管纵向边端效应使得电机出现两倍频的推力脉动,但是根据计算结果来看,电机推力脉动随着转差率的增大而增强,而电机正常工作时转差频率较低,在低转差区域,电机的推力脉动小于 10%,当转差频率小于 1 Hz 时,由边端效应引起的推力脉动小于 6%。

3.3.3.2 有限元仿真与试验分析

在前面理论推导的基础上分析动态纵向边端效应对直线电机性能的影响,并通过建立三维有限元模型与样机进行对比验证。

表 3-11 长初级 DSLIM 样机的技术参数

参　　数	参　数　值
动子材料	铝板
机械气隙/mm	5
电磁气隙/mm	20
动子厚度/mm	4.5
定子叠厚/mm	55
初级相数	3
相电压/V	332
相电流/A	430
每相电阻/Ω	0.199 5
动子归算电阻/Ω	0.075 31
激磁电感/mH	0.696 1
定子漏感/mH	0.546 1
定子极距/mH	150
动子末速/ms^{-1}	30

利用表 3-11 中的长初级 DSLIM 样机的技术参数,对长初级双边 LIM 纵向边端效应进行分析。图 3-38 给出了 $K_x(s)$、$K_r(s)$ 随转差率的变化关系。为了便于比较,图中还给出了短初级 LIM 修正系数随转差率的变化关系。由图可知,纵向边端效应对长初级双边 LIM 与短初级双边 LIM 的影响明显不同。从图 3-38(a) 整体来看,短初级双边 LIM 的 $K_r(s)$ 变化值(与 $K_r(s)=1$ 相比,下同)比长初级双边 LIM 的大;由图 3-38(b) 可知,在低速区,长初级双边 LIM 的 $K_x(s)$ 变化值(与 $K_x(s)=1$ 相比,下同)比短初级双边 LIM 的要大,在高速区,长初级双边 LIM 的 $K_x(s)$ 变化值比短初级双边 LIM 的要小;运行于同一频率的长初级双边 LIM,转差率越大,边端效应影响越大,转差率趋近于 0 时,边端效应近似无影响。可见,当长初级双边 LIM 运行于高速区时,$K_r(s)$ 与 $K_x(s)$ 的变化值较小,即纵向边端效应对电机的影响较小。

图 3-39(a) 和图 3-39(b) 分别表示动子极数为 2 极和 10 极时,对应的标幺电磁推力曲线,可见纵向边端效应对电机性能的影响程度还与动子极数有很大的关系。从图中可见,当电机动子的极数增加时,纵向边端效应对电机性能的影响将减弱。

图 3-40 给出了 15 极长初级 DSLIM 考虑边端效应时的 F-s 曲线。从图中可以看出,随着供电频率的增加,动子速度增大,边端效应对电磁推力的影响会减小。在起动时,考虑动态纵向边端效应时的电磁推力比不考虑边端效应时的要大,在 s 趋近于 0 时,两者

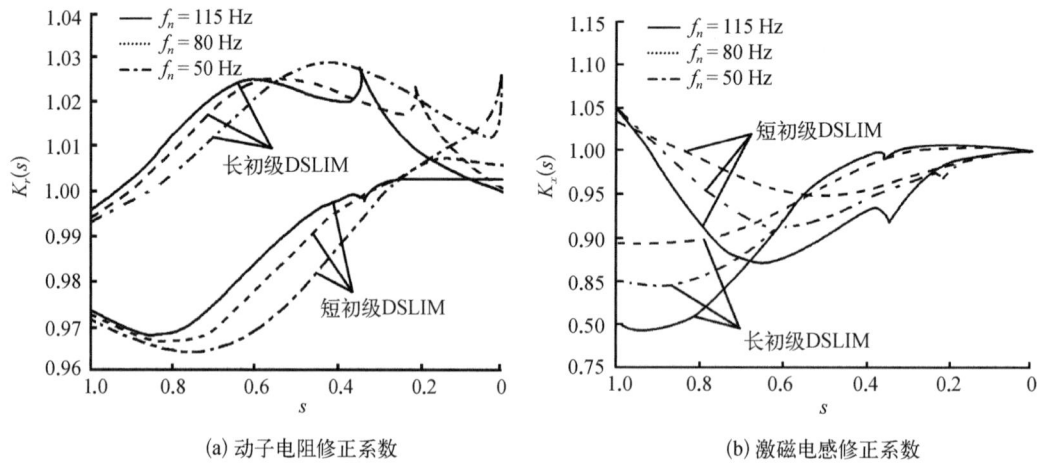

(a) 动子电阻修正系数　　　　　　　　(b) 激磁电感修正系数

图 3-38　纵向边端效应修正系数

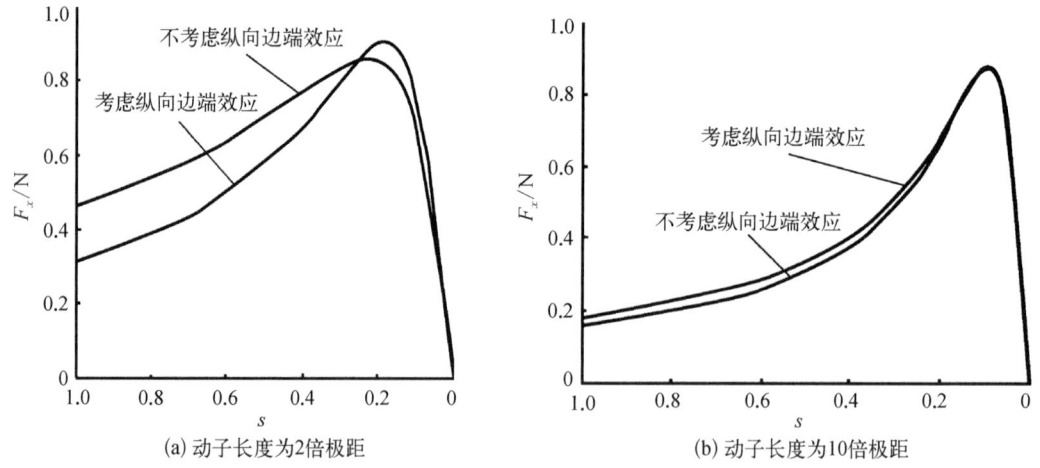

(a) 动子长度为2倍极距　　　　　　　　(b) 动子长度为10倍极距

图 3-39　动子极数对纵向边端效应的影响

相差不大。可见,长初级双边 LIM 运行在高速场合时,动态纵向边端效应对电机的性能影响较小,因而可以不考虑,这一特性与短初级双边 LIM 正好相反。从工作过程来看,若以动子作为参考坐标,长初级双边 LIM 的动子在接近同步速度时,气隙磁场在动子表面分布近似不变,因而电机的动态边端效应很小;但对于短初级结构,由于次级一般固定不动,初级运动速度越高,次级表面磁场变化越迅速,因而电机的边端效应越明显,因此,通过选择合适的转差率,长初级双边 LIM 的纵向边端效应将远小于短初级双边 LIM。

为了验证等效电路模型的准确性,对样机进行三维时谐涡流场分析。其基本思想是:用涡流场有限元法对电机进行分析计算时,需要在定子绕组区域施加电流载荷,载荷包括电流幅值、相位角和转差频率。可以这样认为,此时若将参考系放在动子上,动子静止,则定子电流产生的磁场为转差频率基波磁场,与实际运行时定子电流产生的基波磁场与动子运动的速度差相等,从动子边来看,能量传递关系没有变化,气隙中的基波磁场幅值大小也与实际运行时的情况相同。

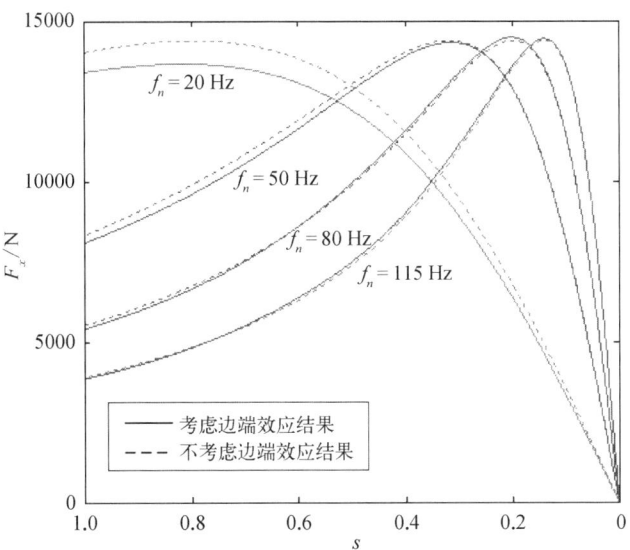

图 3-40　长初级 LIM 电磁推力随供电频率变化曲线

利用三维有限元软件建立无槽电机的有限元分析模型,如图 3-41(a)所示,并取不同的供电频率进行计算。图 3-41(b)给出了该电机在相电流有效值为 430 A、转差频率

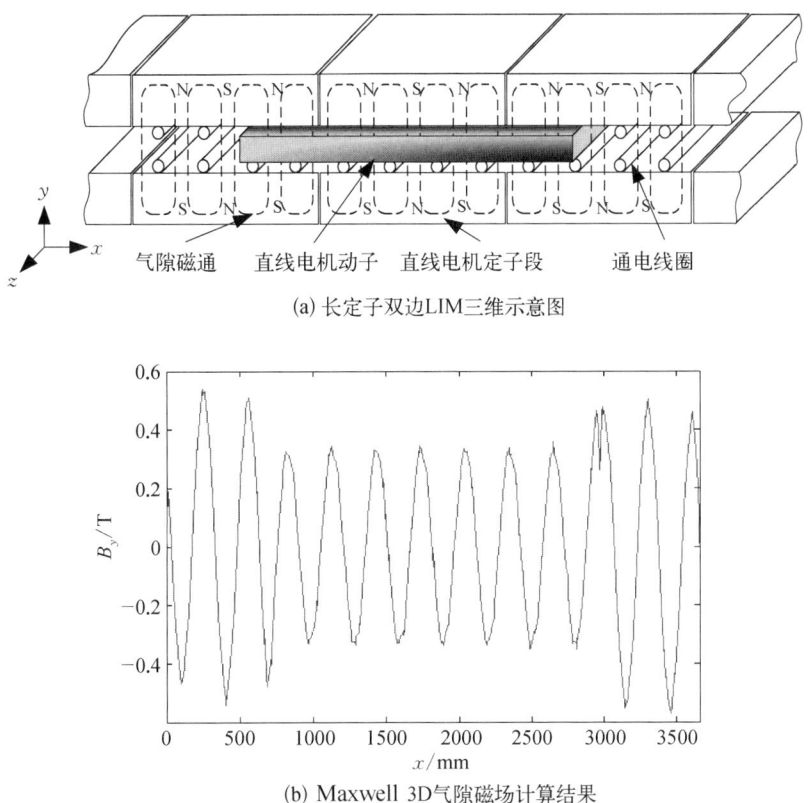

(a) 长定子双边LIM三维示意图

(b) Maxwell 3D气隙磁场计算结果

图 3-41　Maxwell 3D 模型及磁场分布

为 18 Hz 时的气隙磁密径向分量的分布曲线。由磁场分布曲线可知,在动子的滑入端和滑出端,磁场畸变并不明显,验证了上述分析的正确性。当双边 LIM 为有槽电机时,在进行电磁场解析计算时可以利用卡氏系数 K_c 对电机的电磁气隙进行修正,也可在模型中直接画出齿槽,进行齿槽效应分析。

在三维有限元模型中,改变转差率使其从 0 到 1 变化,共取 30 个点,通过拟合得到高速长定子双边 LIM 的 F-s 曲线,如图 3-42 所示。电机绕组的相电流幅值不变,频率逐渐增大。为了进行比较,将考虑纵向边端效应时和不考虑纵向边端效应时的计算结果均画在图中。由图可知,在转差率较低时,三者对应的电磁推力差别不大,进一步验证了上述分析得到的长定子双边 LIM 在高速运行时纵向边端效应对电机性能的影响并不明显的结论。在转差频率较高时,即动子速度较低时,三者存在一定差别,相对而言,考虑纵向边端效应时计算结果与有限元计算结果更接近。

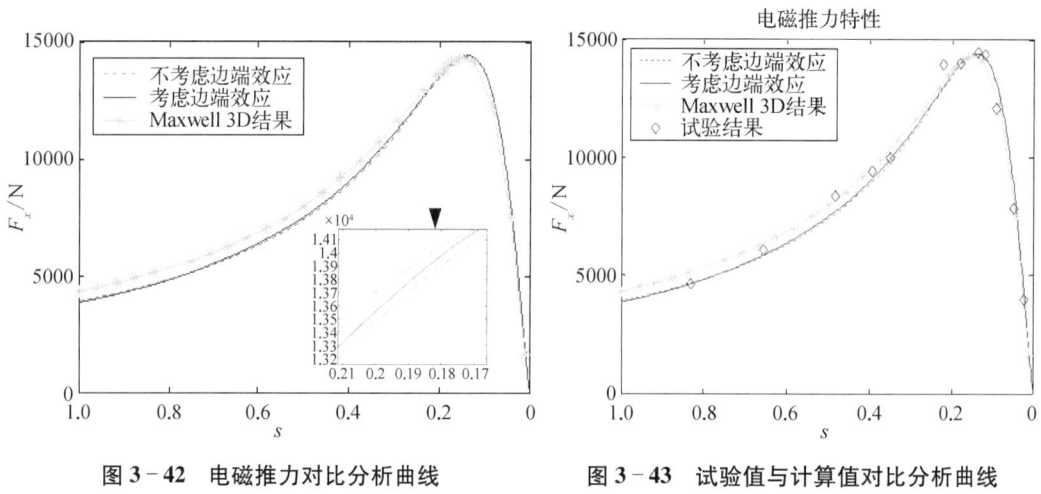

图 3-42 电磁推力对比分析曲线　　图 3-43 试验值与计算值对比分析曲线

按照表 3-11 所示的结构参数,设计了一台样机进行验证实验。电机相绕组电流为 430 A,通过测量不同转差频率下的电磁推力,得到了电机实验 F-s 曲线,如图 3-43 所示。由图中可知,实验测量值与理论分析值、有限元计算值拟合得较好,因而从理论和试验的角度验证了等效电路模型的有效性和实用性。

3.4　本章小结

本章针对短初级直线电机和长初级直线电机存在的不同结构和运行方式,分别分析了静态和动态纵向边端效应的研究现状和产生机理,深入研究了电磁发射用直线电机长初级、分段供电等带来的特殊边端效应问题,基于场、路理论,发现了多个不同于传统直线电机的新现象、新规律,总结如下:

（1）多段初级 LIM 的三相互感满足 $L_{ac} = L_{bc} = kL_{ab}$,$k > 1$,$k$ 的取值与端部铁心有较

大关系。对于实际工程应用的偶数极 LIM,电机端部铁心长度的影响不会超过一个初级段,对于奇数极 LIM,电机不对称度与端部铁心长度无关;增加极数可以降低电机气隙磁场的不对称度。

(2) 多段初级 LIM 的纵向静态边端效应使得这种电机存在与传统 LIM 不同的特点。在三相对称电压作用下,电机产生三相不对称电流,负序电流产生的反向电磁推力较小,其影响可以忽略;轭部磁场沿电机轴向呈现明显不对称,因而在设计这类电机时,要充分考虑电机的轭部可能会出现局部饱和。由于电机的静态边端效应,电机阻抗矩阵并非循环对称阵,故序阻抗不可能化成对角阵,即正序、负序以及零序的电压存在交叉耦合,故此时求得的正序阻抗还与负序以及零序电流有关。利用测量的电机参数计算某一电流和频率下的端口电压和推力,和电机静态性能测试结果吻合较好,证明了参数测量和提取的准确性及有效性。

(3) 经典 Duncan 模型证明传统短初级 LIM 次级速度越高纵向边端效应越明显,对推力影响越大,因而短初级 LIM 适用于低速度、高电阻、高磁阻或励磁电感较低的情况,而对于长初级 LIM 在高速运行时边端效应的影响并未有分析。本章基于电磁场理论,推导出了考虑纵向边端效应时直线电机的等效电路模型及其修正系数,得到了该类型电机在高速运行时纵向边端效应对电机性能的影响并不明显的结论。通过选择合适的动子极数和工作转差率,长初级直线电机的纵向边端效应将远小于短初级直线电机。建立了电机的三维有限元分析模型,得到电机的气隙磁场分布和电磁推力曲线,计算结果与基于考虑边端效应时的等效电路模型计算结果更为接近。通过对样机进行实验验证,证明了著者提出的等效电路模型的准确性,为该类型电机的设计和应用奠定了理论基础。

第4章 电磁发射用直线电机横向边端效应

横向边端效应,也称横向端部效应或边缘效应(edge effect),是直线电机区别于旋转电机的另一个重要特性。横向边端效应会引起端部磁场畸变,降低有效磁场强度,高速运行时产生推力波动影响动子平滑运行。而电磁发射用直线电机由于次级顶部需要挂载,结构存在横向不对称,加剧了磁场和涡流分布的不对称性,高速运行时次级附加损耗和推力波动更为显著。本章重点分析电磁发射用直线电机的静态和动态横向边端效应作用机理,及其对电机性能产生的影响。

4.1 概　　述

4.1.1 横向边端效应分类

在扁平型直线电机中,当电磁气隙与初级铁心宽度的比值较大,而次级宽度又等于初级铁心的宽度时,无论是否存在次级的反作用,都必须考虑横向边缘处磁场畸变对电机性能的影响,这种影响称为静态横向边端效应,也称第一类横向边端效应。对于一般电机,电磁气隙与初级铁心宽度的比值较小,次级宽度又大于初级铁心宽度,此时静态横向边端效应的影响较小。但当存在次级导电板的反作用时,横向磁场的分布还受到次级导电板宽度及其电导率的影响,此时横向磁场分布不均匀的现象称为动态横向边端效应,也称第二类横向边端效应。

静态横向边端效应的实质是空载气隙磁场横向分布不均匀的问题,如图4-1所示。对于次级导电板的宽度大于初级铁心叠片的厚度的 LIM(c>0),通常可以不考虑由于横向边缘磁通密度分布不均匀所产生的进入次级磁通总量的变化,即不考虑静态横向边端效应。而当 $c=0$,且电磁气隙与初级铁心高度的比值 g/H 较大时,就必须考虑静态横向边端效应。

动态横向边端效应问题的实质是次级导电板内电流沿纵向的分量及气隙磁通密度沿横向的不均匀分布对电机性能的影响。在旋转电机理论中,次级感应电流所建立的磁势与初级磁场的基波分量相互作用会构成电枢反应,但是由于直线电机铁心结构的开断,次级感应电流的横向分量和纵向分量会分别增强和抵消原有的气隙磁场,使得横向磁场分

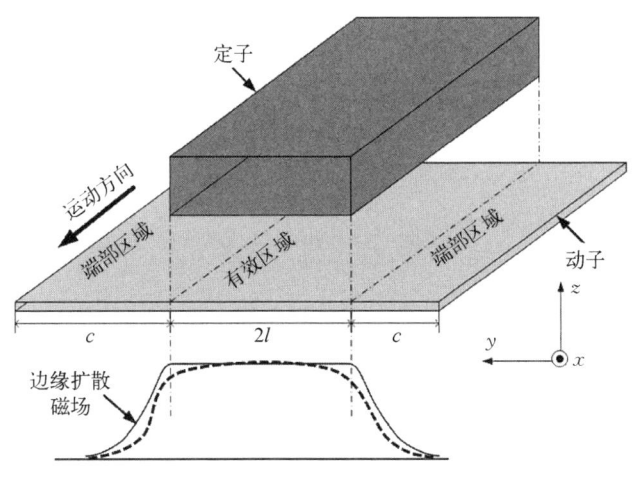

图 4-1 直线电机横向磁场扩散示意图

布不均匀。由于次级横向端部伸出部分存在电阻,次级导电板的电流密度在有效长度内不仅有 J_y 分量,同时还存在 J_x 分量,并且次级导电板中还有一部分电流在有效长度范围内闭合,因此,次级有效区域内电流将分布不均匀,气隙磁密分布的形状将形成马鞍型分布,如图 4-2 所示。电流密度 J_x 是产生动态横向边端效应的主要根源。一般来说,初级与次级等宽的电机的动态横向边端效应,要比次级较初级宽得多的横向边端效应影响大一些。

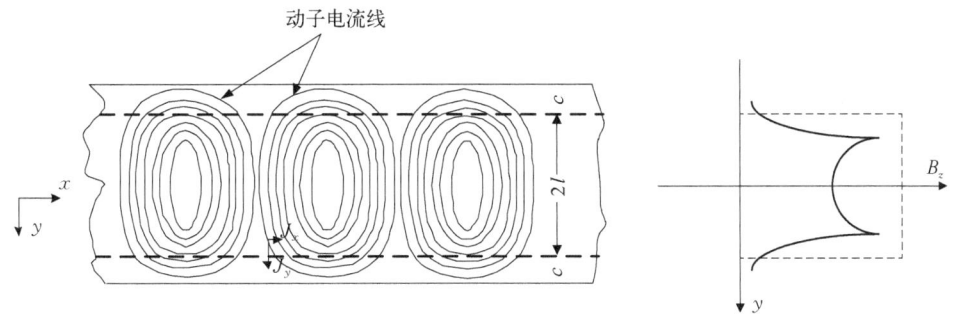

图 4-2 次级电流线及气隙磁密的分布示意图

4.1.2 静态横向边端效应概述

文献[26]与[27]从定性分析出发,说明了静态横向边端效应的由来,并利用旋转电机理论中常用的处理方法,将其对气隙磁场的影响系数归结为第三气隙系数 k_{g3} 的作用。图 4-1 表示空载气隙磁场沿横向的分布情况,可见,在铁心宽度方向(即横向)的中间部分磁场基本上是均匀的,而在横向的边缘区域磁场有所减弱。在 $y=(-1,1)$ 区域外存在着横向边端漏磁,可以看出,这种漏磁在大气隙的情况下能影响到有效区 $(-l \sim +l)$ 宽度上磁通量的减小。对于气隙磁场而言,铁心横向的开断使得主磁通减小,可能会对电磁推力产生影响。另外,铁心横向的边缘漏磁场会在定子的伸出位置感应电流,因此可能会产生额外的电磁力。

主磁通量的减少在空气隙较大和铁心宽度较小时十分明显,通常可以采用磁势的增大来补偿,使其总磁通量不变。文献[110]通过详细的电磁场分析,得到第三气隙系数 k_{g3} 的表达式如下:

(1) 当次级导电板长度等于初级铁心长度($c=0$)时,

$$k_{g3} = \frac{1}{1 - 0.066 g_e/(2l)} \tag{4-1}$$

(2) 当次级导电板长度大于初级铁心长度($c>0$)时,

$$k_{g3} = \frac{1}{1 + (1.594 - 1.66 e^{-c/g_e}) g_e/(2l)} \tag{4-2}$$

其中,g_e 表示电磁气隙。可以看出,当 $g_e \ll 2l$ 时,第三气隙系数 k_{g3} 可以不予考虑。文献[111]和[112]提出了 LIM 横向边端效应的典型分析模型,但是只考虑了主磁通的减小而忽略了边缘漏磁场的作用。文献[113]和[114]从次级导电板结构出发,分析了不同次级结构对横向边端效应的影响。文献[115]导出了双边 LIM 次级的边缘等效气隙和边缘漏感的解析公式,并通过考虑次级边缘漏感集总参数模型,分析得到该漏感对电机特性的影响规律。文献[116]提出了一种基于矢量电位法的分析模型,通过分离由定子电流和次级涡流产生的气隙磁场来计算边缘漏磁通对电机性能的影响,结果表明,当次级伸出一定长度时,边缘漏磁通会增大激磁电感,且随着气隙的增大会更加明显。文献[117]提出了横向漏磁系数作为定量衡量静态横向边端效应的指标,并研究了电机尺寸和永磁体厚度对双边空心式永磁直线电机横向边端效应的影响,研究表明,横向漏磁系数可以定量地分析和修正横向边端效应,且可用于其他类型直线电机的横向边端效应问题的分析。

目前,普通 LIM 的次级伸出宽度一般为极距的 $1/\pi$ 倍,电磁气隙为 $1\sim 2$ mm,可以忽略次级有效导体面的主气隙漏感和边缘漏感。对于电磁发射用高速 LIM,其使用场合决定着必须采用双边多定子等特殊的机械结构,且电磁气隙通常高达几十毫米,因此,横向边端效应对气隙磁场的影响不可忽视。必须在电机的数学模型中计入动子边缘漏感的影响,才能准确描述电机的电磁性能。

4.1.3 动态横向边端效应概述

运用电磁场理论与方法,可以定量地计算动态横向边端效应对空载磁密分布的影响,S. Nonaka 等[118,119]基于空间谐波法提出了一套分析模型,可以得到较准确的计算结果。目前对动态横向边端效应的研究主要基于等效电路模型及电机控制策略的考虑,文献[120]在研究大气隙 LIM 的力特性时,通过附加等效阻抗描述动态横向边端效应的作用,该阻抗与电机的气隙长度、电源频率、转差率和极距等具体结构参数有关,需要通过一系列计算公式来推导。文献[121]利用场路复功率相等关系推导了 LIM 的 T 型等效电路模型,通过横向边端效应校正系数 $C_r(s)$ 和 $C_x(s)$ 来修正横向边端效应的影响,表达式如下:

$$C_r(s) = \frac{sG[\text{Re}^2[T] + \text{Im}^2[T]]}{\text{Re}[T]}$$
$$C_x(s) = \frac{\text{Re}^2[T] + \text{Im}^2[T]}{\text{Im}[T]} \quad (4-3)$$

其中,$T = j\left[\gamma^2 + (1-\gamma^2)\frac{\lambda}{\alpha l}\text{th}(\alpha l)\right]$,$\lambda = \dfrac{1}{1 + \dfrac{1}{\gamma}\text{th}(\alpha l)\text{th}(\beta c)}$,$\gamma^2 = \dfrac{1}{(1+jsG)}$。

可以看出,T、λ、γ 为与电机结构参数、转差率和初级频率相关的函数,均为复数量,α 为一个与电机运行速度和次级材料相关的复数量。

简单地理解,动态横向边端效应导致的直接结果是损耗的增加,即使次级等效电阻率有所增加[122]。因此,在进行定量计算时,只要把动子电导率乘以一个恰当的修正系数 K_r 即可[123]。

$$K_r = 1 - \frac{\tanh(\beta l)}{\beta l[1 + \tanh(\beta l)\tanh(\beta c)]} \quad (4-4)$$

即动子等效电导率为

$$\sigma_{\text{eff}} = \left[1 - \frac{\tanh(\beta l)}{\beta l[1 + \tanh(\beta l)\tanh(\beta c)]}\right]\sigma_s \quad (4-5)$$

当直线电机的极距较大时,有

$$\tanh(\beta l) \approx \beta l, \tanh(\beta c) \approx \beta c \quad (4-6)$$

则式(4-5)可变为

$$\sigma_{\text{eff}} \approx \left(1 - \frac{\beta l}{\beta l(1+\beta^2 lc)}\right)\sigma_s = \frac{1}{1 + \dfrac{1}{\beta^2 lc}}\sigma_s \quad (4-7)$$

从上式可以看出,动态横向边端效应的影响大小与弧极比 β、有效区宽度 l 和次级伸出宽度 c 有关。极距 τ 越小、l 和 c 越大,动态横向边端效应的影响越小。

电磁发射用直线电机的横向边端效应还存在一些亟待研究的特殊问题:

首先,动子顶部需要挂载,必然会导致动子两端伸出长度不等,因此动子两端的涡流分布和磁场畸变特征有所不同,需要分别考虑,如图 4-3 所示。

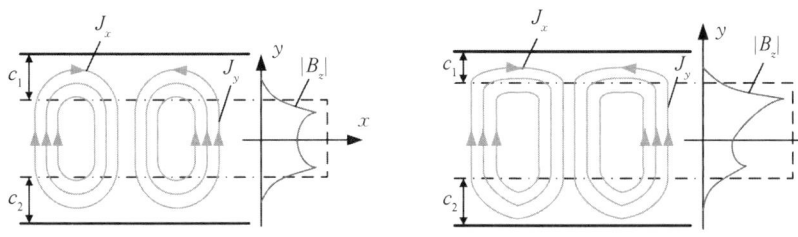

(a) 次级两侧伸出长度相等 $c_1 = c_2$ (b) 次级两侧伸出长度不相等 $c_1 \neq c_2$

图 4-3 横向边端效应对磁场和涡流的影响

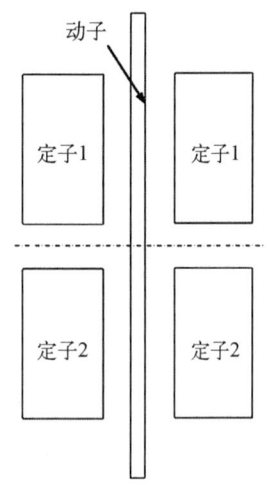

图 4-4 双定子 LIM 结构

其次是多定子结构的耦合问题,以双定子 LIM 结构为例,如图 4-4 所示。如果等效为一台直线电机来分析横向边端效应,则等效的电流密度和等效的气隙磁密在中间部分均存在较大畸变;如果单独考虑每一台电机的横向边端效应,再进行合成研究,还需要根据定子电流的工作模式综合计算。文献[115]考虑了次级顶部挂载带来的边缘漏感的影响,计算了考虑动态横向边端效应的 LIM 等效电路,并分析了双定子同向供电和反向供电两种模式对推力特性的影响,结果表明,双定子采用同向供电模式可以获得较好的推力性能。

动子结构横向的不对称使次级板上纵向涡流分量 J_x 增加,涡流分布发生畸变,使得气隙磁场不再对称,严重影响直线电机的推力和效率。文献[124]分析了双边 LIM 在导电板位置出现偏移时电机性能的变化特征,结果表明,推力和绕组阻抗本身的幅值及其变化量与五个无量纲的参数有关,这些参数都是设计参数和转差率的函数。文献[125]与[126]研究了帽型次级不对称结构对单边 LIM 的等效电路和推力特性的影响,结果表明,窄伸出边缘区域磁密增强、宽伸出边缘区域磁密减弱,且畸变后的磁密有效值减小,将导致推力减小。文献[127]研究了不同次级结构(帽型、平板型)下,初级横向偏移对直线感应牵引电机三维特性的影响,结果表明,帽型次级在横向偏移时电磁力变化更剧烈。总的来说,大部分研究主要集中在轨道交通等领域,未针对性地对双边型 LIM 的横向边端效应进行定量分析,且电磁发射用直线电机次级结构横向不对称不同于牵引电机在转弯时的横向偏移,次级发射速度快,变化剧烈,因此有必要针对性地分析动子结构横向不对称带来的影响。

4.2 静态横向边端效应研究

次级边缘漏感是静态横向边端效应的重要研究课题,主要指次级导体板单边伸出定子铁心宽度 c 上的涡流造成的漏感。本节从电磁场角度出发,对电磁发射用高速 LIM 次级边缘漏感及其对直线电机性能的影响开展研究。

4.2.1 等效电磁气隙

当不考虑趋肤效应时,LIM 的动子电流分布属于二维问题。由于极距较大,在电机气隙不太大的情况下,可以考虑用一维模型,并采取一定的近似,得到可用于实际计算的解析解。在次级的顶部边缘区域,横向边端漏磁的磁场作用区域为半开域边界条件。为了求解动子横向边端漏感,首先要推导半开域磁场的等效电磁气隙。

为了简化分析,使之能得出便于实际应用的解析结果,特作如下假设:

(1) 各场量是时间的正弦函数；
(2) 用卡氏系数 K_c 考虑初级开槽的影响；
(3) 用等值的电流层代替载流的初级绕组，并认为初级绕组的磁动势空间正弦分布，即只取基波；
(4) 不计铁心饱和影响，即 $\mu_r = \infty$；
(5) 用修正系数 $K_j>1$ 考虑次级趋肤效应使电阻率增大的影响，

$$K_j = \frac{d}{2d_s}\left[\frac{\sinh\left(\frac{d}{2d_s}\right) + \sin\left(\frac{d}{2d_s}\right)}{\cosh\left(\frac{d}{2d_s}\right) - \cos\left(\frac{d}{2d_s}\right)}\right] \qquad (4-8)$$

式中，$d_s = \dfrac{1}{\sqrt{2\mu\omega s\sigma}}$，$d$ 为次级厚度，s 为转差率，ω 定子电流角频率，σ 为次级材料电导率，于是次级等效电导率可记为 $\sigma_2 = \sigma/K_j$；

(6) 所有电流仅有 z 分量。

图 4-5 为考虑次级伸出端部漏磁的物理模型，图 4-6 为次级伸出长度等效气隙示意图。

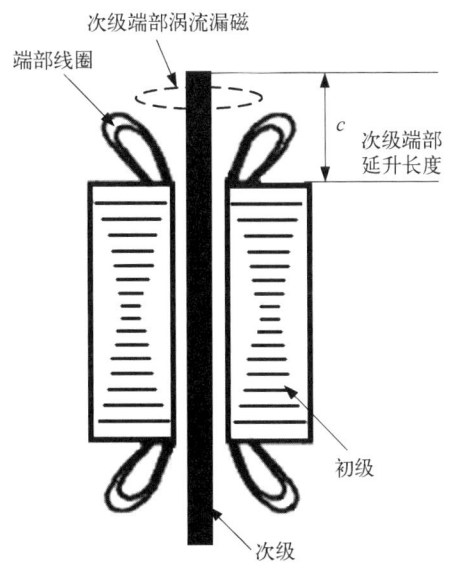

图 4-5 考虑次级伸出端部漏磁的物理模型

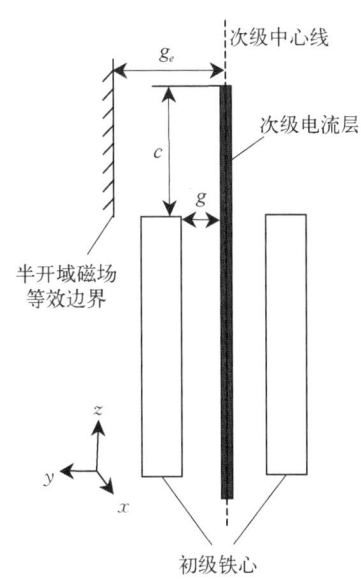

图 4-6 次级伸出长度等效气隙

设 A 为矢量磁位，在气隙中，有

$$\nabla^2 A = 0 \qquad (4-9)$$

对于一维情况，有

$$\begin{cases} \boldsymbol{A} = A_z \boldsymbol{k} \\ \boldsymbol{J} = J_z \boldsymbol{k} \end{cases} \qquad (4-10)$$

式中,J_z 为次级面电流密度。

由上述假设可知,次级面电流密度为

$$J_z = J_m\cos(\beta x) \tag{4-11}$$

$$J_m = \frac{mW_1 k_{\omega 1}}{p\tau} I_m \tag{4-12}$$

式中,m 为电机次级相数;W_1 为次级每相串联匝数;$k_{\omega 1}$ 为绕组系数;p 为极对数;I_m 为次级电流峰值。

在边界上,有

$$\begin{cases} \dfrac{\partial \boldsymbol{A}}{\partial y} = 0, & y = g_e \\ \dfrac{\partial \boldsymbol{A}}{\partial y} = -\mu_0 J_m\cos(\beta x), & y = 0 \end{cases} \tag{4-13}$$

可用分离变量法来求解 $\boldsymbol{A}$,A_z 为 x 的周期函数,设:

$$A_z(x, y) = X(x)Y(y) \tag{4-14}$$

由式(4-9),可得

$$\frac{1}{X(x)}\frac{\partial^2 X(x)}{\partial x^2} = -\frac{1}{Y(y)}\frac{\partial^2 Y(y)}{\partial y^2} = -K_n^2 \tag{4-15}$$

式(4-15)的解为

$$\begin{cases} X(x) = A\cos(K_n x) + B\sin(K_n x) \\ Y(y) = C\text{ch}(K_n y) + D\text{sh}(K_n y) \end{cases} \tag{4-16}$$

式中,A、B、C、D 为待定系数。

将式(4-16)代入式(4-14)中,可得

$$\begin{aligned} A_z(x, y) = &\sum_{n=1}^{\infty} [A_n\cos(K_n x) + B_n\sin(K_n x)][C_n\text{ch}(K_n y) + D_n\text{sh}(K_n y)] \\ &+ (A_0 x + B_0)(C_0 y + D_0) \end{aligned} \tag{4-17}$$

考虑到 $\boldsymbol{A}$ 为 x 的周期函数,故 $A_0 = 0$,$B_0 = 0$。

由式(4-13)中 $y = 0$ 处的边界条件可得

$$K_1 = \beta,\ B_1 = 0,\ A_1 D_1 = -\frac{\mu_0 k}{K_1} = -\frac{\mu_0 J_m}{\beta} \tag{4-18}$$

则式(4-17)可变为

$$A_z(x, y) = A_1\cos(\beta x)[C_1\text{ch}(\beta y) + D_1\text{sh}(\beta y)] \tag{4-19}$$

由式(4-13)中 $y = g_e$ 处的边界条件可得

$$C_1 = -\frac{D_1 \mathrm{ch}(\beta g_e)}{\mathrm{sh}(\beta g_e)} \qquad (4-20)$$

联合式(4-18)~式(4-20)可得

$$A_z = \frac{\mu_0 J_m}{\beta}\cos(\beta x)\frac{\mathrm{ch}(\beta g_e - \beta y)}{\mathrm{sh}(\beta g_e)} \qquad (4-21)$$

进而求得相应的二维磁场分布为

$$\boldsymbol{B} = \begin{vmatrix} \boldsymbol{i} & \boldsymbol{j} & \boldsymbol{k} \\ \frac{\partial}{\partial x} & \frac{\partial}{\partial y} & \frac{\partial}{\partial z} \\ 0 & 0 & A_z \end{vmatrix} = \frac{\partial A_z}{\partial y}\boldsymbol{i} - \frac{\partial A_z}{\partial x}\boldsymbol{j} = B_x\boldsymbol{i} + B_y\boldsymbol{j} \qquad (4-22)$$

$$B_x = \frac{\partial A_z}{\partial y} = -\mu_0 J_m \cos(\beta x)\frac{\mathrm{sh}(\beta g_e - \beta y)}{\mathrm{sh}(\beta g_e)} \qquad (4-23)$$

$$B_y = -\frac{\partial A_z}{\partial x} = \mu_0 J_m \sin(\beta x)\frac{\mathrm{ch}(\beta g_e - \beta y)}{\mathrm{sh}(\beta g_e)} \qquad (4-24)$$

在一对极范围内,z轴方向单位长度范围内的气隙磁场储存能量为

$$\begin{aligned}
W &= \int_0^{g_e}\int_0^{2\tau}\frac{1}{2\mu_0}B^2\mathrm{d}x\mathrm{d}y \\
&= \frac{1}{2\mu_0}\int_0^{g_e}\int_0^{2\tau}(|B_x|^2 + |B_y|^2)\mathrm{d}x\mathrm{d}y \\
&= \frac{\mu_0 J_m^2}{2}\int_0^{g_e}\int_0^{2\tau}\left\{\cos^2(\beta x)\cdot\left[\frac{\mathrm{sh}(\beta g_e - \beta y)}{\mathrm{sh}(\beta g_e)}\right]^2 + \sin^2(\beta x)\cdot\left[\frac{\mathrm{ch}(\beta g_e - \beta y)}{\mathrm{sh}(\beta g_e)}\right]^2\right\}\mathrm{d}x\mathrm{d}y \\
&= \frac{\mu_0 J_m^2 \tau}{2}\int_0^{g_e}\frac{\mathrm{sh}^2(\beta g_e - \beta y) + \mathrm{ch}^2(\beta g_e - \beta y)}{\mathrm{sh}^2(\beta g_e)}\mathrm{d}y \\
&= \frac{\mu_0 J_m^2 \tau}{2}\int_0^{g_e}\frac{\mathrm{ch}2(\beta g_e - \beta y)}{\mathrm{sh}^2(\beta g_e)}\mathrm{d}y \\
&= -\frac{\mu_0 J_m^2 \tau}{4\beta\mathrm{sh}^2(\beta g_e)}\cdot\mathrm{sh}2(\beta g_e - \beta y)\Big|_0^{g_e} \\
&= \frac{\mu_0 J_m^2 \tau}{4\beta\mathrm{sh}^2(\beta g_e)}\mathrm{sh}(2\beta g_e) \\
&= \frac{\mu_0 J_m^2 \tau}{2\beta\tanh(\beta g_e)}
\end{aligned}$$

$$(4-25)$$

为了求取等效电磁气隙 g_e，可以假设 g_e 趋向于两个极端：

$$W = \frac{\mu_0 J_m^2 \tau}{2\beta \tanh(\beta g_e)} \xrightarrow{g_e \to \infty} \frac{\mu_0 J_m^2 \tau}{2\beta} \qquad (4-26)$$

$$W = \frac{\mu_0 J_m^2 \tau}{2\beta \tanh(\beta g_e)} \xrightarrow{g_e \ll \beta} \frac{\mu_0 J_m^2 \tau}{2\beta^2 g_e} \qquad (4-27)$$

由于两种极端边界下边缘气隙中所储存的能量相同，即式(4-26)和式(4-27)两段相等，可求得等效气隙

$$g_e = \frac{\tau}{\pi} \qquad (4-28)$$

4.2.2 计及边缘扩散磁场的激磁电感计算

气隙磁场会扩散到端部区域，这导致在铁心覆盖区域，气隙磁场从气隙中心向两端逐渐减少，而在铁心未覆盖的端部区域，存在扩散磁场。由于边缘扩散磁场与次级端部涡流相互作用，电机在次级端部区域也会产生有效的电磁推力。考虑到这一点，可以认为端部区域的边缘扩散磁场也是气隙磁场的一部分，换言之，这部分磁场对应的电感也应该是激磁电感的一部分。因此，在计算激磁电感时不能忽略端部扩散磁场，特别是在大气隙的情况下。[98]

图 4-7(a)为横向气隙磁场模型。基于保角变换理论，可以计算电机空载气隙磁场，如式(4-29)所示，其气隙磁场沿横向分布如图 4-7(b)所示。

$$B_y(z) = B_{m0}/\sqrt{u+1} \qquad (4-29)$$

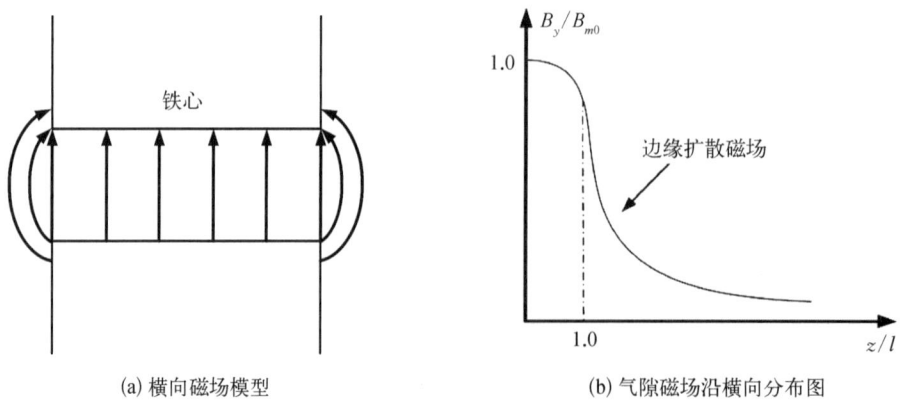

(a) 横向磁场模型　　　　(b) 气隙磁场沿横向分布图

图 4-7　空载气隙磁场分布

其中，B_{m0} 为气隙中心的磁场，u 和坐标 z 之间存在如下转换关系：

$$z = l + \frac{g}{2\pi}\left(2\sqrt{u+1} + \ln\frac{\sqrt{u+1}-1}{\sqrt{u+1}+1}\right) \tag{4-30}$$

这样,铁心覆盖区域的磁通减少量可以通过下式计算:

$$\Delta\phi_{\text{cov}} = 2\int_0^l B_y(z)\,\mathrm{d}z = 0.066gB_{m0} \tag{4-31}$$

由此,我们通过引入一个等效气隙系数来考虑定子铁心覆盖区域气隙磁通减少的影响:

$$k_g = \frac{1}{1 - 0.066g/l} \tag{4-32}$$

则电机铁心覆盖区域的等效气隙修正为

$$g_e = k_g g \tag{4-33}$$

另外,对式(4-29)的结果做适当的简化,可以得到双边直线电机空载气隙磁场的一个近似表达式为

$$\boldsymbol{H}_s = \begin{cases} H_{sm}\mathrm{e}^{\mathrm{j}(\omega_s t - \beta x)}, & -l \leqslant z \leqslant l \\ H_{sm}\mathrm{e}^{-\frac{z-l}{g_e}}\mathrm{e}^{\mathrm{j}(\omega_s t - \beta x)}, & z \geqslant l \\ H_{sm}\mathrm{e}^{\frac{z+l}{g_e}}\mathrm{e}^{\mathrm{j}(\omega_s t - \beta x)}, & z \leqslant -l \end{cases} \tag{4-34}$$

其中,$H_{sm} = \dfrac{J_{sm}}{\beta g_e}$,$J_{sm} = \dfrac{3\sqrt{2}\beta k_w N I_s}{\pi}$。

相应的定子电流层分布为

$$\boldsymbol{J}_s = -\mathrm{j}J_{sm}\mathrm{e}^{\mathrm{j}(\omega_s t - \beta x)} \tag{4-35}$$

图4-8为经过简化计算得到的电机空载气隙磁场 $B(\text{Cal})$ 与利用有限元仿真得到的空载气隙磁场 $B(\text{FEM})$ 对比,可以看出两者吻合较好。因此,假设的空载气隙磁场能够比较良好地描述电机实际的空载磁场分布。

这样,由式(4-34)可以得到次级端部区域的磁通为

$$\Delta\phi_{\text{unc}} = \int_{-l-c}^{-l} B_y(z)\,\mathrm{d}z + \int_l^{l+c} B_y(z)\,\mathrm{d}z = 2g_e B_{m0}(1 - \mathrm{e}^{-c/g_e}) \tag{4-36}$$

则总的磁通为

$$\phi_{\text{tot}} = B_{m0}l + \Delta\phi_{\text{unc}} - \Delta\phi_{\text{cov}} \tag{4-37}$$

定义磁通系数:

$$k_\phi = \frac{\phi_{\text{tot}}}{B_{m0}l} = 1 + \frac{(2 - 2\mathrm{e}^{-c/g_e})g_e}{l} \tag{4-38}$$

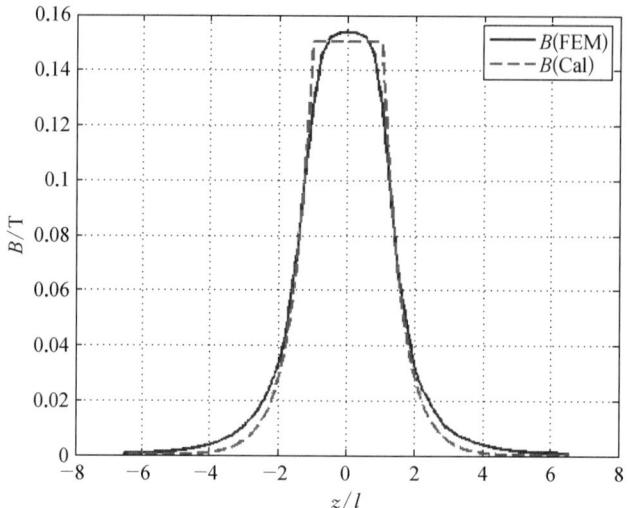

图 4-8 空载气隙磁场横向分布

则计及端部磁场后的电机激磁电感为

$$L_m = k_\phi L_{m0} = 2k_\phi N_{\text{act}} \left(\frac{54\mu_0 l N^2}{\beta g_e \pi^3} \right) \tag{4-39}$$

其中,L_{m0} 为忽略端部磁场时的激磁电感。

4.2.3 次级横向边缘漏感计算

根据 4.2.1 节有关假设与理论分析,可以推导出高速 LIM 的次级边缘漏感和等效电路。设气隙磁场的矢量电位为 $\boldsymbol{T}$,有

$$\nabla \times \boldsymbol{T} = J_m \cos(\beta x) \tag{4-40}$$

设 g 为电磁气隙宽度,d 为动子厚度,σ_2 为动子电导率。由于动子为铝板,其磁导率与空气相同,则空气的平均电导率为

$$\sigma_1 = \sigma_2 \left(\frac{d}{g} \right) \tag{4-41}$$

设动子运动速度为 $\boldsymbol{V}$,同步速度为 $\boldsymbol{V}_e$,则转差速度为

$$\boldsymbol{V}_p = \boldsymbol{V}_e - \boldsymbol{V} \tag{4-42}$$

选择参考坐标为同步坐标系,则定子电流相对坐标系静止,磁感应强度 $\boldsymbol{B}$ 不随时间变化,依据法拉第法则得到动子上感应的涡流:

$$\nabla \times \boldsymbol{E} = \nabla \times \boldsymbol{V}_p \times \boldsymbol{B} \tag{4-43}$$

$$J = \sigma_1 E \tag{4-44}$$

结合式(4-40)~式(4-44)可得

$$\nabla \times \nabla \times T = \sigma_1 \nabla \times (V_p \times B) \tag{4-45}$$

考虑到 $\nabla \cdot T = 0$，且 B 只有 y 方向分量，V_p 只有 x 方向分量 v_p，可得到在动子板上矢量电位的二阶偏微分方程：

$$\nabla^2 T_z = \frac{\sigma_2 d}{g} v_p \frac{\partial B}{\partial y} \tag{4-46}$$

由于直线电机高速运行，即电机的转差速度很低，$v_p \approx 0$，则式(4-46)可简化为

$$\nabla^2 T_z = 0 \tag{4-47}$$

设动子导体片单边伸出定子铁心宽度沿 z 方向的计算范围为 $0 \sim h_e$，则有
由式(4-40)可求得

$$\begin{cases} T_z = -\dfrac{mW_1 k_{w1}}{p\tau\beta} I_m \sin(\beta x), & z = 0 \\ T_z = 0, & z = h_e \end{cases} \tag{4-48}$$

对式(4-47)进行求解，并利用边界条件式(4-48)，可求得 T_z 在气隙磁场中的分布：

$$T_z(x, y) = -\frac{mW_1 k_{w1}}{gp\tau\beta} I_m \frac{\operatorname{sh}\beta(h_c - y)}{\operatorname{sh}(\beta h_c)} \cos(\beta x) \tag{4-49}$$

在与定子同高(z 方向)的电流有效区，T_z 等于穿过动子的磁场强度 H_z。在次级边缘区域 $0 \sim c$ 范围内，y 方向的半开域等效电磁气隙为 $g_e(g_e = \beta^{-1})$，则扩散到边缘气隙内的磁场强度可以用 T_z 乘以气隙长度比值来得到：

$$H_e = \left(\frac{g}{g_e}\right) T_z = \beta g T_z \tag{4-50}$$

在边缘区域内，等效气隙 g_e 在一个波长范围的总储能为

$$\begin{aligned} W &= \frac{1}{2} \left(\int_V \mu_o H^2 d_V \right) = g_e \left(\iint_0^{c\,2\tau} \frac{1}{2} \mu_o H^2 \mathrm{d}x \mathrm{d}y \right) \\ &= \frac{1}{2} g_e \mu_o \beta^2 g^2 \left(\iint_0^{c\,2\tau} T^2 \mathrm{d}x \mathrm{d}y \right) \\ &= \mu_o \left(\frac{mW_1 k_{w1}}{p} I_m\right)^2 \frac{\operatorname{sh}(2\beta c) - 2\beta c}{8\beta\pi \operatorname{sh}^2(\beta c)} \end{aligned} \tag{4-51}$$

设边缘区域的电机边缘漏感为 L_{lr}，则一对极内其总的储能为

$$W = \frac{1}{2}mL_{lr}\left(\frac{I_m}{\sqrt{2}}\right)^2 = \frac{1}{4}mL_{lr}I_m^2 \qquad (4-52)$$

从场求得的能量与从磁路求得能量应该一致，综合式(4-51)、(4-52)，可得

$$W = \frac{1}{4}mL_{lr}I_m^2 = \mu_0\left(\frac{mW_1k_{w1}}{p}I_m\right)^2 \frac{\mathrm{sh}(2\beta c) - 2\beta c}{8\beta\pi\mathrm{sh}^2(\beta c)} \qquad (4-53)$$

进而求得

$$L_{lr} = m\mu_0\left(\frac{W_1k_{w1}}{p}\right)^2 \frac{\mathrm{sh}(2\beta c) - 2\beta c}{2\beta\pi\mathrm{sh}^2(\beta c)} \qquad (4-54)$$

p 对极内动子总边缘漏感为

$$L_{lr} = \frac{m\mu_0}{p}(W_1k_{w1})^2 \frac{\mathrm{sh}(2\beta c) - 2\beta c}{2\beta\pi\mathrm{sh}^2(\beta c)} \qquad (4-55)$$

4.2.4 次级边缘漏感对电机性能影响

从电磁场分析的角度出发，利用磁场能量法，得到考虑边缘漏感时高速 LIM 的等效电路模型，利用该模型计算分析了一台样机的端口特性，分析结果表明，对于分段供电 LIM，次级边缘漏感对电磁推力的影响较为明显，对输入电压的影响较小。通过建立三维有限元分析模型进行分析，同时利用试验样机测试初级的端口电压和次级的电磁推力，从而对上一节提出的边缘漏感计算方法进行验证。

4.2.4.1 等效电路计算

考虑直线电机次级边缘漏感的等效电路，如图 4-9(a)所示。为了便于直线电机的特性计算和控制方案选取，需要将次级边缘漏感等效折算到定子侧，如图 4-9(b)所示，等效原则为：① 端口等效电阻不变；② 端口等效电感不变；③ 动子输出功率不变。

将次级边缘漏感前移时，直线电机电磁参数变换系数为

$$k = 1 + \frac{L_{lr}}{L_m} \qquad (4-56)$$

系数 k 反映了次级边缘漏感对其他参数的影响。显然，$k>1$。与不考虑次级边缘漏感的等效电路相比，次级边缘漏感对直线电机的影响表现为：① 减小了激磁电感；② 增加了初级漏感；③ 减小了次级电阻。

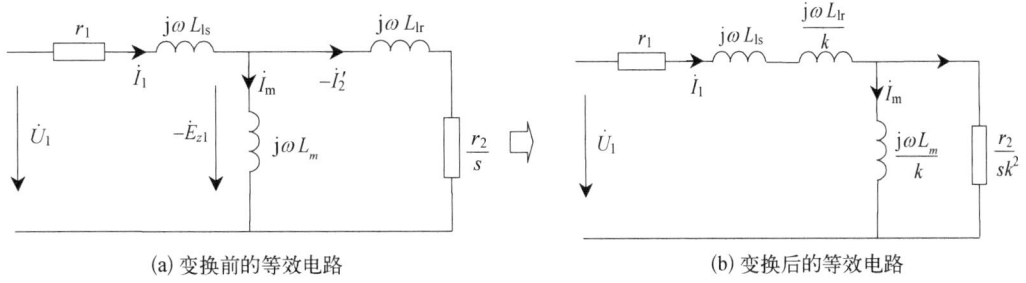

(a) 变换前的等效电路　　　　　(b) 变换后的等效电路

图 4-9　次级边缘漏感变换前后的直线电机等效电路

为了使高速直线电机在额定推力下运行,电机一般工作在电流幅值不变、频率增大的场合,因而需要重点考虑次级边缘漏感对电机的输出电磁推力的影响。

$$F = 8m\pi\beta \frac{fR_r L_m^2}{R_r^2 + 4\pi^2 f^2 (L_{lr} + L_m)^2} I^2 \tag{4-57}$$

$$f_{\max} = \frac{R_r}{2\pi(2L_{lr} + L_m)} \tag{4-58}$$

$$F_{\max} = 2m\beta \frac{L_m^2}{(2L_{lr} + L_m)} I^2 \tag{4-59}$$

从式(4-59)可以看出,次级边缘漏感将减小电机的峰值推力,增大电机峰值推力所对应的转差频率。图 4-10 给出了次级边缘漏感对直线电机推力及相电压的影响曲线。从图中可以看出,次级边缘漏感将降低直线电机的起动推力,降低 $F_{\max}$,减小 $f_{\max}$,增大电机的输入相电压。次级边缘漏感将导致等效激磁电感减小,从而对电机的电磁推力影响较大。高速 LIM 为分段运行,电机的定子漏感较大,因而动子漏感对电机的输入电压影响较小。

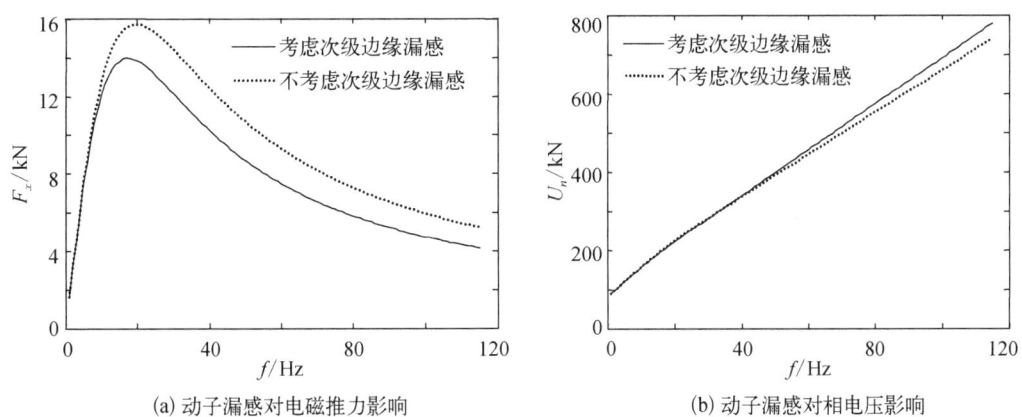

(a) 动子漏感对电磁推力影响　　　　(b) 动子漏感对相电压影响

图 4-10　次级边缘漏感对直线电机推力及相电压影响(相电流 $I_n = 430$ A)

4.2.4.2 三维有限元验证

为了验证所求边缘漏感和等效电路模型的正确性,建立电机的有限元分析模型,并取不同的转差频率对样机的推力性能进行三维时谐涡流场分析,计算模型和结果分别如图 4-11、图 4-12 所示。为了进行比较,将考虑次级边缘漏感和不考虑次级边缘漏感时的计算结果均进行计算。从图 4-12 可以看出,考虑次级边缘漏感的计算结果与三维有限元计算结果吻合较好。

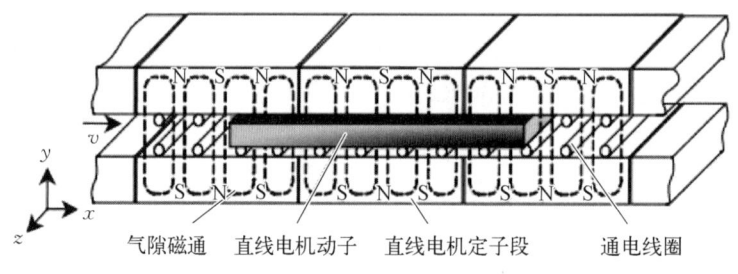

图 4-11 Maxwell 3D 磁场计算模型

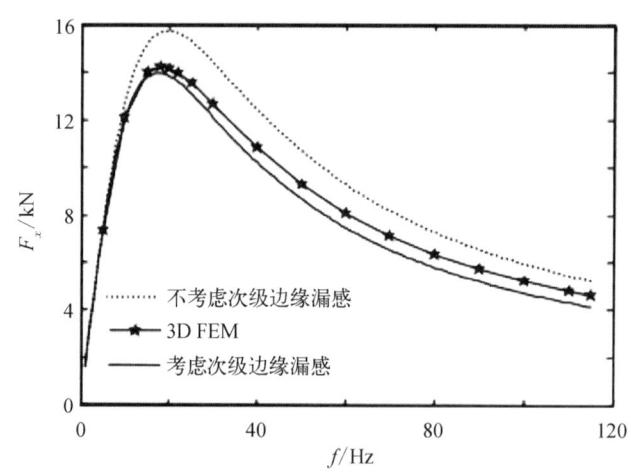

图 4-12 电磁推力对比分析曲线

4.2.4.3 试验研究

利用图 4-13 所示的样机对电机的端口特性进行测试。具体方法为:保持电机定子绕组相电流幅值为 35 A 不变,改变变频器供电频率,测量不同频率下的变频器输出的端口电压和动子的电磁推力,测试结果如图 4-14 所示。

从图中可看出,考虑次级边缘漏感的推力和电压曲线与试验值均吻合较好,因而从理论和实验的角度验证了所求次级边缘漏感参数和等效电路模型的有效性和实用性。

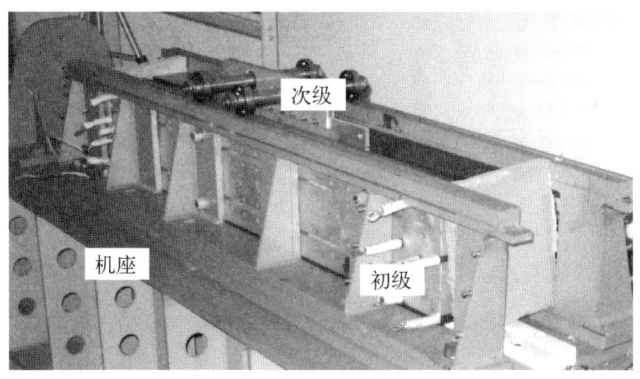

图 4-13 样机实物图

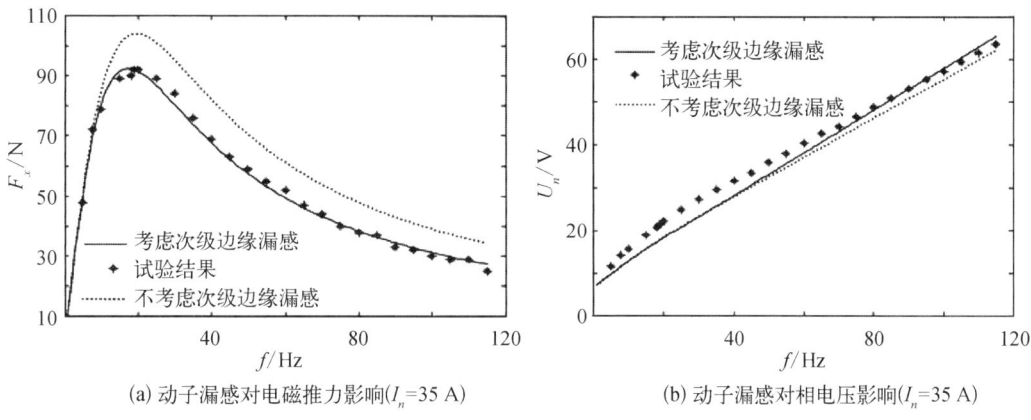

(a) 动子漏感对电磁推力影响(I_n=35 A)

(b) 动子漏感对相电压影响(I_n=35 A)

图 4-14 试验结果比较

4.3 动态横向边端效应研究

本节通过建立电磁场方程对动态横向边端效应进行定量分析。首先分析次级结构横向对称情况下的气隙磁场,得出气隙中横向磁通密度的分布规律,然后分析由于次级顶部挂载带来的次级结构横向不对称情况下,横向边端效应对气隙磁密、次级有效阻抗和电机推力的影响,最后推导出动态横向边端效应对复电磁功率的修正系数。

4.3.1 对气隙磁场的影响

建立电磁发射用直线电机的动态横向边端效应分析模型,如图 4-15 所示。为了分析方便,将坐标系统固定在次级导电板上,初级铁心的横向宽度为 $2l$,电磁气隙为 g_e,次级导电板厚度为 d,每边伸出铁心的宽度为 c,沿 x 轴方向的运行速度为 v。

为了求取区域①内沿 y 方向的磁场分布,需要将图 4-15 所示的模型进一步简化为

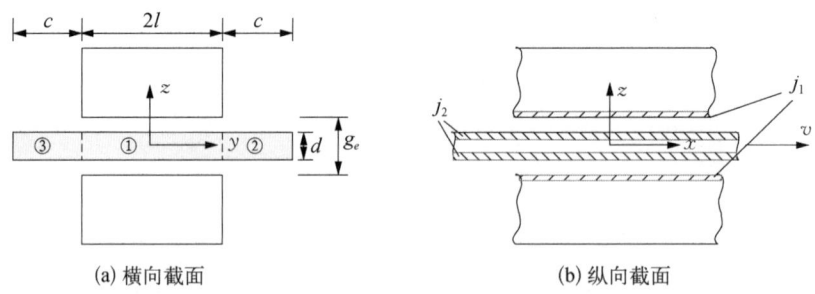

图 4-15 动态横向边端效应的分析模型

一维场模型,并作如下假设:

(1) 初级铁心的相对磁导率 μ_r 无限大,电导率 γ_1 无限小,且不计次级导电板的漏磁,仅计及气隙的磁阻;

(2) 不考虑直线电机的纵向边端效应和纵向端部漏磁,认为气隙磁场沿纵向为正弦行波磁场;

(3) 假设在次级导电板的运动方向上,电、磁各量均随时间正弦变化,沿 x 轴方向正弦分布;

(4) 忽略铁心叠片的涡流效应。

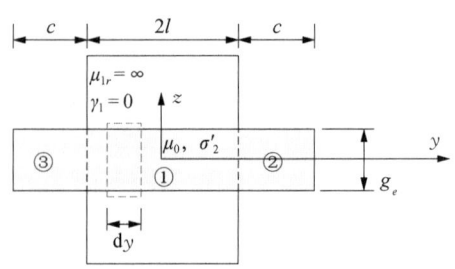

图 4-16 理想的一维场分析模型

在上述假设条件下,可得到动态横向边端效应的一维场分析模型,如图 4-16 所示。其中,σ_2' 表示等效次级电导率,

$$\sigma_2' = \sigma_2 d/g_e \quad (4-60)$$

根据安培-麦克斯韦定律的微分形式,有

$$\nabla \times \boldsymbol{B} = \mu_0(\boldsymbol{J}_1 + \boldsymbol{J}_2) \quad (4-61)$$

其中,$\boldsymbol{J}_1$ 和 $\boldsymbol{J}_2$ 分别表示初级和次级的等效电流密度矢量(A/m^2)。等式两边同时求旋度,可得

$$\nabla \times (\nabla \times \boldsymbol{B}) = \mu_0 \nabla \times (\boldsymbol{J}_1 + \boldsymbol{J}_2) \quad (4-62)$$

由于存在恒等式 $\nabla \times (\nabla \times \boldsymbol{A}) = \nabla(\nabla \cdot \boldsymbol{A}) - \nabla^2 \boldsymbol{A}$,且根据高斯磁场定律 $\nabla \cdot \boldsymbol{B} = 0$,故有

$$\nabla^2 \boldsymbol{B} = -\mu_0 \nabla \times (\boldsymbol{J}_1 + \boldsymbol{J}_2) \quad (4-63)$$

由于 $\boldsymbol{J}_2 = \sigma_2'(\boldsymbol{E} + \boldsymbol{v} \times \boldsymbol{B})$,代入式(4-63)可得

$$-\nabla^2 \boldsymbol{B} = \mu_0(\nabla \times \boldsymbol{J}_1) + \mu_0 \sigma_2'[\nabla \times \boldsymbol{E} + \nabla \times (\boldsymbol{v}_p \times \boldsymbol{B})] \quad (4-64)$$

动子高速运行下,相对速度 $\boldsymbol{v}_p$ 较小,近似为 $\boldsymbol{v}_p = 0$。同时根据法拉第定律,有

$$\nabla \times \boldsymbol{E} = -\frac{\partial \boldsymbol{B}}{\partial t} \quad (4-65)$$

将式(4-65)代入式(4-64)可得

$$\nabla^2 \boldsymbol{B} - \mu_0 \sigma_2' \frac{\partial \boldsymbol{B}}{\partial t} = -\mu_0 (\nabla \times \boldsymbol{J}_1) \tag{4-66}$$

认为 $\boldsymbol{B}$ 在 z 方向不变,仅 x 和 y 两个方向变化,且 $\boldsymbol{J}_1$ 仅随 x 方向变化,式(4-66)可以改写成

$$\frac{\partial^2 \boldsymbol{B}}{\partial x^2} + \frac{\partial^2 \boldsymbol{B}}{\partial y^2} - \mu_0 \sigma_2' \frac{\partial \boldsymbol{B}}{\partial t} = -\mu_0 \frac{\partial \boldsymbol{J}_1}{\partial x} \tag{4-67}$$

根据上述假设条件(3),$\boldsymbol{B}$ 和 $\boldsymbol{J}_1$ 均是 x 和 t 的正弦函数,可表示为复数形式:

$$\boldsymbol{B} = B_g \mathrm{Re}[\mathrm{e}^{\mathrm{j}(s\omega t - \beta x)}],\quad \boldsymbol{J}_1 = J_{1x} \mathrm{Re}[\mathrm{e}^{\mathrm{j}(s\omega t - \beta x)}] \tag{4-68}$$

式中,$\beta = \pi/\tau$,将式(4-68)代入式(4-67),可得

$$\frac{\partial^2 B_g}{\partial y^2} - (\beta^2 + \mathrm{j}s\omega\mu_0\sigma_2') B_g = \mathrm{j}\mu_0\beta J_{1x} \tag{4-69}$$

令

$$G = \frac{\omega\mu_0\sigma_2'}{\beta^2},\quad \lambda^2 = \beta^2 + \mathrm{j}s\omega\mu_0\sigma_2' = \beta^2(1 + \mathrm{j}sG) \tag{4-70}$$

G 为品质因数。式(4-49)是二阶复系数线性微分方程。考虑到 B_g 关于 y 轴对称,故 B_g 在 y 方向上的分布函数可表示为

$$B_g(y) = C_H \cosh\lambda y - \frac{\mathrm{j}\mu_0\beta J_{1x}}{\lambda^2} \tag{4-71}$$

代入边界条件,可求得系数 C_H:

$$C_H = -\mathrm{j}\mu_0 J_{1x} \frac{\left(1 - \dfrac{\beta^2}{\lambda^2}\right)}{\beta\cosh(l\lambda)\left[1 + \dfrac{\lambda}{\beta}\tanh(c\beta)\tanh(l\lambda)\right]} \tag{4-72}$$

将式(4-72)代入式(4-71)可得

$$B_g(y) = -\frac{\mathrm{j}\mu_0 J_{1x}}{\beta(1+\mathrm{j}sG)}\left\{1 + \frac{\mathrm{j}sG\cosh\lambda y}{\cosh(l\lambda)\left[1 + \dfrac{\lambda}{\beta}\tanh(c\beta)\tanh(l\lambda)\right]}\right\} \tag{4-73}$$

如果不存在动态横向边端效应,则气隙磁密沿 y 轴方向的分布是均匀的,即 $\dfrac{\partial B_g}{\partial y} = 0$,

代入式(4-69)可求得不考虑动态横向边端效应时 B_g 在 y 方向上的分布函数表达式：

$$B_{g0}(y) = -\frac{j\mu_0 J_{1x}}{\beta(1+jsG)} \quad (4-74)$$

对比式(4-73)和式(4-74)可以看出，动态横向边端效应相当于对横向气隙磁密沿 y 轴取分布系数 $\delta(y)$，表达式为式(4-73)右侧大括号内容，即

$$\delta(y) = 1 + \frac{jsG\cosh\lambda y}{\cosh(l\lambda)\left[1+\dfrac{\lambda}{\beta}\tanh(c\beta)\tanh(l\lambda)\right]} \quad (4-75)$$

分布系数 $\delta(y)$ 的大小与品质因数 G、转差率 s、过程参数 λ，以及电机的结构参数 β、l、c 密切相关。$\delta(y)$ 的横向平均值可通过积分求得

$$\delta_{av} = \frac{1}{2l}\int_{-l}^{l}\delta(y)\mathrm{d}y = 1 + \frac{jsG\tanh(\lambda l)}{\lambda l\left[1+\dfrac{\lambda}{\beta}\tanh(c\beta)\tanh(\lambda l)\right]} = 1 + jsG(M+jN)$$

$$(4-76)$$

其中，M 和 N 分别表示复数项的实部和虚部。

4.3.2 动子结构横向不对称的影响

对于图 4-6 所示的横向不对称动子结构，重新建立如图 4-17 所示的一维场分析模型，假设条件与上一节基本相同。

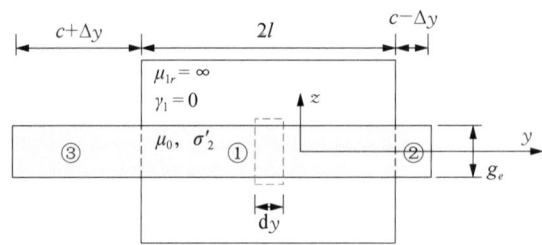

图 4-17 动子结构不对称的一维场分析模型

4.3.2.1 等效气隙的求解

在式(4-67)中引入横向磁阻系数 r 来修正横向气隙的不对称畸变，可得

$$\frac{1}{r}\frac{\partial^2 \boldsymbol{B}}{\partial x^2} + \frac{\partial^2 \boldsymbol{B}}{\partial y^2} - \frac{\mu_0}{r\rho'_s}\frac{\partial \boldsymbol{B}}{\partial t} = -\frac{\mu_0}{r}\frac{\partial \boldsymbol{J}_1}{\partial x} \quad (4-77)$$

先讨论横向磁阻系数 r，动子结构的不对称可能会带来初级叠压铁心中的涡流损耗和

磁饱和问题,这相当于等效气隙的增加,因此,r 可以粗略表示为[127]

$$r \approx \frac{a_1}{\mathrm{e}^{\sin(\Delta y/c)} s^2 f_1^2} \tag{4-78}$$

其中,a_1 是 r 的基础系数,由电机的特征决定,一般通过直线电机的牵引特性实验获取。

令

$$G = \frac{\omega \mu_0}{\beta^2 \rho_s'}, \quad \gamma^2 = \frac{1}{1 + \mathrm{j} s G}, \quad \alpha^2 = \frac{\beta^2}{r \gamma^2} \tag{4-79}$$

将式(4-68)代入式(4-77),可得

$$\frac{\partial^2 B_g}{\partial y^2} - \alpha^2 B_g = \mathrm{j} \frac{\mu_0 \beta}{r} J_{1x} \tag{4-80}$$

因此,气隙磁场的通解可以写成

$$B_g = B_1 \cosh \alpha y + B_2 \sinh \alpha y - \frac{\mathrm{j} \mu_0 \gamma^2}{\beta} J_{1x} \tag{4-81}$$

其中,相量系数 B_1 和 B_2 可以通过连续边界条件求解[127]:

$$\begin{aligned}
B_1 &= -\mathrm{j} J_{1x}(1-\gamma^2) \left\{ \begin{array}{l} 2\beta \sinh(\alpha l) \coth[\beta(c+\Delta y)] \coth[\beta(c-\Delta y)] + \\ r\alpha \cosh(\alpha l) \{\coth[\beta(c+\Delta y)] + \coth[\beta(c-\Delta y)]\} \end{array} \right\} / \Delta \\
B_2 &= -\mathrm{j} J_{1x}(1-\gamma^2) r\alpha \cosh(\alpha l) \{\coth[\beta(c+\Delta y)] - \coth[\beta(c-\Delta y)]\} / \Delta \\
\Delta &= \left\{ \begin{array}{l} r\alpha\beta \cosh(2\alpha l) \{\coth[\beta(c+\Delta y)] + \coth[\beta(c-\Delta y)]\} + \\ \sinh(2\alpha l) \{r^2\alpha^2 + \beta^2 \coth[\beta(c+\Delta y)] \coth[\beta(c-\Delta y)]\} \end{array} \right\} / \mu_0
\end{aligned} \tag{4-82}$$

4.3.2.2 次级有效阻抗

为了计算动子结构横向不对称对次级有效阻抗 Z_e 的影响,需要针对电机每相阻抗进行分析。次级有效阻抗可以通过气隙磁行波在定子导体中的感应电动势 E_c 来计算。根据楞次定律,有

$$E_c = \frac{\omega}{\sqrt{2}\beta} \int_{-l}^{l} B \mathrm{d}y = \sqrt{2} \frac{\omega}{\beta} \left(\frac{B_1}{\alpha} \sinh(\alpha l) - \frac{\mathrm{j}\mu_0}{\beta} J_{1x} \gamma^2 l \right) \tag{4-83}$$

则总的感应电动势 E 可以表示为

$$E = 2p \int_0^{\tau_p} \boldsymbol{E}_c n \mathrm{Re}\{\mathrm{e}^{-\mathrm{j}\beta x}\} \mathrm{d}x \tag{4-84}$$

式中，n 表示单位长度每相下的串联导体数，$n = 2z_c q \dfrac{k_w}{\tau_p} \cos\beta x$，$z_c$ 表示每槽导体数，q 表示每极每相槽数，k_w 表示绕组系数。

计算可得，次级有效阻抗 Z_e 的表达式为[124]

$$Z_e = Z_{e0} K_z = Z_{e0} \left[1 + \frac{\sqrt{r}}{\gamma}(1-\gamma^2) C \sinh(\alpha l) \right] \quad (4-85)$$

其中，K_z 表示阻抗影响系数；Z_{e0} 表达动子结构横向对称时在同一转差率下的次级有效阻抗，可表示为

$$Z_{e0} = 12 \rho_s' \frac{l}{\tau_p} (q z_c k_w)^2 p(\mathrm{j}\gamma^2 G) \quad (4-86)$$

相量系数 C 的表达式为[124]

$$C = \frac{\begin{bmatrix} 2\gamma^2 \sinh(\alpha l) \coth[\beta(c+\Delta y)] \coth[\beta(c-\Delta y)] + \\ \gamma\sqrt{r}\cosh(\alpha l)\{\coth[\beta(c+\Delta y)] + \coth[\beta(c-\Delta y)]\} \end{bmatrix}}{\beta l \begin{bmatrix} \sinh(2\alpha l)\{r + \gamma^2 \coth[\beta(c+\Delta y)] \coth[\beta(c-\Delta y)]\} + \\ \gamma\sqrt{r}\cosh(2\alpha l)\{\coth[\beta(c+\Delta y)] + \coth[\beta(c-\Delta y)]\} \end{bmatrix}} \quad (4-87)$$

文献[124]的研究还表明，阻抗影响系数 K_z 在 sG 较小时几乎不变，当 sG 较大，尤其当电机宽度 $2l$ 较小而端部环较宽时 K_z 快速增加。

4.3.2.3 对电机推力的影响

动子结构横向不对称不仅会影响直线电机的电磁推力（x 方向），还可能会产生附加的侧向力（y 方向），影响高速电机的加速稳定性。

电磁推力 F_x 可以表示为

$$F_x = 2p \int_0^{\tau_p} \int_{-l}^{l} \frac{1}{2} \mathrm{Re}(B_g J_{2y}^*) \mathrm{d}x \mathrm{d}y \quad (4-88)$$

其中，J_{2y} 表示次级涡流的横向分量，* 表示共轭复数。可以通过以下方程求解：

$$-\frac{g_e}{\mu_0} \frac{\partial B_g}{\partial x} = J_1 + J_{2y} \quad (4-89)$$

将式(4-81)代入式(4-89)可得

$$J_{2y} = -J_{1x}(1-\gamma^2) + \mathrm{j}g_e \frac{\beta}{\mu_0}(B_1 \cosh\alpha y + B_2 \sinh\alpha y) \quad (4-90)$$

将式(4-90)代入式(4-88)并化简得

$$F_x = 2pJ_{1x}^2\tau_p \text{Re}\left\{j\frac{\mu_0 l\gamma^2}{g_e\beta} - \frac{1-\gamma^2}{\alpha}B_1'\sinh(\alpha l)\right\} \tag{4-91}$$

式中，$B_1 = J_{1x}(1-\gamma^2)B_1'$。进一步计算可得电磁推力 F_x 表达式为

$$F_x = K_X F_0 = J_{1x}^2 \frac{s}{s^2 + \frac{1}{G^2}} \frac{\rho_s' pl}{f}\left\{1 - \text{Re}\left\{\sqrt{r}\frac{\gamma^2}{\gamma^{*2}}C\sinh(\alpha l)\right\}\right\} \tag{4-92}$$

其中，相量系数 C 如式(4-87)所示；K_X 为横向不对称时电磁推力修正系数；F_0 表达动子结构横向对称时相同定子电流所产生的电磁推力，可表示为

$$F_0 = J_{1x}^2 \frac{s}{s^2 + \frac{1}{G^2}} \frac{\rho_s' pl}{f} \tag{4-93}$$

同理，可计算侧向力 F_y 表达式为

$$F_y = K_Y F_0 = J_{1x}^2 \frac{s}{s^2 + \frac{1}{G^2}} \frac{\rho_s' pl}{f}\text{Re}\left\{-j\frac{1-\gamma^2}{\gamma^{*2}-\gamma^2}\frac{\gamma^{*2}}{\gamma}r^{3/2}(CD*E + C*DF) + jrD\text{sh}(\alpha l)\right\}$$

$$\tag{4-94}$$

式中，K_Y 表示横向不对称时侧向力修正系数。

$$D = \frac{\sinh(\alpha l)}{\alpha l}\frac{\coth[\beta(c-\Delta y)] - \coth[\beta(c+\Delta y)]}{\begin{bmatrix}\sinh(2\alpha l)\{r+\gamma^2\coth[\beta(c+\Delta y)]\coth[\beta(c-\Delta y)]\} + \\ \gamma\sqrt{r}\cosh(2\alpha l)\{\coth[\beta(c+\Delta y)] + \coth[\beta(c-\Delta y)]\}\end{bmatrix}}$$

$$\tag{4-95}$$

$$E = \alpha l\left(\sinh(\alpha l)\cosh(\alpha^* l) - \frac{\gamma}{\gamma^*}\cosh(\alpha l)\sinh(\alpha^* l)\right)$$

$$F = \alpha l\left(\cosh(\alpha l)\sinh(\alpha^* l) - \frac{\gamma}{\gamma^*}\sinh(\alpha l)\cosh(\alpha^* l)\right)$$

文献[125]的研究还表明，考虑动子结构横向不对称后，电磁推力 F_x 和侧向力 F_y 比理想值要高，且在一个极距内随距离增加而增加。其中，电磁推力 F_x 是由于次级有效阻抗的增加引起的，动子的运动还会引起定子覆盖区域和动子底部(偏移侧)阻抗占比的变化。动子结构横向不对称会引起磁密相位滞后角随着距离定子中心线的增加而下降，相当于动子底部的磁场增强了，从而导致动子两个伸出端的侧向合力的净增加。

4.3.3 对复电磁功率的影响

当不考虑动态横向边端效应时，气隙磁密复振幅 B_{g0} 沿 y 方向是均匀的，以同步速度

v_s 相对于初级沿 x 方向运动,因此在初级叠厚 $2l$ 范围内的感应电场强度的复振幅 E_{m0} 沿 y 轴是相等的,可以由下式表示:

$$E_{m0} = B_{g0}v_s = B_{g0}2f\tau \tag{4-96}$$

由初级绕组通过气隙传递到次级导电板上的复电磁功率平均值为

$$S_{e0} = \int_{-\frac{g_e}{2}}^{\frac{g_e}{2}} \int_{-p\tau_p}^{p\tau_p} \int_{-l}^{l} \frac{1}{2}(-E_{m0})J_{1x}^* \mathrm{d}z\mathrm{d}x\mathrm{d}y \tag{4-97}$$

式中,E_{m0} 前取负号是考虑采用电机惯例,即当电磁功率由初级传递到次级时认为是正的,而相应于电机运行状态,初级电流的有功分量与合成磁场的感应电动势正好相反。

将式(4-74)和式(4-96)代入式(4-97)得[93]

$$\begin{aligned}S_{e0} &= \int_{-\frac{g_e}{2}}^{\frac{g_e}{2}} \int_{-p\tau_p}^{p\tau_p} \int_{-l}^{l} \left[f\tau_p \frac{\mathrm{j}\mu_0 J_{1x}}{\beta(1+\mathrm{j}sG)}\right] J_{1x}^* \mathrm{d}z\mathrm{d}x\mathrm{d}y \\ &= m_1 I_1^2 x_m \left[\frac{sG}{1+s^2G^2} + \frac{\mathrm{j}}{1+s^2G^2}\right] = P_{e0} + \mathrm{j}Q_{e0}\end{aligned} \tag{4-98}$$

式中,x_m 为不考虑铁心饱和($K_\mu=1$)时的激磁电抗,表达式为

$$x_m = \frac{4\mu_0 f\tau_p 2l}{\pi g_e' K_\mu} \frac{m_1(w_1 K_{dp1})^2}{p} \tag{4-99}$$

P_{e0} 和 Q_{e0} 分别表示有功电磁功率和无功电磁功率。

当考虑动态横向边端效应时,将式(4-73)和式(4-96)代入式(4-97)得

$$\begin{aligned}S_e &= (P_{e0} + \mathrm{j}Q_{e0})[1 + \mathrm{j}sG(M+\mathrm{j}N)] \\ &= P_{e0}(1-sGN-M) + \mathrm{j}Q_{e0}(1-sGN+s^2G^2M) \\ &= K_P P_{e0} + \mathrm{j}K_Q Q_{e0}\end{aligned} \tag{4-100}$$

通常 K_P 和 K_Q 被称为有功功率系数和无功功率系数,用于修正动态横向边端效应对复电磁功率的影响。

考虑动子结构横向不对称时,动态横向边端效应对复电磁功率的影响体现在次级有效阻抗上,可以通过阻抗影响系数 K_z 来描述:

$$\begin{aligned}S_e' &= (P_{e0} + \mathrm{j}Q_{e0})K_Z \\ &= P_{e0}\left(M' - \frac{N'}{sG}\right) + \mathrm{j}Q_{e0}(M' + sGN') \\ &= K_P' P_{e0} + \mathrm{j}K_Q' Q_{e0}\end{aligned} \tag{4-101}$$

式中,M' 和 N' 分别表示 K_z 的实部和虚部;K_P' 和 K_Q' 用于修正动子结构横向不对称对复电磁功率的影响。

4.3.4 利用矢量电位法分析直线电机横向边端效应

考虑到现有的直线电机横向边端效应经典理论分析方法忽略了电机的边缘扩散磁场,因而在计算具有较大气隙的 LIM 时将会产生较为明显的误差。本节提出了一种利用矢量电位来分析直线电机横向边端效应的方法。

经典的方法以气隙磁感应强度作为变量,根据电磁场理论,推导出电机气隙及次级动子所满足的磁场方程,该方法难以考虑复杂的端部磁场的影响;与经典方法相比,矢量电位法同样是基于电磁场理论推导出以矢量电位为变量的磁场方程,因而两者在本质上是一致的,然而利用矢量电位法的一个显著的优势就是可以将电机定子线圈产生的磁场与次级感应涡流产生的磁场分离开来,这样便于对电机端部区域进行处理,从而可以考虑端部扩散磁场的影响。因此,利用矢量电位求解二维涡流场是一个比较便捷的方法。

4.3.4.1 分析模型

由于双边 LIM 的对称性,可取其中的一个单边模型进行研究,一台典型的 LIM 气隙及动子横向截面如图 4-18 所示,其中区域 I 为定子铁心覆盖部分,即"有效区域";区域 II、III 为次级横向端部区域,即定子铁心未覆盖的区域。为了简化分析,我们作如下假设:

(1) 定子铁心磁导率相对于真空磁导率无限大,从而可以忽略铁心磁阻;铁心电阻率无限大,从而可以忽略铁心中的涡流损耗。
(2) 定子电流等效为一个沿纵向呈正弦或余弦分布的电流层。
(3) 电机纵向无限长,即忽略纵向端部效应。
(4) 气隙磁场只有 y 分量。
(5) 气隙磁场在铁心覆盖区域内沿横向上均匀分布。

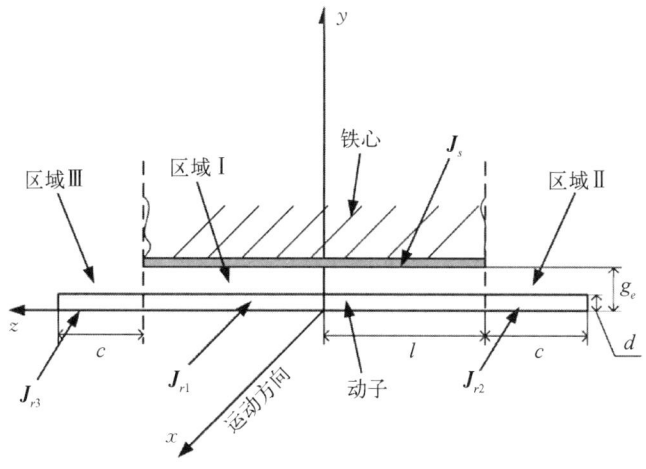

图 4-18 直线电机横向截面简化模型

4.3.4.2 有效区域气隙磁场方程

电机气隙磁场 H 由两部分组成,即定子电流产生的磁场 H_s 和动子涡流产生的磁场 H_r:

$$H = H_s + H_r \quad (4-102)$$

由于矢量电位只作用于导电材料,而实际上动子导体仅仅覆盖电机电磁气隙中的一部分,因此,为了便于使用矢量电位法分析气隙磁场,我们假设动子填满整个气隙空间,则动子的等效电导率为

$$\sigma'_2 = \frac{\sigma_2 d}{g_e} \quad (4-103)$$

这样,我们可以利用矢量电位分析电机的气隙磁场。矢量电位 T 定义如下:

$$\nabla \times T = J_r \quad (4-104)$$

其中,J_r 为动子涡流。

根据 Maxwell 电磁方程:

$$\nabla \times H = J \quad (4-105)$$

因此,T 和 H_r 满足如下方程:

$$H_r = T - \nabla \varphi \quad (4-106)$$

在分析中,可以取 $-\nabla \varphi = 0$。联合式(4-102)和式(4-106)可得

$$H = H_s + T \quad (4-107)$$

则以矢量电位 T 为变量,基于 Maxwell 方程组

$$\begin{cases} \nabla \times E = -\partial B/\partial t \\ B = \mu_0 H \\ J = \sigma E \end{cases} \quad (4-108)$$

联合式(4-107),我们可以得到如下方程:

$$\nabla \times \nabla \times T = -\sigma'_2 \mu_0 \frac{\partial (T + H_s)}{\partial t} \quad (4-109)$$

利用 $\nabla \cdot T = 0$,可以得到有效区域动子导体板所满足的磁场方程为

$$\nabla^2 T - \sigma'_2 \mu_0 \frac{\partial T}{\partial t} = \sigma'_2 \mu_0 \frac{\partial H_s}{\partial t} \quad (4-110)$$

4.3.4.3 端部区域气隙磁场方程

式(4-110)可以直接用于电机的有效区域(即铁心覆盖区域)。然而,推导出式(4-110)的前提是分析区域存在着电磁气隙。在电机横向端部区域,由于动子直接暴露在空气中,面对的是一个开域区间,式(4-110)便无法适用。为了得到电机端部区域所满足的磁场方程,我们定义端部区域的等效气隙系数如下:

$$g_{ue} = k_{ue} g_e \quad (4-111)$$

为了与有效区域统一,在端部区域,我们仍然假设动子填满有效区域的整个气隙空间,因此,端部区域的 T 和 H_r 间的关系需要修改如下:

$$\boldsymbol{H}_r = \boldsymbol{T}/k_{ue} \quad (4-112)$$

由此,在端部区域,磁场与矢量电位的关系式(4-107)需要修正如下:

$$\boldsymbol{H} = \boldsymbol{H}_s + \boldsymbol{T}/k_{ue} \quad (4-113)$$

则可以得到电机横向端部区域所满足的磁场方程:

$$\nabla^2 \boldsymbol{T} - \frac{\sigma'_2 \mu_0}{k_{ue}} \frac{\partial \boldsymbol{T}}{\partial t} = \sigma'_2 \mu_0 \frac{\partial \boldsymbol{H}_s}{\partial t} \quad (4-114)$$

4.3.4.4 电机次级侧参数计算

根据式(4-110)和(4-114)不难得到气隙的磁场分布及次级涡流分布,则电机动子沿横向的推力分布如下:

$$f_x = -\frac{1}{2} \mathrm{Re}(\mu_0 J_{rz}^* H_y) \quad (4-115)$$

电机总的推力为

$$F_x = \int_0^{2N_{\mathrm{act}}\tau} \int_{-l-c}^{l+c} f_x \mathrm{d}z \mathrm{d}x = -N_{\mathrm{act}}\tau \int_{-l-c}^{l+c} \mathrm{Re}(\mu_0 J_{rz}^* H_y) \mathrm{d}z \quad (4-116)$$

动子端部区域产生的推力为

$$F_{xend} = -N_{\mathrm{act}}\tau \Big(\int_{-l-c}^{-l} \mathrm{Re}(\mu_0 J_{rz}^* H_y) \mathrm{d}z + \int_{l}^{l+c} \mathrm{Re}(\mu_0 J_{rz}^* H_y) \mathrm{d}z \Big) \quad (4-117)$$

另外,电机气隙中存储的磁场能量为

$$W = g_e N_{\mathrm{act}} \tau \int_{-l-c}^{l+c} \mu_0 H_y^2 \mathrm{d}z = \frac{3}{2} L_m I_m^2 \quad (4-118)$$

其中,I_m 为励磁电流。

动子板上的涡流损耗为

$$P = 2g_e N_{\text{act}} \tau \int_{-l-c}^{l+c} \frac{J_r^2}{\sigma_2'} \mathrm{d}z \qquad (4-119)$$

根据前述磁场的计算结果,相应的无功为

$$Q = 2\omega_s W \qquad (4-120)$$

由此,我们可以得到次级漏感及次级电阻与激磁电感并联后的等效阻抗为

$$Z = (P + \mathrm{j}Q)/(mI^2) \qquad (4-121)$$

则不难得到次级电阻和次级漏感:

$$R_r = \mathrm{Re}\left(\frac{1}{\frac{1}{z} - \frac{1}{\mathrm{j}w_s L_m}}\right), \quad L_r = \mathrm{Im}\left(\frac{1}{\frac{1}{z} - \frac{1}{\mathrm{j}w_s L_m}}\right) \qquad (4-122)$$

4.3.4.5 3D 有限元验证

为了验证解析计算的准确性,建立了单定子直线电机的三维有限元模型,其中次级的运动方向为 x 方向。考虑到双边 LIM 的对称性,仅建立单边电机模型。另外,在忽略纵向端部效应的基础上,只建立了直线电机单极模型,这样有助于减小有限元计算模型,节约计算时间。

利用建立的有限元模型,利用表 3-11 中的参数计算了单台电机的推力,图 4-19 为利用有限元计算的不同转差频率下的电机推力与利用矢量电位法计算的结果,以及利用经典方法与磁路法计算的推力的对比。

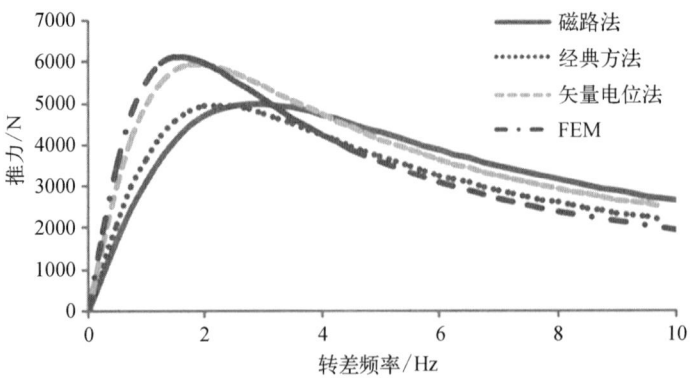

图 4-19 推力-转差频率曲线[98]

根据对比可以看到,利用矢量电位法计算的电机峰值推力与有限元计算结果吻合较好,两者的峰值推力相对误差约为 3%,而利用经典方法及磁路法计算的峰值推力分别为

有限元计算结果的 80.9% 和 81.5%。这一现象不难解释：如前文所述，经典法及磁路法忽略了边缘扩散磁场，这意味着它忽略了电机端部产生的推力，导致其计算的峰值推力较实际峰值推力要低。

另外，尽管利用矢量电位法计算的峰值推力与有限元计算结果吻合较好，但是在高频区，两者计算的推力结果差异较大，这是由于利用矢量电位法计算推力时，对端部区域及空载气隙磁场的简化不可避免带来了一些误差。

4.4 本章小结

本章首先讨论了横向边端效应的产生机理及研究现状，提出了电磁发射用直线电机横向边端效应面临的一些特殊问题：

(1) 从电磁场分析的角度出发，利用磁场能量法，推导出动子横向端部边缘漏磁的等效电磁气隙和边缘漏感的计算公式，并得到了考虑边缘漏感时高速 LIM 的等效电路模型。

(2) 利用该模型分析计算了一台样机的端口特性。结果表明，对于分段供电 LIM，动子边缘漏感对电磁推力和最大推力对应的频率点影响较为明显，对输入电压影响较小。

(3) 建立三维有限元模型进行分析，同时利用试验样机测试了定子的端口电压和动子的电磁推力，有限元分析结果和试验结果与考虑动子边缘漏感时的集总参数计算结果更为接近。

(4) 研究了由于动子顶部挂载带来的动子横向结构不对称对高速直线感应电机性能的影响，并推导了动态横向边端效应对复电磁功率的修正系数。基于矢量电位法推导了横向边端效应作用下气隙磁场和电机电磁参数的表达式。

第5章 电磁发射用直线电机控制技术

电磁发射用直线电机的运行过程与传统直线电机不同,始终运行于瞬态,电压、供电频率随着动子位置的增加而不断上升,系统运行历经加加速、恒加速、弱磁、制动等几个阶段,其运动控制技术存在诸多的技术挑战。具体表现为长定子结构分段供电引起的动态切换问题、短距离大推力加速过程中的运动轨迹优化问题,以及超高功率加速过程中的弱磁控制问题等。本章主要研究电磁发射运动控制中的特殊问题和关键技术,主要包括分段供电技术、弱磁控制技术、推力波动抑制和多定子控制技术,并对电磁发射用直线电机的运动轨迹优化进行探讨。

5.1 概　　述

电磁发射系统的目标是在有限的距离内,按照预先设定的发射轨迹曲线,利用直线电机产生的电磁力将质量块加速到设定的发射末速度,在负载速度达到设置的发射末速度或动子运行距离达到设置的发射距离时,利用直线电机产生的反向电磁力在规定的距离内对动子进行制动,此时运行中的负载将按一定的速度发射出去。当动子停下来时,通过预先设置的回撤轨迹曲线进行回撤控制,使动子以低速运行至发射的初始位置,准备开始下一轮发射。在发射过程中,要求运行参数能够自动设定、发射轨迹能够实时生成。在发射系统工作前,闭环运控系统的主控制器需要根据发射载荷的等级和所期望的发射目标,自动计算发射运行过程中的重要参数;在发射运行过程中,主处理器根据预先设定初始参数,实时生成优化的发射轨迹曲线。在不同的运行阶段需要执行不同的直线电机控制策略,且每个阶段的转换条件要做到准确无误,切换过程要做到无缝衔接。

由于发射曲线必须包括加加速、恒加速、弱磁调速、制动等多个阶段,所以整个过程的发射加速度是一个非线性、变化复杂、分段组合的曲线。系统运动方程归根结底是一个多阶多元非线性微分方程组,它的求解本身比较困难,目前只能采用数值求解的办法。不仅如此,不同阶段发射曲线的变化规律以及各个阶段之间的切换条件还要受到电机机械方程的约束,实际的电机难以跟踪不合理变化的发射曲线。所以,发射曲线的确立需要根据运动方程和电机机械方程两个方面进行精确刻画,以保证最终发射目标的实现。

5.1.1 发射曲线设计

设计发射曲线的意义在于：依据给定的发射目标，预先设定好负载的运行轨迹曲线，通过闭环运控子系统对电机的实际运行曲线进行调节，使其按设定的发射曲线运行，最终达到发射目标。为了使负载在最短的行程内达到最大末速度，直线电机的第一段定子开始通电到最后一段定子断电过程中，其典型发射曲线如图 5-1 所示，与图 1-16 的动态曲线不同之处是，增加了弱磁和反向制动阶段分析。由于直线电动机运行加速度是联系运动方程和电机方程的关键物理量，因此设计发射曲线的核心是确定好加速度曲线，精确控制直线电动机的推力，从而控制运动速度和位移。发射曲线的设计要受到运动方程、电机方程、最大加速度限值、供电电压限值等因素的约束，设计时必须同时兼顾这些因素，从而得到最优方案。

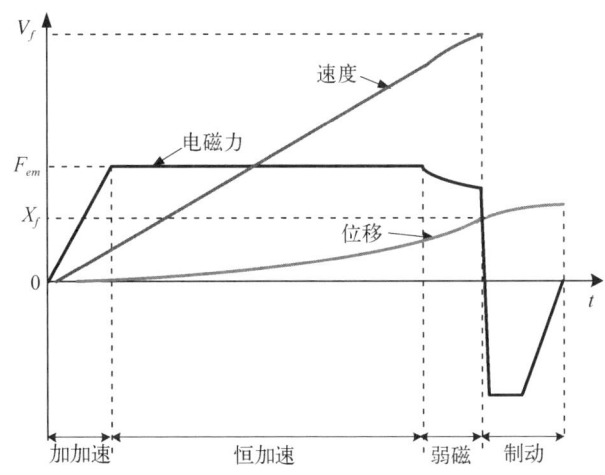

图 5-1 电磁发射系统典型发射曲线图

5.1.2 分段供电策略

为了保证最大的能量利用率，降低储能系统供电电压，直线电机驱动系统需要按照一定的控制策略，对多段定子实时地进行切换供电。然而受发射时间极短、频率变化极快的影响，可能存在切换过程不连续、缺相或者多段运行的故障情况，而且在切换过程中产生的电流"毛刺"将导致电磁推力的大范围抖动，甚至引起系统误保护，最终导致整个发射的失败。分段切换控制需要实时监测动子位置和电流过零点，位置和电流同时满足一定条件才可切换。然而整个发射过程频率瞬时增大，且输出存在较大谐波，电机数学模型复杂多变，因此如何保证触发时机准确，过零信号不遗漏、不误检，从而实现切换过程的平滑可靠，成为一大难点。

5.1.3 直线电机弱磁控制技术

在发射过程中,电机电磁力在加加速阶段从 0 增大到最大,之后进入恒加速阶段。在恒加速阶段中,电磁力等于最大电磁力,驱动系统交流侧输出电压随着速度的增大而不断增大,当输出电压饱和时,进入弱磁阶段。弱磁控制根据控制器给定磁链和电磁力的变化规律,调制逆变器交流侧输出电压不超过直流侧电压值。根据逆变器交流侧输出电压与电机电流和供电频率的关系,可以推导得到逆变器交流侧输出电压与电磁力和动子速度间的关系,在此基础上,再根据弱磁阶段逆变器交流侧输出电压大小尽可能等于直流侧电压值的控制目标,推导出弱磁阶段给定电磁力与动子速度的变化关系,进而得到弱磁阶段给定磁链与动子速度的变化关系。

5.1.4 实时闭环控制技术

电磁发射系统属于典型的程序控制系统,其参考量(位置、速度)是按照预定规律随时间变化的函数,主要体现在发射轨迹是事先设定的,要求被控量(动子位置、速度)迅速、准确地跟踪设定值。电磁发射过程涵盖了运动轨迹—电磁方程—矢量控制—变压变频系统—段开关切换—电机本体六大环节的控制。控制的目的在于输出量准确、快速地跟踪参考量,中间环节包括加速度、电流、PWM 脉冲、变压变频脉冲等电气量的转换。电磁发射对控制系统的实时性和控制精度有较高要求,对于只有反馈控制的系统而言,高带宽会降低对高频噪声的抑制能力,导致系统的稳定性变差,控制精度降低。同时由于整个发射系统包括六个环节之间的信号传递,在数字化控制器中势必造成很大的延迟,导致控制精度进一步恶化,因此需要研究前馈加反馈的实时校正系统,以提高系统的快速性和控制精度。

5.2 分段供电技术

电磁发射用直线电机采用分段供电技术,可提高电机功率因数和效率,节约电能,并减小对电源容量的要求,分段供电网络形式对电机控制方式和系统可靠性有较大影响。为了降低体积重量和节约成本,电磁发射分段供电技术采用一套功率变换系统,且动子覆盖段和未覆盖段的定子在通电过程中存在相互耦合,需要考虑动态切换过程中对控制平稳性的影响。因此,对电磁发射用直线电机的分段供电技术进行研究具有十分重要的意义。

5.2.1 分段供电研究现状

20 世纪初,英国的 H. Wilson 提出了把多段短初级段嵌入轨道,在需要时再接上电源的供电方案,此后在交通运输领域得到了大量实践探索。1995年,R. D. Michael等提出一种基于永磁直线同步电机的电磁弹射器方案[128],将分段供电技术应用于电磁发射用直线电机。在国内,北京交通大学、沈阳工业大学、西南交通大学、浙江大学等对长初级磁悬浮列车的分段供电方法进行了研究,海军工程大学、哈尔滨工业大学等多家单位对直线感应电机的分段供电方法开展了多方面的研究,先后对分段供电直线电机的数学模型、电机特性、边端效应进行分析和建模。

分段供电结构直线电机的初级由多段结构相同的定子模块拼接构成,由于瞬时功率大、持续工作时间短,且为暂态工作方式,若对直线电机初级全程通电,会存在电机漏感大、功率因数低、效率低、所需电源负荷重和变频装置容量大等问题。采用分段供电控制技术,只将与次级相耦合的几段初级通电,其他段不通电,随着次级的运动,依次切换供电,从而提高系统的效率和功率因数,降低对供电电源的容量需求。

按照相邻定子模块端部之间是否存在间隙,可划分为不连续分段供电结构和连续分段供电结构[129]。不连续分段供电结构主要应用于低速工业传输系统中,两段定子之间的过渡区域进行滑行或者分拣操作,既能节约成本,又能有效利用空间。文献[130]探讨了不连续分段永磁直线同步电机动子运动过程中电机电磁推力的变化规律,若相邻定子绕组间的距离为磁场基波波长的整数倍,动子有效长度为相邻定子中心轴线间距的整数倍,且各段定子对应电流大小相等、相位相同时,推力较稳定;若不满足相邻定子绕组间的距离为磁场基波波长的整数倍时,可通过调节定子电流的初始相位来稳定电磁推力。当单段初级长度大于次级长度时,会导致次级在间隙中自由滑行,系统处于加速、滑行、再加速、再滑行的周期运行状态,其优势是可以最大程度节省成本,但缺点是推力波动不可避免,运行性能相对较差。中国科学院电工研究所针对轨道交通用不连续分段供电结构开展了研究。文献[131]在推导双三相分段供电永磁直线同步电机电感矩阵的基础上,提出了在相邻两段之间插入屏蔽层进行电感不平衡抑制的措施,仿真研究表明,工作频率越高,抑制效果越明显。文献[132]进一步建立了双三相分段供电永磁直线同步电机的非线性数学模型,引入相间耦合系数描述动子通过分段过程产生的空载磁链、反电势及推力的变化规律。在控制策略上,文献[133]提出了一种低电流纹波的段开关控制策略。为了抑制分段供电产生的推力波动,文献[134]推导了推力偏置系数正比于耦合系数且与转差频率和次级时间常数相关的结论。文献[135]进一步指出,推力偏置量由于电机磁通变化耦合的次级定向磁链的偏差产生,可以采用增加转差频率或者根据优化的次级时间常数改变定向磁链方程两种措施来解决,其中,直接增加转差频率相对较好。

连续分段供电结构中相邻定子铁心紧密相连或缝隙很小,如图5-2所示,一些文献将该结构的直线电机用于飞机电磁弹射器。文献[136]研究了一种基于永磁直线同步电机的电磁弹射器方案,双边长初级,每边初级分成149段,每段长0.64 m,采用霍尔传感器检测位置,采用晶闸管作为分段切换开关来实现分段供电。

西南交通大学超导技术研究所研制了一台高温超导磁悬浮发射样机[137],结构与图5-2类似,但采用单边长初级直线感应电机。分段供电方法采用380 V/50 Hz单电源,15

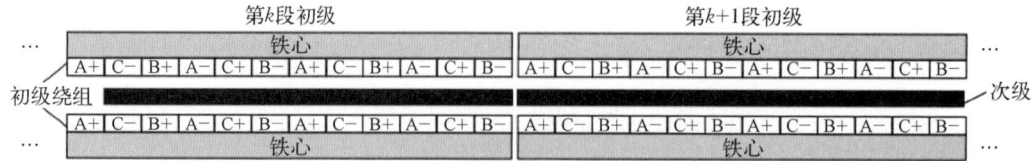

图 5-2 双边长初级直线电机连续分段结构示意图

段初级并联接到母线上,通过固态继电器作为切换开关,实现 3 段初级同时通电,随着次级的运动,即将耦合的初级与已经退出耦合的初级轮流切换通电。哈尔滨工业大学研究了一种铁心不分段、仅初级绕组分段的长初级直线同步电机,次级长度小于单段初级长度,其分段供电策略是当次级只与一段初级耦合时,驱动装置向该段初级供电,当次级与两段初级耦合时,则由两套装置同时向它们供电,文献[138]与[139]主要研究了保证推力平稳的切换控制方法。

在连续分段供电结构中,分段供电控制器可以根据动子运动位置的改变,通过切换开关和位置传感器的协同工作,实时切换开关对不同定子模块进行通电断电,从而保持与动子耦合的相邻若干定子模块通电,且使通电定子的长度总大于动子长度;为了减小发射过程中电磁推力的波动,各个定子模块应设置较小的间距,所以可以近似认为除去开关切换的暂态过程外,其他任意时刻的电机模型和参数均相同。连续分段结构相邻两段初级之间通过端部耦合,会导致通电分段中即使通入三相平衡电流也会在气隙中产生脉振偏置磁场,从而导致电感参数不平衡,即长初级静态纵向边端效应。当通电段绕组极数为偶数时,偏置磁场与行波磁场的幅值之比取决于未通电段初级长度与初级总长度之比,未通电段长度越长,偏置磁场的幅值越大。此外,受通电段电流的影响,未通电段的气隙中也存在一定大小的脉振型漏磁场,造成铁心轭部的磁场幅值显著增大,尤其是在通电段与未通电段的交界区域。文献[94]通过试验和有限元仿真结果,说明了这种分段供电直线电机定子绕组互感存在较严重的不对称现象,指出了互感不对称的规律,利用全电流定律和行波电流的概念得到了电机的气隙磁场分布。文献[140]推导了电机各相绕组的自感和互感表达式,并揭示了分段供电直线电机互感不对称的机理。在此基础上得到的电机电感矩阵和阻抗矩阵表明了电机互感和阻抗不对称的规律。

除了长初级电枢分段供电,通常还有一些特殊的分段供电方式,如长次级分段[141]、不等长定子分段[142]和变极距定子分段[18,143]。其中,不等长定子和变极距定子由于样机制造成本较高,且工程化过程中难以大批量生产,因此目前研究较少。

对于长初级直线电机分段供电方法,可以从以下几个方面进行分类[144]:

(1)按照电源数量的不同,可分为单电源型和多电源型。单电源型是指同时通电的初级段采用单一电源供电,适用于舰船等紧凑环境,可节约空间占用,同时驱动控制策略简单,但对电源容量的要求成倍增加。多电源型指同时通电的初级段采用两个或两个以上的电源供电,对电源容量的要求相对较小,但是驱动控制策略比较复杂。

(2)按照同时通电的初级串并联供电形式的不同,可分为并联型网络和串联型网络。

并联型网络是指同时通电的初级段并联供电,对功率变换系统的要求是电压低、电流大,适用于功率不高的场合,目前大多数水平的物流传输系统和垂直的升降系统基本采用并联型网络。串联型网络指同时通电的初级段串联供电,对功率变换系统的要求是电压高、电流小,适用于高功率的应用场合,电磁弹射直线电机通常采用串联型分段供电方式。

(3)按照分段供电控制方法的不同,可以分为集中型、分散型和混合型。集中型是指所有的切换开关由一个总的切换控制器来控制,切换所需要的位置信号集中传给总控制器。分散型是指每一个切换开关由一个独立的控制器进行控制,该切换开关对应初级的切换信号传给该控制器。混合型是指对分段初级进行分组,每一组包含若干段初级,在同一组中的初级采用一个控制器进行集中控制,但是组与组之间有时相对独立地分散控制。

5.2.2 分段供电网络

定子分段供电,是长初级直线电机不同于旋转电机的一个特点,即只有动子移动附近区域的定子段被通电,因此可以尽量减小电功率消耗和供电容量。根据同时通电的初级串并联供电形式的不同,可以将分段供电网络划分为并联型网络和串联型网络。具体采用哪一种形式需根据电网条件和逆变器容量决定,对于采用民用市电电网、逆变器容量较小的设备,一般采用并联型网络配置多个逆变器轮换工作;对于舰船综合直流电网或者采用集中储能的设备,一般采用串联型网络进行分段供电[144]。

5.2.2.1 并联分段供电

为了确定同时通电定子段数,可以将双边直线电机分段结构简化如图 5-3 所示。

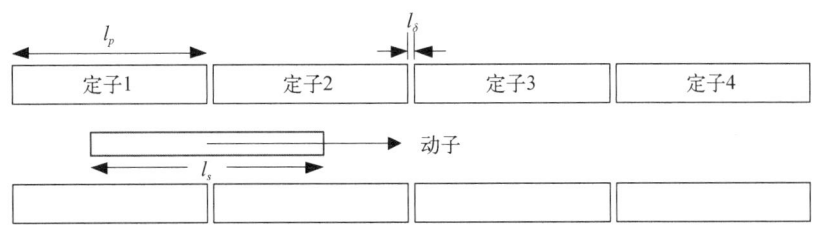

图 5-3 双边直线电机分段示意图

根据定子与动子的长度关系,可以调整同时通电的段数 M,具体如下式所示:

$$\begin{cases} l_s \leq l_p + l_\sigma, & M = 2 \\ l_p + l_\sigma < l_s \leq 2l_p + 2l_\sigma, & M = 3 \\ 2l_p + 2l_\sigma < l_s \leq 3l_p + 3l_\sigma, & M = 4 \end{cases} \quad (5-1)$$

其中,l_s 表示次级板长度,l_p 表示单段初级长度,l_σ 表示初级间隙(过渡区)的长度。通常在确保可靠切换的情况下,为了尽可能减少未覆盖动子的初级长度、减小漏感和相不平衡,应选择尽可能小的通电段数 M。

并联分段供电网络的所有电机通过母线铜排并联到一组或者多组逆变器的输出上，根据逆变器的数量，可以分为单电源型和多电源型。单电源型并联分段供电对逆变器的通流能力和控制响应要求较高。在整个分段供电的过程中，需要保证次级即将进入的初级段开关可靠导通，次级驶出的段开关可靠关断。这样可以最大限度地保证覆盖次级的磁场始终不变，电机的推力和速度波动较小、运行平稳[145]。多电源型并联分段供电通过切换通电的初级段来使多个逆变器轮换工作，从而降低连续工作带来的功率器件温升问题。

典型的单电源并联分段供电网络如图5-4所示。假设初始时刻定子1到定子3同时并联到逆变器上。当动子末端运动到定子2左边缘时，接通S4断开S1，则定子2到定子4同时并联到逆变器上。当动子末端运动到定子3左边缘时，接通S5断开S2，则定子3到定子5同时并联到逆变器上，依次类推。

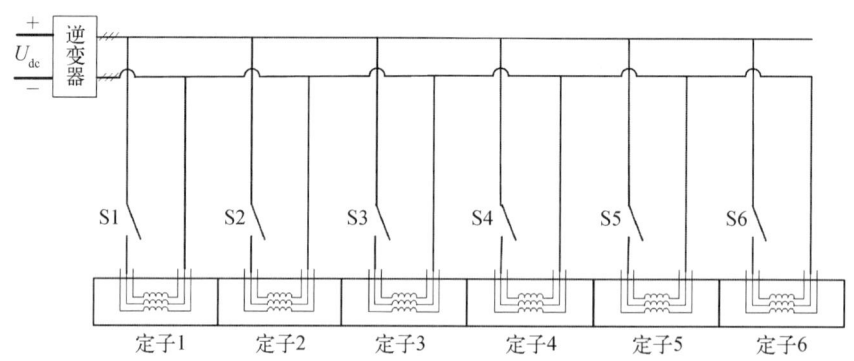

图5-4 单电源并联型供电网络示意图

单个逆变器串联供电的初级段数 N 与单段初级长度 l_p 及次级长度 l_s 之间的关系有关，在满足式(5-1)同样的长度关系下，N 取值为 M 的一半（取整数）。因此，逆变器的指标设计应该结合长初级直线感应电机的尺寸和轮换时长开展。这种包含串联结构和并联结构的网络称为混合分段供电网络[146]。

在单段初级长度 l_p 与次级长度 l_s 相差不大且速度较高或者次级横跨两个初级长度时，还可以采用两个逆变器同时工作或者增加逆变电源数量的方式实现轮换，如图5-5所示。当两个逆变器同时工作而不需轮换时，可等效为多台直线电机并网运行的情况。采用多逆变器并联分段供电网络可以大幅降低对母线电压和逆变器容量的需求，适用于民用电网供电的场合，此外采用多台逆变器并行工作，可以提高功率变换系统的冗余性和可靠度[147]。

并联供电网络可有效地降低母线电压和初级损耗，改善直线感应电机的功率因数，尤其是可以提高系统的冗余度和可靠性。虽然看上去有点类似多电机并联工作在一个逆变器下，但其实有着本质的区别。多电机并联工作时电气常数和瞬态过程都是一样的，而在并联分段供电网络中，次级运动过程中所有通电段的电气参数都是动态变化的，因此，很难用一个集总参数模型进行描述[148,149]。文献[150]通过引入平均参数搭建了等效的电

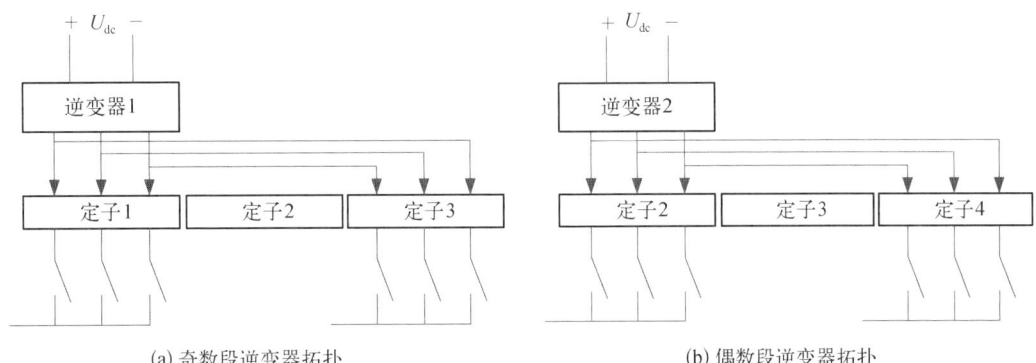

(a) 奇数段逆变器拓扑　　　　　　　　(b) 偶数段逆变器拓扑

图 5-5　双逆变器并行工作示意图

压电流模型,并通过纯电磁制动仿真来验证了模型的准确性。文献[151]提出了一种直线电机分段供电结构,将多台变流器通过切换开关实现级联输出,实现高速运行阶段高输出电压的要求,但是需要采用至少三台主变流器组和至少一台热备份变流器组,成本较高且控制流程比较复杂。由于动子运动过程中,初级耦合的电磁参数不断变化,为了确保整体电磁推力的平稳,逆变器的控制策略较为复杂,尤其是在动子从初级间隙进入下一段初级的过渡区域。

5.2.2.2　串联分段供电

串联型供电网络如图 5-6 所示,以 6 段定子参与分段切换为例,假设初始时刻定子 1 到定子 3 同时通电,此时电流流通路径为 S1→S2→S3。当动子末端运动到定子 2 左边缘时,接通 S4 和 S11,断开 S1,电流流通路径为 S4→S11→S2→S3。当动子末端运动到定子 3 左边缘时,接通 S5 和 S12,断开 S2 和 S11,电流流通路径为 S4→S5→S12→S3,依次类推。可以看出,在整个过程中,通电段数始终为 3 段。这就是串联型分段供电网络的基本原理。

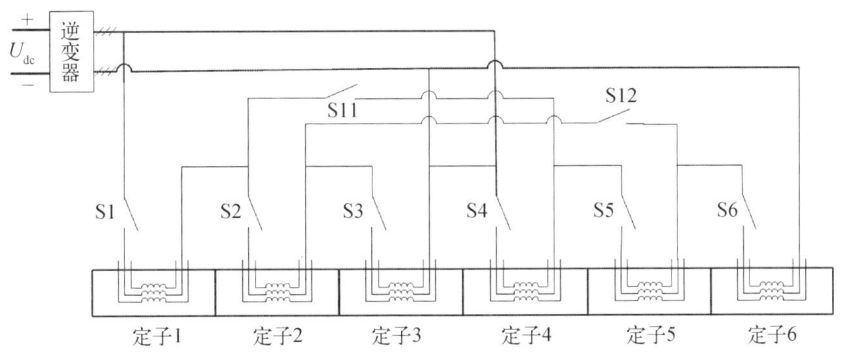

图 5-6　串联型供电网络示意图

对于串联分段供电网络,为了确保过渡区推力的平滑和控制方便,单段初级长度 l_p、次级板长度 l_s 和过渡区 l_σ 之间应该满足以下关系:

$$\begin{cases} l_s = (2k+1)\tau, & k = 1, 2, 3, \cdots \\ l_p + l_\sigma = 2n\tau, & n = 1, 2, 3, \cdots \end{cases} \quad (5-2)$$

对直线电机动子覆盖段相邻的未覆盖部分通电可以部分减小动子从该区域经过时电流中的不良瞬态和直流偏置。相邻定子之间通过串联开关连接，动子运动过程中同时导通动子覆盖段和前后两个未覆盖段的定子，随着动子的加速运动，供电频率和切换开关的工作频率越来越快，由于定子段的接入和切出直接影响工作电流，不可避免地带来电流的波动和电磁推力的波动，因此，需要建立分段供电直线电机的数学模型，对切换动态过程中电流、磁链的变化进行动态观测，并抑制推力波动对加速过程的影响。

为了准确预测电机的电流、功率因数和容量要求，对动子未覆盖和覆盖区域推力进行建模是必要的。为了最大限度地减小前进方向未覆盖定子的电流偏置和瞬态过程，未覆盖定子段通电的时间应该早于或者晚于覆盖段定子。由于对未覆盖定子段通电会额外增加电机中的励磁电流，分段供电瞬态模型必须包含所有覆盖段和未覆盖段定子。文献[152]建立了考虑前后相邻段未覆盖定子和覆盖定子产生推力的长初级直线电机瞬态等效电路模型，如图5-7所示。可以看出，与传统的等效电路模型相比，分段供电等效电路模型参数更多、拓扑更复杂。

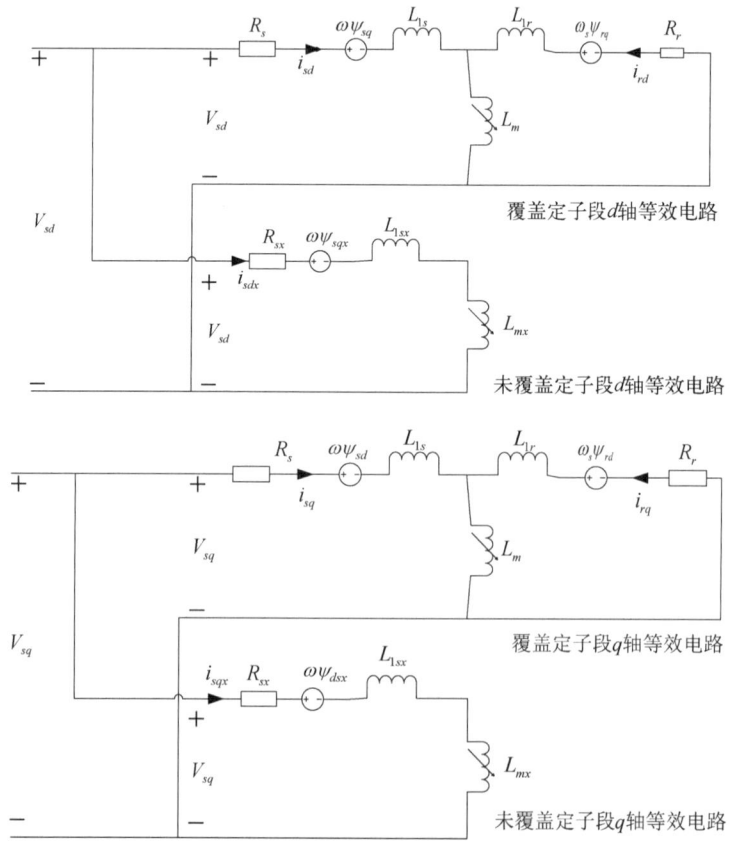

图5-7 分段供电等效电路模型

为了减小覆盖段定子开通过程中的电流,瞬态发射过程中通电的相邻定子段数是变化的。由于线圈通电时刻是精确受控的,在单次发射过程中和不同的发射事件中未覆盖段通电的段数是变化的。目前的建模技术可以保持跟踪未覆盖定子段的数量并适当缩放工作电流,电机控制器可以观测到由覆盖段和未覆盖段电磁力之和产生的总电流。

5.2.3 分段供电控制

电磁发射分段供电的拓扑结构如图 5-8 所示。

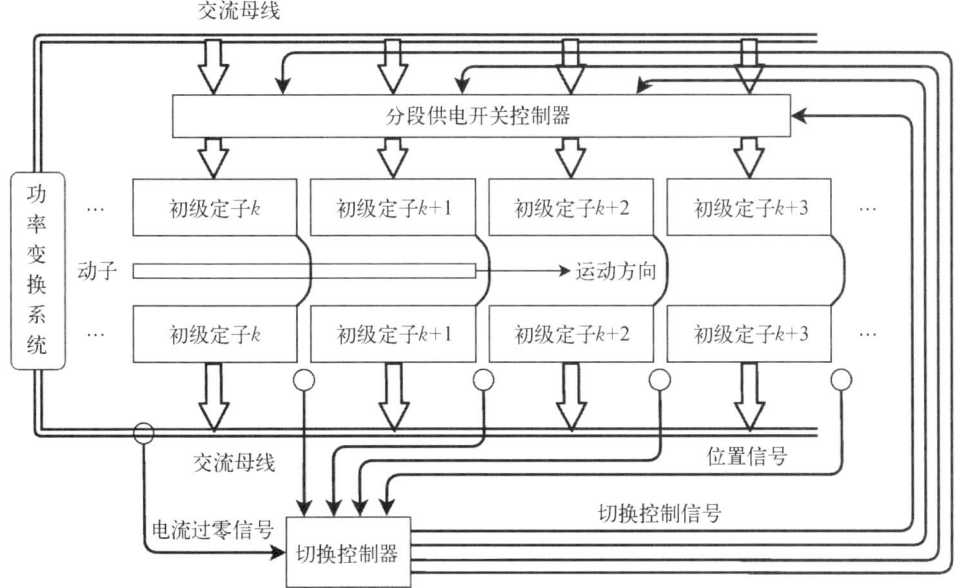

图 5-8　电磁发射分段供电网络拓扑结构

5.2.3.1　分段供电时序[144]

假设某个时刻初级 k、$k+1$、$k+2$ 通电工作,分段供电的控制目标是:当动子离开初级 k 后,撤掉初级 k 的供电指令(需等电流过零时才能完全断开),当电机电流出现过零点时,投入初级 $k+3$,为了保证初级开通的及时性,必须满足次级进入初级 $k+3$ 之前,对应的三相绕组已经全部通电。

在实际应用中,初级 k 的切断时机有三种方案,即先切后通、同切同通和后切先通,下面主要对比讨论这三种方案。

对于对称的三相交流系统,其电流过零点两两相隔 $T/6$,因此,不管开始出现过零点的是哪一相,也不管是正向过零还是负向过零,从某相开始发生触发信号到三相都触发切换的持续时间均为 $T/3$。但是考虑到晶闸管开通有延时,过零信号处理也有延时,所以三相完全切换所需时间 t_{need} 还应加上晶闸管开通延时 t_{on} 和过零检测延时 t_{cd},即

$$t_{need} = t_2 - t_1 + T/3 + t_{on} + t_{cd} \quad (5-3)$$

其中,t_1 表示动子末端离开初级 k 的时刻,t_2 表示 t_1 之后三相电流首次出现过零点的时刻。由于 $0 \le t_2 - t_1 \le T/6$,所以

$$(t_{need})_{max} = T/2 + t_{on} + t_{cd} \quad (5-4)$$

从 t_1 时刻到动子前端开始进入初级 $k+3$ 的运行时间是

$$t_\tau = \frac{\tau}{V} = \frac{\tau}{2\tau(f-f_s)} = \frac{1}{2f}\left(1 + \frac{f_s}{f-f_s}\right) \quad (5-5)$$

其中,τ 表示极距;f 表示运行频率;f_s 表示转差频率。

令 $\Delta t = t_\tau - t_{need}$,则有

$$(\Delta t)_{min} = t_\tau - (t_{need})_{max} = \frac{f_s}{2f(f-f)_s} - (t_{on} + t_{cd}) \quad (5-6)$$

可以看出,当 $t_\tau > t_{need}$,即 $(\Delta t)_{min} > 0$ 时,能够满足在动子前端进入初级 $k+3$ 之前,初级 $k+3$ 三相全部供电完毕的要求。

为了避免初级开通时对段开关的冲击,需要在电流过零(或接近过零点)时才开通段开关;另外由于晶闸管的特性,只有在某相电流过零时刻或之前 $T/2$ 以内撤掉驱动信号,才能在电流过零时有效切断。根据初级 k 的切断时机不同,可以划分为以下三种情况:

(1) 先切后通,即在 t_1 时刻直接撤掉初级 k 三相的驱动信号,在接收到相电流过零信号后依次导通初级 $k+3$ 的驱动信号。图 5-9 为先切后通的时序图。

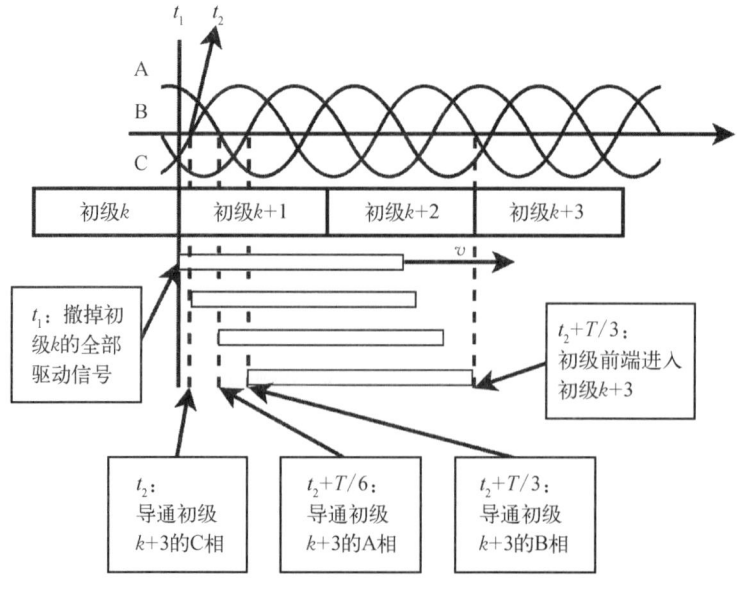

图 5-9 先切后通的时序图

（2）同切同通，即在 t_2 时刻之后根据过零时刻依次撤掉初级 k 三相的驱动信号，并同时导通初级 $k+3$ 的驱动信号。图 5-10 为同切同通的时序图。

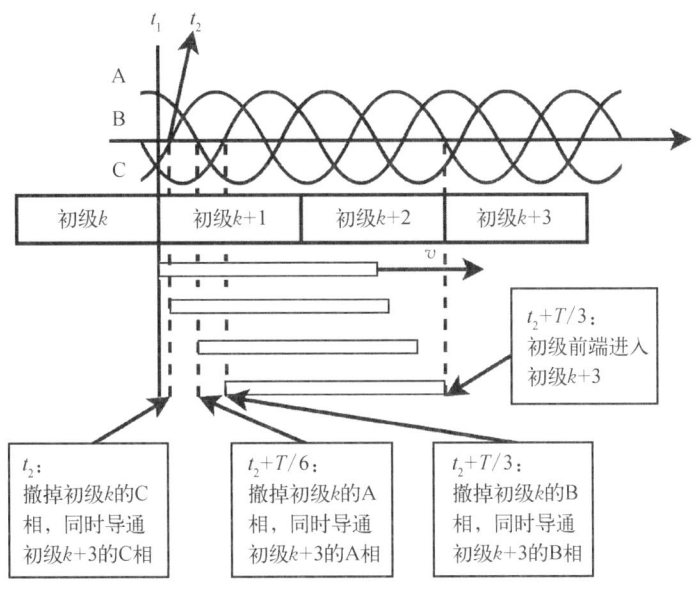

图 5-10　同切同通的时序图

（3）后切先通，即在 t_2 时刻之后，根据过零时刻依次导通初级 $k+3$ 的驱动信号，在其中一相导通后再同时撤掉初级 k 三相的全部驱动信号。图 5-11 为后切先通的时序图。

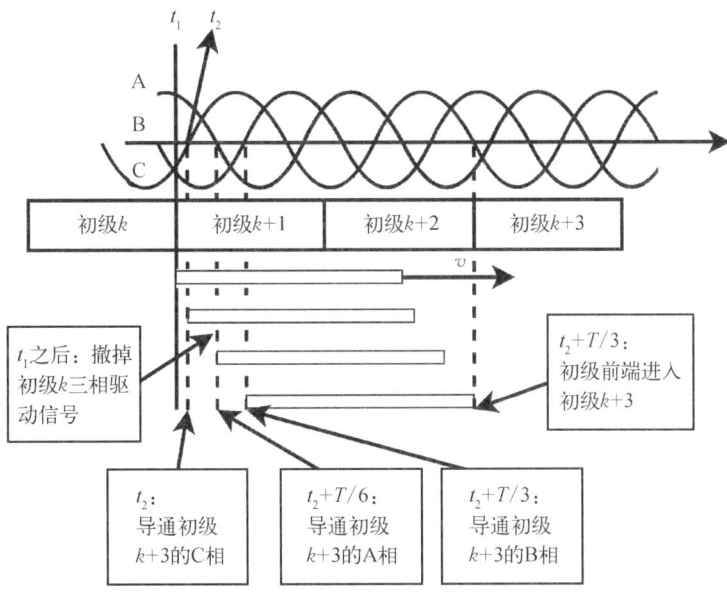

图 5-11　后切先通的时序图

在制动阶段,发射电机处于发电状态,转差频率为负值,这时动子运行一个极距 τ 时,电流的过零点可能少于 3 个(次级速度下降了),若只提前距离 τ 开通下一段初级,不一定能保证动子进入下一段初级之前,下一段的初级三相全部通电完毕。由于动子开始制动的位置不是固定的,且制动过程只涉及一到两次切换,即使电流出现波动也不影响发射速度,因此,制动阶段初级的切换供电策略与加速过程可以相同。

5.2.3.2 切换位置检测

很多民用分段供电控制在控制切换供电的同时,需要控制开始耦合的那一段初级推力逐渐增大,退出耦合的那一段初级推力逐渐减小,因此分段切换控制器需与电机控制器相互配合、协调控制,但是这种耦合控制方法很难保证电磁推力平稳。因此,电磁发射系统采用独立控制方式,将分段切换控制器与系统的闭环运动控制器完全分开,既简化了系统结构,也有利于使闭环调节控制推力更加平稳。

将分段供电所需的位置传感器与电机闭环控制所需的位置传感器合二为一,可以节省硬件成本和安装空间,提高系统的集成度,但这种方案在电磁发射这样的应用场合并不可行,这是因为:

(1) 闭环控制位置信号是由一系列正交编码组成的,通过脉冲计数得到次级的相对位置。经过滤波之后成为连续信号,表面上看连续信号信息更加丰富,但是这会导致系统启动时,次级的位置并不确定。因此在动子位置未校零之前,相对位置信号会造成起始的三段初级导通错误的问题,另外,相对位置信号在长初级运动过程中可能会存在累积误差,这会给分段切换供电带来危害。

(2) 电磁发射系统是一个高速运动控制系统,每段初级通电的时间不超过数百毫秒,初级切换通电的过程仅数百微秒,分段切换供电采用闭环控制位置信号时,由于闭环控制位置信号需要经过一系列的正交、编码、滤波处理,切换控制的实时性满足不了要求,而采用专门的切换位置信号时,传感器采到的绝对位置信号直接参与逻辑判断,实时性可以保证。

(3) 针对电涡流传感器信号可能存在的不稳定性,闭环控制系统采用了一套冗余策略,当多个编码信号中的一个出现信号故障时,系统降为半精度运行,这对于运动控制系统是无害的。但是对于分段切换供电并不适用,当出现占空比畸变或漏齿等问题时,会影响分段切换供电的可靠性。

综上,对于分段切换供电采用一套单独的位置检测装置是很有必要的。为了降低动子偏摆对获取切换传感信号的影响,增强位置检测模块抗干扰能力,直线电机每段定子底部前端左右两侧均镜像对称地布置两个切换传感器盒,每个切换传感器盒中安装两只电涡流传感器。切换位置检测次级上采用编码条,即长条形整块铝板,安装于次级下方,长度比次级稍长,在次级两端各伸出一部分,编码条穿越传感器平面时会在电涡流传感器中产生一个反映编码条长度的电平信号。

切换传感器盒的切换位置检测如图 5-12 所示。传感器盒安装于初级铁心底部前端,与安装在次级上的编码条感应的电平信号如图 5-12 中 $a_1 \sim a_8$ 所示,当检测信号出现下降沿时,认为次级末端已经通过对应的位置传感器,切换控制器输出位置切换使能信号。当主传感器出现故障时,通过备用传感器的备用切换使能信号来实现控制。实际的做法是采取"4 选 2"的冗余策略,即当传感器 a_1、a_2、b_1 和 b_2 中至少出现两个下降沿时,才认为第 k 段初级定子的切换信号有效。这样做的好处是既可以冗余(允许最多两个传感器故障),也可以避免干扰信号误触发。

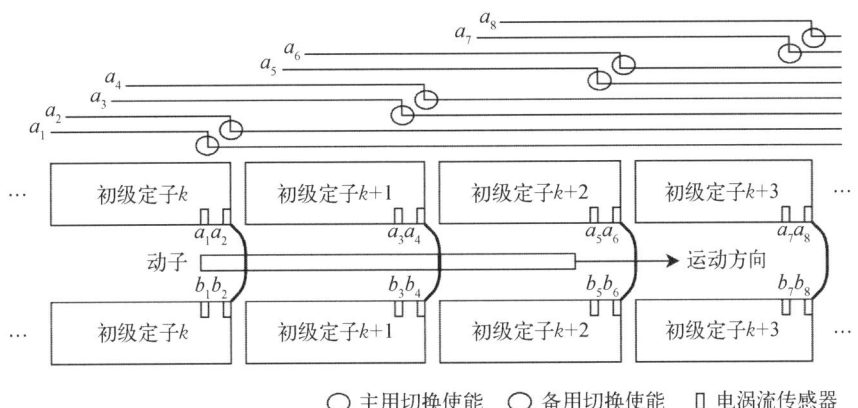

图 5-12 切换位置检测示意图

5.2.3.3 电流过零检测

在电磁发射系统中,电机电流的有效值高达上万安培,常规的分段供电切换策略仅根据动子所在的位置来控制切换开关的开通和关断,但在电流瞬态值较大时开通或关断切换开关会引起电流的冲击,从而加剧电磁力的波动。在考虑次级位置的基础上,考虑在电流过零时才施加或撤掉切换开关的触发脉冲信号,可以有效减小对器件的电磁冲击,抑制电磁力波动。因此,电磁发射分段供电系统通常需要设计一套过零检测装置。

电磁发射系统在动态运行过程中始终处于暂态,动子的速度和初级中的电流电压工作频率也始终处于变化状态,没有固定值。直线电机在变频器驱动供电过程中,输入电压和电流中均存在着开关频率倍数关系的谐波,且谐波分量的初相角不相等,这给过零检测带来了困难。

电流过零检测按照实现的方式可以分为两类:一类是模拟电路提取法;另一类是数字信号处理法。前者的特点是检测精度高、检测时延小,后者的特点是处理方法灵活。但是现有的过零检测方式均不适用于电磁发射的瞬态控制场合,主要原因是:

(1) 现有的过零检测技术只能适用于周期性稳态信号,不能满足暂态工作条件下的要求;

(2) 通常局限于相位测量和频率测量领域,但将过零检测信号作为控制量参与系统控制，还需对检测精度和实时性加以考虑；

（3）常规算法中采用模拟滤波电路和数字滤波方法均会对原始信号带来相移，但没有考虑相位补偿的措施，因此精确性易受信号参数、自身物理参数以及元器件精确性的影响；

（4）无法判断由谐波、尖峰和电压切痕等原因造成的信号干扰问题，容易造成虚假过零或多次过零现象。

电磁发射系统中采用了一种基于数字信号处理带补偿的新型过零检测方法，原理如图 5-13 所示，主要包括中位值滤波器、平均值滤波器、相位补偿环节和过零判断锁存器。其中，中位值滤波器用于滤除信号中的毛刺、尖峰采样点等干扰，平均值滤波器用于提取信号的基波分量，配合过零判断锁存器完成基波过零点检测，在相位补偿环节引入速度反馈，用于补偿滤波环节引起的相位延迟。过零判断锁存器用于产生过零信号并锁存。

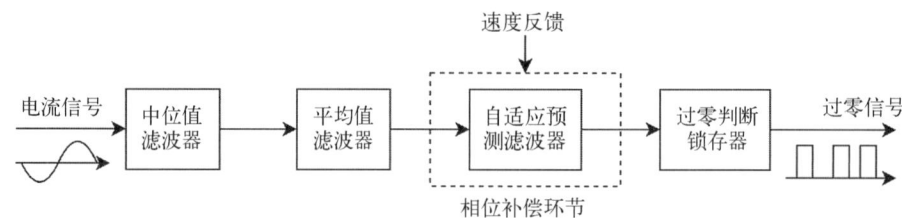

图 5-13　新型过零检测原理图

需要指出的是，无论是采用模拟电路检测法还是数字采样处理法，电流过零检测输出的信号会持续一个时间区间，而不是真实意义上的一个时刻点。由于晶闸管的半控性，要想实现可靠关断，只能在交流电流过零时刻撤掉其驱动信号。而要想导通下一个定子段，只能通过检测到的过零区间去控制其驱动信号。不管是采用上升沿方式还是电平方式，系统实际使用的过零点与真实的相电流过零点总是会存在误差的。段开关控制器根据获取的切换传感器信号和电机控制器发送的使能、过零信号等进行逻辑运算，产生驱动指令。

5.2.4　分段供电暂态特性

针对采用常规分段供电方式的长初级直线感应电机由于次级的运动，其覆盖每段定子的长度不断变化，导致通电定子段电机参数不断变化，无法对负载实现精确控制的缺点，设计了带中间母排结构的分段供电网络，可以保证电机在整个运行过程中模型和参数固定不变，能够利用现有各种控制算法实现高性能控制。

5.2.4.1　开关暂态特性[153]

在分段供电过程中，需要依靠切换开关来实现每段初级的通电和断电。针对高压大电流应用场合大量采用反并联晶闸管作为切换开关,下面从晶闸管开通和关断的数学-物理模型出发,分析分段供电切换过程中开关暂态对电机性能的影响。最后,通过某小型原理试验样机进行实验,实验结果验证了理论分析的正确性。

晶闸管作为一种三端四层器件,其基本结构可以看成是从两端 PNPN 器件的 P_2 层引出一个电极作为门极,如图 5-14(a)所示。晶闸管在正向连接情况下,当门极电流 I_G 流过时,相当于 J_3 结上附加正向电压 U_G,促使 J_3 结注入效应增强。N_2 区一开始就有大量电子注入 P_2 区,注入的电子一部分在 P_2 区复合,构成门极电流的一部分,另一部分扩散到 J_2 结侧,被 J_2 结空间电荷区的强电场拉向 N_1 区,引起 N_1 区电子的积累,使 J_1 结正偏压升高,空穴注入亦增强,从而建立起载流子运动的再生反馈机制。随着 J_1、J_3 结的注入越来越占优势,J_2 结两侧有足够的载流子积累,使 J_2 结极性反转,晶闸管由断态进入通态。

带阻容吸收回路的晶闸管门极触发特性曲线如图 5-14(b)所示,图中 U_D 为晶闸管 AK 极电压,I_{RC} 为阻容吸收回路电流,I_L 为开关阀件串联回路电流,I_{AK} 为晶闸管元件反向恢复电流。晶闸管导通延时 t_{on} 虽然随着导通前关断电压 U_D 的增大而减小,但主要受门极触发电流幅值 I_{FG} 的影响,二者近似存在着反比关系。晶闸管驱动电路设计时,通常 $t_r \leq 1\ \mu s$,$I_{FG} \approx 2\ A$,此时晶闸管导通延时 $t_{on} \leq 3\ \mu s$。

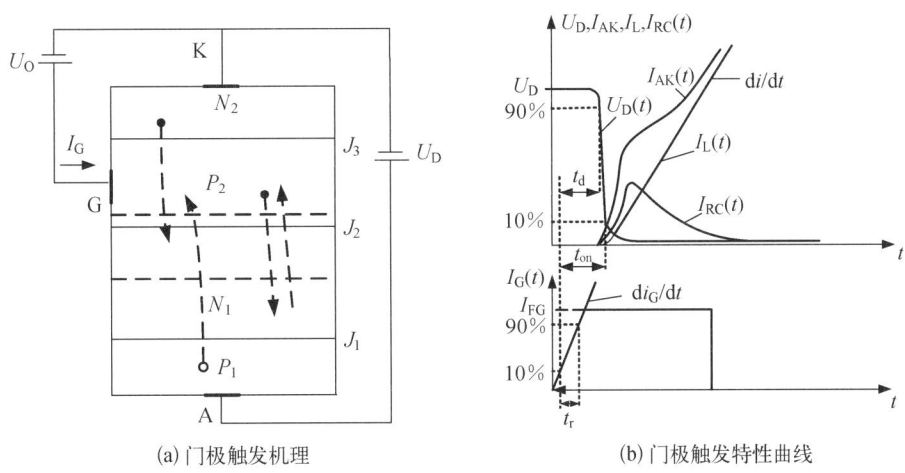

(a) 门极触发机理　　　　　(b) 门极触发特性曲线

图 5-14　晶闸管开通机理及特性曲线

晶闸管由于具有低掺杂、大注入的基区,在导通期间,内部充满了大量的载流子。当元件施加反向电压 $U_{AK} = -U_R$ 强制关断时,正向电流由 I_L 逐渐衰减到零,由于残留的载流子不能立即消失,元件短时间内仍保持导通,电流过零后继续沿反向流通,元件恢复阻断能力,反向电流急速地从最大值 $-I_{rr}$ 衰减到稳态漏电流。晶闸管关断过程中的电流波形如图 5-15(a)所示,电压波形如图 5-15(b)所示。

在图 5-15 中,晶闸管反向恢复电流可以用指数函数模型来模拟。假设回路电感为 L,反向关断电压为 U_R,Q_{RRM} 为最大反向恢复电荷,则晶闸管元件反向恢复电流 I_{AK}

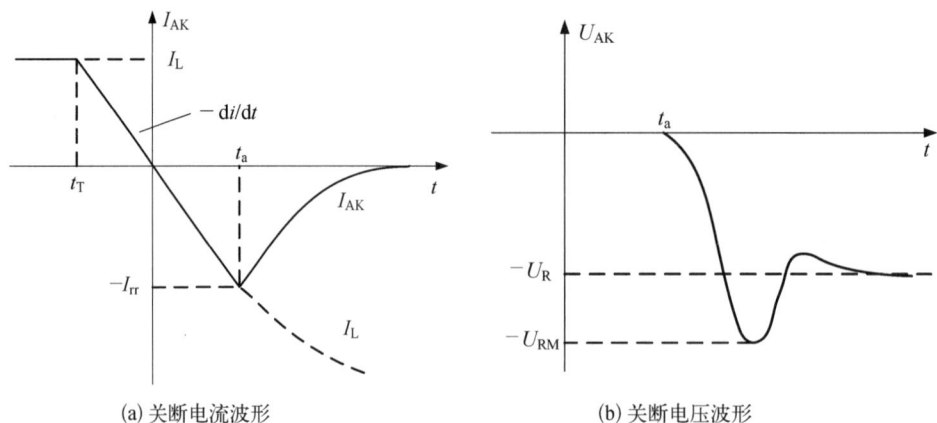

(a) 关断电流波形　　　　(b) 关断电压波形

图 5-15　晶闸管关断过程曲线

可以描述为

$$I_{AK} = \begin{cases} -\dfrac{di}{dt}t, & 0 \leq t \leq t_a \\ -I_{rr}e^{-\dfrac{t-t_a}{\tau}}, & t > t_a \end{cases} \tag{5-7}$$

式中，$\tau = \dfrac{Q_{RRM}}{I_{rr}} - \dfrac{I_{rr}}{2di/dt}$。

考虑晶闸管自身的恢复电流，则回路方程为

$$\left. \begin{array}{c} L\dfrac{dI_L}{dt} + RI_{RC} + \dfrac{1}{C}\int I_{RC}dt = U_R \\ I_L = I_{AK} + I_{RC} \end{array} \right\} \tag{5-8}$$

式中，R 为吸收回路电阻；C 为吸收回路电容；I_{RC} 为吸收回路电流；U_R 为反向关断电压。利用约束条件 $I_L(t_a) = I_{AK}(t_a) = -I_{rr}$，$U_{AK}(t_a) = 0$ 对式(5-8)进行求解，可以得到负载电流 I_L 的数学表达式为

$$I_L = \begin{cases} -\dfrac{U_R}{L}t, & 0 \leq t \leq t_a \\ -\dfrac{LCI_{rr}}{(\tau^2 - RC\tau + LC)\cos\varphi}e^{-\delta(t-t_a)} \cdot \\ \cos[\omega(t-t_a) + \varphi] - \dfrac{(\tau - RC)I_{rr}}{\tau^2 - RC\tau + LC}e^{-\dfrac{t-t_a}{\tau}}, & t > t_a \end{cases} \tag{5-9}$$

式中，$\delta = \dfrac{R}{2L}$，$\omega = \dfrac{1}{\sqrt{LC}}\sqrt{1 - \dfrac{R^2C}{4L}}$。

$$\tan(\varphi) = -\frac{\left(\tau - \frac{1}{2}RC\right)LI_{rr} + U_R(\tau^2 - RC\tau + LC)}{\omega L^2 C I_{rr}} \quad (5-10)$$

式(5-9)中下面表达式第一项是由回路电感和 RC 阻容支路决定的电流振荡曲线，第二项是晶闸管反向恢复电流特性和外电路条件共同决定的电流振荡曲线。如果要得到更精确的解，上述推导过程中晶闸管反向恢复电流也可以用以下双曲正割函数模型来替代：

$$I_{AK} = \begin{cases} -\dfrac{\mathrm{d}i}{\mathrm{d}t}t, & 0 \leqslant t \leqslant t_a \\ -I_{rr}\mathrm{sech}\left(\dfrac{t-t_a}{\tau}\right), & t > t_a \end{cases} \quad (5-11)$$

且还可以增加其他约束条件求出更精确的表达式。为了分析反并联晶闸管分段供电切换开关对直线电机性能的影响，以某小型原理实验样机为例，该样机结构参数如表 5-1 所示。

表 5-1 样机结构参数和电磁参数

参　　数	符　　号	数　　值
初级铁心高度/mm	L_a	52
单段初级铁心长度/mm	L_t	1 200
次级长度/mm	L_d	2 250
通电初级极数	N_{tot}	24
次级极数	N_{act}	15
次级材料	铝板	—
相电阻/Ω	R_s	0.406 8
激磁电感/mH	L_m	1.334 4
初级漏感/mH	L_{ls}	2.480 2
次级电阻/Ω	R_r	0.151 6
次级漏感/mH	L_{lr}	0.059 7

系统仿真模型中，分段供电直线电机模型涵盖切换开关模型。切换开关中晶闸管参数采用 ABB 公司 5STB 25U5200 型晶闸管应用手册提供的参数，取 $Q_{rr} = 8\ 000\ \mu\mathrm{As}$，$I_{rr} =$

95 A,阻容支路参数取 $R=10\ \Omega$,$C=2\ \mu F$。为了避免实际开关切换过程中的电流冲击,采用电流过零切换。仿真数据采用归一化处理后,模型输入励磁电流 i_{ds}^* 给定值如图 5-16(a)所示,次级运行速度 V_{ref}^* 给定值如图 5-16(b)所示。

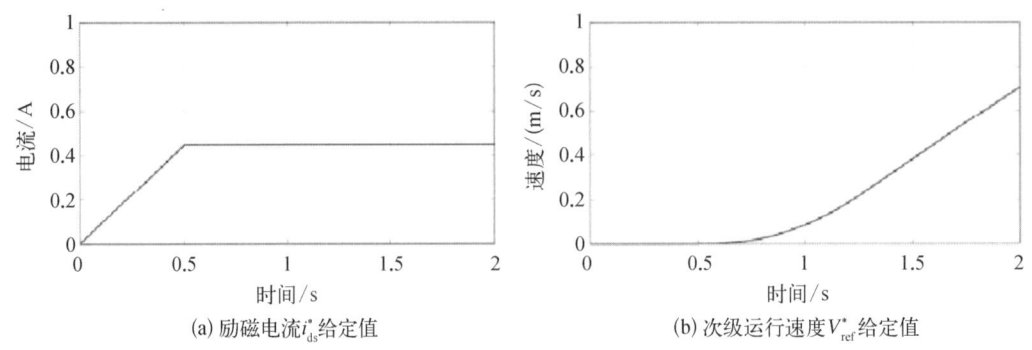

图 5-16 系统仿真模型输入

系统模型仿真过程中,直线电机定子三相电流波形如图 5-17(a)所示。通过图 5-17(a)看出,开关切换过程中电机定子三相电流并没有出现断流现象,其原因在于:以电机动子退出第 1 段、进入第 3 段时 A 相开关切换为例,在其电流过零时,控制系统给开关 3 中 A 相反并联晶闸管施加触发脉冲,同时撤除开关 1 中 A 相反并联晶闸管触发脉冲。开关 3 中晶闸管在收到触发脉冲后延时 t_{on} 才导通,此时开关 1 中晶闸管由于关断特性的影响,尚处于 $0 \sim t_q$ 阶段,因此整个电机并不会出现断流现象。但是,在开关 3 导通至开关 1 恢复阻断能力的过程中,电机第 1 段定子和第 3 段定子则会出现并联现象。在图 5-17(a)中并不能观察开关切换暂态过程引起的电机定子并联现象,这主要是由于电机定子三相电流峰值 $I_m \gg I_{rr}$。为此,利用坐标变换将电机定子电流由 abc 三相静止坐标系变换到 $dq0$ 同步坐标系,此时 $dq0$ 轴电流波形如图 5-17(b)所示。

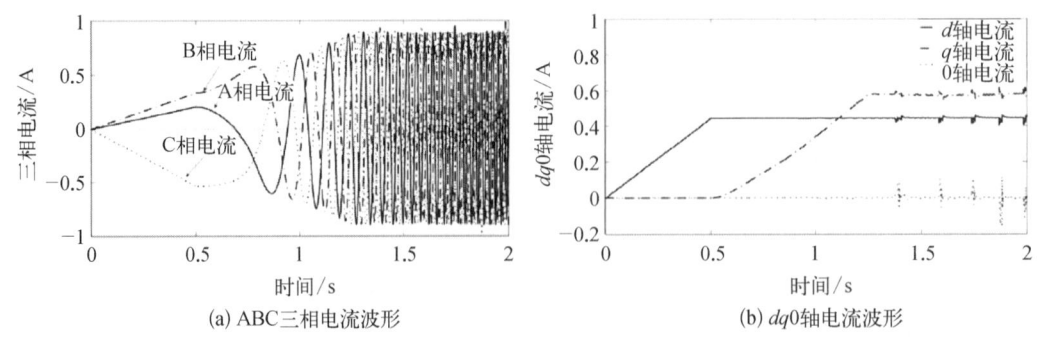

图 5-17 系统仿真瞬态电流波形

5.2.4.2 切换模型暂态特性[57]

下面对分段供电切换过程中考虑电流过零和不考虑电流过零两种策略的动态特性进

行了对比研究,并进行试验验证。假设次级位移为 X,由于

$$\frac{\mathrm{d}}{\mathrm{d}t}(\boldsymbol{L}\boldsymbol{i}) = \frac{\partial \boldsymbol{L}}{\partial X} \cdot \frac{\mathrm{d}X}{\mathrm{d}t}\boldsymbol{i} + \boldsymbol{L}\frac{\mathrm{d}\boldsymbol{i}}{\mathrm{d}t} = V\frac{\partial \boldsymbol{L}}{\partial X}\boldsymbol{i} + \boldsymbol{L}\frac{\mathrm{d}\boldsymbol{i}}{\mathrm{d}t} \tag{5-12}$$

结合电压方程可推导出状态方程形式:

$$\frac{\mathrm{d}\boldsymbol{i}}{\mathrm{d}t} = \boldsymbol{L}^{-1}\left(\boldsymbol{u} - \boldsymbol{R}\boldsymbol{i} - V\frac{\partial \boldsymbol{L}}{\partial X}\boldsymbol{i}\right) \tag{5-13}$$

其中,$\boldsymbol{u} = [u_A \quad u_B \quad u_C \quad 0 \quad 0 \quad 0]^{\mathrm{T}}$,$\boldsymbol{i} = [i_A \quad i_B \quad i_C \quad i_a \quad i_b \quad i_c]^{\mathrm{T}}$,且 $\boldsymbol{R} = \begin{bmatrix} \boldsymbol{R}_{ss} & 0 \\ 0 & \boldsymbol{R}_{rr} \end{bmatrix}$,$\boldsymbol{L} = \begin{bmatrix} \boldsymbol{L}_{ss} & \boldsymbol{L}_{sr} \\ \boldsymbol{L}_{rs} & \boldsymbol{L}_{rr} \end{bmatrix}$。

由虚位移原理,可得电磁力 F_e 的方程为

$$F_e = \frac{1}{2}\boldsymbol{i}^{\mathrm{T}}\frac{\partial \boldsymbol{L}}{\partial X}\boldsymbol{i} \tag{5-14}$$

运动方程为

$$m_{\mathrm{tot}}\frac{\mathrm{d}V}{\mathrm{d}t} = F_e - \mu m_{\mathrm{tot}} g \tag{5-15}$$

其中,m_{tot} 为次级与负载质量之和;μ 为动摩擦系数。

当直线电机处于三段初级正常通电模态时,各参数矩阵为

$$\boldsymbol{R}_{ss} = \begin{bmatrix} R_s & 0 & 0 \\ 0 & R_s & 0 \\ 0 & 0 & R_s \end{bmatrix}, \boldsymbol{R}_{rr} = \begin{bmatrix} R_r & 0 & 0 \\ 0 & R_r & 0 \\ 0 & 0 & R_r \end{bmatrix}, \boldsymbol{L}_{ss} = \begin{bmatrix} L_m + L_{ls} & L_p & L_t \\ L_p & L_m + L_{ls} & L_t \\ L_t & L_t & L_m + L_{ls} \end{bmatrix},$$

$$\boldsymbol{L}_{sr} = \boldsymbol{L}_{rs}^{\mathrm{T}} = L_m \begin{bmatrix} \cos(\beta X) & \cos\left(\beta X - \frac{4}{3}\pi\right) & \cos\left(\beta X - \frac{2}{3}\pi\right) \\ \cos\left(\beta X - \frac{2}{3}\pi\right) & \cos(\beta X) & \cos\left(\beta X - \frac{4}{3}\pi\right) \\ \cos\left(\beta X - \frac{4}{3}\pi\right) & \cos\left(\beta X - \frac{2}{3}\pi\right) & \cos(\beta X) \end{bmatrix},$$

$$\boldsymbol{L}_{rr} = \begin{bmatrix} L_m + L_{lr} & -L_m/2 & -L_m/2 \\ -L_m/2 & L_m + L_{lr} & -L_m/2 \\ -L_m/2 & -L_m/2 & L_m + L_{lr} \end{bmatrix}。$$

考虑切换瞬态的分段供电仿真框图如图 5-18 所示。

仿真中,需要根据次级位置判断电机初级是处于正常通电模态,还是处于并联模态或

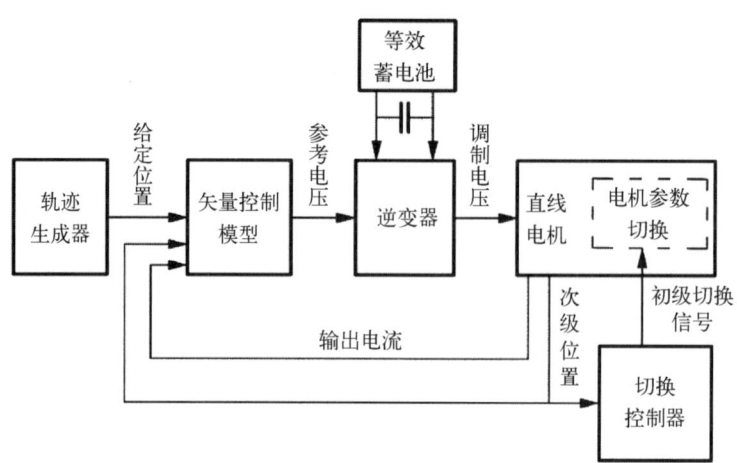

图 5‑18　考虑切换瞬态的分段供电仿真框图

错位模态,然后调取相应的电机参数进行计算。为实现对次级运动的精确控制,系统采用基于次级磁场定向的矢量控制,仿真中,电机对象的电磁参数如表 5‑2 所示。

表 5‑2　电机电磁参数

参　　数	符　　号	数　　值
初级绕组电阻/Ω	R_s	0.426 1
次级等效电阻/Ω	R_r	0.157 0
激磁电感/mH	L_m	0.889 6
初级绕组漏感/mH	L_{ls}	1.704 1
初级 AB 相间互感/mH	L_p	−0.240 4
初级 AC、BC 相间互感/mH	L_t	−0.444 8
次级等效漏感/mH	L_{lr}	0.059 27
极距/m	τ	0.15
次级与负载质量之和/kg	m_{tot}	350
次级额定磁链/Wb	ψ_{rd}^*	0.54

矢量控制模型中忽略初级电感的不对称性,即取 $L_p=L_t$,采用对称的 T 型等效电路电机参数。

搭建系统仿真模型,对分段供电直线电机的动态特性进行验证。仿真中,直线电机模型采用 S-function 编写,便于实现电机的变参数处理。整个仿真模型采用离散算法,步长为 20 μs。仅根据次级位置而不考虑电流过零分段供电策略的仿真结果如图 5-19 所示，既根据次级位置也考虑电流过零分段供电策略的仿真结果如图 5-20 所示。

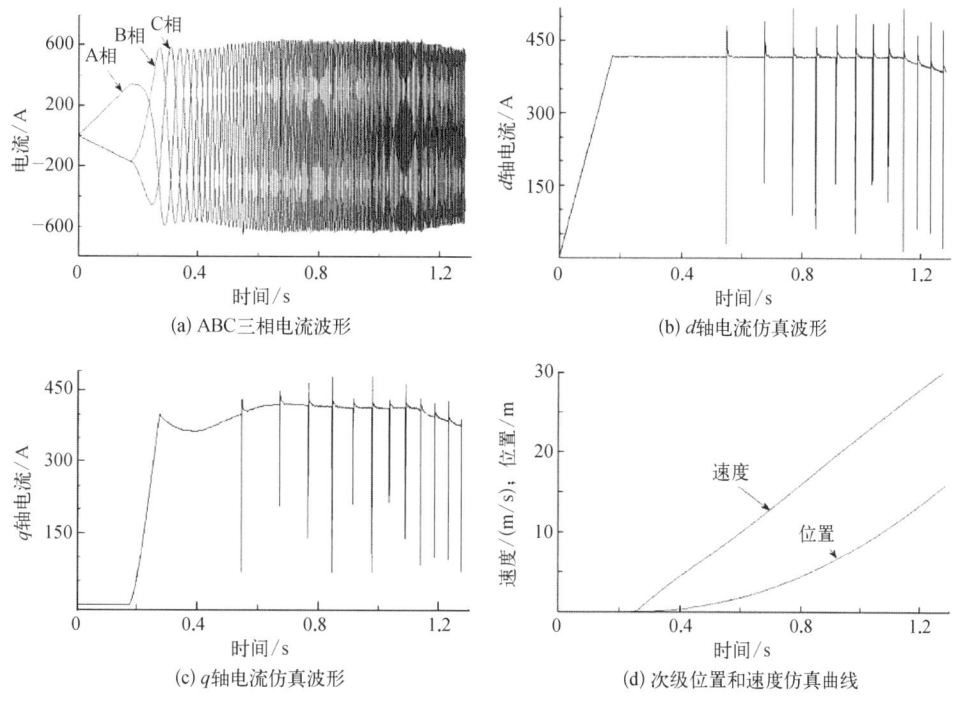

图 5-19 不考虑电流过零切换策略仿真波形

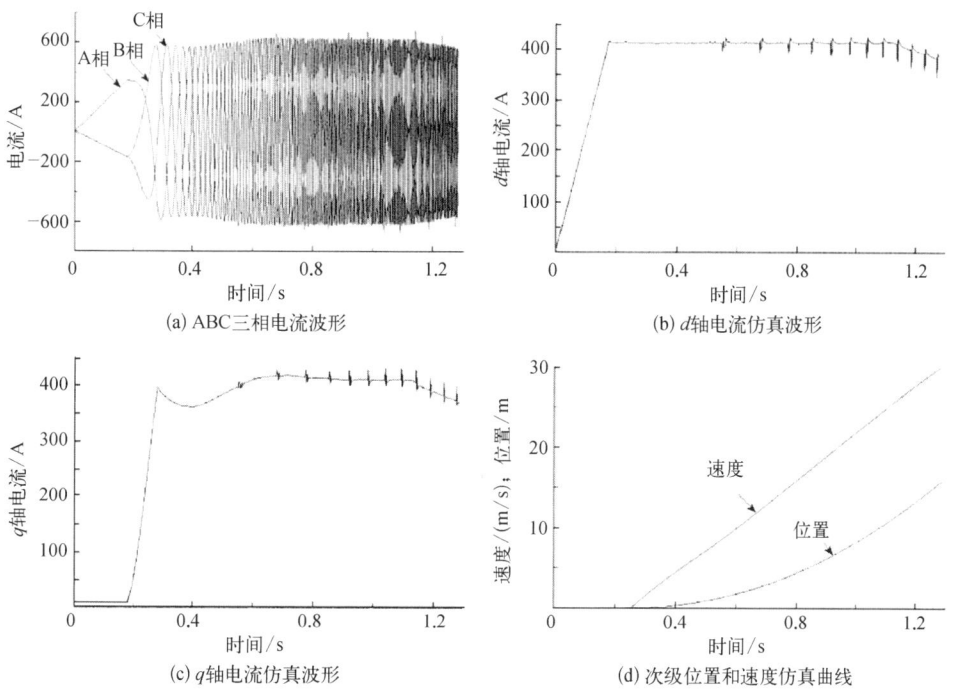

图 5-20 考虑电流过零切换策略仿真波形

可以看出,虽然两种策略都能够在 $t = 1.28$ s 时达到 30 m/s 的既定目标,但是当不考虑在电流过零点切换时,在初级段与段切换供电的暂态过程中,励磁电流分量(d 轴电流)和力矩电流分量(q 轴电流)都出现了幅度较大的波动,三相电流的最大波动值约为 30%;当考虑在电流过零点切换时,励磁电流和力矩电流分量的波动显著减小,三相电流的最大波动值约为 6%。

为验证所述分段供电策略的有效性,通过样机进行切换控制试验。逆变器将 1 150 V 蓄电池直流电压变换为直线感应电机所需要的三相变频电压,利用高精度电流传感器采集电流,利用驱动试验平台实现系统的矢量闭环控制。试验参数与仿真参数保持一致,采用在电流过零点进行切换的分段供电策略,其试验结果如图 5-21 所示。

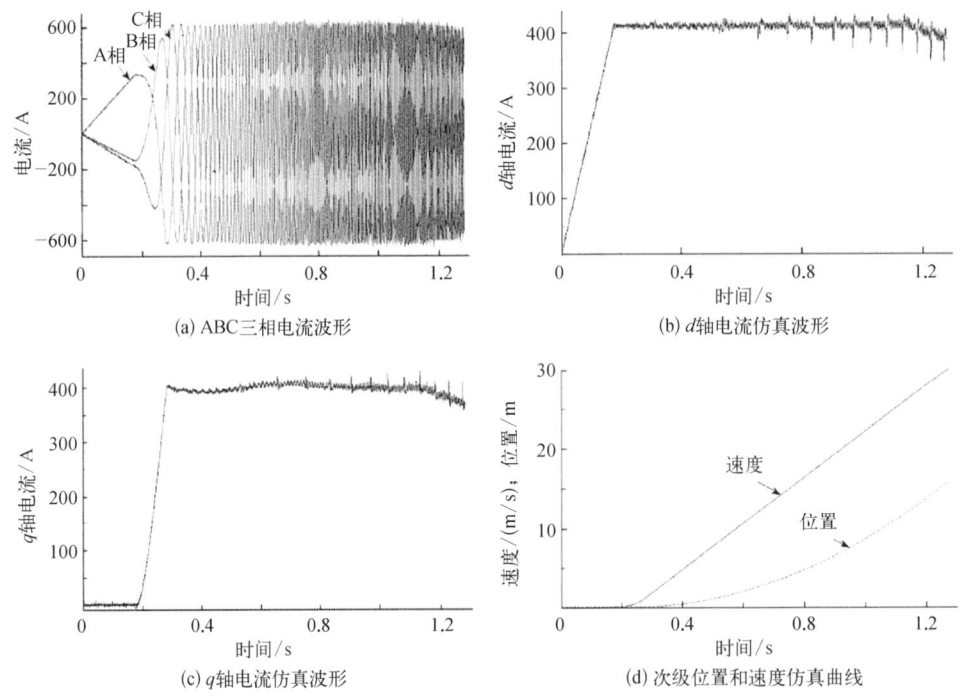

图 5-21 样机试验曲线

从试验波形来看,在初级段与段切换供电的暂态过程中,励磁电流分量最大波动值约为 10%,力矩电流分量最大波动值约为 9%,三相电流由于分段供电切换引起的波动几乎可以忽略不计,由此验证了本节所述分段供电策略的有效性。图 5-20 和图 5-21 的吻合性较好,说明了理论分析和仿真模型的正确性。

5.3 运动轨迹优化

本节主要基于电机电磁方程和负载运动方程,根据设定的发射速度实现运动轨迹的优化,满足电机最大输入电压、电流以及发射距离等约束条件的限制,同时使输出电磁力的峰均力比满足要求,且发射效率较高。

5.3.1 运动轨迹优化原理

发射直线电机为了实现在预定的距离 X_f 达到预定的发射速度 V_f,需要对相关运动参数进行设计和选择,这就是运动轨迹优化。相关运动参数包括:张紧力 F_{hold}、加加速时间 t_s、加加速度 J_{max}、恒加速度 A_{max} 以及制动距离 X_t 等。预先设定好 X_f、V_f、F_{hold}、t_s、F_{brake}、V_f,离线计算出 J_{max} 和 A_{max},然后将他们输入控制系统中的轨迹发生器,在闭环控制过程中利用反馈系统进行实时跟踪调节,使直线电机能够按照预定的轨迹完成发射任务。

5.3.1.1 运动阶段划分

发射直线电机控制的目标是通过闭环控制系统控制直线电机动调逆变器的输出电压,调节直线电机输出电磁力,将负载按照设定的运动轨迹加速到发射速度。理想的发射曲线是整个发射过程中负载加速度恒定,即电机输出电磁力恒定,但电机作为阻感性负载,通过控制电压型逆变器的输出电压,难以立即产生所需的恒定加速度,因此需要将整个电磁发射过程划分为几个阶段:

(1) 为了增加初始运动加速度,缩短加速冲程,在电磁力上升的初始阶段通过张紧机构使动子固定,这一阶段称为张紧阶段。

(2) 当电机输出电磁力大于张紧力 F_{hold} 时,动子开始加速运动,进入加加速阶段。

(3) 当电磁力达到额定电磁力 F_{em} 后,输出电磁力维持不变,动子进入恒加速阶段。

(4) 随着动子速度不断增大,逆变器的输出电压趋于饱和状态,为了避免过调制,需要通过减小动子磁链来降低动子速度,这一阶段称为弱磁阶段。

(5) 当动子达到发射速度后,负载与次级脱扣,需要次级在剩余行程中减速到零以便于回收,这一阶段称为制动阶段。

电磁发射过程的五阶段划分如图 5-22 所示。

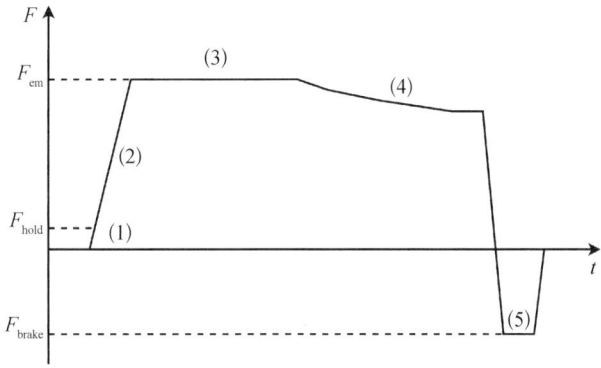

图 5-22 电磁发射的五个阶段

5.3.1.2 轨迹优化的控制参数

电磁发射运动轨迹的优化要受到运动方程、电机方程、过载限制(载人机一般不大于 $5g$)、供电电压限制等因素的约束,设计时必须同时兼顾这些因素,从而得到最优方案。综合考虑负载运行过程和电机时间常数,从图 5-22 可以看出,电磁力曲线具有非线性、分段组合、变化复杂等特点,运动方程本质上是一个多元三阶非线性微分方程组。不仅如此,发射运动轨迹的多个参数受到电机电磁方程的约束,很难在电机实时控制中精确跟踪。因此,需要建立各个阶段的电机电磁方程和运动方程并进行求解,得到各个控制参数之间的约束关系。

由于发射直线电机的运动加速度是联系运动方程和电机电磁方程的关键物理量,因此运动轨迹优化的核心是对直线电机的电磁推力进行精确控制,力决定加速度,加速度决定运动速度和位移,因此,只要对电磁发射过程的加速度曲线进行优化设计,既可以满足电机出力的约束条件,又能达到控制运动速度和位移的目的。表 5-3 给出了电磁发射运动轨迹优化的相关参数,可以根据目标属性将它们划分为约束参数、固有参数和控制参数。

表 5-3 电磁发射运动轨迹优化的参数

参 数 符 号	参 数 定 义	参 数 属 性
v_f	发射速度	约束参数
X_f	发射距离	约束参数
F_N	额定推力	固有参数
a_m	恒加速度	固有参数
v_0	弱磁临界速度	固有参数
a_0	初始加速度	固有参数
n	弱磁系数	控制参数
J_m	加加速度	控制参数
t_1	张紧时间	控制参数
t_2	加加速时间	控制参数
t_3	恒加速时间	控制参数
t_4	弱磁时间	控制参数
F_{brake}	制动力	控制参数

续　表

参 数 符 号	参 数 定 义	参 数 属 性
M	负载质量	固有参数
m	动子质量	固有参数
F_{hold}	张紧力	固有参数

其中,约束参数是指运动轨迹优化的目标,比如,发射速度 v_f 和发射距离 X_f 是由发射任务决定的;固有参数由电磁发射系统的电气参数或机械参数直接或间接决定,比如,恒加速度 a_m 由输出的最大电磁力和负载质量共同决定,弱磁临界速度 v_0 由直流母线电压决定,张紧力 F_{hold} 由张紧缓冲装置决定;控制参数是可以进行优化调节以达到优化目标的参数,比如,通过调节加加速度 J_m 可以决定加速度的变化快慢,从而控制负载速度和位移变化曲线,控制弱磁系数 n 可以调节弱磁阶段的电磁力的下降过程,控制制动力 F_{brake} 可以调节动子的制动减速过程,时间 $t_1 \sim t_4$ 是由控制参数决定的被动控制参数,随着其他控制参数的变化而改变,但时间总和 $t_1+t_2+t_3+t_4$ 需要满足发射频率的约束条件。

恒加速度 a_m 和初始加速度 a_0 分别由以下关系式确定:

$$a_m = \frac{F_N}{(M+m)} \quad (5-16)$$

$$a_0 = \frac{F_{\text{hold}}}{(M+m)} \quad (5-17)$$

为了确定弱磁阶段的启动时机,需要计算从恒加速阶段进入弱磁阶段的临界速度。在恒加速阶段,电机输出额定电磁力 F_N,动子 d 轴给定磁链 $\psi_{rd} = \psi_{rm}$,动子速度 v 不断增大,直线感应电机定子侧输入电压的幅值 U_{sm} 也随之增大,在动子磁链定向控制条件下,其前馈电压方程为

$$\begin{cases} u_{sd} = i_{sd}R'_s - \omega_1 i_{sq}\sigma L'_s \\ u_{sq} = i_{sq}R'_s + \omega_1 i_{sd}\sigma L'_s \end{cases} \quad (5-18)$$

式中,R'_s 和 $\sigma L'_s$ 分别表示等效的定子电阻和定子电感。供电角频率 ω_1 为

$$\begin{aligned} \omega_1 &= \beta v + \omega_{sm} \\ \omega_{sm} &= \frac{2F_N R_r}{3\beta \psi_{rm}^2} \end{aligned} \quad (5-19)$$

定子 d、q 轴电流的计算表达式为

$$\begin{cases} i_{sd} = \dfrac{\psi_{rm}}{L_m} \\ i_{sq} = \dfrac{2F_N L_r}{3\beta L_m \psi_{rm}} \end{cases} \tag{5-20}$$

电机定子侧电压幅值为

$$U_{sm} = \sqrt{u_{sd}^2 + u_{sq}^2} \tag{5-21}$$

假设动子加速度某一临界速度 v_0 时,电机定子侧电压幅值等于直流母线电压 U_d,可以根据公式(5-18)~(5-21)计算出对应的临界速度 v_0。即

$$v_0 = \frac{\sqrt{[2i_{sd}i_{sq}R'_s(L'_s - \sigma L'_s)]^2 - 4i_{sq}^2[(L'_s)^2 + (\sigma L'_s)^2][(R'_s)^2(i_{sd}^2 + i_{sq}^2) - U_d^2]} - 2i_{sd}i_{sq}R'_s(L'_s - \sigma L'_s)}{2\beta[(i_{sq}\sigma L'_s)^2 + (i_{sd}L'_s)^2]} - \frac{\omega_{sm}}{\beta} \tag{5-22}$$

当多台定子同时工作时,由于电机参数不同,其对应的弱磁临界速度也不相同,为避免任何一台直线电机定子的供电电压进入过调制,应选择最小的弱磁临界速度值作为由恒加速阶段进入弱磁阶段的临界速度 v_0。

5.3.2 基于 PSO 的多目标优化算法

在电磁发射运动轨迹优化中,一般给定了发射速度 v_f 和发射距离 X_f 等约束参数,需要根据固有参数求解的量包括: 恒加速度 a_m、加加速时间 t_2、恒加速时间 t_3、弱磁临界速度 v_0、弱磁系数 n 和弱磁时间 t_4。根据公式(5-22)可知,弱磁临界速度 v_0 由恒加速度 a_m 决定,由第 5.2.3 小节的分析可知,弱磁系数 n 由弱磁临界速度 v_0、恒加速度 a_m 和发射速度 v_f 共同决定,加加速时间 t_2 由恒加速度 a_m 决定,恒加速时间 t_3 由弱磁临界速度 v_0 决定,等等。因此,在加速过程的运动轨迹优化中,其实只存在两个独立未知数——恒加速度 a_m 和弱磁系数 n。由于上节所述发射参数的计算表达式十分复杂,且涉及电磁方程、运动方程的多阶耦合,很难进行解析计算。

本小节主要采用粒子群优化(particle swarm optimization,PSO)算法分别对电磁发射加速过程和动子制动过程进行运动轨迹优化设计。PSO 算法的本质是模拟种群觅食的原理,种群中的每个粒子即为一个候选的参数向量,通过计算适应度最小来筛选粒子。反复的迭代可使种群粒子不断接近最优粒子。PSO 辨识方法的适应度函数为

$$\min_{\hat{\theta}} e(\hat{\theta}) = \sum_{j=1}^{N} [V(j) - \hat{V}(j, \hat{\theta})]^2 \tag{5-23}$$

其中,N 表示数据长度,V 表示电池电压,θ 表示模型参数,上标"^"表示估计值。粒子的

更新过程包括方向 v 和位置 θ 两个属性的更新,即

$$\begin{aligned}v_i &= w \times v_i + c_1 \times \gamma_1 \times (\text{pbest}_i - \theta_i) + c_2 \times \gamma_2 \times (\text{gbest}_i - \theta_i) \\ \theta_i &= \theta_i + v_i\end{aligned} \quad (5-24)$$

其中,i 表示粒子编号;pbest 表示局部最优参数;gbest 表示全局最优参数;W、c_1 和 c_2 分别表示粒子的更新过程受历史方向、局部最优和全局最优的影响程度,均为常数;γ_1 和 γ_2 分别表示随机系数。

5.3.2.1 加速过程的优化

运动轨迹优化的本质是设计加速度变化曲线,在闭环控制的过程中根据设计的加速度曲线给定速度,通过闭环控制实现加速过程和末速度与设计值吻合。根据分析,电磁发射加速过程运动轨迹优化的目标函数是通过优化恒加速度 a_m 和弱磁系数 n,在尽可能短的发射冲程 x_f 内将负载加速至发射速度 v_f,即

$$\begin{cases} \min\limits_{\hat{\boldsymbol{\theta}}} \{ e(\hat{\boldsymbol{\theta}}) = [v_f - \hat{v}(\hat{\boldsymbol{\theta}})]^2 \} \\ \text{s.t.}: \min\limits_{\hat{\boldsymbol{\theta}}} [x(\hat{\boldsymbol{\theta}})] \\ \hat{\boldsymbol{\theta}} = [\hat{a}_m, \hat{n}]^T \end{cases} \quad (5-25)$$

或者,在设定的发射冲程 x_f 内将负载加速至发射速度 v_f,$x_f \leq X_f - x_b$,其中,x_b 指制动冲程,即

$$\begin{cases} \min\limits_{\hat{\boldsymbol{\theta}}} \{ e(\hat{\boldsymbol{\theta}}) = [v_f - \hat{v}(\hat{\boldsymbol{\theta}})]^2 \} \\ \text{s.t.}: \min\limits_{\hat{\boldsymbol{\theta}}} [x(\hat{\boldsymbol{\theta}}) - x_f]^2 \\ \hat{\boldsymbol{\theta}} = [\hat{a}_m, \hat{n}]^T \end{cases} \quad (5-26)$$

本小节采用公式(5-26)所示的目标函数。基于 PSO 的加速过程运动轨迹优化的流程如图 5-23 所示。

5.3.2.2 制动过程的优化

制动过程的优化目标是通过设计电磁制动力曲线使电机动子在制动冲程 x_b 内减速到 0。根据第 5.3.1.2 小节的分析可知,电机动子制动过程的运动轨迹优化参数中也存在两个独立变量——电磁力反向时间 T_j 和最大反向电磁制动力 F_{brake},其余参数均可由这两个参数确定。制动冲程 x_b 可以近似表示为

$$x_b = x(t_b) + v(t_b)(t_c - t_b) + \frac{a_b}{2}(t_c - t_b)^2 + \frac{v_{\text{sat}}^2}{a_b}\left(e^{\frac{a_b}{v_{\text{sat}}}(t_d - t_c)} - 1\right) \quad (5-27)$$

其中,$a_b(<0)$ 表示制动力恒定阶段的加速度,$a_b = \dfrac{F_{\text{brake}}}{m}$,$x(t_a)$、$v(t_a)$、$x(t_b)$ 和 $v(t_b)$ 分别

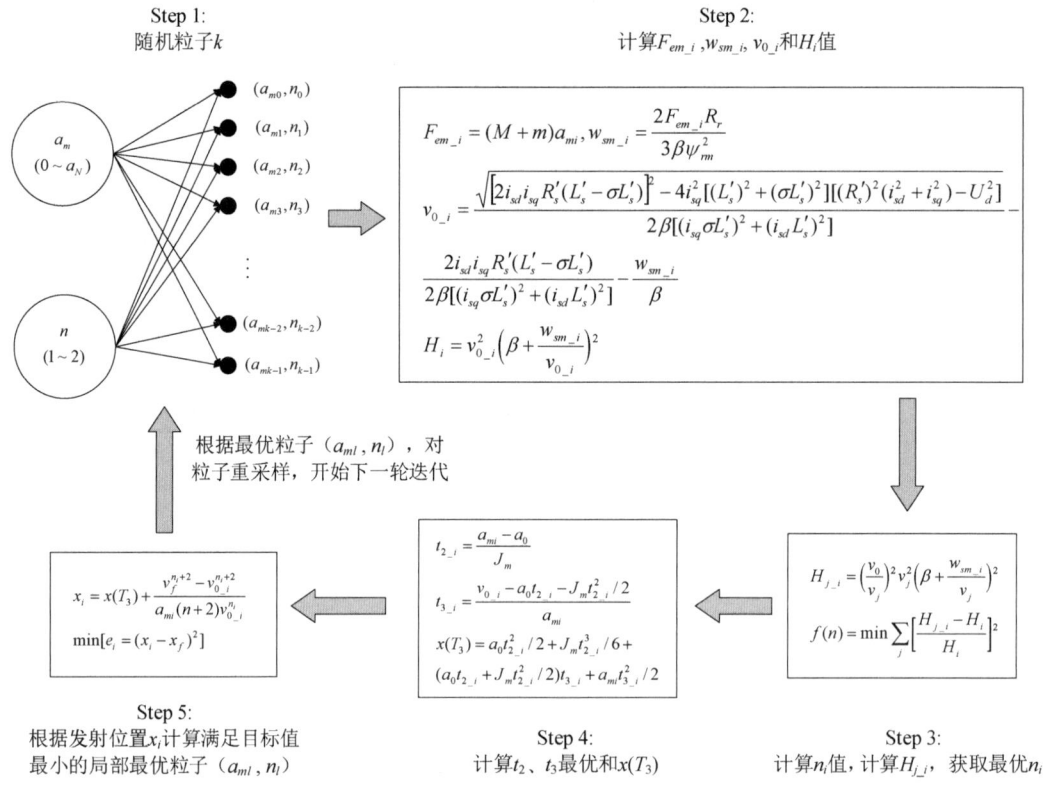

图 5-23 加速过程 PSO 优化流程图

表示为

$$v(t_a) = v_f + \frac{F_{ef}}{M+m}t_a + \frac{K_d}{2(M+m)}t_a^2$$

$$v(t_b) = v(t_a) + \frac{F_{ef}}{m}(t_b - t_a) + \frac{K_d}{2m}(t_b^2 - t_a^2)$$

$$x(t_a) = v_f t_a + \frac{F_{ef}}{2(M+m)}t_a^2 + \frac{K_d}{6(M+m)}t_a^3$$

$$x(t_b) = x(t_a) + \left(v(t_a) - \frac{F_{ef}}{2m}t_a^2\right)(t_b - t_a) + \frac{F_{ef}}{2m}(t_b - t_a)^2 + \frac{K_d}{6m}(t_b^3 - t_a^3)$$

(5-28)

值得注意的是,电磁力反向阶段,在电磁力为正($t < t_a$)时,电机动子仍与负载一起加速直至电磁力下降为 0,随后由于制动力作用,电机动子才与负载分离。因此,负载的实际发射速度是 $v(t_a) > v_f$,如果要实现准确的发射速度 v_f,应该提前进入制动阶段。在实际的控制中,当检测到动子速度低于设定值 v_{end} 且维系一段时间,即认为动子已经制动住,一般设定 v_{end} 为接近 0 的值。

根据分析,电磁发射制动过程运动轨迹优化的目标函数是通过电磁力反向时间 T_j 和最大反向电磁制动力 F_{brake},在尽可能短的制动冲程 x_b 内将动子减速至停止速度 v_{end},即

$$\begin{cases} \min_{\hat{\theta}}[\hat{x}_b(\hat{\theta})] \\ \text{s.t.} : x_b \leqslant X_f - x_f, \ v \leqslant v_{\text{end}} \\ \hat{\boldsymbol{\theta}} = [\hat{T}_j, \hat{F}_{\text{brake}}]^{\text{T}} \end{cases} \quad (5-29)$$

或者,在设定的制动冲程 x_b 内将动子减速至停止速度 v_{end},即

$$\begin{cases} \min_{\hat{\theta}}\{e(\hat{\theta}) = [x_b - \hat{x}_b(\hat{\theta})]^2\} \\ \text{s.t.} : x_b \leqslant X_f - x_f, \ v \leqslant v_{\text{end}} \\ \hat{\boldsymbol{\theta}} = [\hat{T}_j, \hat{F}_{\text{brake}}]^{\text{T}} \end{cases} \quad (5-30)$$

本小节采用公式(5-30)所示的目标函数,基于 PSO 的制动过程运动轨迹优化的流程如图 5-24 所示。

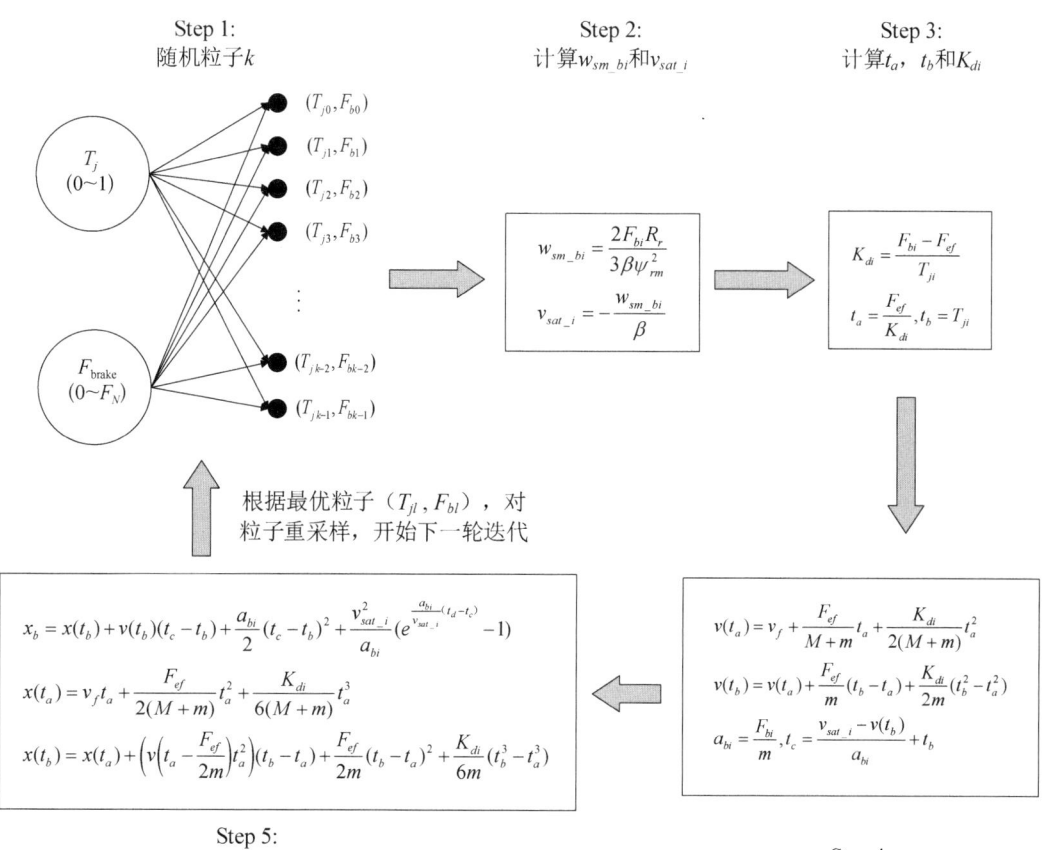

图 5-24 制动过程 PSO 优化流程图

5.4 弱磁控制技术

电磁发射用直线电机动子和负载在加速阶段会经历预充磁、张紧、加加速、恒加速和弱磁几个阶段,直至加速到发射速度,由于目标速度绝对值很大,随着动子运动速度的升高,电机的反电动势相应增加,当电机内阻较小时可近似认为反电势与速度成正比,电机端电压也随之增加,当电机端电压达到逆变器能够提供的极限电压值时,会受到逆变器容量和电机功率等级的限制,其中最主要也是最直接的限制来自最大相电流和最大相电压,由于供电电压的限制及电流控制器的饱和影响,电机转速无法继续升高,从而限制了电机的调速范围[154]。在逆变器达到输出电压极限值后,通过弱磁控制技术控制去磁电流来"减弱"电机气隙磁场,达到继续加速动子的目的[155]。

5.4.1 弱磁原理

在相当多的工程应用中,电机需要高于额定转速工作。对于新型直线电动机系统,通过弱磁控制可以达到较高的速度范围,并能降低电机的绝缘要求和系统的最大功率等级。但由于弱磁区电磁推力下降,需要适当延长动力冲程才能达到同样的末速度。以小型样机为例,其动态电压随频率的变化曲线如图 5-25 所示。从图中可以看出,若不采用弱磁,直线电动机达到发射速度时所需的最大电压有效值超过了蓄电池电压门限(V_{DC}),因而需要在对应频率(74.5 Hz)处进行弱磁控制。直线电动机驱动装置的直流侧电压需求

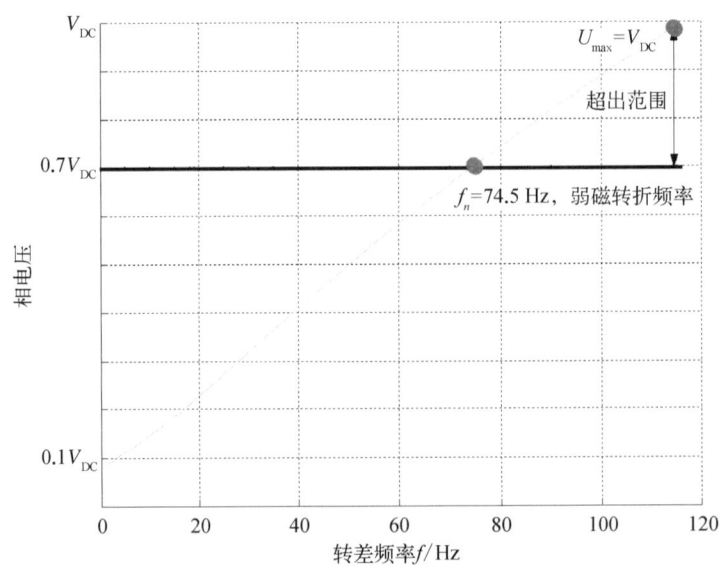

图 5-25 直线电动机电压随频率变化曲线

降低,且降低了直线电动机绝缘等级。但与此同时,电机的跑道长度将增加。

因而,在进行系统设计的时候,其目标函数为

$$f(U_{\max}, L_{\text{power}}) = \text{Optimal}(\min U_{\max}, \min L_{\text{power}}) \quad (5-31)$$

即系统需要在最大供电电压和最小发射距离之间进行优化设计,既要使直线电动机电压满足驱动系统输出限幅,也要使跑道长度满足实际平台要求。

当相电压高于限制电压时进入弱磁阶段,此时的控制策略是:相电压、转差频率保持不变,相电流不断减小,即电磁力减小。在弱磁阶段,需要通过结合电机的电磁方程和运动方程来计算其加速度。首先通过速度求得供电频率,得到此时对应的 T 型等效电路输入端口阻抗,其次得到绕组电流(电压已知),然后求出电机的电磁推力,最后得到加速度,进而得到下一时刻的速度、位置[156]。

5.4.2 电磁发射弱磁控制技术

本节将在传统恒功率区弱磁控制的基础之上,着重分析在不考虑电流限制情况下的恒转矩区域的弱磁控制方法,包括恒转矩区域下的电机弱磁控制原理分析,提出一种新的恒转矩区的永磁同步电机弱磁控制方法,以及对恒转矩区域弱磁控制算法和切换弱磁条件的研究。

5.4.2.1 电压电流方程

在恒加速阶段,电机输出额定电磁力 F_N,动子 d 轴给定磁链 $\psi_{rd} = \psi_{rm}$,动子速度 v 不断增大,直线感应电机定子侧输入电压的幅值 U_{sm} 也随之增大,在动子磁链定向控制条件下,其前馈电压方程为

$$\begin{aligned} u_{sd} &= i_{sd}R'_s - \omega_1 i_{sq}\sigma L'_s \\ u_{sq} &= i_{sq}R'_s - \omega_1 i_{sd}\sigma L'_s \end{aligned} \quad (5-32)$$

式中,R'_s 和 $\sigma L'_s$ 分别表示等效的定子电阻和定子电感;供电角频率 ω_1 为

$$\begin{aligned} \omega_1 &= \beta v + \omega_{sm} \\ \omega_{sm} &= \frac{2F_N R_r}{3\beta \psi_{rm}^2} \end{aligned} \quad (5-33)$$

定子 d、q 轴电流的计算表达式为

$$\begin{cases} i_{sd} = \dfrac{\psi_{rm}}{L_m} \\ i_{sq} = \dfrac{2F_N L_r}{3\beta L_m \psi_{rm}} \end{cases} \quad (5-34)$$

电机定子侧电压幅值为

$$U_{sm} = \sqrt{u_{sd}^2 + u_{sq}^2} \tag{5-35}$$

5.4.2.2 弱磁区域分析

电磁发射用直线电机通过闭环控制系统控制直线电机动调逆变器的输出电压,调节直线电机输出电磁力,将负载按照设定的运动轨迹加速到发射速度。理想的运动曲线是整个发射过程中负载加速度恒定,即电机输出电磁力恒定,但是随着动子速度的提升,在逆变器达到输出电压极限值后,需要通过控制去磁电流来"减弱"电机气隙磁场,实现弱磁控制,因此需要考虑电磁发射过程中恒推力阶段结束和制动阶段开始时刻。

为了确定弱磁阶段的启动时机,需要计算从恒加速阶段进入弱磁阶段的临界速度。当电磁力达到额定电磁力后,输出电磁力维持不变,动子进入恒加速阶段。在此阶段,假设动子加速至某一临界速度 v_0 时,电机定子侧电压幅值等于直流母线电压 U_d,计算出对应的临界速度 v_0 为

$$v_0 = \frac{\sqrt{[2i_{sd}i_{sq}R_s'(L_s'-\sigma L_s')]^2 - 4i_{sq}^2[(L_s')^2+(\sigma L_s')^2][(R_s')^2(i_{sd}^2+i_{sq}^2)-U_d^2]} - 2i_{sd}i_{sq}R_s'(L_s'-\sigma L_s')}{2\beta[(i_{sq}\sigma L_s')^2+(i_{sd}L_s')^2]} - \frac{\omega_{sm}}{\beta} \tag{5-36}$$

当多台定子同时工作时,由于电机参数不同,其对应的弱磁临界速度也不相同,为避免任何一台直线电机定子的供电电压进入过调制,应选择最小的弱磁临界速度值作为由恒加速阶段进入弱磁阶段的临界速度 v_0。

5.4.2.3 弱磁控制策略

随着动子速度不断增大,逆变器的输出电压趋于饱和状态,为了避免过调制,需要通过减小动子磁链来降低动子速度,进一步增加输出电压能力,这一阶段称为弱磁阶段[157]。当动子速度达到临界弱磁速度 v_0 且未达到发射速度 v_f 时,控制系统进入弱磁阶段,若已经达到发射速度 v_f,则跳过弱磁阶段直接进入制动阶段。弱磁阶段的优化目标是在避免电压过调制的前提下,尽量提升发射电机的输出电磁力。

根据第 2 章介绍的直线感应电机等效电路模型,动子电流有效值 I_r 可以表示为

$$I_r = \frac{U_1}{\sqrt{\omega_1^2\left(\dfrac{L_{l1}L_{s1}'}{L_m}+L_{ls1}'\right)^2+\left(R_{s1}'+\dfrac{R_rL_{s1}'}{sL_m}\right)^2}} \tag{5-37}$$

电磁功率：

$$P_{em} = 3I_r^2 \frac{R_r}{s} = \frac{3U_1^2 R_r}{s\omega_1^2 \left(\frac{L_{l1}L'_{s1}}{L_m} + L'_{ls1}\right)^2 + \left(R'_{s1} + \frac{R_r L'_{s1}}{sL_m}\right)^2} \quad (5-38)$$

电磁力：

$$F_e = \frac{P_{em}}{v} = \frac{\beta P_{em}}{\omega_1} = \frac{3\beta U_1^2 R_r}{\omega_s \omega_1^2 \left[\left(\frac{L_{l1}L'_{s1}}{L_m} + L'_{ls1}\right)^2 + \left(\frac{R'_{s1}}{\omega_1} + \frac{R_r L'_{s1}}{\omega_s L_m}\right)^2\right]} \quad (5-39)$$

式(5-39)给出了直线感应电机输出电磁力 F_e 与定子电压 U_1 之间的关系，可以改写成以下形式：

$$F_e \omega_1^2 = F_e v^2 \left(\beta + \frac{\omega_s}{v}\right)^2 = \frac{3\beta U_1^2 R_r}{\omega_s \left[\left(\frac{L_{l1}L'_{s1}}{L_m} + L'_{ls1}\right)^2 + \left(\frac{R'_{s1}}{\omega_1} + \frac{R_r L'_{s1}}{\omega_s L_m}\right)^2\right]} \quad (5-40)$$

当动子加速到弱磁临界速度 v_0 时，定子侧电压达到直流侧电压 U_d，则有

$$F_N v_0^2 \left(\beta + \frac{\omega_{sm}}{v_0}\right)^2 = \frac{3\beta U_d^2 R_r}{\omega_{sm} \left[\left(\frac{L_{l1}L'_{s1}}{L_m} + L'_{ls1}\right)^2 + \left(\frac{R'_{s1}}{\beta v_0 + \omega_{sm}} + \frac{R_r L'_{s1}}{\omega_{sm} L_m}\right)^2\right]} \quad (5-41)$$

式中，F_N 和 ω_{sm} 分别为恒加速阶段的电磁力和转差角频率，由于 ω_{sm} 为恒流供电时电机输出最大电磁力所对应的转差角频率，故在弱磁阶段仍控制转差角频率为 ω_{sm}。弱磁阶段，为了控制直线电机定子侧电压达到 U_d，设定电磁力 F_e 与动子速度 v 之间应满足如下表达式：

$$F_e v^2 \left(\beta + \frac{\omega_{sm}}{v}\right)^2 \approx F_N v_0^2 \left(\beta + \frac{\omega_{sm}}{v_0}\right)^2 \quad (5-42)$$

为了使弱磁阶段电磁力设置简单、可靠，设定电磁力 F_e 与速度 v 的变化关系为

$$F_e(t) = F_N \left(\frac{v_0}{v}\right)^n \quad (5-43)$$

式中，$F_e(t)$ 是额定电磁力；v 是动子速度；n 是弱磁系数，选择依据是既要充分利用直流侧电压的容量，又不能超过电源的输出电压限制。传统的旋转异步电机，由于定子漏抗较小，压降系数较大，因而感应电势近似与供电电压相等，当恒定转差频率时，其转矩公式与转速的二次方（n 取 2）成反比。而电磁发射用直线电机定子漏抗很大，压降系数较小，其

推力公式不能简单按照旋转异步电机的推导方法处理。根据公式(5-43)，电机的瞬时加速度满足：

$$a(t) = a_m \left(\frac{v_0}{v}\right)^n \tag{5-44}$$

把公式(5-43)代入公式(5-42)，弱磁阶段应控制给定速度 v^* 满足以下条件：

$$\left(\frac{v_0^*}{v^*}\right)^n v^{*2}\left(\beta + \frac{\omega_{sm}}{v^*}\right)^2 = v_0^2\left(\beta + \frac{\omega_{sm}}{v_0}\right)^2 = H^* \tag{5-45}$$

可通过如下目标函数求取 n：

$$f(n) = \min \sum_j \left[\frac{\left(\frac{v_0}{v_j}\right)^n v_j^2\left(\beta + \frac{\omega_{sm}}{v_j}\right)^2 - H^*}{H^*}\right]^2 \tag{5-46}$$

即在弱磁阶段确保实际 H 值与给定 H^* 值之间的均方差最小。

5.4.3 最佳弱磁方式

参考第 2 章的等效电路，在弱磁阶段，电机供电频率：

$$f = \frac{V}{2\tau} + sf \tag{5-47}$$

屏蔽层等效阻抗：

$$Z_{\text{shld}} = \frac{1}{\frac{1}{R_{bi}} + \frac{1}{\text{j}2\pi f L_t + Z_{bo}}}, \quad Z_{bo} = \frac{1}{\frac{1}{R_{bo}} + \frac{1}{\text{j}2\pi f L_b}} \tag{5-48}$$

式中，Z_{bo} 对应外屏蔽层等效阻抗。

定子侧总阻抗：

$$Z_s = Z_{\text{shld}} + R_s + \text{j}2\pi f L_{ls} \tag{5-49}$$

动子阻抗：

$$Z_r = \frac{1}{\frac{1}{\text{j}2\pi f M} + \frac{s}{R_r}} \tag{5-50}$$

电机相电压有效值：

$$\dot{U}_s = \dot{I}_s(Z_s + Z_r) = \dot{I}_s \left(\cfrac{1}{\cfrac{1}{R_{bi}} + \cfrac{1}{j2\pi f L_t + \cfrac{1}{\cfrac{1}{R_{bo}} + \cfrac{1}{j2\pi f L_b}}}} + R_s + j2\pi f L_{ls} + \cfrac{1}{\cfrac{1}{j2\pi f M} + \cfrac{s}{R_r}} \right) \quad (5-51)$$

当 $U_s = U_{\max}$ 时，系统进入弱磁调节阶段，此时的供电频率即弱磁基频 f_b，一般 f_b 已较高，当 $f \geqslant f_b$ 时，$\dfrac{1}{j2\pi f L_b} \ll \dfrac{1}{R_{bo}}$，$j2\pi f L_t \gg R_{bo}$，$\dfrac{1}{j2\pi f L_t} \ll \dfrac{1}{R_{bi}}$，上式可简化为

$$\dot{U}_s = \dot{U}_{\max} = \dot{I}_s(Z_s + Z_r) = \dot{I}_s \left(R_{bi} + R_s + j2\pi f L_{ls} + \cfrac{1}{\cfrac{1}{j2\pi f M} + \cfrac{s}{R_r}} \right) \quad (5-52)$$

弱磁阶段的电磁推力：

$$F_e = \frac{m_1 s \left(\left| \dfrac{Z_r}{Z_s + Z_r} \right| |U_{\max}| \right)^2}{R_r \times V_s} \quad (5-53)$$

由(5-52)和(5-53)可得

$$F_e V_s = \frac{m_1 s \omega U_{\max}^2 (|s\omega + jR_r/M|)^2}{(|s\omega[\omega R_r + s\omega(R_s + R_{bi})] + (R_s + R_{bi}) \times R_r^2/M^2 + j\omega[(R_r/M)^2(M + L_{ls}) + L_{ls}(s\omega)^2]|)^2} \quad (5-54)$$

式中，$s\omega$ 为常数。当 ω 增大时，电机的输出功率将减小。若采用弱磁系数 $n=1$ 进行控制，在弱磁阶段电机的有用功率将得不到充分利用。将式(5-54)两边同时乘 V_s，化简可得

$$F_e V_s^2 = \frac{m_1 s \omega U_{\max}^2 (|s\omega + jR_r/M|)^2}{\beta(|s\omega[R_r + s(R_s + R_{bi})] + (R_s + R_{bi}) \times R_r^2/(\omega M^2) + j[(R_r/M)^2(M + L_{ls}) + L_{ls}(s\omega)^2]|)^2} \quad (5-55)$$

从式(5-55)可见，当 ω 增大时，$F_e V_s^2$ 将增大，因而若采用弱磁系数 $n=2$ 进行控制，在弱磁阶段电机的供电电压将得不到充分利用。

从以上分析可见，由于传统异步电机定子漏抗很小，压降系数较大，因而感应电势近

似与供电电压相等,当恒定转差频率时,其转矩公式与转速的二次方成反比,因而在弱磁阶段,n 的取值为 2。而对于电磁发射用直线电机,定子漏抗很大,压降系数较小,因此其推力公式不能简单按照旋转异步电机的推导方法进行近似处理,因而 n 的选择需要在 1~2 之间,使 $F_eV_s^n$ 恒定不变,由于 V_s 无法实时测量,且考虑到弱磁阶段转差频率不变,因而利用动子实际速度 V 代替 V_s,即

$$F_{ei}V_i^n = F_{em}V_0^n, \ n \in (1, 2) \tag{5-56}$$

V_i 为弱磁开始时刻速度 v_0 与发射末速度 v_f 的任意值。

当弱磁阶段采用式(5-56)的控制策略时,电机的瞬时加速度满足 $a_iv_i^n = a_0v_0^n$,由于 $\frac{ds}{dv}\frac{dv}{dt} = \frac{ds}{dv}a = v$,又由于 $av^n = a_0v_0^n$,于是运动位移变化为

$$ds = \frac{v^{n+1}}{a_0v_0^n}dv \tag{5-57}$$

将式(5-57)两边积分得

$$s_i = \frac{v_i^{n+2} - v_0^{n+2}}{(n+2)a_0v_0^n} \tag{5-58}$$

因此当 $v_i = v_f$ 时,$s_f = \frac{v_f^{n+2} - v_0^{n+2}}{(n+2)a_0v_0^n}$,相对于恒加速,弱磁阶段导致系统增加的行程为

$$\Delta s = \frac{v_f^{n+2} - v_0^{n+2}}{(n+2)a_0v_0^n} - \frac{v_f^2 - v_0^2}{2a_0} \tag{5-59}$$

为了求取最佳 n 值,由式(5-56)和式(5-59),可建立如下目标函数:

$$f(n) = \min\left(\sum_{i=1}^{N}[F_{ei}V_i^n - F_{em}V_0^n]^2, \Delta s\right), \ n \in (1, 2) \tag{5-60}$$

式中,$i = 1, 2, 3, \cdots, \Delta t_{\text{drop}}/T$,$\Delta t_{\text{drop}}$ 为弱磁阶段持续时间,T 为步长。

将直线电机的参数代入式(5-53),并根据式(5-60)进行搜索比较,可求出最优 n。

5.5 多定子控制技术

为了进一步提高推力密度和可靠性,长初级双边直线电机可以采用多台电机初级

($N \geq 2$)上下并联布置共用一个次级的结构形式。即使某台电机初级发生故障,仍然可以利用剩下的 $N-1$ 台电机完成单次发射任务,因此具有很强的冗余性。文献[158]初步探讨了两定子直线感应电机模型及性能,发现双初级同时通入同向电流时,推力大于两台初级单独工作时的推力之和,而端口电压却低于单独初级工作时的电压。文献[136]开展了四定子直线感应电机在单台电机出现故障时通过剩下三台电机出力完成预先设定的任务的研究。文献[159]采用间接矢量控制、弱磁控制和定子电压前馈的综合策略,实现了直线感应电机电磁推力与动子磁链的解耦控制。文献[160]建立了电机等效电路模型及其控制器模型,得到了多定子直线感应电机电磁推力的计算表达式,并给出了适用于该控制器模型的间接矢量控制算法。

本节主要针对多定子直线感应电机,对其数学模型进行深入研究,并基于等效电路模型,分析两定子直线感应电机输出电磁推力与输入相电流及工作转差频率之间的函数关系,并得到单台定子因故障而退出运行,另一台定子维持输出电磁推力不变时其三相电流的过载规律,最后给出间接矢量控制算法和控制系统框图。

5.5.1 任务交班策略

与单定子直线感应电机相比,多定子直线感应电机的高可靠性和冗余性体现在:当控制系统检测到某台电机出现故障时,可以通过调整矢量控制策略,利用剩下的 $N-1$ 台电机来完成预先设定的任务。为表述方便,取 N 阶单位矩阵 $\boldsymbol{E}_N$ 为

$$\boldsymbol{E}_N = [\boldsymbol{q}_1^T \quad \boldsymbol{q}_2^T \quad \cdots \quad \boldsymbol{q}_N^T] \tag{5-61}$$

假设第 n 台电机初级绕组故障,此时需调整控制策略,使 i_d 中故障电机的励磁电流分量给定值:

$$i_{d,n}^* = \boldsymbol{q}_n \boldsymbol{i}_d = 0 \tag{5-62}$$

多定子直线感应电机任务交班的要求是实现在交班前后,维持直线电机电磁推力不变。近似法采用的策略是仅仅将 $i_{d,n}$ 给定指令切换为零,而其他电机励磁电流给定值维持交班前的设定值不变[50]。当采用近似法时,剩下 $N-1$ 台电机的转差频率将增大,即通过调节剩下电机的 q 轴电流来维持电磁推力不变。

该策略的优点是不需要修改控制算法,容易实现。然而,采用该策略时,由于多定子直线感应电机激磁电感及动子互阻交叉耦合项的影响,可求得故障电机 q 轴电流 $i_{q,n}$ 并不为零,即控制系统给定的故障电机电流输出指令并不为零,因此并没有实现完全隔离故障电机,当故障电机发生绕组短路故障时,有可能造成严重后果。为了进一步隔离故障电机,可以采用故障隔离法进行任务交班。故障隔离法是在近似法的基础上增加约束条件

$$i_{q,n} = \boldsymbol{q}_n \hat{\boldsymbol{R}}_r^{-1} \hat{\boldsymbol{L}}_m \boldsymbol{i}_d = 0 \qquad (5-63)$$

在此约束条件中，剩下 $N-1$ 台电机的励磁电流给定值 $i_{d,k}$ 不能再维持任务交班前的设定值，而是必须进行调整。该策略的实质是改变了电机动子板上的涡流环路，使得故障定子没有交链磁链。该交班策略实现了故障定子给定电流指令 $i_{d,n}$ 及 $i_{q,n}$ 均为零，即故障定子没有电流输出，完全实现了故障电机的隔离，因此能够应用于故障电机绕组短路故障等情形。

然而，在正常情况下，为了实现 N 台电机出力均衡，且电磁推力尽可能大，同时减小动子涡流损耗，所有定子的励磁电流 $i_{d,n}$ 是同符号的，而且幅值相近。利用有限元计算发现，电机耦合参数

$$\hat{\boldsymbol{R}}_r^{-1} \hat{\boldsymbol{L}}_m = (a_{ij})_{N \times N}, \; i, j = 1, 2, \cdots, N \qquad (5-64)$$

式(5-64)的所有元素 a_{ij} 均为正数，则满足约束条件的 $N-1$ 台电机励磁电流中至少有一台电机的励磁电流存在反向的过程。由于动子时间常数的存在，与动子交链的磁场并不能立即变化，造成励磁电流反向将存在较长时间的电磁过渡过程，从而使直线感应电机输出的电磁推力存在较大的波动。

5.5.2 间接矢量控制

当电机励磁电流 i_d 给定时，电机输出电磁推力与工作转差频率 ω_s 成线性比例关系。对于系统给定的励磁电流 i_d^*，期望输出电磁推力为 F_e 时所需的转差频率为[51]

$$\omega_s = \frac{F_e}{\beta \boldsymbol{i}_d^{*\mathrm{T}} \hat{\boldsymbol{L}}_m^{\mathrm{T}} \hat{\boldsymbol{R}}_r^{-1} \hat{\boldsymbol{L}}_m \boldsymbol{i}_d^*} \qquad (5-65)$$

由式(5-63)知期望的 q 轴电流为

$$i_q = F_e \frac{\hat{\boldsymbol{R}}_r^{-1} \hat{\boldsymbol{L}}_m \boldsymbol{i}_d}{\beta \boldsymbol{i}_d^{*\mathrm{T}} \hat{\boldsymbol{L}}_m^{\mathrm{T}} \hat{\boldsymbol{R}}_r^{-1} \hat{\boldsymbol{L}}_m \boldsymbol{i}_d^*} \qquad (5-66)$$

则第 n 台定子期望的 d、q 轴电流为

$$i_{d,n}^* = \boldsymbol{q}_n \boldsymbol{i}_d^*, \; i_{q,n}^* = \boldsymbol{q}_n \boldsymbol{i}_q^*, \; n = 1, 2, \cdots, N \qquad (5-67)$$

上述分析是假设动子极数较多，忽略了动子纵向边端效应的影响。然而事实上，由于纵向边端效应的影响，电机每台定子绕组均存在着电流不平衡。电机零序电流的存在，将导致多定子直线感应电机能量利用效率降低，同时对电机散热带来不利影响。为此，补充电机第 n 台定子的零序电流期望值为

$$i_{0,n}^* = 0, \; n = 1, 2, \cdots, N \qquad (5-68)$$

式(5-67)及式(5-68)描述了多定子直线感应电机第 n 台定子在 $dq0$ 坐标系下的期望电流。然而,直线电机实际可观测的为每台定子三相电流,为此,需要求解定子静止三相坐标系与同步 $dq0$ 坐标系之间的变换关系。由于直线感应电机动子位置 X_r 实时可观测,因此其同步行波磁场位置为

$$X_e = X_r + \frac{\tau}{\pi} \int \omega_s \mathrm{d}t \tag{5-69}$$

式(5-65)~式(5-69)构成了多定子直线感应电机间接矢量控制的基本方程。

5.5.3 双定子直线感应电机的位置闭环控制

本小节仅基于直线电机本体解耦模型对双定子直线感应电机的位置闭环控制进行动态仿真,不涉及能量存储及电能变换环节的动态过程,并忽略控制时延、检测时延、弱磁等对运行过程的影响,其目的是通过解耦的直线电机动态仿真,确定全系统的功率和能量需求。

5.5.3.1 动子磁场定向控制

为了实现系统的完全解耦控制,可采用直接动子磁场定向控制,即将同步坐标的 d 轴与动子磁场方向重合,此时动子磁通的 q 轴分量为零。结合长初级直线感应电机数学模型,可得到动子磁通定向矢量控制基本框图,如图 5-26 所示。其输入指令为转子磁链和最大加速度。磁通环作为内环进行快速调节,速度环作为外环,通过引入双 PID 调节器,对动子磁链和速度进行动态调整。

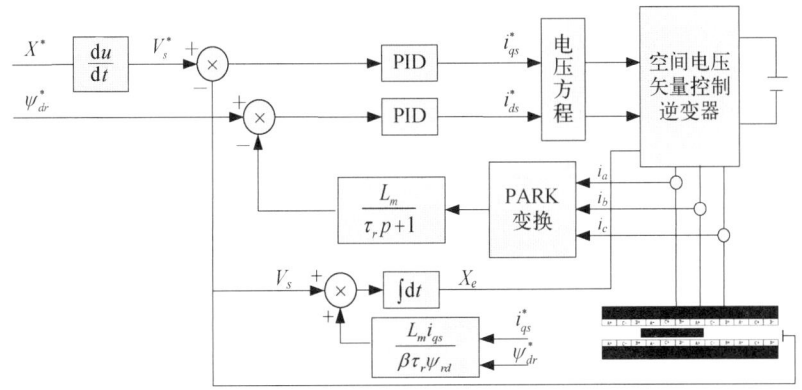

图 5-26 直线感应电机动子磁场定向控制基本框图

系统仿真模型如图 5-27 所示。输入量为动子磁链、设定位置、风摩系数和所带负载质量。输出量为 A 相功率、总功率、功率因数、压频比、总输入能量、能量效率、速度、加速度、转差频率、电磁推力和位置曲线等。

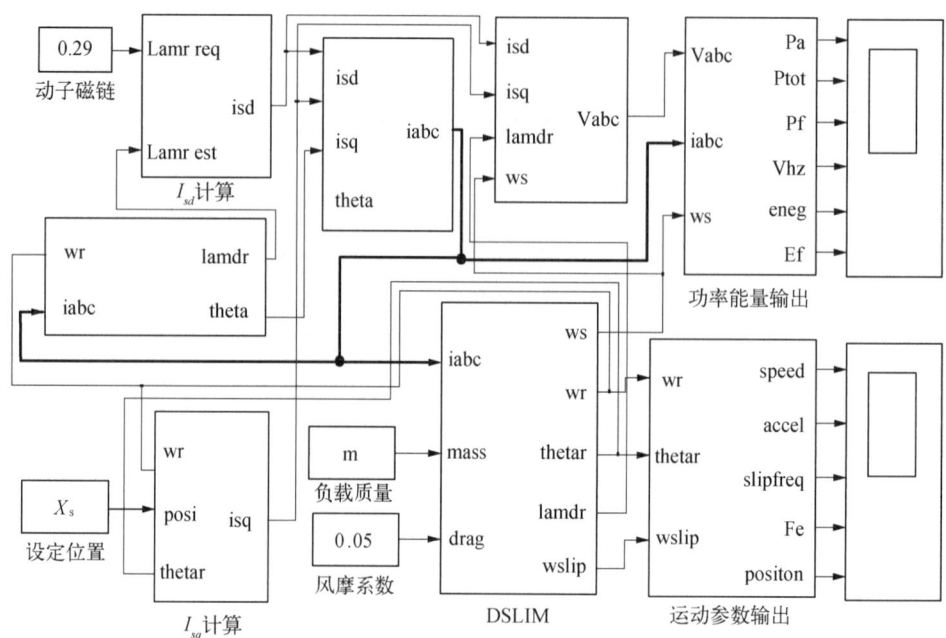

图 5-27 电磁发射用直线电机仿真模型

5.5.3.2 双定子闭环控制策略

由于励磁电流一定时推力与转差频率成正比,为了得到理想的推力,双定子的转差频率需要控制一致。由于共用动子,定子的供电频率一致,但是由于两台定子的参数差异,供电电压的幅值会有差异,但是定子电流的相位要保持一致,从而使两台定子的磁场定向位置相同。根据电磁发射用直线电机系统的特点,提出如图 5-28 所示的双定子闭环控制策略。

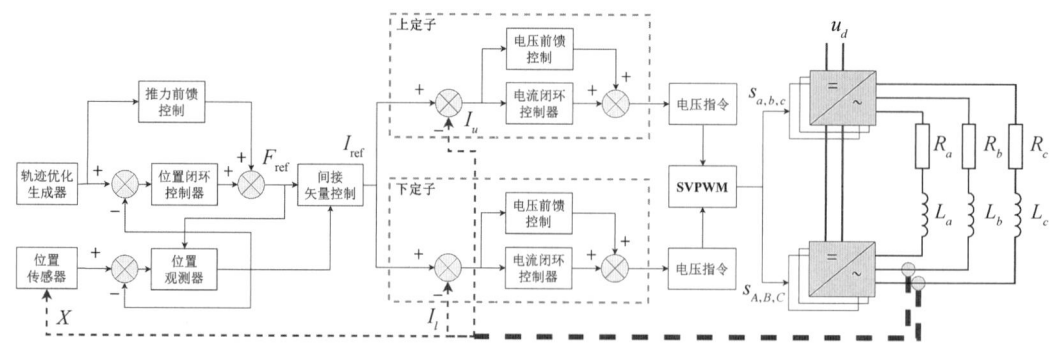

图 5-28 电磁发射用直线电机的双定子闭环控制策略

对电磁推力和电压采用"前馈+反馈"相结合的结构,其中以前馈控制为主,反馈控制为辅。采用前馈控制的目的是保证控制系统的快速响应,对于电磁推力的"前馈+反馈"的控制,其主要功能是将运动轨迹根据运动方程转换为电机的电磁力曲线,由间接矢量控制将电磁力和动子磁链转化成分别控制电磁力和动子磁链的定子 dq 电流分量,再由电机的 qd 电

压方程将 dq 电流分量转换成参考电压,再经 SVPWM 计算出逆变器所需的开关状态信号。

反馈部分的外环采用位置闭环,其功能是将测量的动子位置与设定的位置曲线进行 PID 反馈控制,确保动子的运动轨迹严格按照设定的曲线进行;内环对定子电流 $dq0$ 分量分别进行 PI 控制,其功能是修正由于控制器中参数、扰动和模型的不确定性等因素造成的控制偏差,控制直线电机的实际定子电流达到参考电流。

对于采用电压源型逆变器的电能变换系统,最终实现的是电压源的输出,参考电压信号由前馈电压和反馈电流得到,前馈电压给定量是基于需要的定子电流值,反馈环用来校正前馈电压给定量中的误差,从而使逆变器的电压输出具有较快的动态响应能力。

5.5.3.3 仿真结果分析

以表 5-4 所示的电磁发射用直线电机的单边技术参数为例,进行计算分析。

表 5-4 样机单边技术参数

项 目	符 号	参 数 值	单 位
动子极数	N_{act}	15	—
通电定子极数	N_{tot}	24	—
每相电阻	R_s	0.199 5	Ω
动子电阻	R_r	0.075 31	Ω
激磁电感	L_m	0.696 1	mH
定子漏感	L_{ls}	0.546 1	mH
动子漏感	L_{lr}	0.067 86	mH

表 5-5 给出了在发射质量为 350 kg,末速度为 29.57 m/s 时,最大瞬态仿真值与样机设计值对比分析。从表 5-5 所示误差对比结果可知,由于忽略了摩擦阻力,电机的瞬态推力比设计值小,因此仿真得到的额定电压、电流均小于样机设计值,但总体误差均在 5%以内(除电磁效率外),证明了仿真模型的正确性。

表 5-5 仿真结果与样机设计值对比分析

项 目	符 号	单 位	仿真值	设计值	误 差
额定电压	U_n	V	636	665	-4.36%
额定电流	I_n	A	409	430	-4.88%
额定推力	F_n	N	3 500	3 600	-2.78%

续表

项 目	符 号	单 位	仿真值	设计值	误 差
电磁效率	η	—	0.4822	0.4464	8.02%
功率因数	$\cos\phi$	—	0.5514	0.5560	−0.83%
转差频率	sf	Hz	17.3	18	−3.89%

表5-6给出了该电机在不同发射质量时的电机推力、气隙磁链、输入电流及效率关系。从表中可以看出,当动力冲程和末速度相同而仅发射质量不同时,直线电机的电磁推力、气隙磁链、绕组电流随发射质量的增大而增大,而能量效率基本保持不变。

表5-6 发射体推力、气隙磁链、输入电流与质量的关系

	发 射 质 量						
	50 kg	100 kg	150 kg	200 kg	250 kg	300 kg	350 kg
电磁推力/N	2000	4000	6000	8000	10000	12000	14000
气隙磁链/Wb	0.1096	0.1550	0.1898	0.2192	0.2451	0.2685	0.2900
输入电流/A	152	215	264	304	340	372	408
能量效率/%	31.6	31.4	31.5	31.6	31.6	31.5	31.6

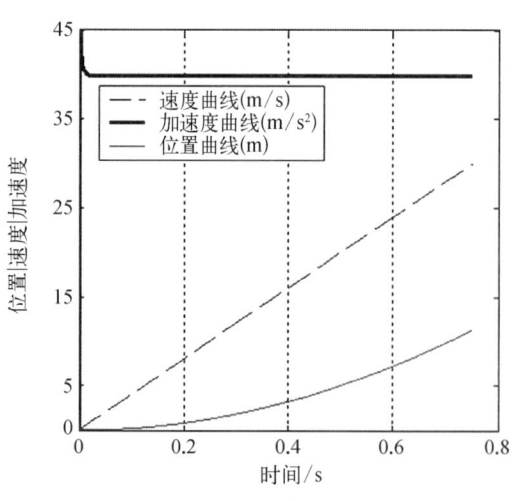

图5-29 电磁发射控制曲线

图5-29给出了包含速度、加速度、位置在内的电磁发射控制曲线。从图中可以看出,由于动子时间常数较短,因而加加速度较大,电机将在0.75 s内达到预定末速度,对应的位置为10.97 m。

图5-30和图5-31分别给出了供电电流和电压随时间的变化关系。由于采用动子磁场定向控制,在发射过程中,电机的定子电流基本保持不变。随着动子速度的增加,供电电压也随着增加,因而总的输入功率也近似呈线性增大,如图5-32所示。从图5-33可以看出,长定子短动子电机动子未覆盖部分漏感较大,导致该类型电机的电压利用率不是一个常数,因而在发射期间,电机压频比并不保持恒定(虽然气隙磁通恒定),而是随时间的增大而减小。

图5-34和图5-35分别给出了电机的电磁效率和功率因数曲线。从图中可见,在

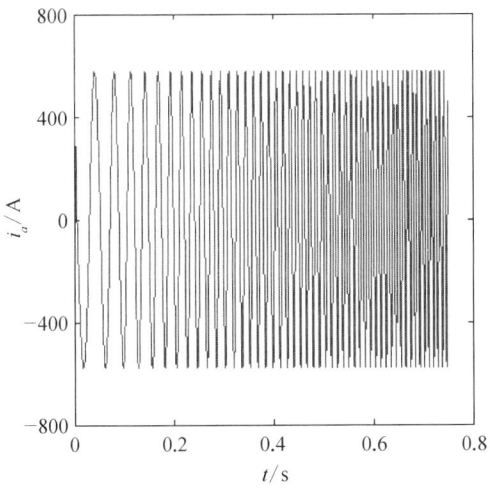

图 5-30 发射期间 A 相电流曲线

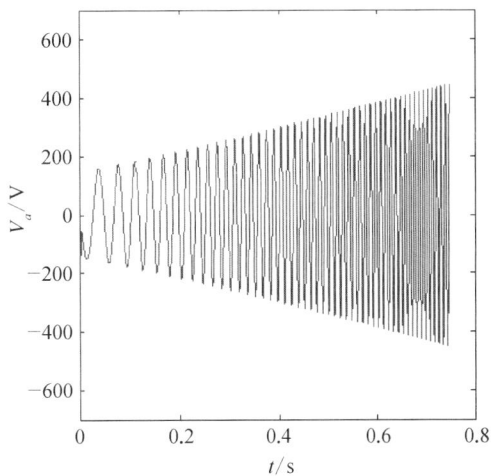

图 5-31 发射期间 A 相单边电压曲线

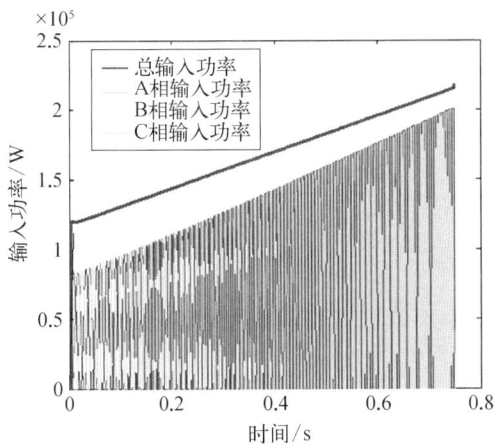

图 5-32 发射期间输入功率曲线

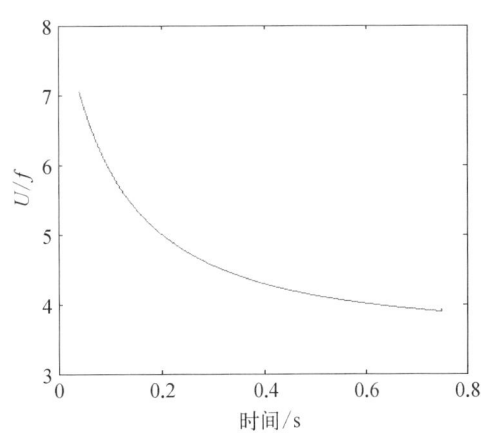

图 5-33 发射期间压频比曲线

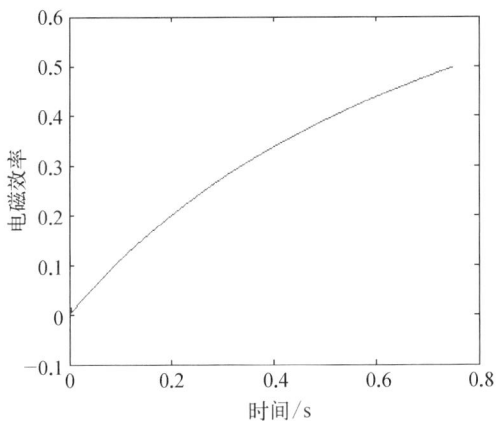

图 5-34 电磁效率曲线

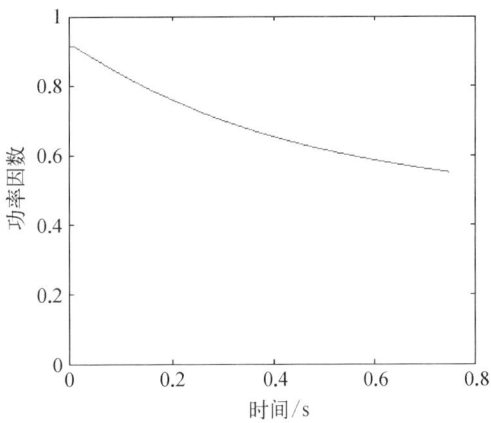

图 5-35 功率因数曲线

发射过程中,电磁效率不断增大,最大达到 0.482 2;功率因数随时间的增大而减小,在发射时达到 0.551 4。

5.5.4 样机动态测试

基于直线电机系统的闭环控制策略,进行了发射质量从 50 kg 到 350 kg,速度从 5 m/s 到 30 m/s 的不同工况的动态试验。其中,闭环调节控制器位置环 PID 参数为 $K_p = 10$、$K_i = 4$、$K_d = 2.5$;电流环 dq 轴 PI 参数均为 $K_p = 3$、$K_i = 3$,上下定子取相同的 PI 参数;0 轴参数 $K_p = 0.5$、$K_i = 0.5$;驱动系统开关频率 2.5 kHz,等效开关频率为 5 kHz,采样频率 5 kHz,死区时间 4 μs,每个开关周期内死区补偿占空比为 0.02,段开关补偿电压 2.1 V。动态测试结果用数据采集系统进行实时采集。下面选择两种典型工况对动态试验进行分析。

5.5.4.1 300 kg、15 m/s 动态测试

为了充分利用现有动力冲程,降低运行加速度,进行了 300 kg、15 m/s 的无弱磁阶段(弱磁系数 $n = 0$)发射试验,此时电机电磁推力为非额定力。为了进行对比分析,还进行带弱磁阶段的额定推力动态测试,试验条件如表 5-7 所示,结果如图 5-36~图 5-39 所示。

表 5-7 300 kg、15 m/s 的动态试验条件

给 定 量	单 位	非额定力、无弱磁	额定力、有弱磁
给定磁通	Wb	0.27	0.54
制动冲程	m	2.438 4	2.438 4
恒加速度	m/s²	10.303 9	38.447 3
张紧力	N	1 763	334 5
充磁时间	s	0.3	0.3
弹射冲程	m	10.972 8	3.657 6
加加速度	m/s³	51.519 4	288.355 1
制动加速度	m/s²	−50	−50
弱磁系数	—	0	1.6

通过两种情况的动态测试可见,直线电机的实际输出能较好地跟踪给定曲线;在分段运行过程中,能平稳切换;上下定子的供电频率一致,使得电机的出力在较优的工作点;由

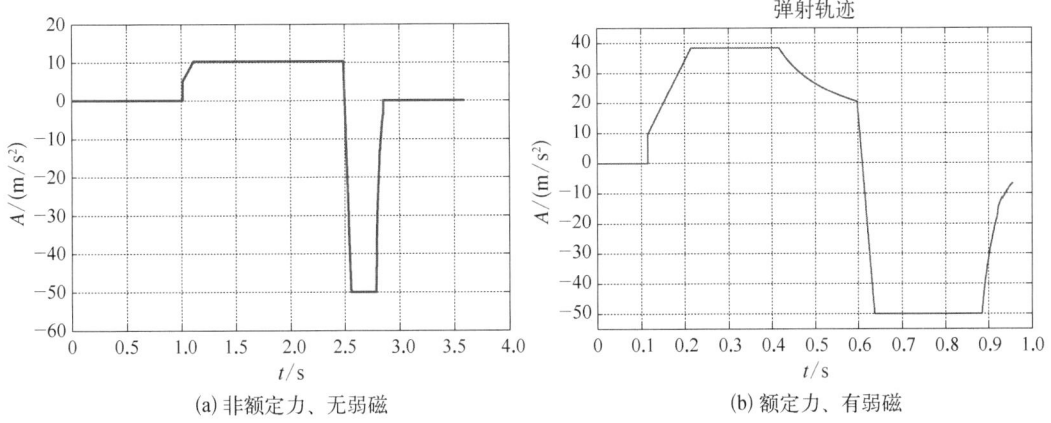

(a) 非额定力、无弱磁　　　　　　　　(b) 额定力、有弱磁

图 5-36　加速度给定曲线

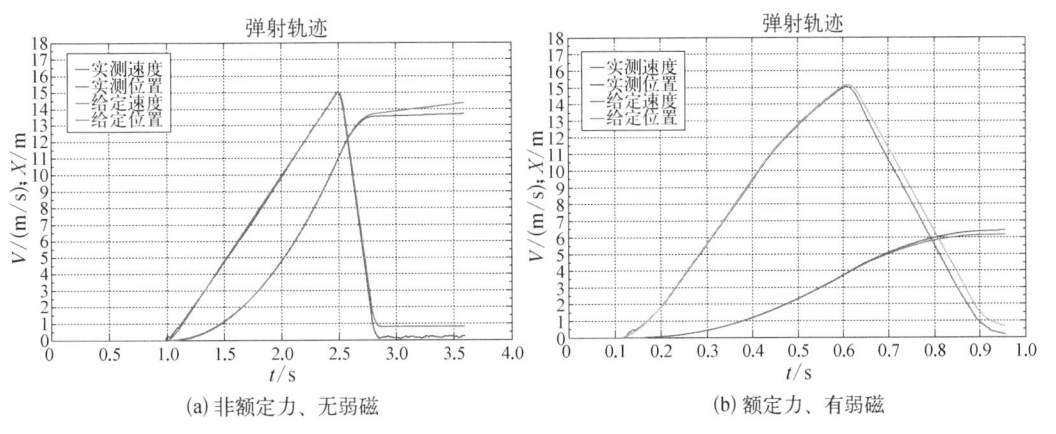

(a) 非额定力、无弱磁　　　　　　　　(b) 额定力、有弱磁

图 5-37　速度和位置给定和测量曲线

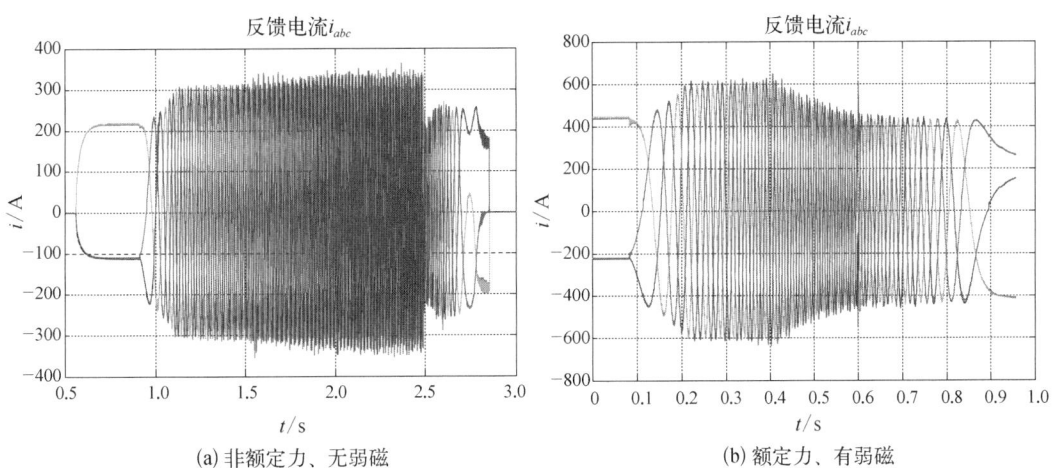

(a) 非额定力、无弱磁　　　　　　　　(b) 额定力、有弱磁

图 5-38　上下定子三相定子电流测量曲线

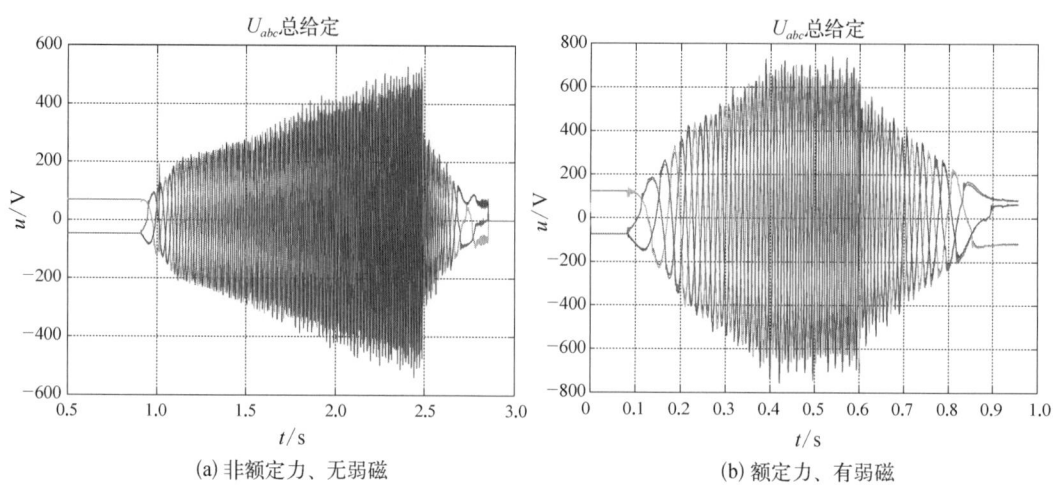

图 5-39　上下定子三相定子电压测量曲线

于各定子间参数差别不大，因而各相电压、电流曲线基本一致；不论是否采用弱磁，电机的最大电压均未达到直线电机电压门限。

5.5.4.2　300 kg、30 m/s 动态测试

样机的设计目标是能够发射 300 kg 载荷（含动子）到 30 m/s，通过大量的调试，成功实现了既定目标。试验条件如表 5-8 所示，试验结果如图 5-40～图 5-45 所示。

表 5-8　300 kg、30 m/s 的动态试验条件

给 定 量	单 位	额定力、有弱磁
给定磁通	Wb	0.54
制动冲程	m	2.438 4
恒加速度	m/s²	39.799
张紧力	N	4 155
充磁时间	s	0.3
弹射冲程	m	15.849 6
加加速度	m/s³	278.59
制动加速度	m/s²	-193.39
弱磁系数	—	1.6

从额定目标试验结果来看，直线电机系统能够按照预设的发射轨迹参数产生所需的加速度、速度和位置曲线；在发射阶段，直线电机能够达到额定出力，位置采用闭环控

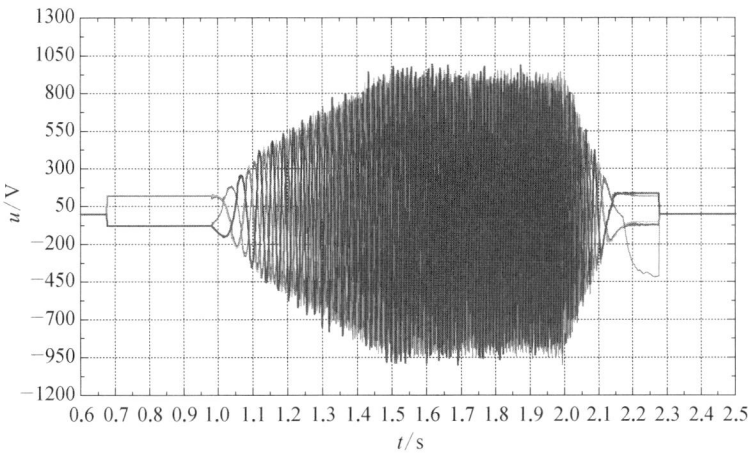

图 5-40 上下定子三相定子电压测量曲线

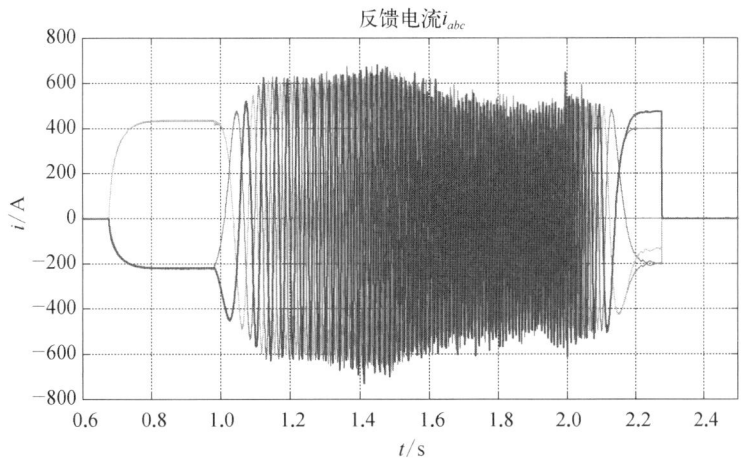

图 5-41 上下定子三相定子电流测量曲线

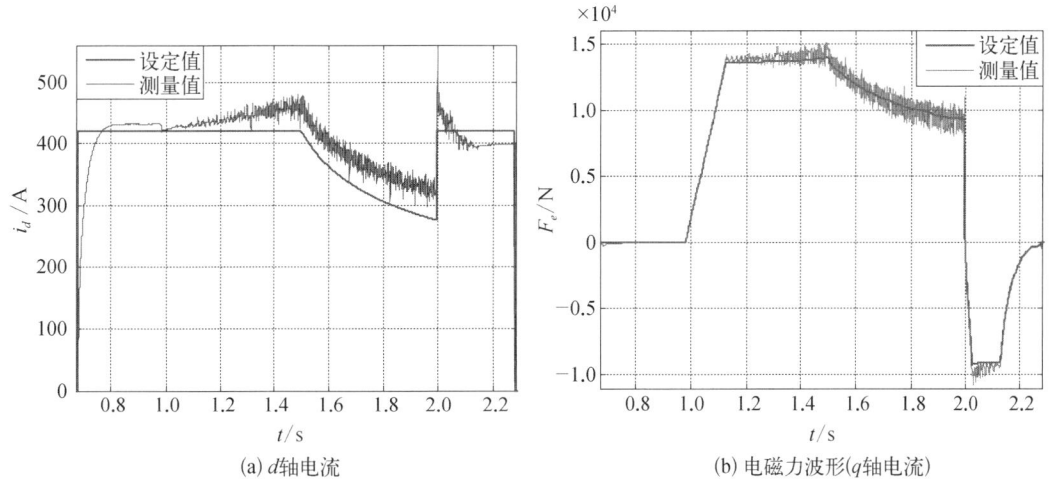

(a) d 轴电流

(b) 电磁力波形(q 轴电流)

图 5-42 d 轴电流和电磁推力测量曲线

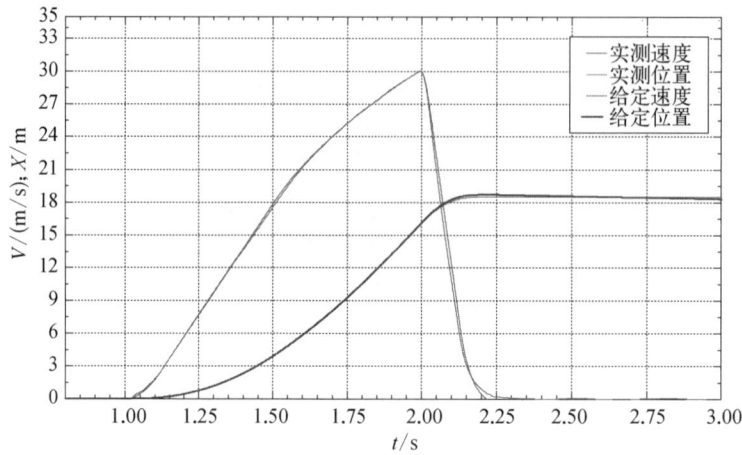

图 5-43 速度和位置给定和测量曲线

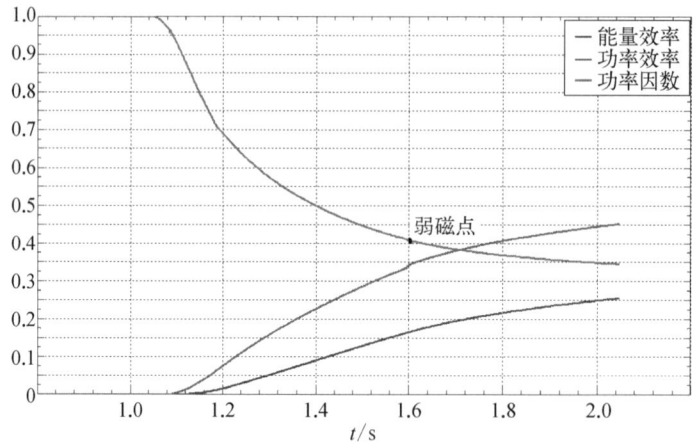

图 5-44 功率能量效率和功率因数曲线

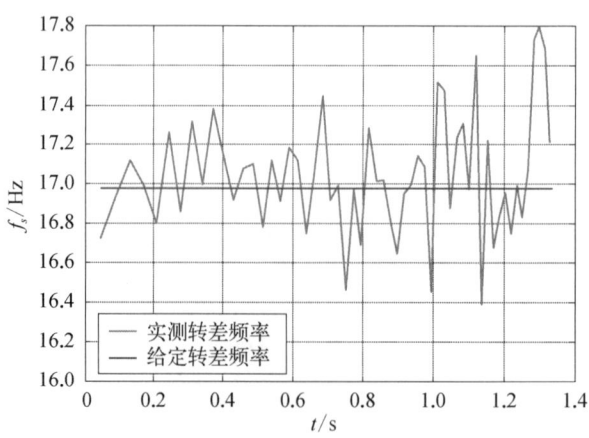

图 5-45 发射过程中转差频率设定和测量曲线

制,实测位置、速度曲线与给定位置、速度曲线相比跟踪良好,末速度相对误差≤1%,分离点位置相对误差≤0.1%;从试验波形来看,所有发射目标下动子制动距离均在两段定子范围内,制动段最大跟踪误差 20 mm。系统的最大功率效率为 0.452 3,最大能量效率为 0.254 5,最小功率因数为 0.38。发射过程中,直线电机的实际转差频率波动较小,基本恒定在 17 Hz 左右,可见,系统控制较为稳定。

5.6 推力波动抑制

直线电机在结构上不连续,产生纵向和横向边端效应,这就导致电机阻抗矩阵不对称,电机推力存在特定频率的波动。长初级分段供电直线电机中,由于次级两端开断,次级感应涡流存在较大的不对称,仅控制初级电流对称,不能消除次级负序电流引起的两倍转差频率的推力波动。对于单电源驱动的分段供电电机系统,由于存在切换开关的开通关断延时、位置检测的误差以及切换控制器的延时等,实际系统中很难做到开通初级段和关断初级段的完美配合,分段供电过程中不可避免会出现电磁力的波动现象,从而影响动子的运动稳定性和控制精度,国内外目前还少有文献对此进行深入研究。

本节主要基于推力波动产生的机理,分析注入谐波后的推力组成,从抑制推力波动的角度推导注入谐波的频率,并通过数值计算和有限元仿真验证推力波动产生机理的正确性以及注入谐波抑制推力波动的可行性。

5.6.1 推力波动产生机理

长初级直线电机存在阻抗不对称,所以当对初级绕组施加对称电压时,初级电流不对称,产生正序负序零序分量,进而在次级导电板上感应出各分量对应的涡流。由于次级两端开断,对应的次级感应的涡流又可分为正序、负序、零序分量。

对于初级电流来说,负序分量远远小于正序分量,故与其对应的次级涡流对电机推力的影响很小,以至于可以忽略,而初级零序电流不会在次级导电板上感应出电流,故可以不予考虑。因此,初级电流和次级电流可分别表示为[161]

$$\boldsymbol{I}_s = I_{sm1} e^{j(\omega_e t + \theta_{s1})} + I_{sm2} e^{j(-\omega_e t + \theta_{s2})} \tag{5-70}$$

$$\boldsymbol{I}_r = (I_{rm1} e^{j(\omega_s t + \theta_{r1})} + I_{rm2} e^{j(-\omega_s t + \theta_{r2})}) e^{j\omega_r t} \tag{5-71}$$

式中,I_m 为电流幅值,θ 为相位角,ω_e 为初级角频率,$\omega_s = s\omega_e$ 为转差角频率,$\omega_r = (1-s)\omega_e$ 为次级角频率,下标 s 和 r 分别为初级和次级,下标 1 和 2 分别为正序和负序。

推力表达式为[108]

$$F(t) = \frac{3}{2}\beta L_m(\boldsymbol{I}_s \times \boldsymbol{I}_r) = \frac{3}{2}\beta L_m(I_{sm1}I_{rm1}\mathrm{e}^{\mathrm{j}(\theta_{r1}-\theta_{s1})} + I_{sm2}I_{rm1}\mathrm{e}^{\mathrm{j}(2\omega_e t+\theta_{r1}-\theta_{s2})}$$
$$+ I_{sm1}I_{rm2}\mathrm{e}^{\mathrm{j}(-2\omega_s t+\theta_{r2}-\theta_{s1})} + I_{sm2}I_{rm2}\mathrm{e}^{\mathrm{j}(2\omega_r t+\theta_{r2}-\theta_{s2})})$$
(5-72)

由式(5-72)可以看出,推力由四部分组成:第一部分由初级电流正序分量和次级电流正序分量产生,幅值稳定;第二部分由初级电流负序分量和次级电流正序分量产生,以二倍供电频率波动;第三部分由初级电流正序分量和次级电流负序分量产生,以二倍转差频率波动;第四部分由初级电流负序分量和次级电流负序分量产生,以二倍次级角频率波动。

当施加对称电流激励时,推力的表达式为

$$F(t) = \frac{3}{2}\beta L_m(\boldsymbol{I}_s \times \boldsymbol{I}_r)$$
$$= \frac{3}{2}\beta L_m(I_{sm1}I_{rm1}\mathrm{e}^{\mathrm{j}(\theta_{r1}-\theta_{s1})} + I_{sm1}I_{rm2}\mathrm{e}^{\mathrm{j}(-2\omega_s t+\theta_{r2}-\theta_{s1})})$$
(5-73)

此时,推力仅存在二倍转差频率的波动。

受直线电机阻抗不对称的影响,直线电机推力将存在两个明显的波动:两倍供电频率波动和两倍转差频率波动。前者可通过消除初级电流负序分量来抑制。后者则取决于次级电流负序分量。

5.6.2 谐波注入法

5.6.2.1 谐波频率推导[109]

采用对称电流激励时,直线电机存在两倍转差频率推力波动。从推力表达式出发,若要实现推力恒定,可以尝试在初级电流内注入一个谐波电流分量,使其产生两倍转差频率的推力,与基波产生的两倍转差频率推力波动相互抵消。如果存在这样一个谐波电流,说明在控制上抑制推力波动是有可能的。

参照式(5-70)和式(5-71)、式(5-71),谐波注入后的推力产生机理如图5-46所示,其中,初级注入的谐波电流的电角频率为ω_x。

初级基波电流产生的稳态推力表示为f_1,初级负序电流产生的两倍转差频率推力波动表示为f_2;谐波电流自身会在次级导电板上感应出相应的正序和负序电流,其频率分别为$\omega_x - \omega_r$和$\omega_r - \omega_x$,并产生相应的稳态推力f_7和波动推力f_8;同时,谐波电流会与基波电流感应出来的次级正序和负序电流相互作用,产生相应

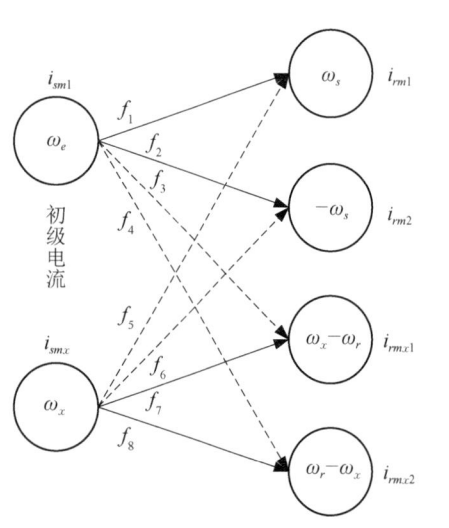

图5-46 谐波电流注入示意图

的推力 f_5 和波动推力 f_6；另外，初级基波电流会与谐波电流在次级导电板上感应出的正序和负序电流相互作用，产生相应的推力 f_3 和波动推力 f_4，f_3 属于谐波注入产生的附加推力波动，需要考虑影响。

图 5-46 所标示的各电流分量中，注入的谐波电流 i_{smx} 与基波电流 i_{sm1} 相比，幅值小一个数量级；次级感应的电流中，负序分量与正序分量相比小一个数量级。因此，图 5-46 中的推力分量 f_6、f_7 和 f_8 属于小电流间的相互作用力，对总体推力的影响很小，以至于可以忽略。而谐波电流感应的次级负序电流与初级基波电流相比递减了两个数量级，因此它和初级基波电流作用产生的推力 f_4 也很小，也可以忽略。因此，两倍转差频率推力波动的抑制，主要通过 f_2、f_3 和 f_5 的互相抵消来实现。各推力分量的表达式为[109]

$$\begin{aligned}F(t) &= \frac{3}{2}\beta L_m [(\boldsymbol{I}_s + \boldsymbol{I}_{sm}) \times (\boldsymbol{I}_r + \boldsymbol{I}_{rx})] \\
&= \frac{3}{2}\beta L_m (I_{sm1}I_{rm1}e^{j(\theta_{r1}-\theta_{s1})} + I_{sm1}I_{rm2}e^{j(-2\omega_s t+\theta_{r2}-\theta_{s1})} + I_{sm1}I_{rmx1}e^{j((\omega_x-\omega_e)t+\theta_{rx1}-\theta_{s1})} \\
&\quad + I_{sm1}I_{rmx2}e^{j((2\omega_r-\omega_x-\omega_e)t+\theta_{rx2}-\theta_{s1})} + I_{smx1}I_{rm1}e^{j((\omega_e-\omega_x)t+\theta_{r1}-\theta_{sm1})} + I_{smx1}I_{rm2}e^{j((\omega_e-\omega_x-2\omega_s)t+\theta_{r2}-\theta_{sm1})} \\
&\quad + I_{smx1}I_{rmx1}e^{j(\theta_{rx1}-\theta_{sm1})} + I_{smx1}I_{rmx1}e^{j(2(\omega_r-\omega_x)t+\theta_{rx2}-\theta_{sm1})})
\end{aligned}$$

(5-74)

其中，

$$\begin{cases} f_2 = I_{sm1}I_{rm2}e^{j(-2\omega_s t+\theta_{r2}-\theta_{s1})} \\ f_3 = I_{sm1}I_{rmx1}e^{j((\omega_x-\omega_e)t+\theta_{rx1}-\theta_{s1})} \\ f_5 = I_{smx1}I_{rm1}e^{j((\omega_e-\omega_x)t+\theta_{r1}-\theta_{sm1})} \end{cases}$$

(5-75)

要实现推力波动的互相抵消，要求 f_2、f_3 和 f_5 的波动频率必须相同，因此可得出初级注入谐波的频率为 $\omega_x = \omega_e + 2\omega_s$ 或 $\omega_x = \omega_e - 2\omega_s$。但当 $\omega_x = \omega_e - 2\omega_s$ 时，注入谐波的波速低于次级的运动速度，这会导致谐波产生的平均推力与次级运动方向相反，这将在一定程度上降低电机推力，因此谐波频率宜选取为 $\omega_x = \omega_e + 2\omega_s$。

通过上述分析可得推力的各个分量频率如图 5-47 所示，其中 f_4 和 f_6 的波动频率为四倍的转差频率，f_8 的波动频率为六倍的转差频率。

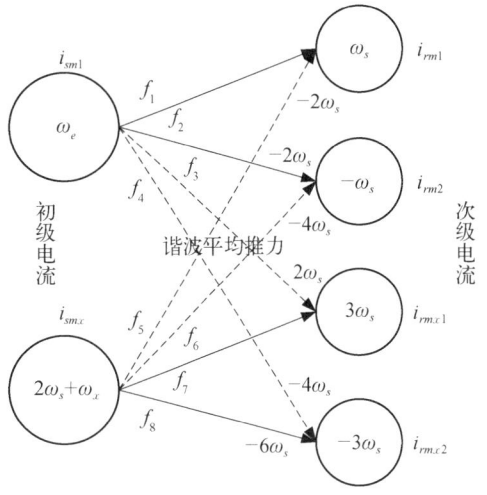

图 5-47 推力组成示意图

5.6.2.2 谐波幅值和相位[109]

得到注入谐波的频率后,还需要获取谐波的幅值和相位。文献[109]给出的考虑动态边端效应时的推力解析表达式为

$$F(t) = 2 \times h_c \int_0^L \text{Re}(J_s) \times \text{Re}(B_{1y}) \mathrm{d}x = J_{sm} \mathrm{e}^{\mathrm{j}(\omega_s t - \beta x)} \quad (5-76)$$

式中,h_c 为初级铁心高度;系数 2 为双边初级产生的合力。初级行波电流层的表达式为

$$J_s = J_{sm} \mathrm{e}^{\mathrm{j}(\omega_s t - \beta x)} \quad (5-77)$$

根据式(3-67),气隙磁场可表示为正向基波、正向入端行波和反向出端行波的叠加,即

$$B_{1y} = \frac{\mu_0 J_{sm}}{\beta g (1 + \mathrm{j}sG)} (B_{\delta 1} + B_{\delta 2} + B_{\delta 3}) \quad (5-78)$$

其中,

$$\begin{aligned} B_{\delta 1} &= \mathrm{j} \mathrm{e}^{\mathrm{j}(\omega_s t - \beta x)} \\ B_{\delta 2} &= -sG \mathrm{e}^{-ax} \mathrm{e}^{\mathrm{j}(\omega_s t - ax)} \\ B_{\delta 3} &= -sG \mathrm{e}^{-a(x-L)} \mathrm{e}^{\mathrm{j}(\omega_s t - \beta L + a(x-L))} \end{aligned} \quad (5-79)$$

式中,$a = \sqrt{\dfrac{\mu_0 \omega_s \sigma_s}{2g}}$,$sG = \dfrac{\mu_0 \omega_s \sigma_s}{\beta^2 g}$。

对于注入的谐波电流,其转差角频率为 $\omega_s' = \omega_x - \omega_r = 3\omega_s$,谐波行波电流层表达式和谐波电流产生的气隙磁场表达式分别为

$$\begin{aligned} J_s' &= J_{sm}' \mathrm{e}^{\mathrm{j}(3\omega_s t - \beta_k + \varphi)} \\ B_{1y}' &= \frac{\mu_0 J_{sm}'}{\beta g (1 + \mathrm{j}(sG)')} (B_{\delta 1}' + B_{\delta 2}' + B_{\delta 3}') \end{aligned} \quad (5-80)$$

其中,

$$\begin{aligned} B_{\delta 1}' &= \mathrm{j} \mathrm{e}^{\mathrm{j}(3\omega_s t - \beta x + \varphi)} \\ B_{\delta 2}' &= -(sG)' \mathrm{e}^{-a'x} \mathrm{e}^{\mathrm{j}(3\omega_s t - a'x + \varphi)} \\ B_{\delta 3}' &= -(sG)' \mathrm{e}^{-a'(x-L)} \mathrm{e}^{\mathrm{j}(3\omega_s t - \beta L + a'(x-L) + \varphi)} \end{aligned} \quad (5-81)$$

式中,φ 为注入谐波的相位。参数 $a' = \sqrt{3} a$,$(sG)' = 3sG$。谐波注入后的电磁推力计算式为

$$F(t) = 2 \times h_c \int_0^L \text{Re}(J_s + J_s') \times \text{Re}(B_{y1} + B_{y1}') \mathrm{d}x \quad (5-82)$$

调整注入谐波的大小和相位,通过数值计算可以得到总电磁推力的计算结果。观察推力波形,可评估谐波电流抑制推力波动的效果。仿真的参数:初级基波电流幅值为 12 kA,

转差频率为 2 Hz,注入谐波电流的转差频率为 6 Hz。调整谐波电流的幅值和相位,最终得到推力仿真波形如图 5-48 所示,此时谐波电流的幅值为 670 A,相位超前基波电流为 138.5°。

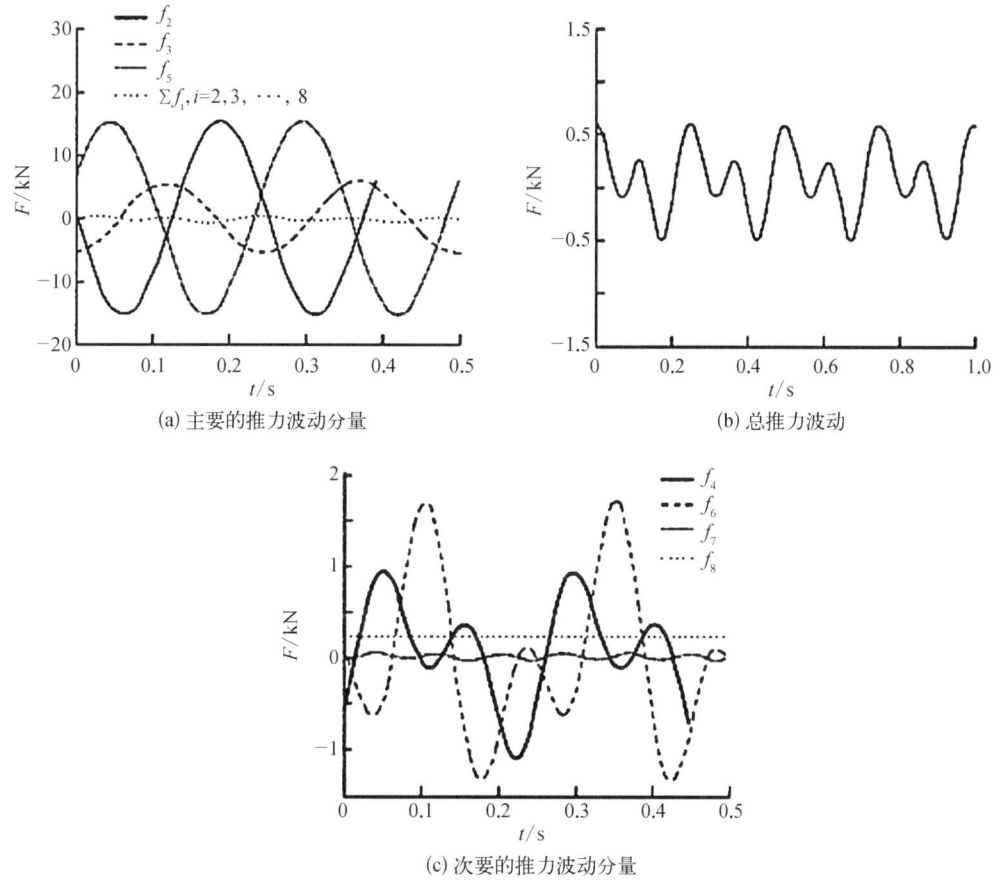

图 5-48 注入谐波后的推力波动波形

由于 f_2、f_3、f_5 和 f_4、f_6、f_7、f_8 大小相差一个数量级,因此在图 5-48(a)和图 5-48(c)中绘出,以便于观察。从图 5-48(a)可以看出,经过谐波注入后,总推力波动 Σf_i 远远小于 f_2,抑制效果十分显著。图 5-48(b)是总推力波形的放大波形,其幅值约为 500 N,图 5-48(a)中 f_2 的幅值为 18.5 kN,推力波动减小了 97% 左右。从图 5-48(a)中还可以看出,f_5 的大小与 f_2 基本相同,是抑制推力波动的主要部分,这体现了谐波注入的目的。f_3 的大小约为 f_2 的一半,不能忽略它对推力波动的影响。从图 5-48(c)中可以看出,f_4 和 f_6 不是标准的正弦波形,这体现了采用电磁场解析的方法计算出的推力比定性分析更能在细节上真实反映边端效应对推力的影响。很明显,f_4 和 f_6 含有频率为 8 Hz 的波动成分,是转差频率的四倍,与定性分析的结果相吻合;f_7 为一条较平直的曲线,代表注入谐波自身产生的稳态推力,其幅值很小,与定性分析相吻合;f_8 是注入谐波自身引起的推力波动,幅值很小,其波动频率为 12 Hz,与定性分析相吻合。

基于电磁场解析的推力数值计算结果,与谐波注入抑制推力波动的定性分析吻合良好,从原理上验证了谐波注入抑制推力波动的可行性。

5.6.3 有限元仿真验证

为了进一步确认注入谐波抑制推力波动的有效性,搭建了样机的二维电磁场有限元仿真模型,其初级电流激励的频率、幅值和相位与上文一致,3 段初级同时通电,每段初级长 8 倍极距。

图 5-49(a)是未注入谐波电流时的推力波形。其中,波动频率为 4 Hz,波动幅值约为 15 kN,与图 5-48(a)中 f_2 大小吻合。平均推力约为 210 kN,峰均力比约为 1.071。图 5-49(b)是谐波注入后的推力波形,与图 5-48(b)相比,波动特征相似,波动幅值约为 5 kN,峰均力比减小为 1.024,下降了 4.4%。抑制效果比较明显,但是仍大于上一节数值计算得到的 500 N 的结果。这是因为数值计算采用的气隙磁场表达式是基于简化直线电机模型得到的,与实际电机存在一定差异,因此数值计算得到的注入谐波参数在有限元仿真中不是最优的。为此,在有限元仿真中对谐波的相位再次进行调整,当设置注入谐波相位超前基波电流 163°时,推力波动的仿真波形如图 5-50 所示。

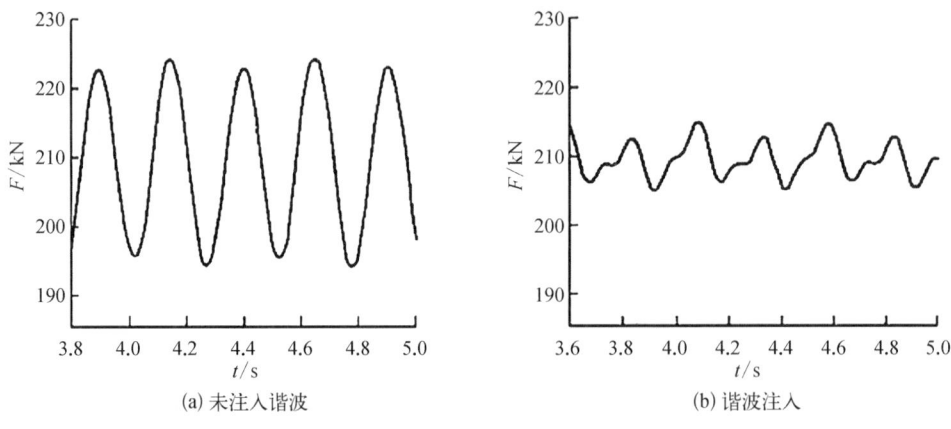

(a) 未注入谐波　　　　　　　(b) 谐波注入

图 5-49　推力波动仿真[108]

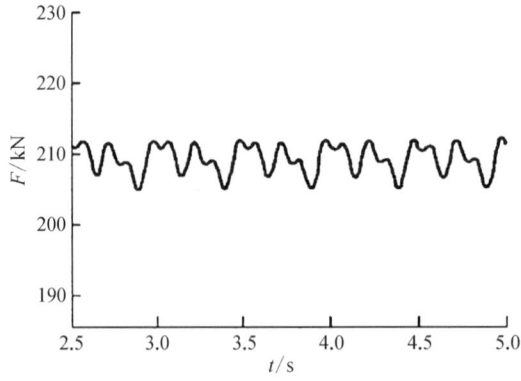

图 5-50　优化后的推力波形[108]

谐波注入优化后的推力波动幅值进一步减小,与图 5-49 相比,波动波形已经看不出明显的两倍转差频率,补偿效果基本达到极限,此时峰均力比下降到约 1.01,与没有注入谐波相比下降了 5.7%,效果十分明显。

5.7 本章小结

本章深入讨论了电磁发射用直线电机的运动控制技术,主要涉及长初级直线电机的分段供电技术、弱磁控制技术以及多定子直线感应电机的控制技术等。

(1) 由于电磁发射系统的发射能级大、瞬时功率高、加速过程加速度峰均比小,所以需要精确可靠的控制技术进行实时调节;

(2) 针对长初级电磁发射用直线电机整段供电能量效率低、可靠性差的问题,发明了高速串联分段供电技术,提出了高可靠性、高冗余性的分段供电切换控制策略;

(3) 根据设定的发射速度实现运动轨迹的优化,提出了基于 PSO 的电磁发射运动轨迹优化策略,在满足电机最大输入电压、电流以及发射距离等约束条件的同时,使输出电磁力的峰均力比满足要求,且发射效率较高;

(4) 为进一步提高直线电机的速度调节范围,采用了弱磁控制技术,设计了弱磁控制过程中的电压电流约束条件以及开始控制的临界速度条件;

(5) 研究了多定子直线感应电机的控制策略,开展了样机的动态测试,所提出的控制策略能够较好地实现电磁发射过程的闭环控制。

第6章 其他类型电磁发射用直线电机

与传统的火药发射相比,电磁发射具有初速高、能级可调等优点,因此在国防、交通运输以及航空航天等领域有着极为广泛的应用前景。随着电磁发射技术的不断成熟,电磁发射用直线电机逐渐成为热门的研究方向,并将引起新一轮的技术变革。与传统的直线电机相比,这类直线电机工作于非周期瞬态工况,传统的电机设计理论不再通用,需要进行针对性的理论研究,以更好地指导电磁发射用直线电机的结构设计与优化。本章主要介绍电磁轨道发射、电磁线圈发射等较为热门的电磁发射用直线电机,主要涉及电磁轨道发射电机、电磁线圈发射电机和永磁直线同步电机。

6.1 电磁轨道发射电机

直线直流电机是旋转直流电机的一种演变形式,具有结构简单、控制方便、调速平滑等特点,目前已广泛应用于工业检测、自动化控制、信息系统等民用技术领域。但是在长行程结构中,直线直流电机很难做到无刷无接触运行,因此传统结构难以应用于电磁发射装置中。电磁轨道发射电机是极为特殊的直线直流电机形式,它没有电刷、没有气隙、没有定子铁心和转子铁心,甚至连励磁绕组和电枢绕组也是特殊的单匝形式,为了确保电枢绕组换向,励磁绕组以相同速度运动以形成相对电枢静止的磁场,因此被称为单极直线脉冲直流电机。单极直线脉冲直流电机的上下励磁绕组可分别等效为上下导轨,电枢绕组等效为电枢,再去除串联绕组的外部连接线,即可演变成电磁轨道发射电机的结构形式,二者之间的等效关系如图6-1所示。

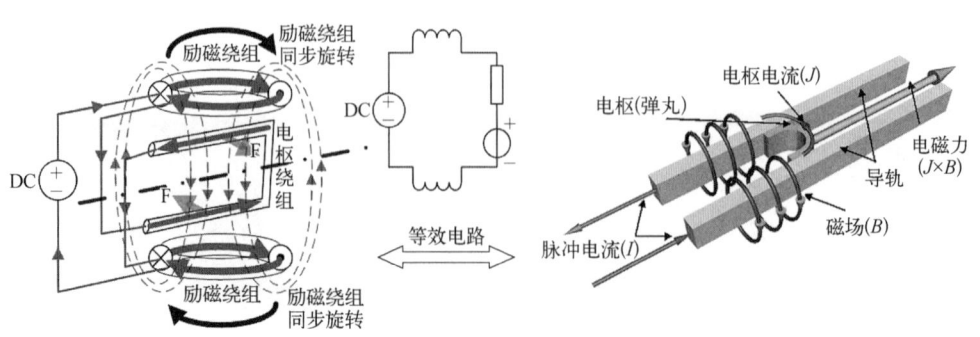

图6-1 单极直线脉冲直流电机的等效形式

6.1.1 基本组成

电磁轨道发射电机包括发射导轨和发射组件两个部分,其中导轨充当单极直线脉冲直流电机的定子部分,起通流馈电和运动导向的作用,是发射电机的重要组成部分。发射组件由电枢和一体化弹丸组成,其中电枢作为单极直线脉冲直流电机的动子,两根导轨之间产生的强磁场与流经电枢的电流相互作用,产生洛伦兹力,推动发射组件沿导轨加速运动,加速完成后,发射组件脱离导轨,电枢并不重复使用。

6.1.1.1 导轨

根据导轨匝数的不同,发射导轨可分为单匝导轨及多匝增强型导轨两种。其中单匝导轨型只包含两条平行导轨,其主要特点为导轨单位长度的质量小,电感梯度适中,等效电阻梯度相对较小,电枢前端磁场较弱,便于轻量化设计,以及降低发射组件的磁场耐受能力,适用于中大口径载荷及制导载荷的发射;多匝增强型导轨由两副或多副导轨和相应连接板组成,根据连接形式可分为并联增强型、串联增强型和外场增强型三种结构,旨在电枢加速过程中叠加额外磁场,提高电感梯度,在承载同样电流的条件下可提供更强的电磁推力,以达到更高的出口速度,如图6-2所示。其主要优点在于:电感梯度一般较大,在提供相同驱动力的情况下,需要的脉冲电流相对较小,有利于减小电源系统的体积规模,因而适用于机动性要求高的中小口径发射器;但同时存在单位长度质量相对较大、导轨等效电阻梯度大、电枢前方存在较强磁场等问题。

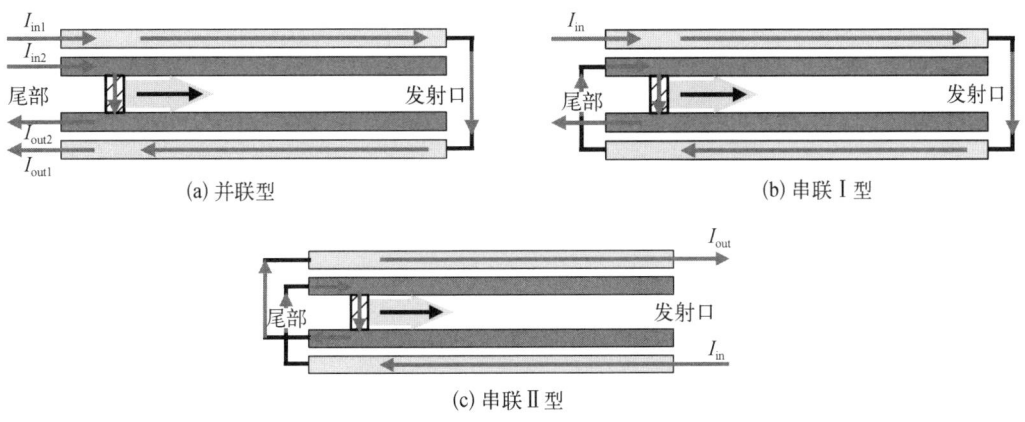

图6-2 多匝增强型发射装置

由于电枢在高速运动过程中与导轨相互作用,会发生刨削现象,材料屈服强度、密度与刨削阈值速度可以拟合成线性关系[162]。因此,通过不同金属材料复合,在导轨内表面选择强度较高的金属材料,在导轨外表面选择导电性较好的铜合金材料,可同时提高导轨强度和导电性能,增大材料刨削阈值速度。

根据导轨截面形式,可将导轨分为平面型、凸面型和凹面型三种形式,如图 6-3 所示。

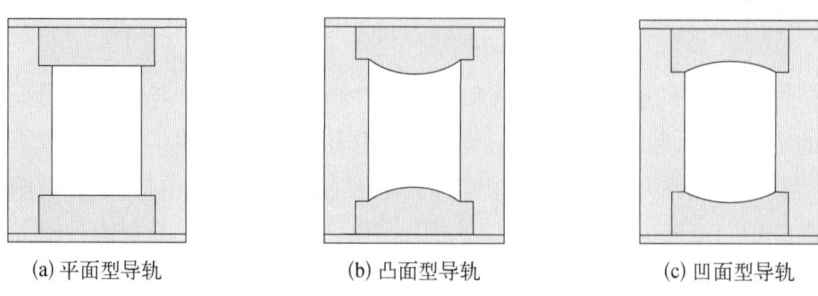

(a) 平面型导轨　　　　(b) 凸面型导轨　　　　(c) 凹面型导轨

图 6-3　不同的导轨截面结构

目前文献主要集中于平面型导轨的研究,侧重于对电磁轨道发射电机的电枢与导轨接触(简称枢轨接触)匹配关系及电感梯度的研究;文献[163]对比分析了以上三种不同导轨形式下的电感梯度、电磁力载荷下的导轨形变,以及与导轨相匹配的电枢结构分析。分析表明:与平面型及凹面型导轨相比,凸面型导轨下的枢轨匹配性更好,电枢过盈量产生接触压强更加均匀。有些学者提出了部分增强型导轨结构、自旋电枢导轨结构[164]、四极导轨结构[165]、复合导轨等新结构[166,167],并对其性能和结构优化设计进行了探索[168,169]。

6.1.1.2　发射组件

发射组件(integrated launch package,ILP)是电磁轨道发射的对象,一般为投送打击能量的载荷,主要由电枢、弹体、弹托等部件组成[1],如图 6-4 所示。

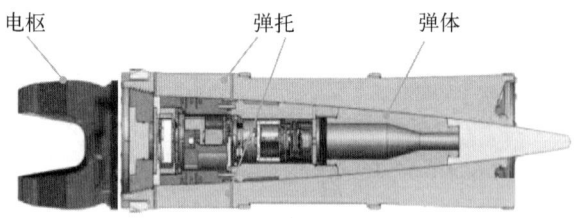

图 6-4　一体化发射组件结构示意图

电枢设计是发射组件设计的核心,它瞬时产生极大的电磁推力,推动发射组件向前高速运动。电枢与轨道一般采用过盈接触,在高速滑动中,存在焦耳热、摩擦热、电弧热以及气动热等多种复杂热源。弹体是发射组件的有效载荷部分。在电磁发射过程中,弹丸的轴向过载非常大,对弹丸的结构强度设计提出了很高的要求。由于发射初速高,气动外形设计直接影响着弹丸的气动阻力,进而影响投送距离。弹托主要起支撑和膛内导向作用,避免弹丸在膛内横法向窜动,属于无效载荷,必须进行质量最小化设计。一般来讲,弹托分为金属弹托和非金属弹托。

根据动态发射过程中电枢的形态,可以将电枢分为固体电枢、等离子电枢和混合电枢三种类型,如图 6-5 所示。

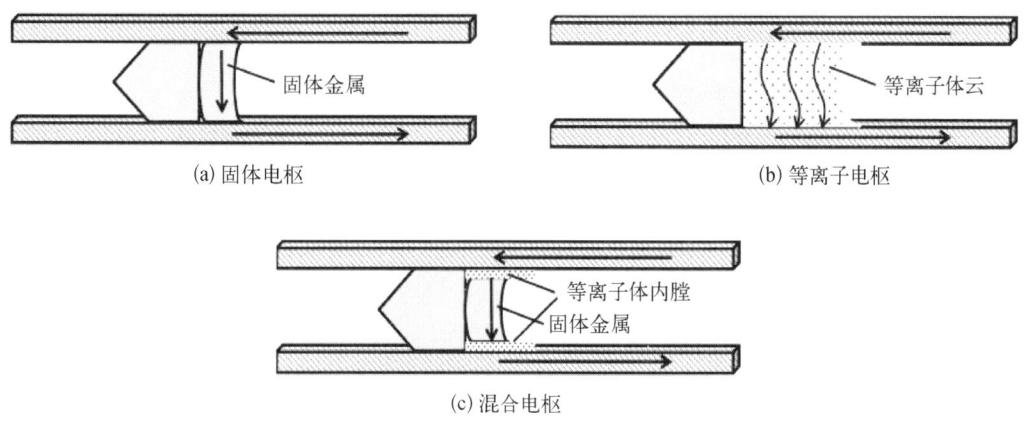

图 6-5 不同类型的电枢[2]

根据电枢的形状及与导轨接触方式的不同，可以分为 C 形电枢、V 形电枢、刷状电枢和磁性闭塞体电枢等[170]。C 形及 V 形电枢如图 6-6 和图 6-7 所示。其中，C 形电枢因其结构简单，在电磁轨道发射电机中应用较为普遍，设计的样式较多；V 形电枢刚性较大，柔性不足，在动态发射过程中不足以保证枢轨间的良好接触。刷状电枢可提高电流分布的均匀性，但接触压力不足；磁性闭塞体电枢可主动调节接触压力，但结构复杂、整体性差，难以适应对身管口径的变化。刷状电枢及磁性闭塞体电枢的实物如图 6-8 和图 6-9 所示。

图 6-6 典型 C 形电枢

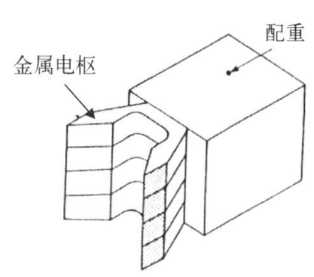

图 6-7 早期分层 V 形电枢

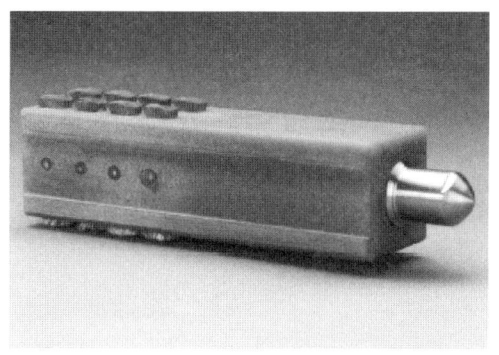

图 6-8 刷状电枢

图 6-9 IAT 磁性闭塞体电枢

按照材料分，电枢可分为铝材、铜材以及混合材料电枢，如图 6-10 所示。

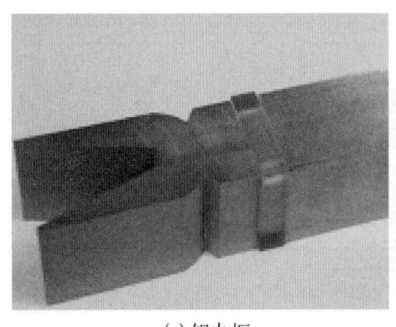
(a) 铝电枢

(b) 铜电枢

(c) 混合材质电枢

图 6-10　不同材质电枢[170]

6.1.2　电磁场的计算和有限元分析

电磁轨道发射电机是一种特殊的直线直流电机,特殊性主要体现在以下几个方面:
(1) 励磁绕组简化为一对导轨,无铁心结构;
(2) 电枢绕组简化为与上下导轨接触的电枢;
(3) 采用串联励磁结构,因而励磁电流与电枢电流完全相等;
(4) 无电刷结构;
(5) 工作电流为脉冲形式。

为了定量地进行电磁轨道发射电机的电磁场分析和电磁力计算,需要建立电磁轨道发射电机的等效电路,本节采用二维电磁场解析计算方法进行电磁场计算,并推导了电磁推力的解析关系式。

6.1.2.1　等效电路

从电路的角度研究电磁轨道发射电机,导轨是一个分布式阻抗负载,存在分布电感、分布电阻;在发射过程中,由于发射组件的运动,串入电路中的阻抗随电枢坐标位置 x 而线性增加。

若不考虑熔化磨损和电弧等因素,电枢可近似等效为一个阻性负载,同时考虑电枢与导轨间的接触电阻,电磁轨道发射电机的等效电路模型如图 6-11 所示。

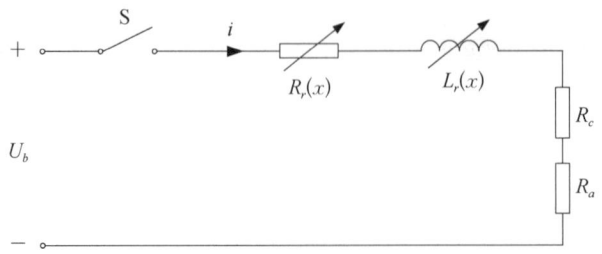

图 6-11　电磁轨道发射电机的等效电路模型

导轨的电阻和电感分别为

$$R_r(x) = R_0 + R_r'x \qquad (6-1)$$

$$L_r(x) = L_0 + L_r'x \qquad (6-2)$$

式中,R_r' 为导轨的电阻梯度(单位长度的电阻),单位为 Ω/m;L_r' 为导轨的电感梯度(单位长度的电感),单位为 H/m;R_0 为电路中的初始电阻;L_0 为电路中的初始电感;R_c 为枢轨接触电阻;R_a 为电枢电阻;x 表示电枢所在的位置,单位为 m。

忽略电路中的初始电阻及初始电感,根据图 6-11 所示的等效电路图,尾部电压 U_b 可写为

$$U_b = L_r \frac{di}{dt} + i\frac{dL_r}{dt} + iR_r + i(R_c + R_a) \qquad (6-3)$$

式中,i 为激励电流。

膛口电压方程可写为

$$U_m = i(R_c + R_a) \qquad (6-4)$$

其中,$\frac{dL_r}{dt}$ 项又可表示为

$$\frac{dL_r}{dt} = L_r'\frac{dx}{dt} = L_r'v \qquad (6-5)$$

因此,尾部电压方程又可表示为

$$U_b = L_r \frac{di}{dt} + iL_r'v + iR_r + U_m \qquad (6-6)$$

当发射装置为恒流 I 激励时,炮尾电压可简化为

$$U_b = IL_r'v + IR_r'x + U_m \qquad (6-7)$$

忽略阻性损耗,发射电机的总能量可表示为

$$W = W_m + W_k = \frac{1}{2}L_r i^2 + \frac{1}{2}mv^2 \qquad (6-8)$$

式中,m 为电枢的总质量;v 为电枢的速度。

对上式进行求导,可得系统的能量变化率为

$$\frac{dW}{dt} = iL_r\frac{di}{dt} + \frac{1}{2}i^2 L_r'v + mva \qquad (6-9)$$

忽略式(6-6)中的阻抗及膛口电压,电源系统对发射电机的输入功率为

$$P_{in} = U_b i = iL_r\frac{di}{dt} + i^2 L_r'v \qquad (6-10)$$

由能量守恒、功率平衡可得

$$iL_r\frac{di}{dt} + \frac{1}{2}i^2L_r'v + mva = iL_r\frac{di}{dt} + i^2L_r'v \quad (6-11)$$

因此,

$$F_t = ma = \frac{1}{2}L_r'i^2 \quad (6-12)$$

式(6-12)即为表述电机驱动力 F_t 与电感梯度、脉冲电流之间关系的经典公式。

6.1.2.2 电磁场的计算

为简化计算过程,建立恒流馈电时的电磁轨道发射装置二维模型,如图 6-12 所示。

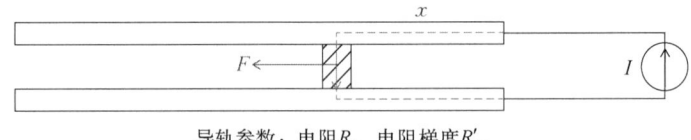

导轨参数：电阻 R_r、电阻梯度 R_r'、
电感 L_r、电感梯度 L_r'
电枢参数：电阻 r_r、长度 a

图 6-12 电磁轨道发射装置的简化模型

1. 电枢驱动力

针对上导轨建立如图 6-13 所示的坐标系,流经上导轨的电流可等效为 n 个独立的电流元 $I_1, I_2, I_3, \cdots, I_n$,大小均等于 I。

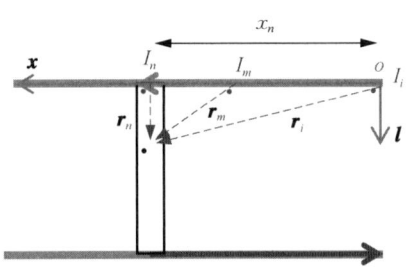

图 6-13 上导轨的二维坐标系

根据毕奥-萨法尔定律,各电流元 I_i 在电枢上任一点 (x_n, l) 所产生的磁感应强度 $\boldsymbol{B}_i$ 可表示为

$$\boldsymbol{B}_i = \frac{\mu_0}{4\pi}\frac{I_i d(\boldsymbol{x}\times\boldsymbol{r}_i)}{|\boldsymbol{r}_i|^3} \quad (6-13)$$

化简后可得 $\boldsymbol{B}_i$ 在垂直于纸面方向的磁场分量大小：

$$\boldsymbol{B}_i = \frac{\mu_0 I_i l\times d\boldsymbol{x}}{4\pi[(x_n-x_i)^2+l^2]^{3/2}} \quad (6-14)$$

通电上导轨在电枢上任一点 (x_n, l) 处所产生的磁感应强度为各电流元作用的叠加：

$$B = \sum_{i=0}^{n}B_i = \int_0^{x_n}\frac{\mu_0 I_i l dx}{4\pi[(x_n-x_i)^2+l^2]^{3/2}} = \frac{\mu_0 I}{4\pi l}\sin\left(\tan^{-1}\frac{x_n}{l}\right) \quad (6-15)$$

利用三角函数关系①可得

$$B = \frac{\mu_0 I}{4\pi l} \frac{x_n}{\sqrt{x_n^2 + l^2}} \tag{6-16}$$

同理可计算下导轨和电枢周围的磁场。用右手定则可知，在导轨内侧磁场方向一致。为了计算安培力，可对电枢进行微分处理，如图 6-14 所示。

单位电枢 dl 上所受到的安培力：$dF = (B_+ + B_-)Idl$。其中，

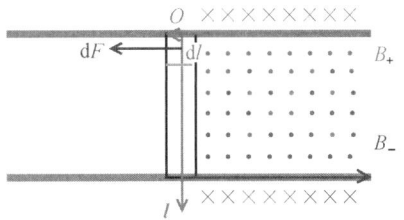

图 6-14 电枢的微元处理

$$B_+ = \frac{\mu_0 I}{4\pi l} \frac{x_n}{\sqrt{x_n^2 + l^2}}, \quad B_- = \frac{\mu_0 I}{4\pi(a-l)} \frac{x_n}{\sqrt{x_n^2 + (a-l)^2}}$$

因此，

$$F = \frac{\mu_0 I^2 x_n}{4\pi l} \int_0^a \left(\frac{1}{l\sqrt{x_n^2 + l^2}} + \frac{1}{(a-l)\sqrt{x_n^2 + (a-l)^2}} \right) dl \tag{6-17}$$

通过三角代换②，可求解上式：

$$F = \frac{\mu_0 I^2}{2\pi} \ln\left(\tan\frac{t}{2}\right) \bigg|_0^{\tan^{-1}\frac{a}{x_n}} \tag{6-18}$$

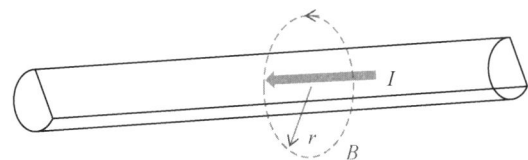

图 6-15 导轨的等效处理

上式存在 $\ln 0 = -\infty$ 的情况，原因是将导轨等同于一根电流丝时在距离为 0 处磁场无穷大。实际的导轨结构如图 6-15 所示，考虑半圆柱体的半径为 r_0，可将上式转换为

$$F = \frac{\mu_0 I^2}{2\pi} \ln\left(\tan\frac{t}{2}\right) \bigg|_{\tan^{-1}\frac{r_0}{x_n}}^{\tan^{-1}\frac{a+r_0}{x_n}} = \frac{\mu_0 I^2}{2\pi} \left[\ln\left(\sqrt{1 + \left(\frac{x_n}{a+r_0}\right)^2} - \frac{x_n}{a+r_0}\right) - \ln\left(\sqrt{1 + \left(\frac{x_n}{r_0}\right)^2} - \frac{x_n}{r_0}\right) \right] \tag{6-19}$$

---

① 令 $x_n - x = l\tan t$，则 $\int_0^{x_n} \frac{ldx}{[(x_n - x_i)^2 + l^2]^{3/2}} = \frac{1}{l}\sin\left(\tan^{-1}\frac{x_n}{l}\right) = \frac{x_n}{l\sqrt{x_n^2 + l^2}}$

② 令 $l = x_n \tan t$，则 $\int_0^{x_n} \frac{dl}{l\sqrt{x_n^2 + l^2}} = \frac{1}{x_n} \int_0^{\tan^{-1}\frac{a}{x_n}} \frac{\sec^2 t}{\tan t \sec t} dt = \frac{1}{x_n} \ln\left(\tan\frac{t}{2}\right) \bigg|_0^{\tan^{-1}\frac{a}{x_n}}$

2. 导轨间的排斥力

由于斥力的作用是相互的,此处仅考虑下导轨在上导轨磁场作用下所产生的安培力。

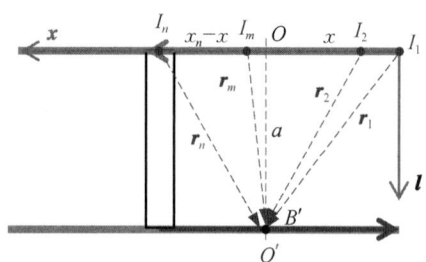

图 6-16 下导轨的微元处理

用与上面同样的方法,如图 6-16 所示,可以计算出上导轨在下导轨上任一点 $O'(x, -a)$ 处所产生的磁感应强度 B'_i:

$$B'_i = \frac{\mu_0 I}{4\pi a}\left(\frac{x}{\sqrt{x^2+a^2}} + \frac{x_n-x}{\sqrt{(x_n-x)^2+a^2}}\right) \tag{6-20}$$

则 O' 处所受到的斥力微元 $\mathrm{d}F_n = B'_i I \mathrm{d}x$,因此,整根下导轨所受的斥力为

$$F_n = \frac{\mu_0 I^2}{4\pi a}\int_0^{x_n}\left(\frac{x}{\sqrt{x^2+a^2}} + \frac{x_n-x}{\sqrt{(x_n-x)^2+a^2}}\right)\mathrm{d}x \tag{6-21}$$

同样利用三角代换法①可以求得

$$F_n = \frac{\mu_0 I^2}{2\pi a}(\sqrt{x_n^2+a^2}-a) \tag{6-22}$$

可以看出,恒流馈电时动态发射过程中导轨间的排斥力随着电枢移动,导轨通流长度增加,导轨间的排斥力也随之增加。

6.1.3 有用电感梯度

虚功原理是基于能量守恒定律求解电磁力的方法。考虑 n 个回路组成的系统,假定其中某一回路在磁场力的作用下出现位移 $\mathrm{d}x$,并且系统中各回路磁链变化为 $\mathrm{d}\Psi_i$,则外电源所做功等于系统储能的增加与磁场力做功之和,表示为

$$\mathrm{d}W = \mathrm{d}W_m + F_x \mathrm{d}x \tag{6-23}$$

其中,电源做功用于抵抗磁链变化产生的感生电动势,它所提供的能量为[171]

$$\mathrm{d}W = \sum_{i=1}^{n} I_i \frac{\mathrm{d}\Psi_i}{\mathrm{d}t}\mathrm{d}t = \sum_{i=1}^{n} I_i \mathrm{d}\Psi_i \tag{6-24}$$

此时系统所具有的磁场总能量为

---

① 令 $x = a\tan t$,则 $\int_0^{x_n}\frac{x\mathrm{d}x}{\sqrt{a^2+x^2}} = \frac{1}{x_n}\int_0^{\tan^{-1}\frac{x_n}{a}}\frac{a\sin t}{\cos^2 t}\mathrm{d}t = \frac{a}{\cos t}\Big|_0^{\tan^{-1}\frac{x_n}{a}} = \sqrt{x_n^2+a^2}-a$

$$W_m = \frac{1}{2}\sum_{i=1}^{n} I_i \Psi_i \tag{6-25}$$

系统总储能的增量为

$$dW_m = \frac{1}{2}\sum_{i=1}^{n} I_i d\Psi_i + \frac{1}{2}\sum_{i=1}^{n} \Psi_i dI_i \tag{6-26}$$

在电流不变的情况下，由 $dI_i = 0$ 得到

$$dW_m = \frac{1}{2}\sum_{i=1}^{n} I_i d\Psi_i = \frac{1}{2}dW \tag{6-27}$$

即有

$$F_x dx = dW_m \tag{6-28}$$

进而有

$$F_x = \frac{dW_m}{dx}\bigg|_{I=\text{const}} = \frac{\partial}{\partial x}\left[\iiint_V \left(\int_0^H B \cdot dH\right) dV\right] \tag{6-29}$$

假设系统电感的 $B-H$ 曲线是线性的，其磁场储能为 $W_m = \frac{1}{2}L \cdot I^2$，则有

$$F_x = \frac{dW_m}{dx}\bigg|_{I=\text{const}} = \frac{1}{2}\frac{dL}{dx} \cdot I^2 = \frac{1}{2}L' \cdot I^2 \tag{6-30}$$

其中，$L' = dL/dx$ 是沿虚位移 dx 方向的电感梯度，其计算式可以表达为

$$L' = \frac{2F_x}{I^2} \tag{6-31}$$

可见，虚功原理式(6-28)与电感梯度式(6-30)的电磁力是同一个概念。对于电磁轨道炮发射装置，式(6-29)和式(6-30)计算的电磁力并不是电枢受到的电磁力，而是电枢与导轨所受电磁力在虚位移方向（电感梯度方向）的分量和。

图 6-17 是电枢附近电枢和导轨电流及电磁力的分布示意图，同时给出了电枢及导轨的电磁力分布情况。因此，式(6-28)中的电磁力做功又可以表示为

$$F_x dx = (F_{rx} + F_{ax}) \cdot dx \tag{6-32}$$

因此，基于虚功原理，电感梯度计算的电磁力实际为

$$F_x = \frac{dW_m}{dx}\bigg|_{I=\text{const}} = \frac{1}{2}L'I^2 = F_{rx} + F_{ax} \tag{6-33}$$

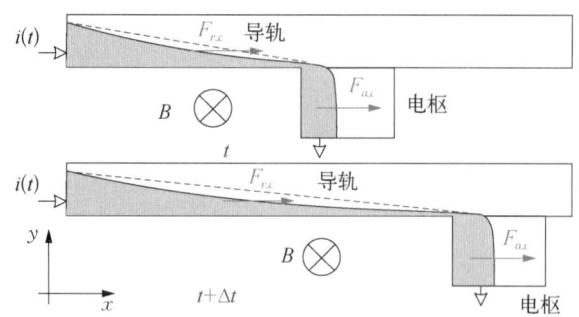

图 6-17 导轨和电枢中的电流和电磁力分布

其不仅包括电枢受到的电磁力,还包括导轨受到的电磁力,即身管的电感梯度对应电枢和导轨所受电磁力(电感梯度方向)之和。其中,电枢受到的电感梯度方向电磁力做有用功,加速发射组件,实现超高初速发射。而导轨受到的电感梯度方向电磁力对加速电枢和弹丸并无帮助。类比机械做功中总功、有用功和额外功的概念,可以将电磁轨道炮发射装置身管中相关电感梯度定义为总电感梯度、有用电感梯度和额外电感梯度。同样,类比机械功中机械效率的概念,可以定义电感梯度效率为有用电感梯度比总电感梯度。其中总电感梯度计算为

$$L'_t = \frac{2(F_{rx} + F_{ax})}{I^2} \quad (6-34)$$

有用电感梯度的计算公式为

$$L'_u = \frac{2F_{ax}}{I^2} \quad (6-35)$$

电感梯度效率计算为

$$\eta = \frac{F_{ax}}{F_{rx} + F_{ax}} \times 100\% \quad (6-36)$$

因此,有用电感梯度才是电磁轨道炮发射装置身管的核心电磁性能指标。

电磁轨道发射装置动态发射过程的电磁场属于瞬态电磁场,电枢速度通过影响导轨中的电流分布,进而影响身管的电感梯度和电感梯度效率。另外,电磁轨道发射装置外围存在金属封装外壳,其导磁性能也会影响身管的电感梯度。驱动电流大小通过影响金属封装外壳的磁饱和程度,即相对磁导率,进而影响身管的电感梯度。

计算得到的某 30 mm×30 mm 口径样机电感梯度效率随电枢速度的变化趋势如图 6-18 所示。电感梯度效率主要与电枢速度有关,其随着速度的增大逐渐增大并趋于饱和。身管总电感梯度和有用电感梯度随电流大小和速度的变化趋势如图 6-19 所示。由图中结果可以看出,身管总电感梯度和有用电感梯度均随着电流和电枢速度的增大而减小。

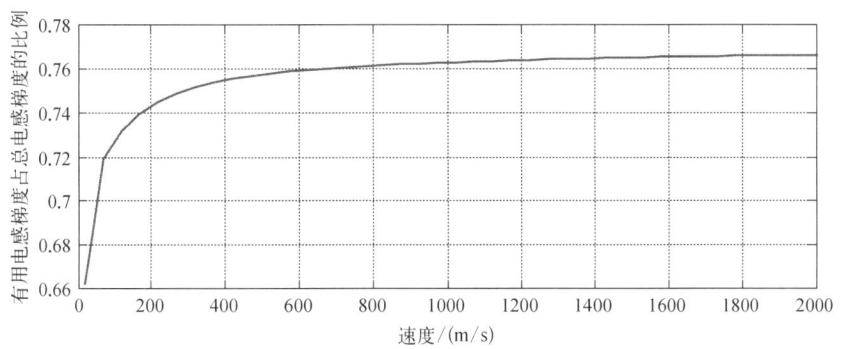

图 6-18 某 30 mm×30 mm 口径样机电感梯度效率随速度的变化趋势

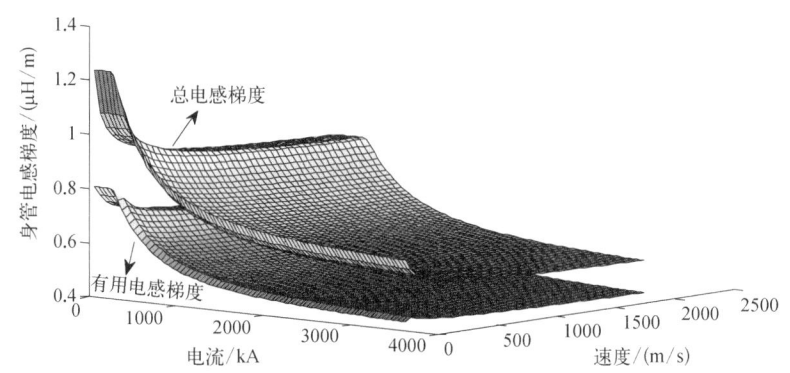

图 6-19 某 30 mm×30 mm 矩形发射装置电感梯度随电流和电枢速度的变化趋势

6.1.4 电磁轨道发射的瞬态特性

在电磁轨道发射过程中,电枢与导轨存在高速大电流滑动电接触特有现象,这也是电磁轨道发射电机与其他传统机电能量转换装置的不同之处。电磁轨道发射电机在十毫秒级的动态发射过程中,承受数兆安的脉冲电流,内膛产生数十特斯拉的强磁场。巨大的欧姆热、滑动摩擦热和微电弧热等多种复杂热源导致枢轨界面快速熔蚀,同时伴随着材料性能急剧劣化、绝缘等级降低等问题,装置各部件均面临严酷的考验。

导轨是发射装置的核心部件,在发射时处于大电流、高温度、强磁场的苛刻工作环境下,可能出现表面沟槽、刨削、转掇烧蚀等现象,导致使用寿命降低,并直接影响发射组件的膛内姿态和发射安全,因此需要研究电磁轨道发射的瞬态特性,分析超高速大载流强磁场条件下的滑动电接触问题,并建立动态发射动力学模型和多物理场耦合模型,定量地分析动态发射过程中导轨的应力、产热、烧蚀和磨损机理,为电磁轨道发射电机的性能优化和寿命延长提供理论依据。

6.1.4.1 滑动电接触

高速大电流滑动电接触是电磁轨道发射电机的特有工作属性,发射过程中会伴随着强磁场、强电流和高达 7 Ma 的滑动摩擦磨损及电弧烧蚀,带来了多物理场强耦合、循环脉冲力载荷冲击、循环热振、熔化磨损、电弧侵蚀与绝缘降级等一系列科学问题。滑动电接触是否良好是判定动态发射过程是否正常的关键属性,主要影响因素有导轨磨蚀、电枢熔蚀、绝缘体性能和发射体振动等。

膛口电压是用来判断电枢和导轨在发射过程中的接触状态的重要参考指标,它可以反映发射过程中是否存在膛内拉弧、转捩等现象,也是衡量电磁发射装置寿命的依据。然而,由于电磁轨道发射电机膛内存在多物理场的强耦合环境,膛口电压影响因素众多,因此需要结合场路之间的耦合分析对其进行准确计算。

1. 膛口电压的定义[1]

膛口电压是动态发射过程中枢轨接触状态的重要监测指标。在正常运行工况下,枢轨接触状态良好,则膛口电压量级较小,而一旦接触不良,则接触电压会急剧升高,产生拉弧,极大地降低导轨使用寿命。因此,通过监测膛口电压数值可以判断动态发射过程中的枢轨接触状态,进而指导优化电枢结构,并对接触状态进行改良,提高导轨使用寿命[172]。

2. 膛口电压的组成

图 6-20 所示膛口电压测量回路,除了枢轨接触电阻及电枢本体电阻所产生的电压降外,导轨感应电流所产生的电压降及电枢两侧导轨互感所产生的感应电压也是膛口电压的重要组成部分。因此,动态发射过程中膛口电压测量电路可简化如图 6-21 所示。

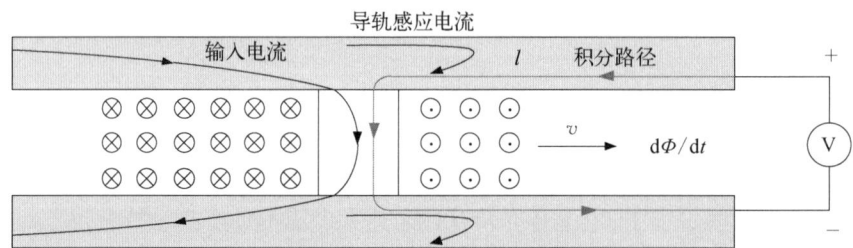

图 6-20 膛口电压测量原理

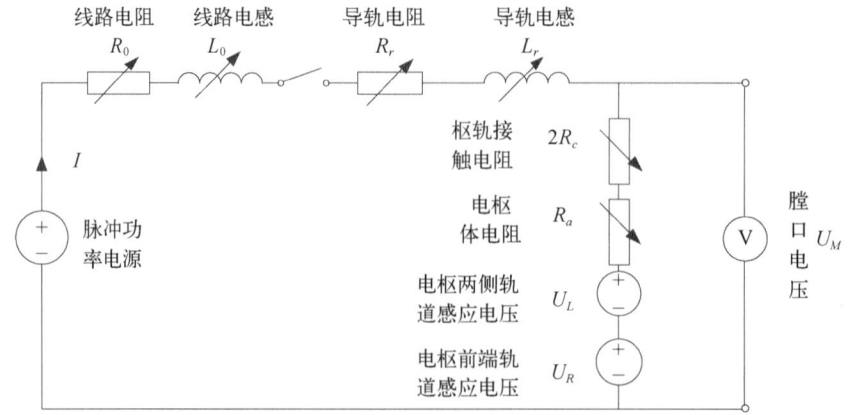

图 6-21 动态发射过程中膛口电压组成

膛口电压可表示为

$$U_M = U_A + U_L + U_R \tag{6-37}$$

其中，$U_A = 2R_c I + R_a I$，表示枢轨接触电阻和电枢体电阻所产生的电压降，R_c 为枢轨接触电阻，R_a 为电枢本体电阻，I 为输入电流；$U_L = d\Phi/dt = L_m dI/dt$，表示电枢两侧导轨互感所产生的感应电压；$U_R = kI\sqrt{\mu\rho_{er}v/a}$，表示电枢前端导轨所产生的感应电压，$k$ 是与发射装置尺寸相关的系数，μ 为周围环境磁导率，ρ_{er} 为导轨电阻率，v 为电枢运动速度，a 为膛口侧导轨磁场强度分布的特征长度，量级与导轨间距尺寸相同。综上可得[173]

$$\begin{aligned} U_M &= U_A + U_L + U_R \\ &= 2R_c I + R_a I + L_m dI/dt + kI\sqrt{\mu\rho_{er}v/a} \end{aligned} \tag{6-38}$$

除了速度项所引起的电压增量，Dreizin 也采用理论计算对其他各项进行了分析[173]，结果表明，理论分析与实测结果完全一致，证明了上述膛口电压计算公式的正确性。

6.1.4.2 运动电磁场仿真

电磁轨道动态发射过程的数值计算一直是国内外学者研究的热点。然而，滑动电接触问题具有其自身的特殊性，主要表现为：运动分界面处需同时满足磁场强度 H、磁感应强度 B、电场强度 E、电流密度 J 四个物理量的分界面条件。

$$\begin{cases} \hat{\boldsymbol{n}}_{12} \cdot (\boldsymbol{B}_1 - \boldsymbol{B}_2) = 0 \\ \hat{\boldsymbol{n}}_{12} \times (\boldsymbol{H}_1 - \boldsymbol{H}_2) = \boldsymbol{0} \end{cases} \tag{6-39}$$

$$\begin{cases} \hat{\boldsymbol{n}}_{12} \cdot (\boldsymbol{J}_1 - \boldsymbol{J}_2) = 0 \\ \hat{\boldsymbol{n}}_{12} \times (\boldsymbol{E}_1 - \boldsymbol{E}_2) = \boldsymbol{0} \end{cases} \tag{6-40}$$

对于如图 6-22(a) 所示的传统直线电机运动问题，在运动边界处，由于两侧的媒介均为空气，因此，分界面处仅需满足式中的分界面连续条件即可。采用 $A-\varphi$、A 法时，只需在分界面处保证矢量磁位 A 连续，即可满足上述的分界面条件。

对于图 6-22(b) 所示的滑动电接触问题，由于电接触分界面处仍需满足式(6-39)和(6-40)两个分界面连续条件，则必须保证 A 在分界面处连续，且由于在分界面处存在电流的流通，因此分界面处还存在着 E 的切向连续条件和 J 的法向连续条件。需要另行处理 E 的切向连续条件。另外，由于 J 的法向连续条件已经被隐含在简化的控制方程中，不需要特别处理。

为解决这一类滑动电接触问题，有些学者基于有限差分法建立了二维下的电磁场、温度场数学离散模型，分析了电枢运动条件下的电流分布特点。然而，由于传统有限差分法的固有缺点，难以对复杂结构的电枢进行精确分析。

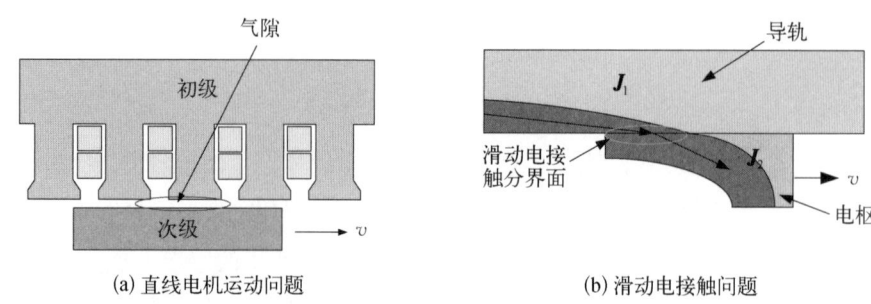

(a) 直线电机运动问题　　　　　(b) 滑动电接触问题

图 6-22　传统电机及电磁轨道发射的运动问题

一部分学者基于节点元法,在两个不同导体的分界面处采用双节点法,选择非连续的矢量磁位 A 处理电枢的运动问题。但这种方法并未在三维运动涡流问题中得到验证;另一部分学者利用棱边元法,选取 H 作为求解量,建立了电磁轨道发射电机的三维有限元模型,并引入迎风因子处理电枢运动问题,在考虑电枢运动的同时,保持了网格拓扑结构不变。然而,由于迎风因子的引入,电枢速度较大时导致的佩克莱数增大会严重影响模型的收敛性和准确性[174]。

对于如图 6-23 所示的二维电磁轨道发射电机的磁扩散问题,其电磁场控制方程为

$$\sigma\mu \frac{\partial B_z}{\partial t} + \sigma\mu v_x \frac{\partial B_z}{\partial x} = \frac{\partial^2 B_z}{\partial x^2} + \frac{\partial^2 B_z}{\partial y^2} \tag{6-41}$$

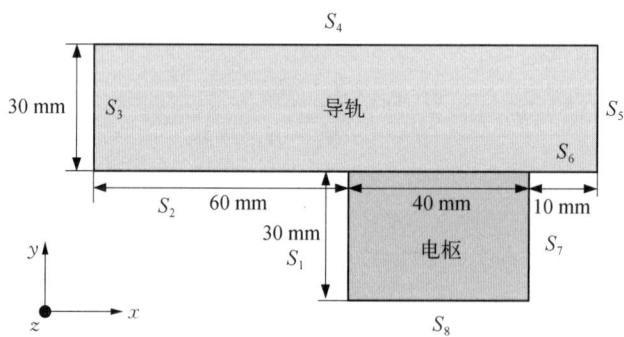

图 6-23　二维电磁轨道发射装置模型

其求解域边界条件为

$$\begin{cases} B_z = 0, & S_4, S_5, S_6, S_7 \\ B_z = B_{z0}(t) = \mu J, & S_1, S_2 \\ \dfrac{\partial B_z}{\partial x} = 0, & S_3 \\ \dfrac{\partial B_z}{\partial y} = 0, & S_8 \end{cases} \tag{6-42}$$

式中,σ、μ、v_x 分别为材料的电导率、磁导率及电枢运动速度,以上参数均是与区域相关的参数,文中假设导轨运动,则 v_x 为导轨运动速度,而电枢静止不动;B_z 为电磁感应强度,对于二维问题,仅存在 z 方向分量;J 为施加的电流密度,其方向平行于求解域平面,对于边界 S_2,J 仅存在 x 方向,对于边界 S_8,J 仅存在 y 方向。模型中边界 S_1、S_2 处施加的电磁感应强度用于等效引入电流密度激励。

巴斯大学的 D. Rodger 在进行 MEGA 软件设计的过程中,分析了电枢运动情况下导轨内侧电流密度分布特点。模型的结构与材料属性如表 6-1 所示,其中电枢材料的电导率为 35 MS/m,导轨材料的电导率为 58 MS/m。在数值模拟过程中,电枢以 20 m/s 的恒定速度运动,施加的线电流密度为恒定值,大小为 10 kA/mm。

表 6-1　模型结构及材料属性

参　　数	电　　枢	导　　轨
长度/mm	40	110
厚度/mm	30	30
电导率 σ/(MS/m)	35	58

文献[175]利用有限元数值计算平台,建立了电磁轨道发射装置的二维节点元模型及二维棱边元模型。图 6-24 为二维棱边元模型计算至 $t=4$ ms 时的电流密度分布图。二维节点元模型及二维棱边元模型计算出的导轨内侧电流密度曲线如图 6-25 所示。

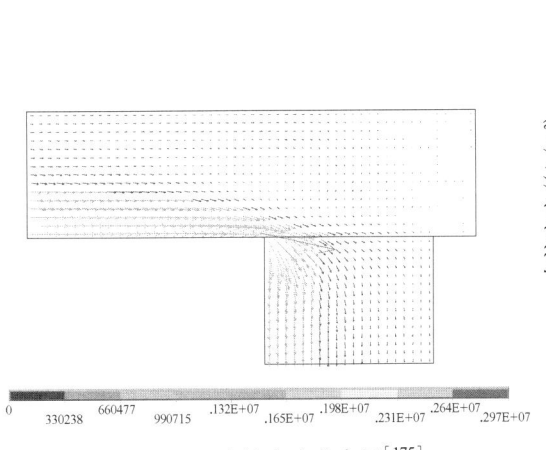

图 6-24　电流密度分布图[175]

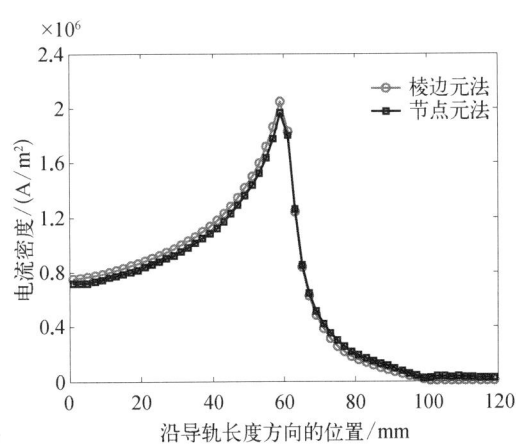

图 6-25　导轨内表面电流密度[175]

由仿真结果可以看出,由于运动速度的存在,模型中的电流集中在枢轨接触面靠近电枢后侧及导轨内侧范围,这种现象称为速度趋肤效应。关于电枢尾翼处电流渗透深度 δ 定义如图 6-26 中的左图所示,在导轨电枢接触面附近区域,假设导轨内的电流分布特点

为其 x 方向分量远大于 y 方向分量;电枢内电流的方向与电枢尾翼轮廓线 OC 平行,部分文献提出的 δ_v 表达式如图 6-26 所示。

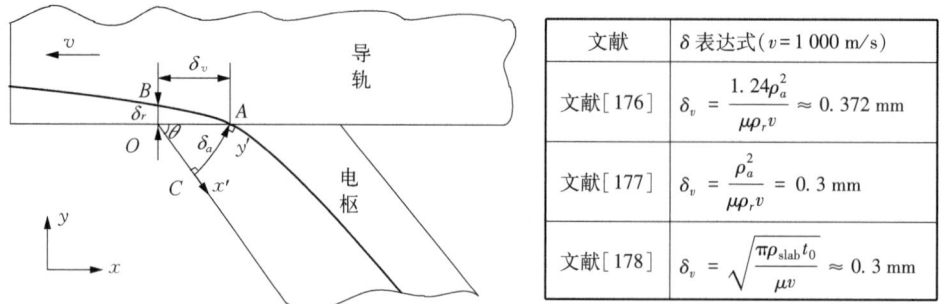

文献	δ 表达式($v=1\,000$ m/s)
文献[176]	$\delta_v = \dfrac{1.24\rho_a^2}{\mu\rho_r v} \approx 0.372$ mm
文献[177]	$\delta_v = \dfrac{\rho_a^2}{\mu\rho_r v} = 0.3$ mm
文献[178]	$\delta_v = \sqrt{\dfrac{\pi\rho_{\text{slab}} t_0}{\mu v}} \approx 0.3$ mm

图 6-26　枢轨接触面电流分布及不同的速度趋肤深度公式[179]

速度趋肤效应不仅会造成导轨与电枢内电流和磁场的集中,由于改变了导轨内的电流分布特性,其对发射装置的集中电气参数也会产生较为明显的影响。

6.2　电磁线圈发射电机

电磁线圈发射电机是一种特殊的圆筒型直线感应电机。结构上,为了提高能效,取消了铁心结构;为了防止脉冲电流励磁过程中出现磁饱和现象,缩小了电机体积,减少了漏磁通;采用无槽绕组可有效消除气隙磁场的齿谐波,消除了推力波动。供电方式上,采用高压脉冲电容器供电,可瞬间产生较高的加速度,提升有限长度上的最大加速能力。通过多级驱动线圈结构,可产生连续的加速推力,实现高速电磁发射。

电磁线圈发射电机电枢受力面积较大,可满足大质量载荷的发射要求。例如,用于空间物资快速投送或小型卫星等航天器的快速发射。如图 6-27 所示为设想的线圈式电磁

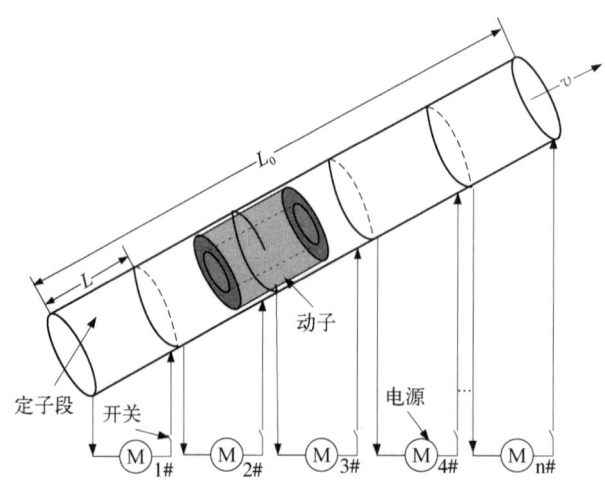

图 6-27　电磁推射系统示意图

推射装置示意图,系统通过控制布置在千米级发射行程的定子线圈内电流,产生电磁力使动子加速运行,从而实现大质量载荷超高速接力发射。

6.2.1 分类与结构设计

6.2.1.1 分类

电磁线圈发射电机有很多种类,根据电枢激励、线圈供电方式以及结构的不同,可分为直流直线电机型(又名螺旋线圈型)、同步电机型、同步感应型、异步感应型和磁阻线圈型五种类型,其中螺旋线圈型根据驱动线圈与运动线圈间有无直接电接触又可分为电刷换向型和无刷型。各类型作用机理与特点如表6-2所示。

表6-2 线圈型电磁发射器作用机理与特点

线圈发射器类型		线圈激励方式	电枢激励方式	特　　点
螺旋线圈型	电刷换向型	直流电流	直流电流	加速力大;存在电接触,结构复杂
	无刷型	直流电流	直流电流	效率高;位置检测控制复杂
同步电机型		脉冲电流	直流电流	效率高;同步控制复杂
同步感应型		单相脉冲电源	无源(感应)	简单有效;同步控制复杂
异步感应型		多相交流电流	无源(感应)	设计简单;受节距、电源频率限制,速度提高困难
磁阻线圈型		脉冲电流	磁化电枢	结构简单;效率低

其中,同步感应线圈型电磁发射装置(synchronous induction coil electromagnetic launcher,SICEML)是最常见的一种,其结构相对简单,发射质量范围广、末速度高。如图6-28所示为单级同步感应线圈型发射装置原理图,驱动线圈注入脉冲电流,空间产生变

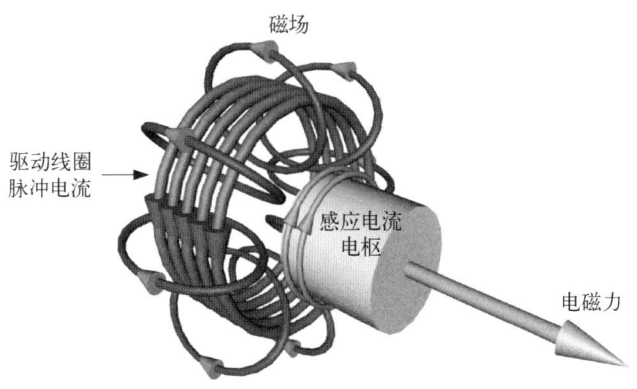

图6-28 单级同步感应线圈型电磁发射器原理图

化磁场,并在电枢上产生感应电流,二者相互作用产生电磁推力并推动电枢前进。由于单级线圈发射装置加速能力有限,通常采用多级接力的形式实现大质量载荷的发射,需要多级同步感应线圈之间分立驱动,每级线圈电源根据设计好的时序触发,从而实现载体连续多级加速,达到预定的超高速。

6.2.1.2 结构设计

根据驱动线圈与电枢之间的位置,电磁线圈发射电机可以设计成外驱动型、内驱动型和内外驱动型,三种结构如图6-29所示[180]。

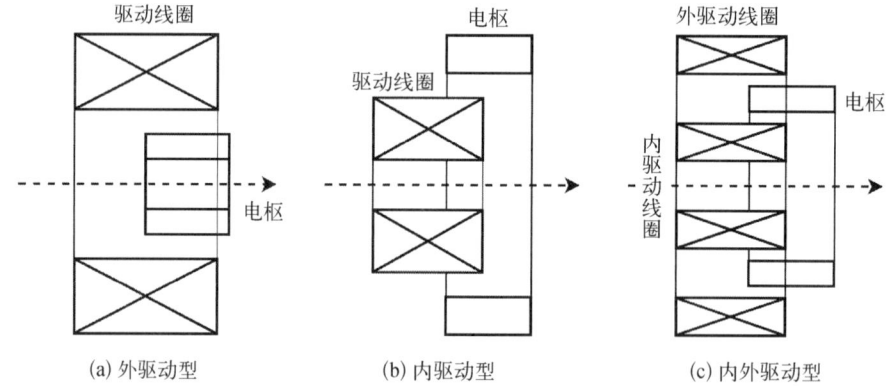

图6-29 三种电磁线圈发射装置结构

通常电磁线圈发射电机采用单个圆环或者铝制空心圆柱体作为发射电枢。文献[181]指出,采用多匝电枢的整体温升会降低一个数量级,且发射效率可由15%提升至40%,但是毫无疑问,多匝电枢需要更高的成本、加工精度和结构强度。两种典型的多匝电枢结构如图6-30所示。

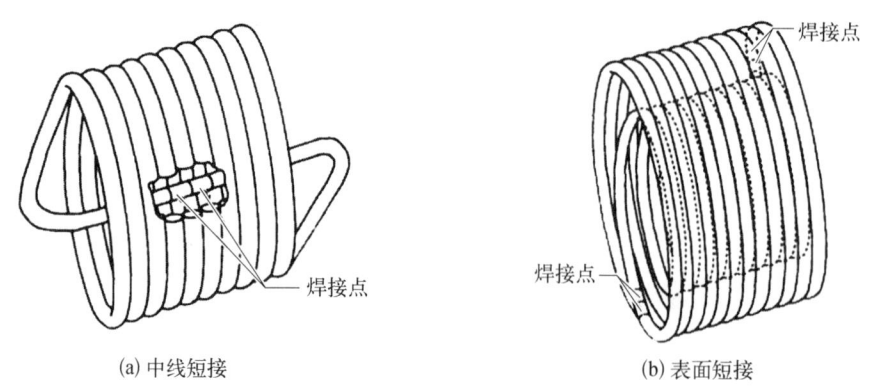

图6-30 两种典型的多匝电枢结构

本节主要讨论采用整体电枢的外驱动型同步感应线圈发射电机,其主要组成结构如图6-31所示。

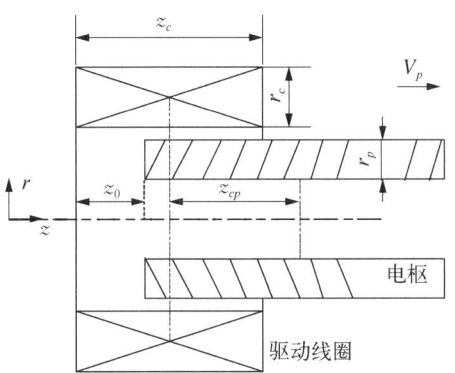

图 6-31 单级同步感应线圈型电磁发射
装置结构示意图

电磁线圈发射电机需要对线圈和电枢进行匹配设计,主要参数包括驱动线圈和电枢的长度、内径、外径以及材料属性等,如表 6-3 所示。

表 6-3 SICEML 主要设计和优化参数

结构尺寸	驱动线圈与电枢形状
	驱动线圈的长度、内径、外径、匝数
	电枢的长度、内径、外径
触发控制	电枢初始触发位置
	驱动线圈放电时序
材料属性	驱动线圈、电枢材料
	驱动线圈、电枢承压、耐高温能力

电磁线圈发射过程中,驱动线圈会受到电磁力、热应力和机械应力的耦合作用,需从尺寸和结构强度两个方面开展结构优化设计。在结构尺寸满足要求的前提下,可通过选用高强度线圈材料、热管理冷却技术以及加固等方式,实现工程化。

6.2.2 数学模型和等效电路

为了深入研究电磁线圈发射电机的动态过程和控制策略,需要建立精确的数学模型,通常采用的数值分析方法包括柱状电流层方法、丝状圆环电流法和等效电路法。由于电磁线圈都是由电压源激励,因此可以在等效电路的基础上给出电压控制方程,并结合牛顿运动定律得到其运动方程。

6.2.2.1 电压控制方程

1. 单级 SICEML 电路方程

单级 SICEML 原理如图 6-32 所示,其主要由驱动线圈和电枢组成。脉冲电容器 C_1 中先储存一定能量,触发信号下达后闭合开关 K_1 向驱动线圈放电,形成变化磁场,并在电枢上感应出涡流,从而产生电磁力推动电枢前进;D_1 为续流二极管,当电容电压放电至 0 V 时导通,可防止电容反向充电,延长使用寿命。

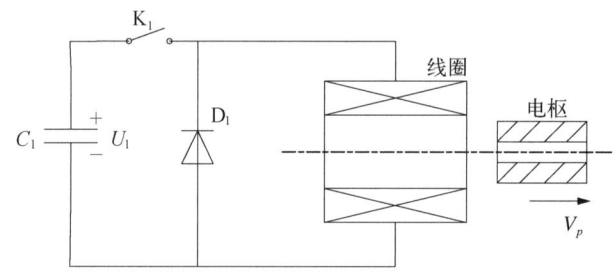

图 6-32 单级 SICEML 原理图

图 6-33 为单级 SICEML 电流丝等效电路模型,左侧为放电回路。其中,C_1 为储能电容器(电容值为 C_1),U_1 为电容器电压(初始值为 U_0),R_{a1} 和 L_{a1} 分别为电容器内阻和内感,L_{d1} 为回路电感,R_{d1} 为回路电阻,R_{c1} 和 L_{c1} 分别为驱动线圈等效电阻和电感。右侧为电枢分片回路,R_{pj} 和 L_{pj} 分别为第 j 片电流丝分片的等效电阻和电感。驱动线圈电感与电枢分片电感之间、电枢分片与电枢分片之间相互耦合,互感分别为 M_{cp1j} 和 $M_{ppij}(i, j = 1, 2, \cdots, m)$。

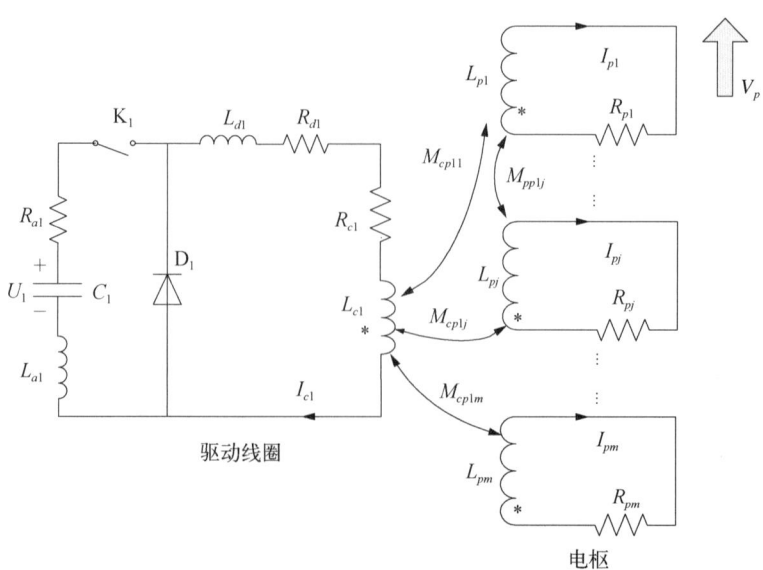

图 6-33 单级 SICEML 电流丝等效电路模型

根据基尔霍夫电压定律,可得驱动线圈回路方程如下:

二极管 D_1 导通前($U_1 \geqslant 0$),

$$U_1 = (R_{a1} + R_{d1} + R_{c1})I_{c1} + (L_{a1} + L_{d1} + L_{c1})\frac{\mathrm{d}}{\mathrm{d}t}I_{c1} + \sum_{j=1}^{m}\frac{\mathrm{d}}{\mathrm{d}t}(M_{cp1j}I_{pj})$$

$$U_1 = U_0 - \frac{1}{C_1}\int_0^t I_{c1}\mathrm{d}t \tag{6-43}$$

二极管 D_1 导通后,线圈回路方程变为

$$0 = (R_{d1} + R_{c1})I_{c1} + (L_{d1} + L_{c1})\frac{\mathrm{d}}{\mathrm{d}t}I_{c1} + \sum_{j=1}^{m}\frac{\mathrm{d}}{\mathrm{d}t}(M_{cp1j}I_{pj}) \tag{6-44}$$

第 j 片电枢分片回路方程为

$$0 = R_{pj}I_{pj} + L_{pj}\frac{\mathrm{d}}{\mathrm{d}t}I_{pj} + \frac{\mathrm{d}}{\mathrm{d}t}(M_{cp1j}I_{c1}) + \sum_{\substack{i=1\\i\neq j}}^{m}\frac{\mathrm{d}}{\mathrm{d}t}(M_{ppij}I_{pi}) \tag{6-45}$$

将式(6-43)~式(6-45)中的微分项展开得

$$\frac{\mathrm{d}}{\mathrm{d}t}(M_{cp1j}I_{pj}) = \frac{\mathrm{d}M_{cp1j}}{\mathrm{d}z}\frac{\mathrm{d}z}{\mathrm{d}t}I_{pj} + M_{cp1j}\frac{\mathrm{d}I_{pj}}{\mathrm{d}t} = v_p I_{pj}\frac{\mathrm{d}M_{cp1j}}{\mathrm{d}z} + M_{cp1j}\frac{\mathrm{d}I_{pj}}{\mathrm{d}t} \tag{6-46}$$

$$\frac{\mathrm{d}}{\mathrm{d}t}(M_{pp1j}I_{pi}) = \frac{\mathrm{d}M_{pp1j}}{\mathrm{d}z}\frac{\mathrm{d}z}{\mathrm{d}t}I_{pi} + M_{pp1j}\frac{\mathrm{d}I_{pj}}{\mathrm{d}t} \tag{6-47}$$

$$\frac{\mathrm{d}}{\mathrm{d}t}(M_{cp1j}I_{c1}) = \frac{\mathrm{d}M_{cp1j}}{\mathrm{d}z}\frac{\mathrm{d}z}{\mathrm{d}t}I_{c1} + M_{cp1j}\frac{\mathrm{d}I_{c1}}{\mathrm{d}t} = v_p I_{pj}\frac{\mathrm{d}M_{cp1j}}{\mathrm{d}z} + M_{cp1j}\frac{\mathrm{d}I_{c1}}{\mathrm{d}t} \tag{6-48}$$

由于电枢各分片间距不变,所以它们之间的互感梯度 $\frac{\mathrm{d}M_{pp1j}}{\mathrm{d}z}$ 为零,因此式(6-47)可以写成:

$$\frac{\mathrm{d}}{\mathrm{d}t}(M_{pp1j}I_{pi}) = M_{pp1j}\frac{\mathrm{d}I_{pj}}{\mathrm{d}t} \tag{6-49}$$

根据式(6-43)~式(6-49)将等效电路方程写成矩阵形式:

$$\boldsymbol{U} = \boldsymbol{RI} + \boldsymbol{L\dot{I}} + v\frac{\mathrm{d}\boldsymbol{M}}{\mathrm{d}z}\boldsymbol{I} + \boldsymbol{M\dot{I}} \tag{6-50}$$

式中,

$$\boldsymbol{U} = \begin{bmatrix} U_1 \\ 0 \\ \vdots \\ 0 \end{bmatrix}, \boldsymbol{I} = \begin{bmatrix} I_{c1} \\ I_{p1} \\ \vdots \\ I_{pm} \end{bmatrix}, \boldsymbol{\dot{I}} = \begin{bmatrix} \dot{I}_{c1} \\ \dot{I}_{p1} \\ \vdots \\ \dot{I}_{pm} \end{bmatrix},$$

$$\boldsymbol{R} = \begin{bmatrix} R_{11} & & & \\ & R_{p1} & & \\ & & \ddots & \\ & & & R_{pm} \end{bmatrix}, \boldsymbol{L} = \begin{bmatrix} L_{11} & & & \\ & L_{p1} & & \\ & & \ddots & \\ & & & L_{pm} \end{bmatrix}$$

二极管 D_1 导通前: $R_{11} = R_{a1} + R_{d1} + R_{c1}$, $L_{11} = L_{a1} + L_{d1} + L_{c1}$

二极管 D_1 导通后: $R_{11} = R_d + R_c$, $L_{11} = L_{d1} + L_{c1}$

$$\boldsymbol{M} = \begin{bmatrix} 0 & M_{cp11} & M_{cp12} & \cdots & M_{cp1m} \\ M_{cp11} & 0 & M_{pp12} & \cdots & M_{pp1m} \\ M_{cp12} & M_{pp12} & 0 & \cdots & M_{pp2m} \\ \vdots & \vdots & \vdots & \ddots & \vdots \\ M_{cp1m} & M_{pp1m} & M_{pp2m} & \cdots & 0 \end{bmatrix}$$

$$\frac{\mathrm{d}\boldsymbol{M}}{\mathrm{d}z} = \begin{bmatrix} 0 & \dfrac{\mathrm{d}M_{cp11}}{\mathrm{d}z} & \dfrac{\mathrm{d}M_{cp12}}{\mathrm{d}z} & \cdots & \dfrac{\mathrm{d}M_{cp1m}}{\mathrm{d}z} \\ \dfrac{\mathrm{d}M_{cp11}}{\mathrm{d}z} & 0 & 0 & \cdots & 0 \\ \dfrac{\mathrm{d}M_{cp12}}{\mathrm{d}z} & 0 & 0 & \cdots & 0 \\ \vdots & \vdots & \vdots & \ddots & \vdots \\ \dfrac{\mathrm{d}M_{cp1m}}{\mathrm{d}z} & 0 & 0 & \cdots & 0 \end{bmatrix}$$

2. 多级 SICEML 电路方程

单级 SICEML 设计和控制都比较简单,一般适用于小质量载荷的发射,要将大质量载荷加速到超高速,就需要增加线圈的级数,即多级 SICEML(图 6-34)。

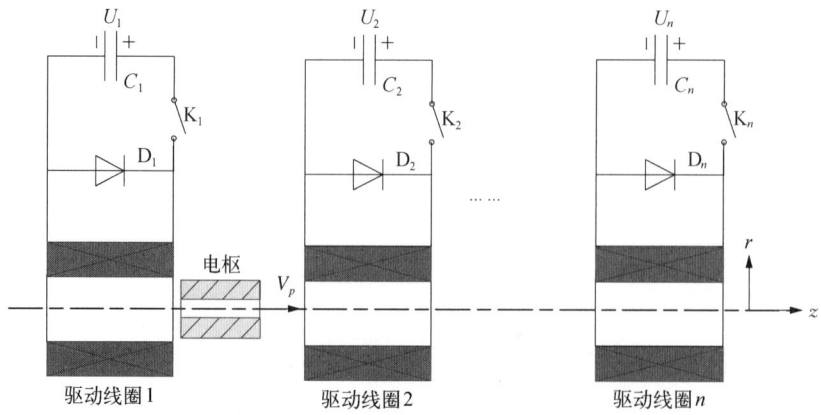

图 6-34 多级 SICEML 结构原理图

多级 SICEML 实质上是多个单级 SICEML 的组合,基本工作原理与单级相同。但多级 SICEML 又非单级 SICEML 简单的叠加,每一级触发的线圈之间以及线圈和电枢之间都存在耦合,因此电路方程将变得更为复杂。

图 6-35 所示为多级 SICEML 电流丝等效电路模型。其中,C_i 为第 i 级驱动线圈储能电容器(电容值为 C_i),U_i 为电容器电压(初始值为 $U_0(t)$),R_{ai} 和 L_{ai} 分别为电容器内阻和内感,L_{di} 为回路电感,R_{di} 为回路电阻,R_{ci} 和 L_{ci} 为分别为驱动线圈等效电阻和电感。D_i 为续流二极管。电枢分片回路:R_{pj} 和 L_{pj} 分别为第 j 片电流丝分片的等效电阻和电感。驱动线圈与驱动线圈之间的互感为 M_{ccik},驱动线圈与电枢分片之间的互感为 M_{cpij},电枢分片与电枢分片之间的互感 M_{ppjl} ($i,k = 1,2,\cdots,n; j,l = 1,2,\cdots,m$)。

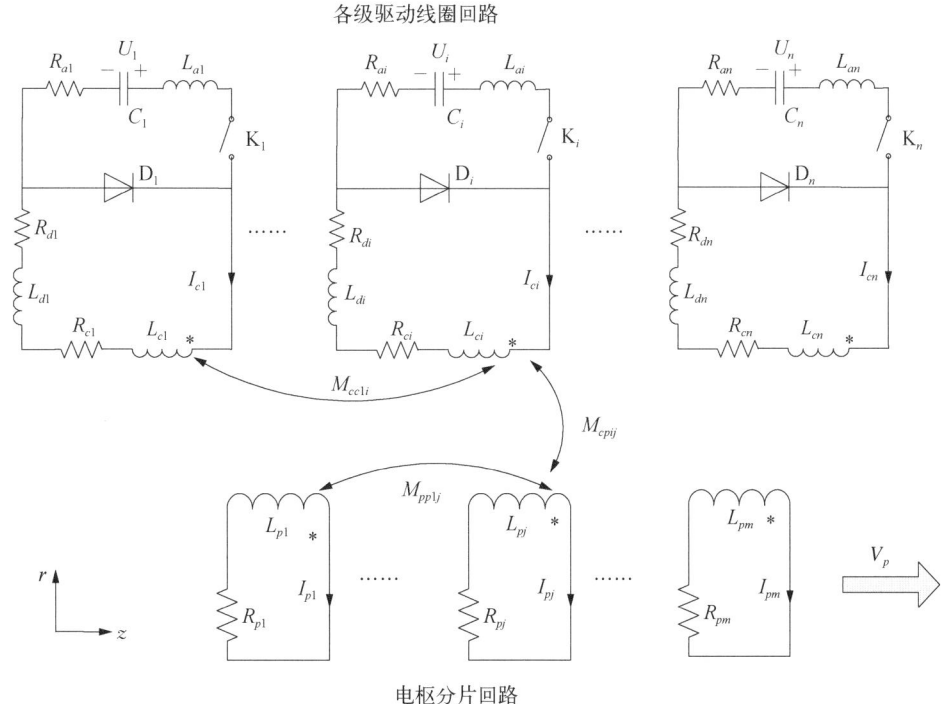

图 6-35 多级 SICEML 电流丝等效电路模型

则第 i 级驱动线圈开始放电时,可得驱动线圈回路方程如下:

二极管 D_i 导通前($U_i \geqslant 0$),

$$U_i = (R_{ai} + R_{di} + R_{ci})I_{ci} + (L_{ai} + L_{di} + L_{ci})\frac{\mathrm{d}}{\mathrm{d}t}I_{ci} + \sum_{k=1}^{i-1}\frac{\mathrm{d}}{\mathrm{d}t}(M_{ccik}I_{ck}) + \sum_{j=1}^{m}\frac{\mathrm{d}}{\mathrm{d}t}(M_{cpij}I_{pj})$$

$$U_i = U_0 - \frac{1}{C_i}\int_0^t I_{ci}\mathrm{d}t$$

(6-51)

二极管 D_i 导通后，线圈回路方程变为

$$0 = (R_{di} + R_{ci})I_{ci} + (L_{di} + L_{ci})\frac{\mathrm{d}}{\mathrm{d}t}I_{ci} + \sum_{k=1}^{i-1}\frac{\mathrm{d}}{\mathrm{d}t}(M_{ccik}I_{ck}) + \sum_{j=1}^{m}\frac{\mathrm{d}}{\mathrm{d}t}(M_{cpij}I_{pj})$$
(6-52)

第 j 片电枢分片回路方程为

$$0 = R_{pj}I_{pj} + L_{pj}\frac{\mathrm{d}}{\mathrm{d}t}I_{pj} + + \sum_{k=1}^{i}\frac{\mathrm{d}}{\mathrm{d}t}(M_{pcjk}I_{ck}) + \sum_{\substack{l=1 \\ l \neq j}}^{m}\frac{\mathrm{d}}{\mathrm{d}t}(M_{ppjl}I_{pl})$$
(6-53)

同理，根据式(6-51)~式(6-53)可将等效电路方程写成矩阵形式(6-50)。式中，

$$\boldsymbol{U} = \begin{bmatrix} U_1 \\ \vdots \\ U_i \\ 0 \\ \vdots \\ 0 \end{bmatrix},\ \boldsymbol{I} = \begin{bmatrix} I_{c1} \\ \vdots \\ I_{ci} \\ I_{p1} \\ \vdots \\ I_{pm} \end{bmatrix},\ \dot{\boldsymbol{I}} = \begin{bmatrix} \dot{I}_{c1} \\ \vdots \\ \dot{I}_{ci} \\ \dot{I}_{p1} \\ \vdots \\ \dot{I}_{pm} \end{bmatrix}$$

$$\boldsymbol{R} = \begin{bmatrix} R_{11} & & & & & & \\ & \ddots & & & & & \\ & & R_{ii} & & & & \\ & & & R_{p1} & & & \\ & & & & \ddots & \\ & & & & & R_{pm} \end{bmatrix},\ \boldsymbol{L} = \begin{bmatrix} L_{11} & & & & & & \\ & \ddots & & & & & \\ & & L_{ii} & & & & \\ & & & L_{p1} & & & \\ & & & & \ddots & \\ & & & & & L_{pm} \end{bmatrix}$$

二极管 $D_k(k \leqslant i)$ 导通前：$R_{kk} = R_{ak} + R_{dk} + R_{ck}$，$L_{kk} = L_{ak} + L_{dk} + L_{ck}$

二极管 $D_k(k \leqslant i)$ 导通后：$R_{kk} = R_{dk} + R_{ck}$，$L_{kk} = L_{dk} + L_{ck}$

$$\boldsymbol{M} = \begin{bmatrix} 0 & \cdots & 0 & M_{cp11} & M_{cp12} & \cdots & M_{cp1m} \\ \vdots & 0 & \vdots & \vdots & \vdots & \cdots & \vdots \\ 0 & \cdots & 0 & M_{cpi1} & M_{cpi2} & \cdots & M_{cpim} \\ M_{cp11} & \cdots & M_{cpi1} & 0 & M_{pp12} & \cdots & M_{pp1m} \\ M_{cp12} & \cdots & M_{cpi2} & M_{pp12} & 0 & \vdots & M_{pp2m} \\ \vdots & \vdots & \vdots & \vdots & \vdots & \ddots & \vdots \\ M_{cp1m} & \cdots & M_{cpim} & M_{pp1m} & M_{pp2m} & \cdots & 0 \end{bmatrix}$$

$$\frac{\mathrm{d}\boldsymbol{M}}{\mathrm{d}z} = \begin{bmatrix} 0 & \cdots & 0 & \dfrac{\mathrm{d}M_{cp11}}{\mathrm{d}z} & \dfrac{\mathrm{d}M_{cp11}}{\mathrm{d}z} & \cdots & \dfrac{\mathrm{d}M_{cp1m}}{\mathrm{d}z} \\ \vdots & \ddots & \vdots & \vdots & \vdots & \vdots & \vdots \\ 0 & \cdots & 0 & \dfrac{\mathrm{d}M_{cpi1}}{\mathrm{d}z} & \dfrac{\mathrm{d}M_{cpi2}}{\mathrm{d}z} & \cdots & \dfrac{\mathrm{d}M_{cpim}}{\mathrm{d}z} \\ \dfrac{\mathrm{d}M_{cp11}}{\mathrm{d}z} & \cdots & \dfrac{\mathrm{d}M_{cpi1}}{\mathrm{d}z} & 0 & 0 & \cdots & 0 \\ \dfrac{\mathrm{d}M_{cp12}}{\mathrm{d}z} & \cdots & \dfrac{\mathrm{d}M_{cpi2}}{\mathrm{d}z} & 0 & 0 & \cdots & 0 \\ \vdots & \cdots & \vdots & \vdots & \vdots & \ddots & \vdots \\ \dfrac{\mathrm{d}M_{cp1m}}{\mathrm{d}z} & \cdots & \dfrac{\mathrm{d}M_{cpim}}{\mathrm{d}z} & 0 & 0 & \cdots & 0 \end{bmatrix}$$

以上为多级 SICEML 发射过程中的等效电路方程。

6.2.2.2 运动方程

对于单级 SICEML,根据牛顿第二定律可得：

电枢加速度为

$$a(t) = \frac{F(t)}{m_a} = \frac{1}{m_a} \sum_{j=1}^{m} \left(\frac{\mathrm{d}M_{cp1j}}{\mathrm{d}z} I_c I_{pj} \right) \tag{6-54}$$

式中,m_a 为电枢质量。

电枢速度为

$$v(t) = v_0 + \int_0^t a(t) \mathrm{d}t = v_0 + \int_0^t \frac{1}{m_a} \sum_{j=1}^{m} \left(\frac{\mathrm{d}M_{cp1j}}{\mathrm{d}z} I_c I_{pj} \right) \mathrm{d}t \tag{6-55}$$

电枢位移为

$$z(t) = z_0 + \int_0^t v(t) \mathrm{d}t \tag{6-56}$$

对于多级 SICEML：

电枢加速度为

$$a(t) = \frac{F(t)}{m_a} = \frac{1}{m_a} \sum_{k=1}^{i} \sum_{j=1}^{m} \left(\frac{\mathrm{d}M_{cpkj}}{\mathrm{d}z} I_{ck} I_{pj} \right) \tag{6-57}$$

电枢速度为

$$v(t) = v_0 + \int_0^t a(t)\,\mathrm{d}t = v_0 + \int_0^t \frac{1}{m_a} \sum_{k=1}^{i} \sum_{j=1}^{m} \left(\frac{\mathrm{d}M_{cpkj}}{\mathrm{d}z} I_{ck} I_{pj}\right) \mathrm{d}t \tag{6-58}$$

电枢位移为

$$z(t) = z_0 + \int_0^t v(t)\,\mathrm{d}t \tag{6-59}$$

以上为 SICEML 动态发射运动方程。

6.2.3 电磁场计算和推力特性

根据安培力法则,作用于电枢上的推力为电枢内磁场与电枢上感应电流密度叉积后在电枢区域内的体积分,因此有必要对电磁线圈发射电机的磁场分布进行定量计算。文献[182]基于圆柱坐标系建立了同步感应线圈发射电机的磁场模型,并推导了磁场的分布规律。文献[183]采用有限元二次插值方法计算了通电螺线管的磁场模型,并与有限元软件计算结果进行比较。文献[184]通过引入有效半径、有效空间位置和有效空间取向等概念,通过电流环微元的方法计算出带电螺线管的空间磁场分布。

6.2.3.1 电磁场计算

为分析螺旋线圈的磁场分布,先在圆柱坐标系下建立螺旋线圈的几何模型,如图 6-36 所示。设线圈的内半径为 r_0,外半径为 r_1,高度为 z_0,电流密度为 $\boldsymbol{J}_0$。

取电流微元 $\mathrm{d}V$,根据毕奥-萨伐尔定律,在线圈内任一点 $Q(r', \varphi', z')$ 产生的磁场可以表示为

$$\mathrm{d}\boldsymbol{B} = \frac{\mu_0}{4\pi} \frac{\boldsymbol{J}_0 \times \boldsymbol{l}}{l^3} \mathrm{d}V \tag{6-60}$$

其中,$\boldsymbol{l}$ 表示电流微元 $\mathrm{d}V$ 与点 Q 的空间距离矢量,其大小为

$$l = \sqrt{r^2 + r'^2 - 2rr'\cos(\varphi - \varphi') + (z - z')^2} \tag{6-61}$$

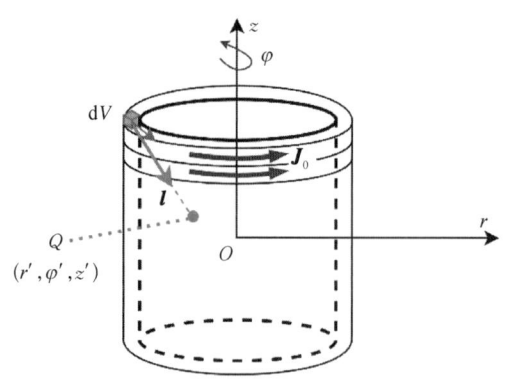

图 6-36 螺旋线圈几何模型

对整个螺旋线圈进行体积分,可得到线圈内任一点的磁场:

$$\boldsymbol{B}(r, \varphi, z) = \frac{\mu_0}{4\pi} \int_V \frac{\boldsymbol{J}_0 \times \boldsymbol{l}}{l^3} \mathrm{d}V = B_r \boldsymbol{i} + B_\varphi \boldsymbol{j} + B_z \boldsymbol{k} \tag{6-62}$$

磁感应强度 $\boldsymbol{B}$ 的三个分量分别为

$$\begin{cases} B_\varphi = 0 \\ B_r = \dfrac{\mu_0 J_0}{2\pi} \int_{-z_0/2}^{z_0/2} \int_0^\pi \int_{r_0}^{r_1} \dfrac{-z\cos(\varphi-\varphi')}{l^3} r\mathrm{d}r\mathrm{d}\varphi\mathrm{d}z \\ B_z = \dfrac{\mu_0 J_0}{2\pi} \int_{-z_0/2}^{z_0/2} \int_0^\pi \int_{r_0}^{r_1} \dfrac{-(r-r'\cos(\varphi-\varphi'))}{l^3} r\mathrm{d}r\mathrm{d}\varphi\mathrm{d}z \end{cases} \quad (6-63)$$

先求螺旋线圈中轴线处($r'=0$)的磁场分布,由对称性可知$B_r=0$,磁场仅有轴向分量B_z:

$$B_z = \dfrac{\mu_0 J_0}{2\pi} \left[\left(\dfrac{z_0}{2}-z\right)\ln\left(\dfrac{r_1+\sqrt{r_1^2+(z_0/2-z)^2}}{r_0+\sqrt{r_0^2+(z_0/2-z)^2}}\right) + \left(\dfrac{z_0}{2}+z\right)\ln\left(\dfrac{r_1+\sqrt{r_1^2+(z_0/2+z)^2}}{r_0+\sqrt{r_0^2+(z_0/2+z)^2}}\right) \right]$$
(6-64)

可以看出,在线圈中轴线上,磁场是关于z轴坐标的函数,且在$z=0$处取得最大值。

$$B_{z0} = \dfrac{\mu_0 J_0 z_0}{2\pi} \ln\left(\dfrac{r_1+\sqrt{r_1^2+(z_0/2)^2}}{r_0+\sqrt{r_0^2+(z_0/2)^2}}\right) \quad (6-65)$$

按照谢尔茨公式展开,可得螺旋线圈轴线外任意位置的磁场分布为

$$\boldsymbol{B}(r,z) = \sum_{k=0}^\infty (-1)^{k+1} \dfrac{1}{((k+1)!)^2} \left(\dfrac{r}{2}\right)^{2k+1} B_z^{(2k+1)} \boldsymbol{i} + \sum_{k=0}^\infty (-1)^k \dfrac{1}{(k!)^2} \left(\dfrac{r}{2}\right)^{2k} B_z^{(2k)} \boldsymbol{k}$$
(6-66)

6.2.3.2 推力特性研究

图 6-37 为单级 SICEML 受力分析模型,驱动线圈通入脉冲电流 $\boldsymbol{I}_c$ 后在空间产生磁场 $\boldsymbol{B}$,电枢感应电流为 $\boldsymbol{I}_p$,感应电流产生的磁场为 $\boldsymbol{B}_p$,驱动线圈和电枢自感分别为 L_c、L_p,互感为 M_{cp}。

SICEML 电枢电磁力的计算主要有两种——安培力法和电感法。

(1) 安培力法直接利用电磁学基本原理,由驱动线圈电流和电枢感应电流产生的空间磁场与电枢电流相互作用产生洛伦兹力。设电枢电流元 $\mathrm{d}\boldsymbol{l}$,对电流元积分并取轴向分量便得到电枢轴向电磁推力,即

$$\boldsymbol{F} = \oint_c \boldsymbol{I}_p \mathrm{d}\boldsymbol{l} \times (\boldsymbol{B}+\boldsymbol{B}_p) \quad (6-67)$$

虽然电枢感应电流自身产生的磁场对电枢也有作用力,但只有张力的作用,求和后相互抵消,对轴向电磁力没有贡献[184],因

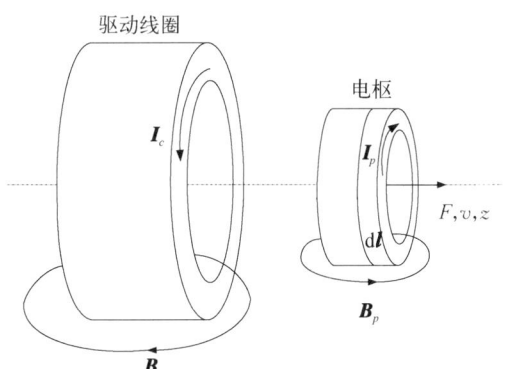

图 6-37 单级 SICEML 受力分析模型

此电枢所受轴向电磁推力为

$$F_z = \oint_c I_p \mathrm{d}\boldsymbol{l} \times \boldsymbol{B} \quad (6-68)$$

理论上所有情况下的电磁力均可以利用安培力法求解,但要计算矢量积分,同时空间磁场也很难精确计算,因此这种方法仅适用于定性分析。

(2) 电感法则是一种有效可行的方法。由于力是电枢运动方向上的能量梯度,因此可以通过求解能量在轴向梯度上的偏导数进行求解。一般步骤是:先求出线圈电感,然后将能量沿运动方向进行微分,即得到电枢轴向电磁力。

理想情况下,单级 SICEML 系统的总储能为

$$W = \frac{1}{2} L_c I_c^2 + \frac{1}{2} L_p I_p^2 + M_{cp} I_c I_p \quad (6-69)$$

电枢沿轴向(z 方向)运动过程中,自感不随位置变化,只有电枢与驱动线圈之间的互感变化(即互感梯度)。若不考虑其他能量损耗,则电枢轴向电磁推力为

$$F_z = \frac{\mathrm{d}W}{\mathrm{d}z} = \frac{\mathrm{d}M_{cp}}{\mathrm{d}z} I_c I_p \quad (6-70)$$

由于电枢感应总电流与线圈电流存在如下关系:

$$I_p = \frac{M_{cp}}{L_p} I_c \quad (6-71)$$

因此电枢受力可表示为

$$F_z = \frac{M_{cp}}{L_p} \frac{\mathrm{d}M_{cp}}{\mathrm{d}z} I_c^2 \quad (6-72)$$

由式(6-72)可以看出,在驱动线圈电流一定的情况下,电枢轴向所受电磁推力仅与电枢与驱动线圈间的互感以及互感梯度有关。因此,只要求解出两者的互感以及互感梯度即可求解驱动线圈作用在电枢上的电磁推力。

应用电流丝法,将电枢沿轴向剖分为 m 片,则电枢所受电磁力为每一片电枢分片受力之和,即

$$F(t) = \sum_{j=1}^{m} \left(\frac{\mathrm{d}M_{cp1j}}{\mathrm{d}z} I_c I_{pj} \right) \quad (6-73)$$

多级 SICEML 受力分析与单级相同,电枢受力为已触发的驱动线圈(共 i 片)对电枢作用力之和,即

$$F_n(t) = \sum_{k=1}^{i} \sum_{j=1}^{m} \left(\frac{\mathrm{d}M_{cpkj}}{\mathrm{d}z} I_{ck} I_{pj} \right) \quad (6-74)$$

6.2.3.3 堵驻电磁力研究[185]

电枢在发射过程中所受电磁力是电磁线圈发射电机的重要性能指标,分析其受力情况对于线圈发射电机的设计具有至关重要的作用。动态发射过程中,电枢受力无法直接测量,而电枢堵驻状态(位置固定)下电磁力可通过测力传感器方便测得,也能在一定程度上反映动态发射过程受力情况,对于动态发射过程分析具有一定的指导意义。本节利用有限元模型对单级 SICEML 不同放电电压下的堵驻电磁力进行仿真计算,并利用实验室的 SICEML 样机对堵驻电磁力进行了测量,表 6-4 为 SICEML 样机的结构参数值。

表 6-4 SICEML 样机结构参数

线圈	外径 R_2	67.5 mm
	内径 R_1	32.5 mm
	轴向长度 z_c	100 mm
	匝数 N	40
电枢	外径 r_2	29 mm
	内径 r_1	15 mm
	轴向长度 z_p	200 mm
	质量 m_a	1 kg

图 6-38 为不同电容器初始电压下回路放电电流和电磁力曲线,电容电压自上而下依次为 4 kV、3.6 kV、3 kV、2.6 kV、2 kV、1.6 kV。可以看出,电磁力随驱动线圈放电电流增大而增大,进一步分析可得,电磁力峰值与此刻电流的平方基本成线性关系。

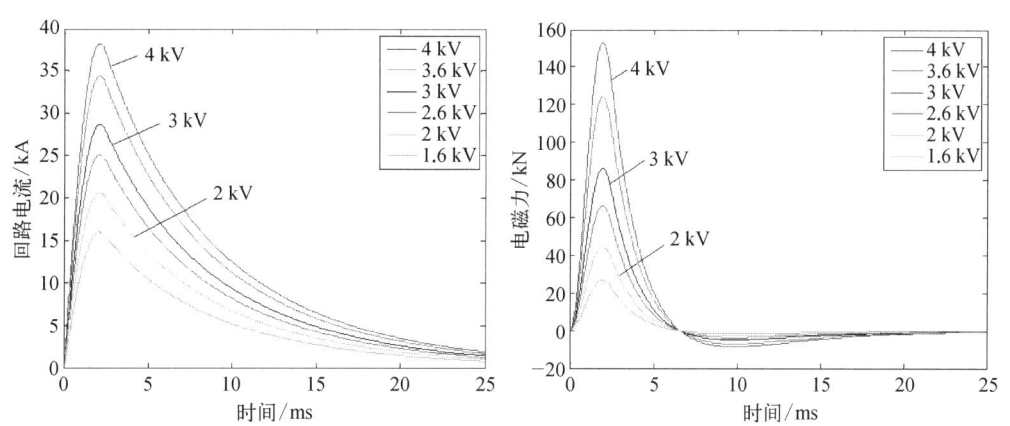

图 6-38 不同电容器电压下放电电流、电磁力曲线

利用实验室 SICEML 样机(参数见表 6-4)搭建 SICEML 测力平台(图 6-39),采用石英测力传感器对电枢堵驻电磁力进行测量。

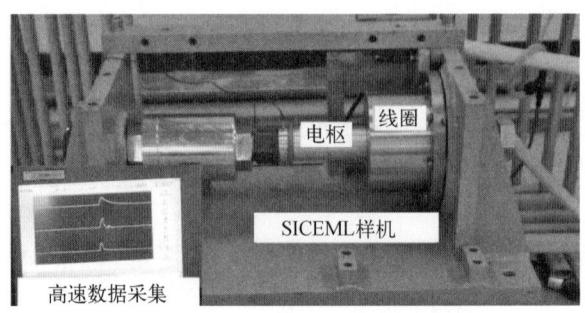

图 6-39　SICEML 样机实验平台

图 6-40 为电容器电压为 4 kV 时试验波形,试验通过便携式高速记录分析仪采集了放电电流(CH5 通道)、电磁力(CH3 通道)以及线圈两端电压(CH1 通道)的数据,放电电流峰值达到 38 kA,峰值电磁力达 160.5 kN。

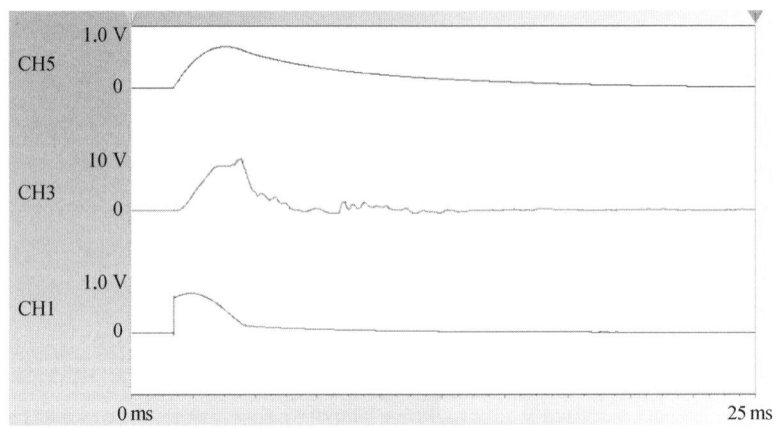

图 6-40　电容器电压 4 kV 时的试验波形

图 6-41 对电容器电压 4 kV 时的试验值与等效电路数值仿真值以及有限元仿真值进行了对比。在二维场路耦合模型和电压源激励下,峰值电流、电磁力的试验值与两种仿

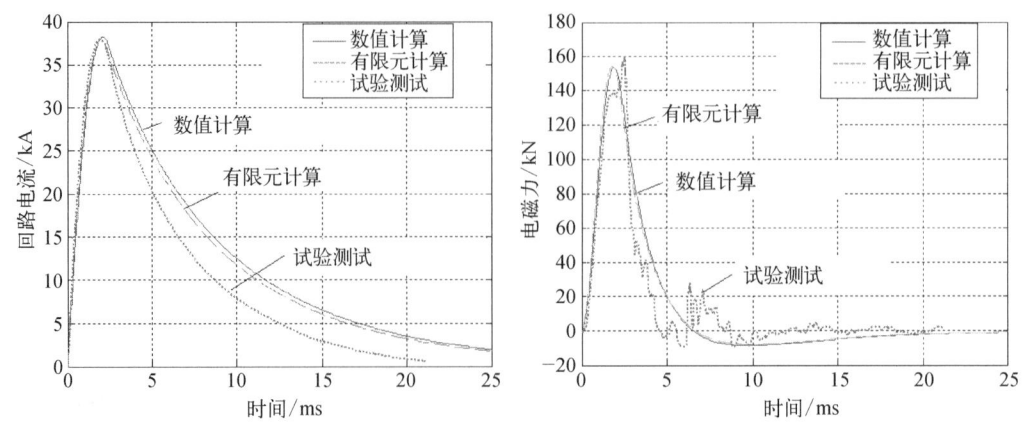

图 6-41　电容电压 4 kV 时回路电流、力对比曲线

真值基本吻合,其中峰值电流误差分别为 0.63% 和 0.32%,峰值推力误差分别为 1.2% 和 3.8%,验证了仿真模型的正确性。

6.3 永磁直线同步电机

随着大功率电力电子器件和电力电子技术的飞速发展,许多学者致力于将永磁直线同步电机应用到电磁发射领域。永磁材料具有较高的磁通密度,在电磁发射系统中采用永磁直线同步电机可以获得更大的推力密度、功率因数和效率,但也存在大块永磁体安装充磁较困难、气隙较小不易于维护,且在高温、大电流、冲击和震动等情况下存在失磁风险。开关磁链永磁直线电机[186]、磁阻同步直线电机[12]和圆筒型横向磁通电机[187]均被论证可以应用于电磁发射场合。本节重点介绍永磁直线同步电机在电磁发射中的应用,主要考虑永磁直线同步电机的设计和控制技术较为成熟,且在较长的行程上易于实现分段供电控制。

6.3.1 动子结构分类

6.3.1.1 动磁式结构

永磁直线同步电机的永磁动子可设计成片状和 U 型两种形状,如图 6-42 所示,两种结构各有优缺点。片状次级具有结构简单、重量轻、散热容易、利于制动等优点;U 型次级具有机械强度大、抗污染能力较强等特点,可防止污水、盐雾、铁屑、螺钉等进入电机内部,可靠性相对较高,且发射电机的总重量较轻。另外,片状次级由永磁体和隔磁材料构成,磁路在定子铁心上闭合;而 U 型次级的磁路在动子上闭合,因此动子上除了有永磁体和隔磁材料外,还需要有导磁材料(如铁),这大大增加了动子的质量,从而增加了制动装置的要求。

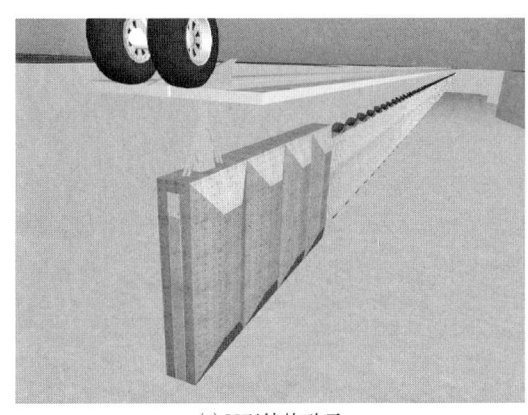

(a) U型结构动子　　　　　　　　　　　(b) 片状结构动子

图 6-42 两种常见的永磁动子形式

片状次级的动子可设计为不同的结构形式,如图 6-43(a)和(b)所示。图 6-43(a)

所示的是基于常规充磁方向的永磁体结构,图 6-43(b)所示的结构是基于法向充磁磁体和切向充磁磁体组成的 Halbach 结构。U 型次级的动子可设计成不同的结构形式,如图 6-43(c)和(d)所示。图 6-43(c)所示的是基于法向充磁的永磁体结构,其中必须包含构成闭合磁路的铁轭。图 6-43(d)所示的结构是基于 Halbach 磁体结构,在这种 Halbach 磁体结构中,动子也可以做成无铁心结构,磁链在永磁体中形成闭合回路。

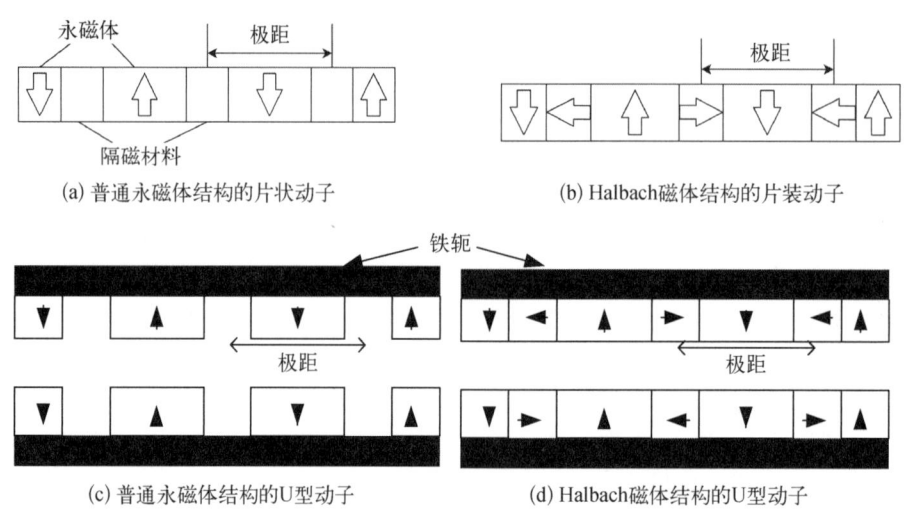

图 6-43 永磁动子的四种具体结构

扁平型永磁直线同步电机,通过在表贴永磁体上安装阻尼板,可利用磁阻不对称来产生额外的磁阻推力,提高电机的过载能力和功率密度[187]。有关研究还表明,安装阻尼板后电机的调速范围更宽,且在弱磁控制和最大推力控制中能比普通直线同步电机获得更好的调速性能[188]。此外,当动子速度与同步速不一致时,会在阻尼板中产生感应电流,电枢磁路和阻尼电流有助于实现异步启动和在速度变化时恢复同步运动,且当负载出现变化时,能够阻尼振荡现象。

6.3.1.2 动圈式结构

采用动磁式结构需要在较长的轨道上安装定子绕组,以分段供电形式进行供电。双边空心式永磁直线同步电机没有铁心和齿槽结构,空心线圈作为动子可以消除齿槽力和磁路饱和效应,同时可以获得较高的推力密度和动态性能,因此通常作为电磁发射电机的备选方案之一。文献[189]设计了一种用于空间电磁发射平台的空心永磁直线同步电机,并对比了绕组型式、法向充磁和 Halbach 充磁结构的性能差异,结果表明,采用叠绕组和 Halbach 充磁结构可使瞬时推力提升 15.1%,推力波动减小 30.8%。

根据两侧磁极的磁化方向配置,可以将永磁定子划分为 N-N 型和 N-S 型,如图 6-44 所示。其中,N-N 型永磁定子需在绕组铁心中形成闭合磁路,因此通常采用背靠背结构的初级铁心。空心线圈动子只能采用图 6-44(b)所示的永磁定子结构。

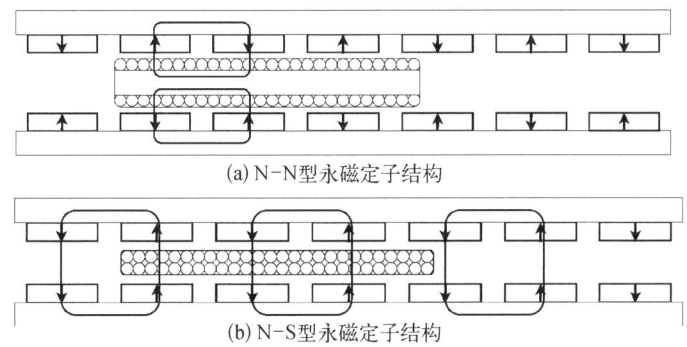

(a) N-N型永磁定子结构

(b) N-S型永磁定子结构

图 6-44　两种永磁定子结构

根据绕组间距与极距之间的关系,可以将空心绕组划分为整距绕组、短距绕组和长距绕组,如图 6-45 所示。

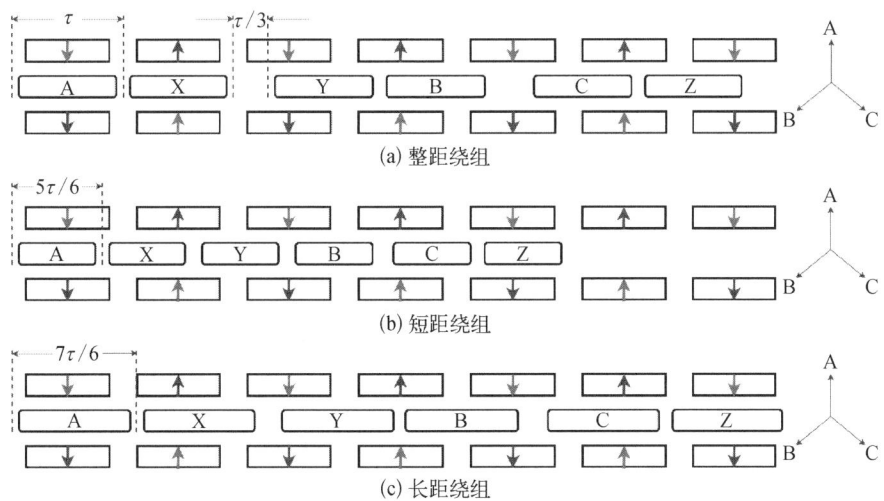

(a) 整距绕组

(b) 短距绕组

(c) 长距绕组

图 6-45　几种典型的空心绕组型式

空心绕组无齿槽力,推力波动小且运行噪声小,高速运行时能够达到较高的效率,线圈无伸出,可降低绕组成本,但气隙较大带来较多永磁材料,从而导致成本的增加,且 dq 轴同步电抗较小,需要较大的工作电流。此外,为了减小动子质量,初级电枢绕组通常采用空心式单层线圈,用高强度树脂进行一体化灌封,以减小绕组体积和电机气隙,但需确保结构强度能够满足电磁发射所需的高温、高磁场和高应力环境。此外,若要解决供电问题,通电绕组一般需要通过柔性电缆连接,确保整个动子行程均能可靠馈电。一种可行的方案是采用滑动馈电导轨结构,如图 6-46 所示,将三相供电分别通过底部导轨和两侧导轨传输

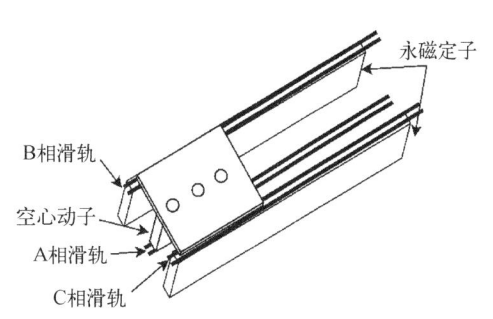

图 6-46　滑动馈电方案

至动子线圈,由于各相与地之间悬浮且通过绝缘材料与地面隔离,可以确保用电安全性。

6.3.2 高速直线磁浮电机

磁浮交通是区别于轮轨交通的一种无接触交通方式,一般认为轮轨接触型交通的实用最高运行速度小于 400 km/h,若要达到更高的速度必须降低列车的运行阻力,尤其是轮轨摩擦力,磁浮交通是目前较为成熟的一种高速运输方式。由于永磁直线同步电机的推力密度和效率高、动态性能好,且可借助永磁结构进行悬浮或导向,是高速磁浮电机的主用方案。

高速磁浮交通的设计速度为 400~1 000 km/h,高速直线磁浮电机与电磁发射用直线电机之间存在诸多相似点。首先在执行机构方面,高速磁浮交通采用直线电机,这也是与普通轮轨交通的显著区别;其次在供电方式方面,传统轨道交通列车只要配置市电连续供电方式即可满足运行要求,高速磁浮交通需要更高的牵引力和加速度,需设计大功率的能量存储和变换系统,为了降低逆变器容量,一般采取轨道定子分段供电的方式,这与电磁发射用直线电机的供电方式十分接近;再次是在加速方式上,由于磁浮交通的运行阻力较小,为了提升乘客舒适度,一般采取分段提速的方式,每次提速过程类比于一次电磁发射的非周期瞬态过程,在提速间隙的滑行阶段仅需维持悬浮、导向和紧急制动系统的供电,可以减轻滑行段的供电负载。

6.3.2.1 磁浮分类和工作原理

磁浮交通系统由直线电机与轨道、能量存储与变换系统、运行控制系统构成。磁浮系统从悬浮力的特征上可分为电磁悬浮、电动悬浮和钉扎悬浮三种,第一种以德国的 TR 型(Transrapid,运捷)和日本的 HSST 型(High Speed Surface Transport)磁浮列车为代表;第二种以日本的 ML 型(Maglev Line)超导磁浮列车为代表;第三种采用悬浮导向一体化设计,目前处于原理样机阶段。本节重点介绍前两种磁浮系统。

1. 电磁悬浮

电磁悬浮车辆一般环抱导轨运行,通过钢导轨与列车上通电磁极之间的吸力来提升车体,悬浮间隙一般为 8~12 mm,可通过调节励磁电流来控制气隙大小。假设磁性材料导轨的磁导率极大,磁路在列车悬浮电磁铁和导轨之间形成闭合回路,因此没有边端效应和漏磁通,电磁污染程度很低。电磁悬浮的工作原理如图 6-47 所示。

U 型电磁铁的吸力可表示为

$$F_z = \frac{1}{4} \frac{\mu_0 (NI)^2 A}{[l_{Fe}/(2\mu_r) + g]^2} \quad (6-75)$$

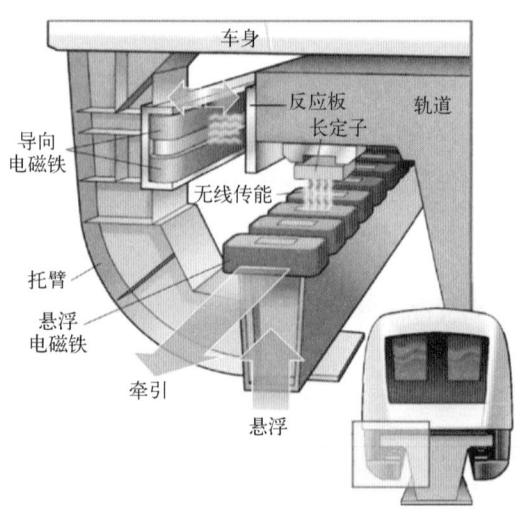

图 6-47 电磁悬浮原理

其中，l_{Fe}表示磁芯和电枢中的磁路平均路径；μ_r表示铁氧体磁芯的相对磁导率；g_e表示额定气隙。上海高速磁浮示范线采取了电磁悬浮方案，最高运行时速431 km/h，为目前世界载人轨道交通商业化运营的最高速度。

2. 电动悬浮

电动悬浮通过车载磁铁(一般为超导线圈或永磁体)与其运动磁场在安装于轨道上的闭合线圈或导体板中产生的感应电流之间的斥力来浮起列车，悬浮高度一般可达100~300 mm，由于气隙较大，电动磁浮列车不需要主动控制，且可以工作于恶劣天气条件下。电动悬浮在静止时不能实现悬浮，必须达到一定速度后才能浮起。同时，由于磁路不闭合产生的电磁污染比电磁悬浮要大很多。电动悬浮的工作原理如图6-48所示。

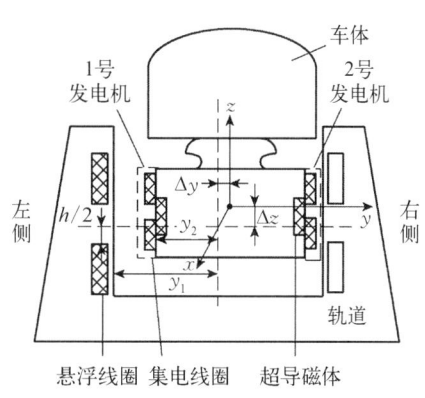

图6-48 电动悬浮原理

超导线圈与导体板之间的斥力可表示为

$$F_z = \frac{\mu_0(NI)^2}{\pi g_e}\left\{\sqrt{\left(\frac{l}{2}\right)^2 + g_e^2} + \sqrt{\left(\frac{a}{2}\right)^2 + g_e^2} - 2g_e\right.$$
$$- \left[\sqrt{\left(\frac{l}{2}\right)^2 + \left(\frac{a}{2}\right)^2 + g_e^2} - \sqrt{\left(\frac{a}{2}\right)^2 + g_e^2}\right]\frac{g_e^2}{(a/2)^2 + g_e^2} \quad (6-76)$$
$$\left. - \left[\sqrt{\left(\frac{l}{2}\right)^2 + \left(\frac{a}{2}\right)^2 + g_e^2} - \sqrt{\left(\frac{l}{2}\right)^2 + g_e^2}\right]\frac{g_e^2}{(l/2)^2 + g_e^2}\right\}\frac{1}{1+k^2}$$

其中，a和l分别表示线圈的宽度和长度；g_e表示线圈与导体板之间的距离；系数k的取值和导体板厚度d与等效渗入深度δ的相对关系有关：

$$k = \begin{cases} \dfrac{2}{\mu_0 v\sigma d}, & d < \delta \\ \dfrac{2}{\mu_0 v\sigma \delta}, & d > \delta \end{cases} \quad (6-77)$$

其中，v表示列车速度。等效渗入深度δ可表示为

$$\delta = \frac{1}{\sqrt{\pi f \mu_0 \sigma}} \approx \sqrt{\frac{a}{\pi v \mu_0 \sigma}} \quad (6-78)$$

根据悬浮电磁铁所用材料的不同，磁浮列车可以划分为常导型和超导型。常导型采用常温导体制成励磁线圈，通电后产生电磁悬浮力和导向力，由于线圈电阻的存在将产生能量消耗，带来线圈温度上升，这使得列车的运行速度受到限制。超导型利用安装在列车上的超导线圈，通电后产生磁场，车上的超导磁通与导轨侧的8字形线圈和无铁心的长定

子同步电机线圈共同作用,实现列车的驱动、悬浮和导向。由于超导线圈的电阻为零,故能量消耗小。但是超导磁铁结构复杂,体积庞大,并且为了使超导线圈始终处于超导状态,需要在列车上配备制冷装置[190]。

根据制冷剂的类型及工作温度,可将超导悬浮分为高温超导(−196℃以下)磁浮和低温超导(−269℃以下)磁浮两类,分别使用液氮和液氦作为制冷剂。西南交通大学研制出了高温超导磁浮系统,超导材料使用以钇(Y)为主的钇钡铜氧(YBaCuO)高温超导体。日本的 ML 型磁浮列车采用低温超导系统,超导线圈使用铌钛合金制造。

日本超导电动悬浮列车和美国霍洛曼空军基地火箭撬采用了电动悬浮方案。2015年日本 L0 型超导磁悬浮列车在载人运行中创造了 603 km/h 的最高时速。美国霍洛曼空军基地火箭撬,2016 年实现 1 019 km/h 悬浮火箭撬试验。中车长春轨道客车股份有限公司、中国航天科工集团第三研究院、中国科学院电工研究所也在开展相关研究。

6.3.2.2 牵引电机的安装形式

高速磁浮系统的牵引电机为直线电机,根据初级绕组是否安装在列车上,可以分为长初级直线电机和短初级直线电机。长初级直线电机的初级绕组沿整个线路铺设,永磁(或超导线圈)次级安装在列车上,列车的运行速度和运行工况由地面控制中心直接控制。短初级直线电机的初级绕组安装在车上,次级永磁体安装在轨道上,初级绕组长度受列车长度的限制,列车的运行速度和运行工况由列车上控制。由于将永磁次级安装在轨道上,可能带来电磁污染的风险和电磁防护的成本。此外,短初级直线电机在运行中需要地面电网接触供电,不能实现车轨分离。因此,超高速磁浮列车一般采用长初级直线同步电机牵引驱动,德国的 TR 型常导磁浮列车和日本的 ML 型超导磁浮列车都采用此方案,列车行驶时车载绕组产生的感应电流向辅助照明及空调系统供电并同步给车载蓄电池充电,停车时则由车载蓄电池提供照明,能量利用效率高。

高速磁浮导轨的结构形式可以划分为"T"型、倒"T"型、"U"型和"一"型,相应地,牵引电机有水平型和竖直型两种安装形式,几种形式的简要对比如表 6−5 所示。

表 6−5 导轨结构及牵引电机的安装形式

	"T"型	倒"T"型	"U"型	"一"型
导轨结构	1-初级;2-次级;3-悬浮	1-初级;2-悬浮	1-初级;2-次级;3-悬浮	
	水平安装	竖直安装	竖直安装	水平安装

续 表

	"T"型	倒"T"型	"U"型	"—"型
优点	抱轨运行可靠性高,线路最小曲率半径最小	导轨结构简单	对轨道梁的加工精度及控制要求低,安全性好	结构简单
缺点	对轨道梁的加工精度、列车的悬浮及导向的控制要求高	列车空间较小,载客率低	要求线路的最小曲率半径更大	导向功能差,仅用于中低速磁浮
案例	德国 TR 型磁浮,日本 HSST 型磁浮系统	日本早期磁浮线	日本 ML 型磁浮系统	西南交通大学"世纪号"磁浮系统

6.3.2.3 牵引电机的工作原理

长初级永磁直线同步电机的次级根据励磁形式可以划分为永磁励磁型和超导励磁型。永磁励磁型采用车载永磁体交替励磁,通过地面控制电枢线圈在轨道上产生行波磁场,与永磁体作用牵引列车前进。通过逆变器改变交变电流的强度和频率可以在静止和运行之间无级调节牵引力,将列车平稳加速到最高运行速度。改变行波磁场的方向可使电机变成发电机,使列车无接触制动,制动的能量可反馈回电网实现再生制动。德国的 TR 型磁浮系统、美国通用原子能(General Atomics)磁浮系统和上海磁浮列车示范运营线均属于永磁励磁型。

日本的 ML 型磁浮系统属于超导励磁型。采用液氦作为冷冻液,使车载线圈绕组达到-269℃后进入超导状态,为了提高磁浮车辆上超导线圈的稳定性,使用铌钛合金作为线圈的绕组材料。日本的 ML 型磁浮系统及轨道结构如图 6-49 所示。

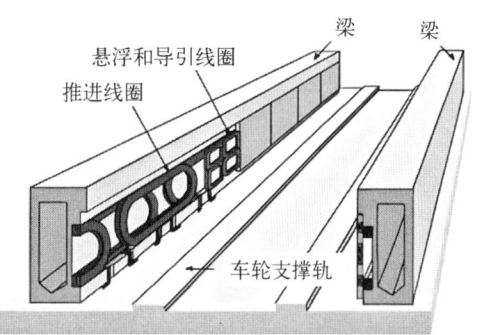

图 6-49 日本 ML 型磁浮系统及轨道结构图

ML 型磁浮系统在每节车辆两端都装有超导线圈,通电后形成超导磁场 N 极和 S 极,通过地面控制前后的电枢磁场分别与超导磁场反极性和同极性,"前拽后推"式牵引列车前进,其牵引原理如图 6-50 所示。

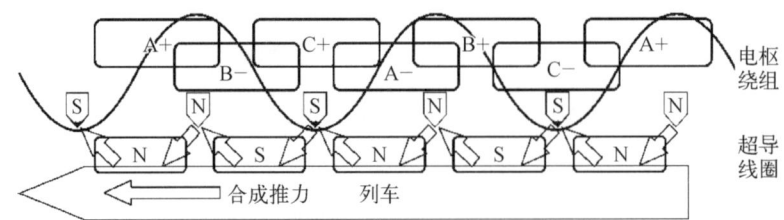

图 6-50 日本 ML 型磁浮系统的牵引原理

6.3.3 圆筒型电磁发射电机

在一些电磁能复合化学能的发射应用中,利用电磁能推力密度高的特点将固体火箭、导弹等载荷加速到点火速度,再结合现有化学能的优势,在出口后继续加速或者变轨运行,以达到增加射程或者提升发射载荷重量的目的。由于电磁线圈发射电机的电枢不能回收、发射过程难以闭环控制,因此在某些场合采用基于永磁直线同步电机的圆筒型电磁发射系统成为大口径大质量载荷发射的重要研究方向之一。根据电机内部磁路结构可将圆筒型永磁直线同步电机划分为径向磁场直线电机和横向磁通直线电机,二者的结构截面如图 6-51 所示。

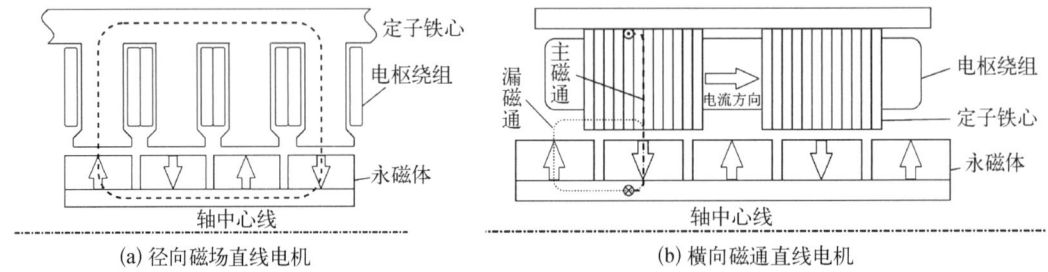

图 6-51 两种圆筒型直线电机的截面图

6.3.3.1 径向磁场直线电机

径向磁场圆筒型永磁直线电机最初是由扁平型永磁直线同步电机绕轴线旋转而来,结合不同的应用场景,衍生出多种多样的结构形式。按照运动部分可划分为动圈式和动磁式结构;按照永磁体的充磁方向可以划分为径向充磁式、轴向充磁式和 Halbach 充磁式;按照电枢结构又可以划分为有齿槽和无齿槽、有铁心和无铁心等形式。为了减轻发射动子的质量,一般设计成长初级动次级结构。

圆筒型电磁发射装置通常应用于圆柱形负载发射场合,需要将数吨重的载荷加速到数十米每秒的出口速度。由于发射行程短,需要瞬时输出较大的电磁推力才能实现较高的加速度。在用于垂直发射的场合中,永磁体次级在发射、制动和回撤过程中还需克服重力作用,因此需要安装发射导向架,确保定子和动子的同轴度。永磁体次级相对感应次级而言,推力密度和效率较高,但装配工艺复杂,制造成本高。另外,永磁体属于脆性材料,动子局部变形和次级反复冲击,有可能导致永磁体出现裂纹甚至碎裂的风险。

利用通电导体在磁场中的电磁力公式,可得圆筒型电磁发射电机的推力计算公式:

$$F(t) = \pi D_1 \int_0^{L_1} B(x,t) \sum_i N_i(x) I_i(t) \mathrm{d}x \qquad (6-79)$$

式中,D_1 为初级绕组中导体处的直径;L_1 为初级绕组的轴向长度;$B(x,t)$ 为发射过程中次级永磁体单独激励时在初级绕组导体中直径 D_1 位置产生的径向磁密,可通过有限元模型求得;$I_i(t)$ 为发射过程中第 i 相初级绕组中的电流;$N_i(t)$ 为第 i 相初级绕组的导体分布函数 $i \in \{a_1, a_2, b_1, b_2, c_1, c_2\}$,其表达式为

$$N_i(x) = \begin{cases} N/h_c, & x \in i \text{ 相绕组的正向边范围} \\ 0, & x \notin i \text{ 相绕组的范围} \\ -N/h_c, & x \in i \text{ 相绕组的负向边范围} \end{cases} \qquad (6-80)$$

其中,N 为第 i 相绕组的每槽导体数;h_c 为初级绕组导体在 x 轴方向上的长度。初级绕组的电流表达式为

$$I_i(t) = I_m(t) \cos \alpha_i(t) \qquad (6-81)$$

式中,$I_m(t)$ 为发射过程中初级绕组的电流幅值;$\alpha_i(t)$ 为发射过程中第 i 相绕组的相位。将初级绕组的各相电流代入电机推力公式可得

$$F(t) = \pi D_1 I_m(t) \int_0^{L_1} B(x,t) \sum_i N_i(x) \cos \alpha_i(t) \mathrm{d}x \qquad (6-82)$$

6.3.3.2 横向磁通直线电机

横向磁通直线电机可实现较高的转矩密度,也可作为电磁发射用直线电机的一种可选的形式。横向磁通直线电机根据结构可划分为扁平型和圆筒型,虽然扁平型结构易于制造,但是圆筒型结构在电磁发射应用中更有吸引力,这是因为圆筒型的铜耗较低而效率较高,没有端绕组,可获得更高的推力密度和高过载能力;此外,圆筒型结构特有的磁路设计使其具有更高的体积效率,更能在有限的行程内进行加速。因此,横向磁通直线电机是圆筒型电磁发射装置中较有潜力的一种结构形式[191,192]。其结构如图 6-52 所示。

根据磁路形式,横向磁通电机可设计成独立磁路和混合磁路[193],如图 6-53 所示。独立磁路结构几乎所有相都是分离的,这更

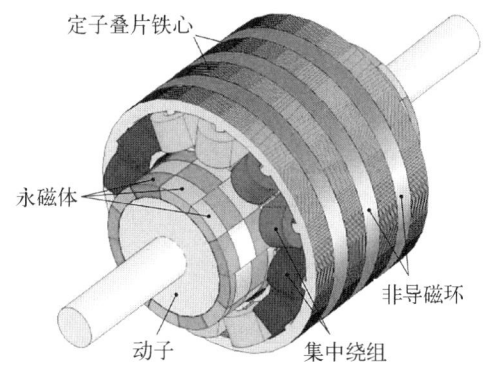

图 6-52 圆筒型横向磁通直线电机结构示意图[191]

有利于电机的紧凑化设计,且端部更短,所以铜耗更低、效率更高。因此,独立磁路结构更适合圆筒型电磁发射装置的应用需求。

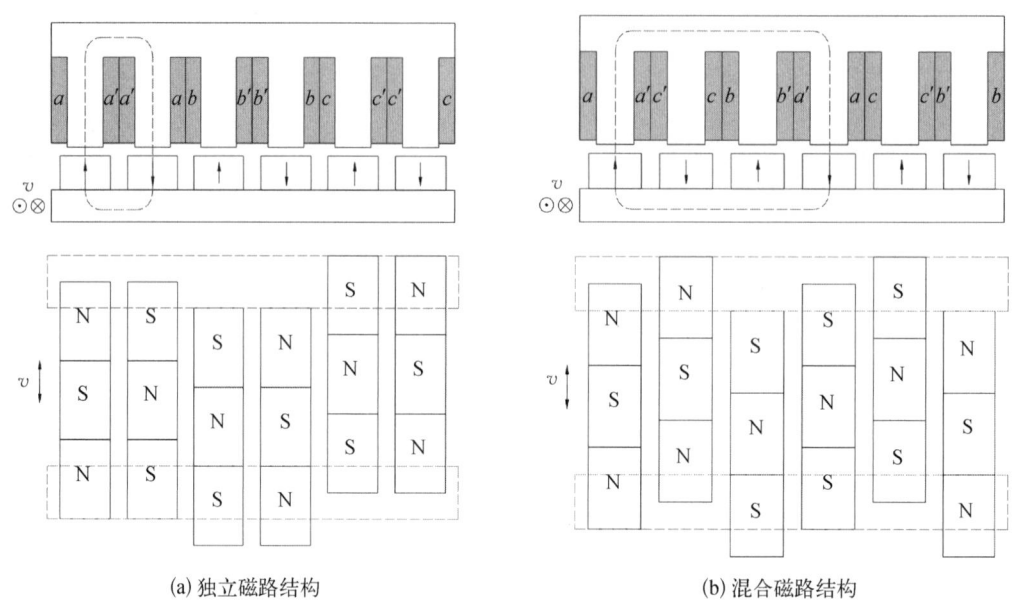

(a) 独立磁路结构   (b) 混合磁路结构

图 6-53 横向磁通电机的磁路结构

6.3.3.3 推力性能对比

基于永磁直线电机的相关理论,永磁直线电机的电磁力可表示为

$$F = B_{m1} A k_{w1} S / 2 \tag{6-83}$$

其中,B_{m1} 表示气隙磁密的基波幅值(T);A 表示电机电负荷的幅值(A/m);k_{w1} 表示基波绕组系数;S 表示气隙的有效面积(m^2)。为了对比径向磁场直线电机和横向磁通直线电机两种结构的推力密度,在保证电机定子内外径、气隙长度、永磁体磁化方向长度、轴向有效长度、极距、槽满率、电流密度、线径等相同的前提下进行定量分析[194]。

对于圆筒型径向磁场直线电机,电负荷幅值 A_r 可表示为

$$A_r = \frac{\sqrt{2} N_r Z I_a}{L} = \frac{\sqrt{2} Z k_f J S_r}{L} \tag{6-84}$$

对于圆筒型横向磁通直线电机,电负荷幅值 A_t 可表示为

$$A_t = \frac{\sqrt{2} N_t I_a}{2\tau} = \frac{\sqrt{2} k_f J S_t}{2\tau} \tag{6-85}$$

在式(6-84)和式(6-85)中,N_r 和 N_t 分别表示径向电机和横向电机的每槽下的导体数;S_r 和 S_t 分别表示径向电机和横向电机圆周方向上的单个槽面积(m^2);I_a 表示电枢

电流的有效值(A);J 表示电流密度的有效值(A/m^2);Z 表示径向磁场直线电机的定子槽数;L 表示径向电机轴向的有效长度(m)。

由于两种结构永磁体在磁化方向长度相同,在忽略横向磁通直线电机轴向相邻永磁体的漏磁的影响时,可基本认为两种结构气隙磁密的基波幅值是相等的,因此,将式(6-84)和式(6-85)代入式(6-83),可以得到两种磁通结构电机的电磁力之比:

$$\frac{F_r}{F_t} = \frac{A_r k_{wr}}{A_t} = \frac{S_r}{S_t} \cdot \frac{2k_{wr} Z\tau}{L} \tag{6-86}$$

其中,k_{wr} 表示径向磁场直线电机的基波绕组系数。从式(6-86)可以看出,电磁力之比与两种结构的单个槽的面积之比 S_r/S_t 相关。圆筒型径向磁场直线电机每槽面积 S_r 可表示为

$$S_r = h_s(1 - B_\delta/B_t)\tau = h_s(1 - B_\delta/B_t) \cdot \frac{L}{2p} \tag{6-87}$$

圆筒型横向磁通直线电机中,定子每个槽的面积 S_t 可表示为

$$S_t = h_s b_s = h_s(1 - B_\delta/B_t)\tau_t = h_s(1 - B_\delta/B_t) \cdot \frac{\pi D_a}{Q} \tag{6-88}$$

上式中,h_s 表示永磁体高度;B_δ 表示永磁体产生的气隙磁密(T);B_t 表示定子齿磁密(T);D_a 表示定子内径;Q 表示圆周方向上每个槽对应的极距。将式(6-87)和式(6-88)代入式(6-86)中,可得两种结构的电磁力之比为

$$\frac{F_r}{F_t} = \frac{Q \cdot k_{wr} L}{p \cdot \pi D_a} \cdot \frac{Z}{2p} \tag{6-89}$$

对于一定功率和转速范围的径向磁场电机,在电负荷 A 和磁负荷 B_δ 不改变的情况下,电磁推力基本上由电机次级或者初级有效部分的体积所决定,而与电机的极对数 p 无关。从式(6-89)可以看出,对于圆筒型横向磁通直线电机,可以通过增大极对数 p、减小圆周方向的定子槽数 Q 和设计较大的 D_a/L 来获得较大的推力密度。但是需要指出的是,增大极对数会带来横向磁通电机漏磁的增加,使电机的主磁通减小,实际上当极对数增大到一定数值后,电机的推力密度反而会减小。此外,极对数的增加还会导致功率因数的降低。因此,在进行横向磁通电机结构设计时,需要同时兼顾电磁力密度、功率因数和效率等指标进行极对数的选择。

6.4 本 章 小 结

前述章节主要介绍了直线感应型电磁发射电机,本章主要介绍了电磁轨道发射电机、

电磁线圈发射电机及应用于高速磁浮和圆筒型电磁发射系统的永磁直线同步电机,可分别应用于超高速电磁发射、高速大载荷电磁发射等场合。

（1）概述了电磁轨道发射电机的导轨和电枢的几种结构形式,介绍了计算电磁推力的两种方法,推导得到了有用电感梯度计算公式,并指出有用电感梯度才是电磁轨道炮发射装置身管的核心电磁性能指标。分析了电磁轨道发射的瞬态特性,重点介绍了膛口电压的组成。

（2）介绍了电磁线圈发射电机的组成和结构形式,推导得到了单级 SICEML 和多级 SICEML 的电路方程,研究了电磁场计算方法和推力特性。

（3）阐述了永磁直线同步电机的动磁式和动圈式两种结构,分别介绍了高速直线磁浮电机和圆筒型电磁发射电机的结构形式、工作原理和推力性能,对比分析了不同结构的优缺点,为不同发射场合选择何种结构形式提供了依据。

第 7 章　电磁发射用直线电机典型应用和发展趋势

电磁发射用直线电机通过调节电磁力在短距离内加速载荷至高速或者超高速,在军民两用领域可发挥出重大作用。在军事方面可应用于电磁弹射系统、电磁轨道炮、导弹及无人机电磁发射等场合,在民用方面可应用于高速列车、航天电磁发射、微重力落塔等场合。随着电磁发射技术的快速发展和新材料、新器件的不断涌现,电磁发射用直线电机将在越来越多的场合得到应用。

7.1　军事领域应用

7.1.1　电磁弹射系统

电磁发射用直线电机在航母电磁弹射系统上得到了成功应用。由于直线电机优良的控制性能,电磁弹射系统可以灵活调节弹射推力,较好地适应包括小型无人机在内的各型飞机的弹射任务,其推力峰均比较小,可大大降低对飞机结构和飞行员的冲击损伤。同时,能源系统可接入舰载电力系统,对舰上辅助系统要求更低、效率更高。美国在电磁弹射系统领域的研究起步最早,20 世纪 40 年代便尝试了电磁弹射器的研制,经过 70 年的探索和试验,装备电磁弹射装置的"福特号"航母于 2017 年正式服役,如图 7-1 所示。此外,美国还在电磁弹射系统的电源供应和能量管理方面进行了深入研究,以满足其在高频率弹射作业中的能量需求。

进入 21 世纪以来,随着科技的进步以及现代战争的需要,我国对电磁弹射技术的研究投入了更多的精力。哈尔滨工业大学研究了适用于多个领域的电磁弹射系统,国防科技大学、南京航空航天大学等单位主要研究电磁弹射系统在无人机领域的应用[195]。文献[196]设计了一种永磁涡流制动装置。文献[197]对无人机系统控制策略进行了优化,对恒功率控制策略进行了研究,并设计了对应的闭环控制器。储能系统采用经过优化的控制策略后,其功率密度提高了 29%。海军工程大学主要对舰载机的电磁弹射系统进行研究,对高速长初级直线感应电机的结构分析、储能电源系统、控制算法理论、故障分析等方面做了深入的研究,为电磁弹射系统的实用化奠定了基础。此外,海军工程大学在电磁弹

图 7-1 美国电磁弹射系统的电磁弹射直线电机

射系统的小型化和轻量化方面也取得了一定的成果,为电磁弹射系统的工程应用提供了理论基础。装备电磁弹射系统的"福建舰"航母于 2022 年 6 月下水,标志着这一技术的成熟。时隔两年,采用电磁弹射技术的两栖攻击舰"四川舰"下水,标志着中国电磁弹射技术具备量产条件。

电磁弹射系统作为一种革命性的舰载机弹射技术,其在军事领域的应用前景广阔。随着技术的不断进步,电磁弹射系统将在提高舰载机作战效能、降低维护成本等方面发挥更加重要的作用。未来,电磁弹射系统可通过优化直线电机的设计和材料,进一步提高系统的推力密度和能量转换效率。此外,电磁弹射系统还将扩展到无人机发射、陆基军事装备等领域。结合人工智能和大数据技术,实现更精确的弹射控制和故障预测能力。

7.1.2 电磁轨道炮

电磁轨道炮利用电磁力将炮弹加速至超高速,具有初速高、射程远、威力大、成本低和持续打击能力强等诸多优势,具有远程对海对陆精确打击、中远程防空反导、反临近空间目标等多种使命任务。由于其完全依靠超大规模电磁能发射并携带动能杀伤,可实现命中即摧毁,被誉为从冷兵器到热兵器以来的又一次武器革命,因此,世界主要发达国家不惜投入巨大的人力财力开展相关研究。

早在第一次世界大战时期,就已有人开始对电磁轨道炮进行研究。自 1920 年法国人维勒鲁斯发明世界上第一台电磁轨道炮以来,这项技术逐渐引起关注。1978 年,马歇尔等利用单极发电机作为电源推动等离子体电枢,成功将弹丸加速到 5.9 km/s,该实验成果不仅对电磁发射技术的发展起到了良好的促进作用,同时也使各国军方开始高度重视该领域的研究。美国在电磁轨道炮领域的研究投入极大,先后于 2008 年和 2010 年实现了炮口能级 10 MJ 和 32 MJ 的试验。2017 年 7 月,BAE 系统公司研制了电磁轨道炮样机,如

图 7-2 所示,用于实现炮口动能 20 MJ、射速 10 发/min 的技术指标。此外,GA 公司研制的 10 MJ 中程多任务电磁轨道炮系统也于 2017 年完成了装配调试工作。但由于技术难度过大,诸多核心技术未能有效解决,美国于 2021 年宣布暂停电磁轨道炮工程化研制,转入理论研究阶段。

图 7-2 BAE 系统公司 32 MJ 电磁轨道炮试验样机

法国和德国合作进行电磁轨道炮的研究,并成立了 ISL(法德圣路易斯研究所),在 2008 年研制建成了连续发射电磁轨道炮 RAFARAI,用于防御高超声速导弹,该系统可在单发模式下将 100 g 的弹丸加速至 2.4 km/s。2018 年,ISL 开发了 60 mm 方形口径的电磁轨道炮 NGL-60,其电流幅值超过了 2.13 MA,发射效率达到 22%。ISL 建立的电磁发射装置 PEGASUS 如图 7-3 所示,长度为 6 m,使用 10 MJ 的脉冲电源,电压为 10.75 kV,成功将 256.8 g 的有效载荷加速到 2.24 km/s[198]。

图 7-3 PEGASUS 电磁发射装置

日本防卫省在 2015 年前后开始对电磁发射技术进行基础研究,此前,他们曾使用 16 mm 小口径原型机进行过试验。2016~2022 年,其工程技术取得了重大进展,包括成功进行了 120 发炮弹的耐久性测试,测试中炮弹持续加速到 2 000 m/s 以上。日本防卫省

2022 财年投入 65 亿日元用来完成电磁轨道炮样机生产。2023 年 10 月,日本防卫省防卫装备厅(ATLA)宣布与日本海上自卫队合作,成功进行了海上电磁轨道炮射击试验。飞鸟号(JS Asuka)实验舰 ASE‑6102 经过特殊改装用于开展电磁轨道炮海上试验,如图 7‑4 所示,包括一门 6 m 长、8 t 重的电磁轨道炮及相关电源系统,该系统由一个约 6.1 m 长的充电装置和三个装有 5 MJ 电容器组的能源组成,发射的炮弹包括一枚简化的内置弹和一枚更复杂的两段式穿甲弹,每枚重约 320 g,长约 160 mm。

图 7‑4 飞鸟号实验舰装备的电磁轨道炮样机

日本的电磁轨道炮项目旨在发展远程高速拦截能力,以应对高超声速导弹和其他先进导弹的威胁。未来目标包括电源系统小型化,计划在五年内将充电装置体积减小 50%,并在十年内将电容器体积减小 90%。根据防卫省 2022 年的计划,日本的目标是到 2027 年实现用于反舰的小口径舰载电磁轨道炮系统的原型研制,到 2028 年实现适用于舰载、地面或车辆部署的中口径防空型电磁轨道炮系统的原型研制。

我国早在 20 世纪 80 年代就已经开始研究电磁轨道发射技术。其中,海军工程大学、中国科学院电工研究所、北京特种机电技术研究所、南京理工大学、西北机电工程研究所等多家单位进行了电磁轨道发射技术的攻关。海军工程大学在发射装置、储能、电枢和超高速弹丸等方面开展了较为深入的研究。此外,我国还在一些关键技术上取得进展,包括补偿型脉冲交流发电机、磁通压缩发生器、高储能密度电容器、超导发电机和大容量的超导储能装置等方面。

7.1.3 电磁线圈炮

电磁线圈炮又被称为"同轴发射器"和"行波加速器",主要由电源系统、驱动线圈、磁性材料或线圈绕制的电枢组成,驱动线圈和电枢同轴布置,前者为定子,后者为动子。电磁线圈炮发射原理如图 7‑5 所示,开关闭合后,驱动线圈和电枢中流过方向相同的电流,二者之间产生电磁排斥力,驱动电枢向前运动。

挪威的 Birkeland 于 1902 年研制出第一门电磁线圈炮,该炮长 400 mm,口径 65 mm,

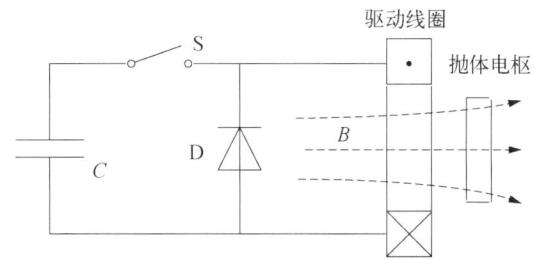

图 7-5 电磁线圈炮发射原理示意图

能够将 0.5 kg 物体加速至 80 m/s[199],之后电磁线圈炮的研究进展较为缓慢。1989 年,美国桑迪亚国家实验室(SNL)开发出可仿真电磁线圈炮发射过程的 WRP-10 程序,极大地推动了该实验室乃至国际上电磁线圈炮的发展[200,201]。

20 世纪 80 年代,美国国家航空航天局(National Aeronautics and Space Administration, NASA)开始进行电磁线圈推射技术的概念性研发工作。2005 年,美国海军支持洛克希德·马丁空间系统公司和 SNL 合作,研制竖直火箭发射助推系统,采用矩形同轴线圈推进器,将质量为 740 kg 的模拟火箭推射到 40 m/s 的出口速度,电枢在出口后与火箭载荷分离。2007 年,这个团队在美国能源部的支持下,研制接近实用化的同步式同轴线圈发射器,45 级线圈采用同步模式,长度为 3.7 m,将质量为 18 kg 的 XM934 迫击炮弹模拟弹推进到 424 m/s 的出口速度(其设计值为 500 m/s),是目前为数不多的工程型实验装置之一,如图 7-6 所示。2009 年,他们开发了外挂式多任务直线异步模式同轴线圈电磁推进器,将质量为 24.6 kg 的模拟导弹竖直推射到 34 m/s 的速度,该系统可用于助推或弹射导弹、诱饵弹和无人机等。可以看出,在同轴线圈电磁推进领域,美国不间断地进行了近 40 年的基础和关键技术研究,目前已经进入工程化应用研究阶段,其中 SNL 与洛克希德·马丁空间系统公司将同轴线圈推进装置的应用研究扩展至像导弹、火箭以及无人机助推等多个军民领域。

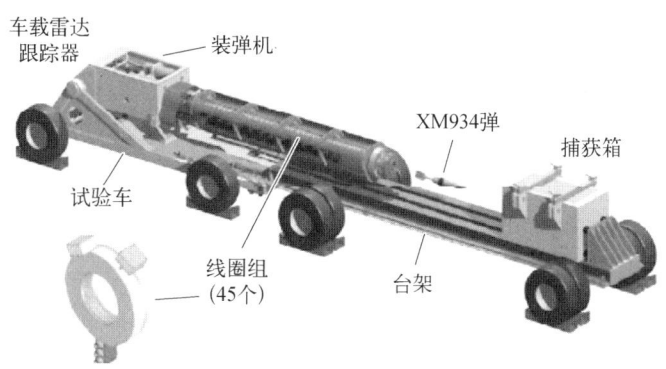

图 7-6 洛克希德·马丁空间系统公司和 SNL
合作研制的同步式线圈炮结构图

1996 年,中国工程物理研究院设计了一套线圈型发射器,电枢质量为 1 kg,出口速度达到 60 m/s,并对电磁仿真计算的收敛性进行了分析[202]。2012 年,西北机电工程研究所设计制作了 4 级感应线圈发射器,将 1 kg 的电枢加速到 112 m/s,转化效率为 7.4%[203]。2013 年,该所又进行了 15 级感应线圈炮的试验测试,测试中将 5 kg 的电枢加速到 220 m/s,系统能量转化效率达到 14.5%[204]。

7.1.4 导弹和无人机电磁发射

导弹电磁发射技术是一种利用电磁能为导弹提供初始动能的发射技术,在提高发射隐蔽性、提高武器射程、提高平台载弹量和降低使用维护成本等方面具有优势,能显著提升导弹武器系统作战效能。与传统的臂架式发射方式相比,导弹电磁发射技术具有载弹量大、发射效率高和全方位发射等优点。目前,世界各国的主战舰艇大都装备了舰载垂直发射系统[205]。利用电磁发射技术进行垂直发射具有反应时间快、安全环保、易于隐蔽及发射筒可多次重复使用等优点[206]。

21 世纪初,美军面向 CG(X)巡洋舰,提出了电磁发射技术研发需求,桑迪亚国家实验室和洛克希德·马丁空间系统公司合作开发出电磁导弹助推器(EMML)系统。其设计目标是将 1 633 kg 的"战斧"导弹通过电磁力加速到 40 m/s 的初速。2011 年该项目进行了发射试验,但之后 CG(X)巡洋舰由于"技术过于超前、技术要求过高、开支过高"等原因而正式终结,EMML 研发也随即停止[207]。图 7-7 所示是导弹线圈发射器示意图,它利用直线电机技术把电能转化为导弹动能,将导弹垂直弹出导弹筒,导弹主机再点火。这种借助

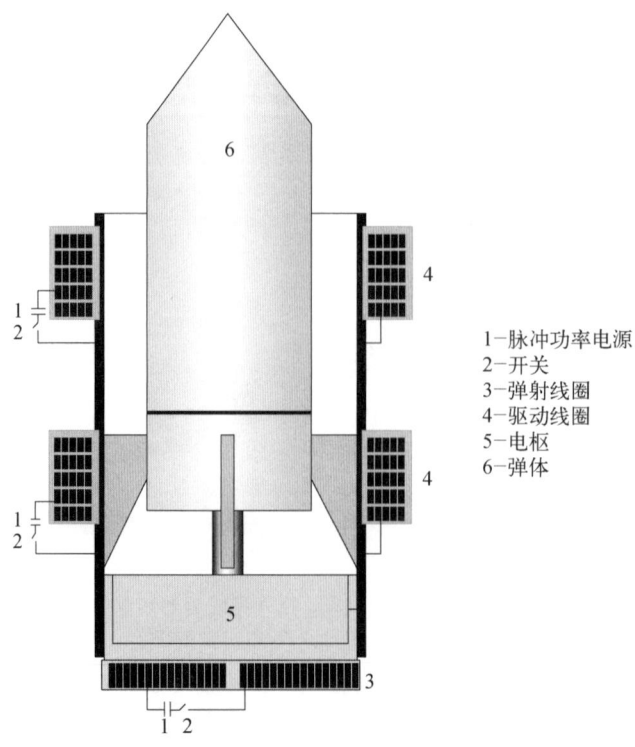

1—脉冲功率电源
2—开关
3—弹射线圈
4—驱动线圈
5—电枢
6—弹体

图 7-7 导弹线圈发射器示意图[208]

电磁发射技术的垂直发射方式,规避了发射时在发射筒内产生高温高压的腐蚀性燃气,而且噪声低、后坐力小、隐蔽性好、发射装置体积更小,且推力可通过线圈供电进行精确控制,以实现不同质量弹体的发射需求。

近年来,中国提出了一种基于直线电机驱动和自动转载装填的武器载荷通用电磁发射技术,实现了各型武器的通用发射,提高了武器平台综合作战能力。2017 年开展了世界首次火箭弹/导弹电磁发射飞行试验,成功使现役某型火箭弹增程一倍,充分验证了武器载荷通用电磁发射技术的先进性。该技术以脉冲能量产生、转换(直驱/间驱、旋转/直线、动初级/动次级、永磁/感应)与控制为基础,以自动化转载装填为特征,目前已攻克了车载、舰载、水下等多型作战平台武器载荷通用电磁发射系统所有关键技术,主要包括系统总体设计、大推力高功率密度发射电机设计与制造技术、重载高速转载装填机构优化设计与高精度控制技术、水下电磁发射"电磁-结构-流体"多场耦合建模和低噪声发射控制技术等。

无人机电磁弹射是指以电磁力为加速手段,靠发射器提供的动力获得足够的动能实施无人机起飞的一种发射方式。相比目前各种成熟的无人机发射方式,其发射时间更快、发射距离更短、发射效率更高,受到了越来越多的关注。目前,大多数无人机的发射质量低于 2 000 kg,发射速度一般低于 80 m/s,现有的电磁弹射技术和高功率脉冲电源技术完全能为工程应用提供技术保障。无人机电磁弹射系统大体上可分为电气系统和机械系统两部分,其中电气系统包括储能分系统、电力调节系统、弹射电动机分系统、测控分系统以及信息接口分系统,机械系统由滑动小车系统、缓冲吸能系统、弹射架系统、卸荷控制机构、释放机构、无人机锁闭机构等多个分系统组成。

2005 年,英国国防部曾与英国科孚德(Conver Team)公司签订了电磁力集成技术(EMKIT)研究合同,用于无人机电磁弹射技术研究。EMKIT 系统包含两个储能系统、两套逆变器、一套双边配置的先进直线感应电机(ALIM),外加一个竖直的动子盘、运动控制系统、机械发射轨道和刹车系统。EMKIT 系统能够自适应无人机质量和负载的变化,发射不同质量的无人机,目前已经进行了超过 2 500 次的试验,能够在 15 m 的轨道上将 524 kg 的重物加速到 51 m/s,最大峰值功率达到 3 MW,最大加速度 8.7g。

7.1.5 两栖登陆战车

气垫船[209]、地效飞行器[210]、水上飞机[211]等两栖运载平台从水上启动时,需要经历水面漂浮→水气界面瞬态运动→稳态运行的过程,由于水与空气的阻力差异巨大,造成两栖平台在启动过程中出现一个阻力峰值。图 7 - 8 为芬兰 T - 2000 型气垫巡逻艇与美国海军 LCAC 型气垫登陆船在静水、波浪下运行的无因数阻力曲线,其中横坐标 Fr 为弗劳德数(等效水流速度),纵坐标 R/W 为阻力与重力的比值。

可看出,阻力峰值现象在 LCAC 这种大型中低速两栖平台上尤为明显。为了解决启动推力越峰困难的问题,需要提高发动机性能,或增加启动辅助推进装置,但这种兼容瞬

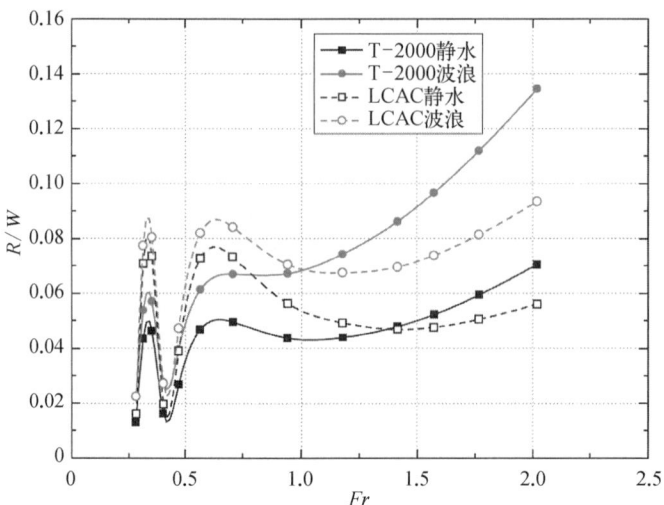

图 7-8　T-2000 与 LCAC 在静水、波浪下运行的阻力曲线

态峰值推力的设计对于稳态运行过于浪费,从而会导致整体推进效率的降低以及系统体积的增加。

采用电磁发射的辅助助推可以解决这个难题。如在大型登陆舰的船舱尾部布设直线电机,则可利用外加电磁力的方式,在气垫登陆艇运载坦克等重负荷时提供启动峰值推力。当登陆艇完成登陆任务需要从岸边回撤时,由于其空载下总质量降低,因此不需要很高的启动峰值推力需求。假设 12 m、200 t 的气垫登陆艇需要 20 节(约 37 km/h)航速才能越过推力峰值,则在 0.5g 加速度、60% 能量转换效率下,仅需 10.6 m、18 MW 的直线电机电磁加速系统即可实现登陆艇的启动,如图 7-9 所示。

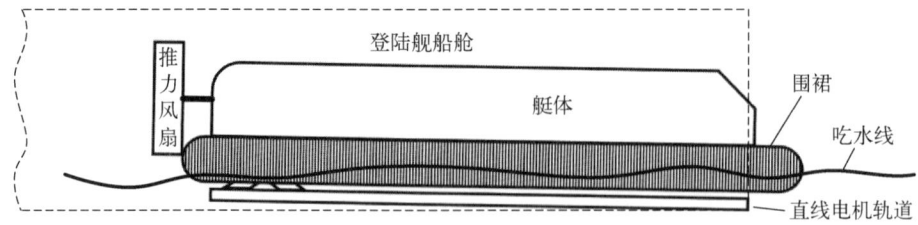

图 7-9　直线电机辅助气垫登陆艇重载启动的原理图

7.2　民用领域应用

7.2.1　高速列车

现代轨道交通通常要求具有更高的速度以及更舒适的乘坐环境,因此轻轨、地铁、磁悬浮列车等交通方式日益兴起。其中,直线电机系统由于整体能耗低、转弯半径小、爬坡

能力强、噪声小及维护简单等特点,在高速磁悬浮列车与新型城轨车辆中得到广泛应用。

从 20 世纪起,中国、美国、德国、日本等许多国家都在不断探索直线电机在轨道交通中的应用,直线电机在城市轨道交通车辆中的应用如图 7-10 所示[212]。

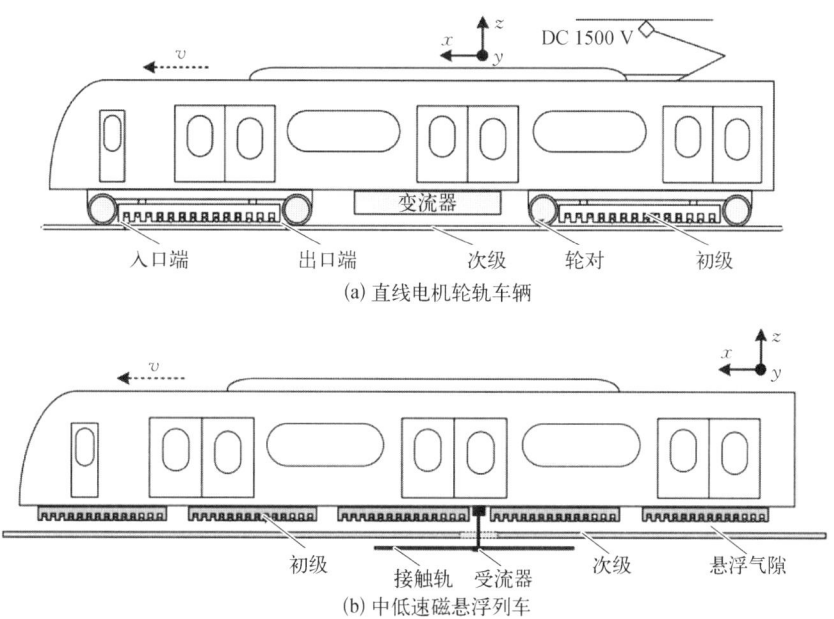

图 7-10 直线感应电机在城市轨道交通车辆中的应用

1985 年,世界上首条直线电机驱动的城市轨道交通系统在加拿大多伦多开通,随后,底特律、大阪、东京、吉隆坡、肯尼迪等也开通了相应线路。

2005 年 12 月,我国第一条直线电机驱动的城市轨道交通系统广州地铁 4 号线正式运营[213]。2008 年 7 月,北京地铁机场线全线开通,是我国直线电机驱动系统国产化应用研究的开端。之后广州地铁 5 号线、6 号线相继出现,典型直线电机轨道交通应用如图 7-11 所示[214]。

(a) 广州地铁4号线

(b) 上海磁悬浮列车

图 7-11 典型直线电机轨道交通应用

采用真空管道的地面超高速轨道交通备受关注,西南交通大学在 2014 年研制了真空管道高温超导磁悬浮交通实验系统,如图 7-12 所示,已实现 400 km/h 的磁悬浮运行试验。这一研究引起了国际学术界的广泛关注,IEEE 旗舰刊物 *Spectrum* 称之为"超级轨道"(super chute)[215]。

图 7-12 真空管道高温超导磁悬浮交通实验系统

2013 年,埃隆·马斯克(Elon Musk)提出了基于真空管道的超级高铁(Hyperloop)概念,并公布了 Hyperloop 的 alpha 版本设计方案,该方案描述了在美国加利福尼亚州建立连接美国两大城市洛杉矶和旧金山的超级高铁系统项目,线路全长 561 km,可使从洛杉矶到旧金山的时间缩短至 30 min[216]。2017 年 5 月,美国超级高铁 1 号公司(Hyperloop One)首次在真空环境中对其超级高铁技术进行了全面测试,如图 7-13 所示,利用磁悬浮技术,实现了 70 英里的时速(约 113 km/h),7 月测试达到了 310 km/h[217]。

图 7-13 Hyperloop One

据媒体报道,马斯克旗下的超级高铁创业公司 Hyperloop One 已于 2023 年底前正式关闭。

高温超导真空管列车被视为穿越地球的最快方式,然而这一概念尚未在亚音速或近声速的大规模实现中得到验证,其核心技术涉及管道减压技术、高温超导技术、磁悬浮技术和推进技术等[218]。

7.2.2 航天电磁发射系统

航天技术经过数十年的发展,在通信、导航、农业、气候等领域得到广泛应用。未来的太空经济以密布的卫星星座为基础,实现"天地一体化"无缝连接,为人类社会的智能化发展提供从信息感知到执行的坚实基础。传统的卫星发射方式采用化学能发射,存在发展瓶颈:① 发射周期长。液体火箭≥1 周,固体火箭≥24 小时。② 发射能力接近极限。据统计,2024 年全球共发射了 2 795 颗,发射能力与未来需求不相匹配。③ 发射成本高。一次发射成本需数亿元。电磁发射技术作为一种新的发射技术能够克服这些不足,引起相关领域学者的高度关注和尝试。

电磁推射技术是利用电磁能实现空间物资(重量从几十千克到几吨)的快速投送或小型卫星等航天器的快速发射(出口速度从 1 km/s 到 7.8 km/s)。由于电磁推射系统使用的能源是电力,与现有航天发射技术相比,电磁推射系统具有以下六个方面的突出优点:① 效率高。电磁推射系统采用电能为动力源,利用率远高于传统化学发射方式。② 成本低。可减少火箭等运载器的规模(降低结构复杂度、减轻重量),提高有效载荷比,降低发射成本。③ 频次高。发射间隔短,可控制在 1 小时以内,大幅提高发射频率。④ 无污染。电能为清洁能源,以电力为动力源,真正实现环境友好型发射。⑤ 适应性强。发射全程可控,发射速度、推力灵活可调,可满足多种型号火箭及其他航天运载器发射需求。⑥ 重复使用。发射过程对系统基本无损伤,可持久重复使用。

直线电机是航天电磁发射系统的核心,它有三种基本形式,分别是电磁轨道发射电机、电磁线圈发射电机和直线电机。如果单纯依靠电磁能发射,目前只有电磁轨道发射技术已经证明能够达到接近发射所需的速度(第一宇宙速度 7.9 km/s),但发射过载将高达数万 g。对于 1 000 kg 的发射体,顶端半径 R_n = 100 mm,底部半径 R_b = 500 mm,阻力系数 C_D = 0.049,通过计算,从地表发射需要 10 km/s 的发射速度;如果是在 4 km 的高空发射,发射速度减小到 9.1 km/s;如果可以在 16 km 高度的飞机上发射,所需的发射速度减小到 8.1 km/s。因此,为实现电磁轨道发射卫星成功入轨,除了提高器件抗高过载以及防护能力外,还可以通过改变发射初始高度或采用电磁发射与火箭发射复合发射等方式减小过载要求[1]。

在电磁轨道发射电机方面,德国研究人员已经证明,混合动力火箭发动机部件可以承受超过 3 000 g 的过载。此外,建造几十千米长的电磁发射系统或依托较高的山体建设,甚至通过在高空飞行的大型运输机进行发射,可有效降低加速度需求。图 7 - 14 展示了

(a) ISL长22 m、能级32 MJ电磁轨道发射概念图　　(b) 长180 m、3.4 GJ电磁轨道发射概念图

图 7-14　近地轨道发射系统概念图

欧洲航空防务及航天公司与德国航天中心合作设计的近地轨道发射系统设想图。

在电磁线圈发射电机方面，20 世纪 80 年代，NASA 就开始进行电磁线圈推射技术的概念性研发工作。NASA 尝试修建一个长 700 m、仰角 30°、口径 500 mm 的电磁线圈巨炮，将 2 000 kg 的火箭加速到 4~5 km/s，推送到 200 km 以上的高度。但由于技术复杂，该项工作没有受到足够重视。20 世纪 90 年代初，SNL 设计了一种线圈型电磁发射装置，由 9000 级驱动线圈组成，发射装置长 960 m，倾角 25°，计划将 600 kg 的电枢和 1 220 kg 的飞行器加速到 6 km/s，加速度高达 2000 g。文献[219]详细分析了该设计的可行性，发射构想如图 7-15 所示，发射装置沿山腰修建，预计将卫星送入 500 km 太空轨道。

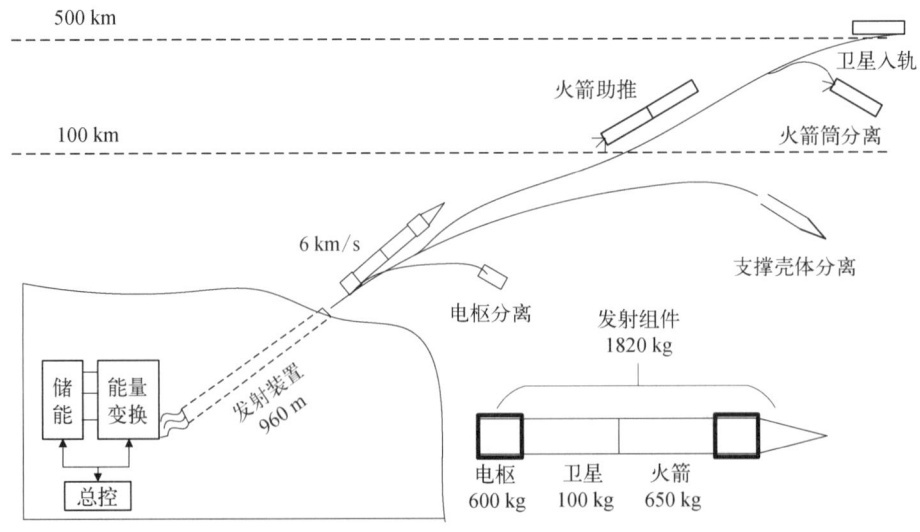

图 7-15　线圈炮发射卫星概念图[219]

在直线电机方面，NASA 曾经尝试验证这种技术的可行性。根据 NASA 的设定：一条全尺寸的运营轨道长约 1.5 英里（约 2.4 km），能够在 9.5 s 内将载荷加速到 965 km/h，图

7-16 所示为马歇尔太空飞行中心所提供的实验图片,像这样的轨道可以用于将飞行器发射到太空[220]。

图 7-16 航天电磁发射实验图

著者也尝试用电磁发射用直线电机来进行卫星发射的理论研究工作。采用多段长初级直线电机供电,如图 7-17 所示,电机行程长数千米,发射速度达 $1\sim3Ma$。由于电磁推射直线电机功率达到吉瓦级,为了提高电磁推力、降低单台电机的功率及容量需求,采用多台电机的布置方案。

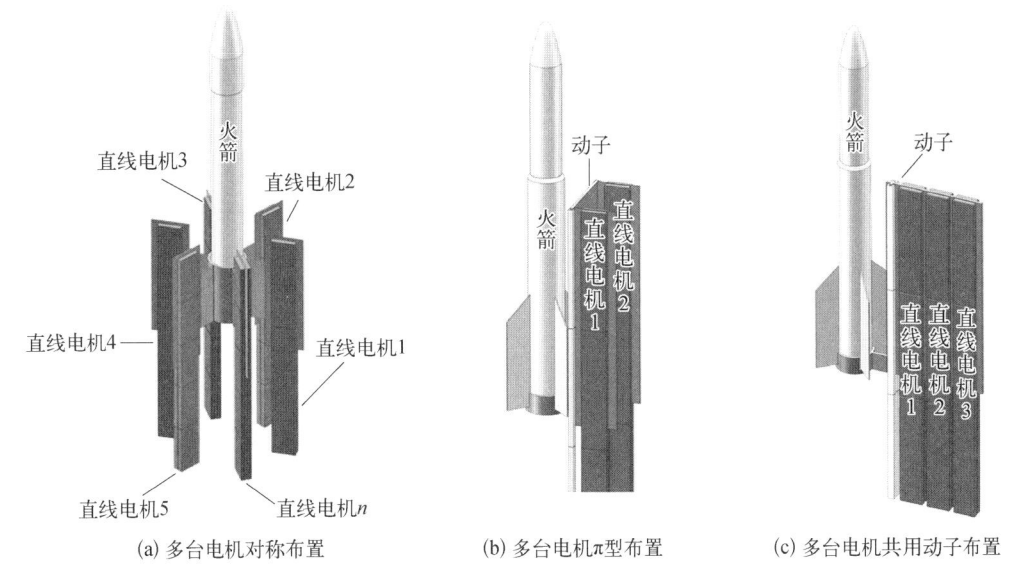

(a) 多台电机对称布置　　(b) 多台电机π型布置　　(c) 多台电机共用动子布置

图 7-17 电磁发射用直线电机布置方案

7.2.3 微重力落塔

量子精密测量利用量子效应突破现有体系物理测量的瓶颈,以实现超越经典方法的测量精度,在军事、科研、民生等领域具有重要战略意义。空间星载精密测量载荷工作在微重力环境下,与地面工作环境有很大的不同,在载荷的研制过程中,迫切需要一个能够模拟空间微重力环境的科学装置。采用地面落塔进行微重力环境模拟具有较高的性价比。

传统直抛式落塔如图7-18(a)所示,以德国不来梅落塔和中国科学院力学研究所落塔为代表,结构简单,但是内外双舱抽真空需要达到 10 GPa 量级,且工作重复频率低、工作效率低,回收装置普遍过载大,对载荷结构和强度要求苛刻。采用电磁弹射技术和电磁阻尼技术的新一代落塔,如图7-18(b)所示,以德国汉诺威落塔和中国科学院空间应用工程与技术中心落塔为代表,可实现多种重力环境模拟,具有双倍微重力时间、高微重力水平、高重复频次、过载小和维护成本低等优点。近年来,我国正在研究和建设新一代电磁驱动式落塔,将支撑我国空地一体量子精密测量重大科技基础设施建设,为空天、深空、深海高精度探测和精密量子测量等重大应用需求提供高性能、高可靠、低成本的实验基础设施。

(a) 传统直抛式落塔　　　　　　　　　　(b) 电磁驱动落塔

图 7-18　微重力落塔结构

采用电磁弹射的微重力落塔是一种开展微重力科学实验的新型地面设施,其基本原理为采用直线电机驱动的方式模拟自由落体过程。装置通过直线电机垂直加速后沿自由落体轨迹飞行,之后实验舱减速到速度为0,为下次实验做准备。采用直线电机弹射、具有双倍微重力时间的新型落塔中实验落舱(drop capsule)的运动轨迹如图7-19所示[221]。

直线电机在微重力落塔中具有显著优势。通过闭环控制可有效延长微重力时间,模拟多种微重力环境。直线电机可控性强,可精准调控实验舱体的加速度、速度与位置,减少实验误差,保障在理想微重力环境下开展实验。同时,在实验结束时,直线电机可快速制动,凭借响应速度快、制动精度高、可靠性强等特性,保护实验舱体及内部设备,提升落塔的重复使用效率。此外,采用直线电机驱动的落塔,仅对实验落舱内外舱之间空间抽真空,无需对整个落塔抽真空,可极大减少实验准备时间,降低单次实验成本,且电磁驱动系统电能补充快,可显著提高实验频次。

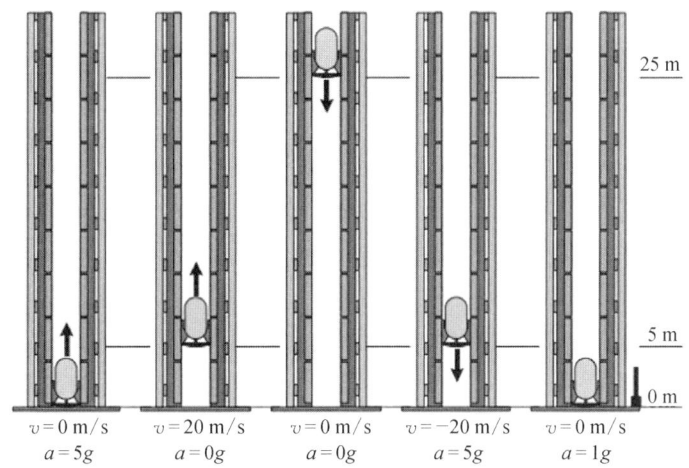

图 7-19 装置以及运动过程(微重力时间 4 s)

7.2.4 港口物流快速输运

港口物流系统对运输效率、能耗和可靠性要求极高,传统输送方式(如皮带机、液压驱动)存在效率低、维护成本高等问题。采用基于电磁发射技术的集装箱弹射装置,可实现港口堆场与船舶间货物的快速转运,相比传统吊装设备可缩短 70% 以上的装卸周期。

直线电机驱动的弹射物流系统可降低机械传动带来的能量损耗,可实现集装箱和货物的高速定向运输。由于直线电机可精确控制加速度和速度,相比传统系统节能 30% 以上,此外系统可灵活扩展,适应不同港口布局和港口动态调度需求。目前的研究集中在:① 弹射轨道设计,直线电机的轨道设计需兼顾磁场均匀性和结构强度。新加坡国立大学团队提出了一种分段式永磁轨道方案,通过优化 Halbach 阵列布局,将磁通密度提升至 1.5 T 以上。② 能量回收技术,德国亚琛工业大学在制动能量回收领域取得突破,利用超级电容实现能量循环利用,系统综合效率提升至 85%。③ 智能控制算法,基于模型预测控制的动态调度算法被应用于青岛港项目,使货物吞吐量提升 22%。

以电磁运输轨道和磁悬浮货运列车相结合的方式可以构建超高速货物转运系统。在港口内部或与内陆枢纽间铺设电磁轨道,用于集装箱或货物的高速运输,可将货物以接近声速的速度从码头转运至仓储区,大幅缩短周转时间,提高港口的吞吐能力,减少船舶在港停留时间,降低物流成本。

电磁发射技术在港口的应用可能引发物流模式的革新,该技术仍面临以下技术挑战:

(1)电力供应与储能需求。电磁发射系统需要瞬时高功率电能驱动,港口需配套建设大容量储能设施(如飞轮储能或超级电容储能)。

(2)环境适应性。针对港口电磁环境复杂情况,需解决电磁辐射对周边设备的干扰问题。

(3)成本与基础设施改造。电磁发射系统的初期投资较高,但长期运行可通过降低能耗和维护成本来实现回报,可优先在新建港口或关键物流节点试点应用。

7.2.5 民用微小便捷机场弹射起飞

民用微小便捷机场的弹射系统主要借鉴了航母电磁弹射技术,与传统的飞机滑跑起飞方式相比,弹射起飞具有诸多优势。首先,极大缩短了起飞所需的跑道长度。以常见的小型民用飞机为例,正常滑跑起飞可能需要 800~1 200 m 的跑道,而采用弹射系统后,仅需 100~300 m 的跑道即可达到起飞速度,这对于场地有限的微小便捷机场来说至关重要,能在有限空间内实现更多飞机的起降。其次,弹射起飞可使飞机在更短时间内达到起飞速度,减少了发动机在地面长时间高功率运行的时间,降低了燃油消耗和发动机磨损,延长了发动机使用寿命,降低了运营成本[222]。再者,弹射系统能够精确控制飞机的加速过程,提高了起飞的安全性和稳定性,尤其在复杂气象条件下,如低能见度、强侧风等,弹射起飞可有效降低风险,保障航班的正常运行。

现代飞机的发动机尺寸主要取决于起飞条件,因为初始加速需要最大的发动机功率,所以起飞跑道的长度决定了大型飞机能否成功起飞。基于电磁发射系统,可通过增加飞机加速度来减少所需的跑道长度,以应对持续增长的空中交通压力,避免昂贵的机场扩建,从而大大降低飞机发动机功率指标、燃料使用要求以及噪声和废气排放。英国诺丁汉大学 Bertola 等学者采用电磁飞机弹射系统指标,对民用飞机 A320 的弹射起飞任务进行了可行性分析,如表 7-1 所示,结论是采用超导电磁发射系统后所需的跑道长度可由 2 590 m 缩短至 535 m,地面噪声排放将减少约 88%,每架次飞机的燃油消耗,和 NO_x 排放量均大幅降低,相当于每日减少 120 余辆柴油车的排放量[222]。

表 7-1 F-35C 和 A320 弹射起飞参照表

类 别	最大起飞质量/kg	起飞速度/(m/s)	过载要求/g	起飞距离/m	能量/MJ	起飞时间/s
F-35C	37 000	78	3.3	94	113	2.4
A320	73 500	70	0.6	535	182	12

7.2.6 直线电机驱动电梯

电梯是日常生活中必不可少的设备,电梯安全性和舒适度直接决定着生活幸福度。传统曳引电梯故障率高、候梯时间长、占据的建筑面积大等问题愈发显著。对此,采用永磁直线电机作为驱动装置的直驱电梯系统受到了广泛关注。直驱电梯是将直线电机的次级固定在电梯井道中,将电机的初级与电梯轿厢固定,由此可以驱动轿厢在井道内垂直上下移动或水平左右移动[223]。直线电驱避免了曳引电梯中的"旋转-直线"转换装置,不仅结构简单、占地面积少,而且噪声低、维修工作量小。在一个井道内还可以安装多台独立的电梯轿厢，增加了井道利用率和建筑经济效益，有效减少了居民候梯时间。在符合电梯使用和设计的条件下，可节省近 1/4 的电梯工程费用，是一个有巨大潜力的行业。

轿架结构主要由永磁直线同步电机动子永磁体、轿架、转向机构、安全轮、支撑板和轿顶轮等部分组成。永磁直线同步电机是电梯系统的动力源，为电梯系统提供驱动力。轿顶轮的外侧可与导轨接触，起到导向作用，内侧内置制动器，用于电梯轿厢的制动。转向机构的设计可使每个轿厢沿水平和垂直方向独立运行，电梯运行的数量能根据建筑物内的客流量进行柔性实时调整，增加电梯运行效率。

文献[224]提出选取推力密度大、动态响应快的圆筒型永磁直线同步电机(tubular permanent magnet linear synchronous motor,TPMLSM)，作为驱动电机的方案电机结构如图 7-20 所示。电机初级由初级铁心和圆环状绕组线圈组成，电机次级由圆柱状永磁体和次级铁心交替排列组成，初级与次级之间通过支架固定，一般存在 1~2 mm 的气隙长度。

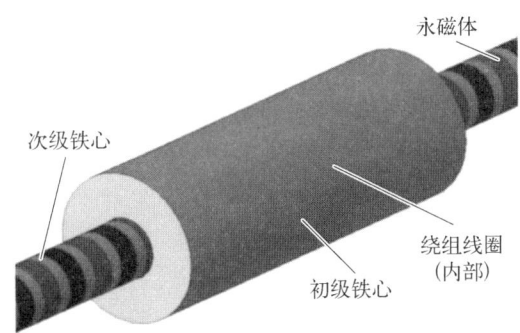

图 7-20　圆筒型永磁直线同步电机结构示意图

7.3　发　展　趋　势

电磁发射系统工作条件极端，受限于现有材料器件性能和基础工业水平，目前电磁发射装备还存在体积大、重量大等问题，为了进一步提高适装性、可靠性和寿命，需要结合未来发展需求，梳理出电磁发射用直线电机的发展方向。

7.3.1　高效率、高速度电磁发射

提高运行速度是人类一直追求的目标，由于电磁发射用直线电机通常运行于高压大电流、瞬时高温强磁场及机械冲击并存的严苛工作环境，发射速度受多方面因素制约。因此，随着材料、器件以及人工智能等技术的不断突破，未来电磁发射用直线电机将向着更高效率、更高速度这一方向持续发展。具体可采用以下途径：① 使用超导材料制成的电机绕组在较低电压下产生较高的励磁磁场(如美国在 2004 年设计的双边型高温超导块材

磁体次级直线同步电机方案用于飞机电磁弹射系统);② 真空发射管技术(如在电磁线圈发射电机中采用真空发射管技术,将动子置于真空状态,从而降低超高速运动中的空气阻力以提高发射效率);③ 交通运输中提出的胶囊高铁(真空发射管中运行的磁悬浮列车,通过结合真空发射管与悬浮技术,采用多级脉冲加速方式延长设备使用寿命并提升运输效率)。

美国国防部高级研究计划局(Defense Advanced Research Projects Agency,DARPA)持续推进120 mm口径的电磁迫击炮实验室演示项目研究,专门为下一代"未来战斗系统"研制车载式非直瞄电磁迫击炮,目标是将120 mm的迫击炮弹加速到420 m/s。海军工程大学攻克了大口径高磁密线圈设计制造技术、紧凑型脉冲电源技术等一系列难题,提出的基于直线电机驱动和自动转载装填的武器载荷通用电磁发射技术,百千克级一体化电磁发射出口速度达数百米每秒,正在向更高的工程极限速度持续迈进。这一成果不仅标志着我国在电磁发射直线电机效率提升上取得实质性进展,更通过多定子多相结构、长初级分段供电等创新设计,有效解决了传统电机在推力密度、功率效率等方面的技术瓶颈。这些成果共同指向一个核心趋势:通过材料创新(如高温超导、纳米晶软磁、新型开关器件)、结构优化(如多定子多相、长初级分段)以及控制算法升级等路径,电磁发射直线电机正在不断突破传统发射方式的物理极限,向着更高效、更高速的方向发展。未来,随着新型高强高导材料的出现,功率半导体器件向碳化硅、氮化镓等方向演进,以及3D打印、微纳制造等工艺的突破,电机效率有望进一步突破,发射速度将向第一宇宙速度迈进,这不仅是军事装备的革命性升级,更将推动航天发射、轨道交通等领域的持续创新发展。

7.3.2 高能级电磁发射

随着军事、航天等领域对于更高速度、更远射程、更大载荷的发射需求不断增加,电磁发射直线电机需要向更大发射能量的方向发展,这意味着电机需要承受更高的电流、电压和功率,产生更强的电磁力,以及实现更大的发射能力。

在直线电机推进方面,目前较为成功的应用是航母电磁弹射系统,其最大弹射能力为100多兆焦。随着未来舰载机的发展和载弹量需求的增加,以及储能技术的不断突破,未来弹射能级需求将持续增加。包括未来民用机场的飞机弹射起飞,也需要更高能级来满足多样化飞机的起飞需求。更高能级意味着更大的弹射功率和更高的储能规模,需要突破储能和直线电机所需的材料、器件等技术瓶颈,以满足体积重量不断减小的需求。

除了舰载机的弹射,电磁发射直线电机还可以发射卫星的形式替代火箭向空间站传送物资。利用电磁技术发射微小卫星到太空有三种途径,即使用电磁轨道发射技术、电磁线圈发射技术和直线电机发射技术[1]。图7-21显示的20 m长的电磁轨道炮,可将0.1 kg的物体加速到5.5 km/s[225]。2023年,国内某团队开展了航天电磁发射技术的试验验证,完成商业航天领域电磁发射高温超导电动悬浮航行试验,利用380 m轨道实现234 km/h的发射速度,突破了高速大推力直线电机、百兆瓦级宽频变频供电等核心技术。

在电磁轨道发射领域,更大的发射能级意味着更大的打击动能和更远的射程,对于装备性能的进一步提升将起到关键作用。

图 7-21 20 m 长电磁轨道发射系统[225]

7.3.3 动子轻量化

动子是电磁发射系统的无效载荷,将直接影响系统的能量效率。在电磁发射直线电机的技术演进中,动子轻量化已成为突破性能瓶颈、拓展应用边界的关键方向。动子作为系统中直接参与能量转换与运动传递的核心部件,其质量与结构特性深刻影响着系统的动力学响应、能效极限及可靠性边界。随着军事装备、高端制造、航天科技等领域对电磁驱动系统的需求日益严苛,轻量化设计从单纯的结构优化逐步发展为材料科学、电磁学、力学等多学科深度融合的系统性工程[226]。

从物理本质来看,动子轻量化的核心目标在于降低移动部件的惯性负载,同时维持或提升其电磁-机械性能。根据牛顿-欧拉动力学方程,电磁发射系统的运动性能受制于以下核心方程:

$$F_{em} - F_{load} = m \cdot a + \frac{1}{2}\rho C_d A v^2 + \mu mg \tag{7-1}$$

其中,F_{em} 为电磁推力,m 为动子质量,a 为目标加速度。当系统要求实现超高加速度时,动子质量每降低 10%,理论加速度可提高约 12%,或同等加速度下所需电磁推力降低 8%,这对降低系统能耗、缩小电源体积具有直接意义。然而,轻量化并非简单的"减重"过程,而需在材料选择、结构设计、电磁性能之间建立动态平衡[226]。例如,采用低密度材料可能面临电导率不足的问题,而过度追求结构镂空可能削弱动子的抗弯刚度,这些矛盾需要通过多物理场协同设计加以解决。特别地,在动子与导轨的接触界面设计中,赫兹接触应力理论揭示了轻量化材料的强度约束：

$$\sigma_{\max} = 0.418\sqrt{\frac{F \cdot E^2}{R \cdot (1-\nu^2)^2}} \leqslant \sigma_{\text{yield}} \quad (7-2)$$

其中，E 为材料的弹性模量，R 为接触曲率半径，ν 为泊松比。这一公式表明，轻量化材料（如钛合金 $E \approx 110\text{ GPa}$）需通过结构优化补偿弹性模量降低带来的应力集中风险，确保接触应力不超过材料屈服极限。

在工程应用层面，动子轻量化技术已在多个战略领域取得突破性进展。军事领域最具代表性的是美国福特级航母的电磁弹射系统，其动子采用 7075-T6 铝合金基体与碳纤维增强环氧树脂蒙皮的复合结构，质量较传统钢制方案降低 41%。在土耳其 TB3 无人机电磁弹射器中，石墨烯气凝胶填充的钛合金蜂窝动子总质量仅 280 kg，却能在 2.1 s 内将 1.2 t 载荷加速至 75 m/s，部署效率较液压系统提升 5 倍。

尽管成就斐然，动子轻量化仍面临诸多技术挑战。多物理场耦合设计工具的缺失导致当前优化过程依赖电磁场、结构力学、传热学的顺序迭代，效率低下且易陷入局部最优[227]。发展基于数字孪生的协同仿真平台成为迫切需求，例如 Ansys Twin Builder 集成 Maxwell、Mechanical、Fluent 模块，可实现材料-结构-电磁参数的实时交互优化。此外，极端工况下的可靠性问题同样突出[228]，电磁轨道炮发射瞬间超过 35 000g 的冲击加速度对轻量化结构的动态断裂韧性提出严苛要求。

面向未来，动子轻量化正朝着智能化、功能化方向演进。拓扑绝缘体材料（如 Bi_2Se_3）利用表面导电、体绝缘的特性，可在动子表面形成无损电流通道，同步降低涡流损耗与质量负载。4D 打印智能材料通过将形状记忆聚合物（shape memory polymer，SMP）与碳纳米管复合，使动子结构能根据温度或电场激励发生自适应形变，动态调节刚度特性与质量分布。这些变革性技术或将推动电磁发射直线电机进入"质效协同"的新纪元，在深空探测器的电磁推进、聚变装置的等离子体控制等领域催生颠覆性应用。

可以预见，动子轻量化不仅是技术参数的优化，更代表着电磁驱动领域设计范式的根本转变。当材料革新、结构创新与电磁设计形成深度耦合，轻量化动子将突破传统物理极限，使电磁发射系统在速度、精度、能效维度实现数量级提升。这种跨越式发展不仅重塑着现有技术格局，更为人类探索极端物理条件、开发下一代高端装备提供了全新的可能性空间。

7.3.4 电力电子无缆化

对于电磁发射的复杂大系统，数量庞大的跨接电缆和控制线缆将严重影响系统的可靠性，制约系统的进一步小型化发展。电力电子系统作为能量流转换的基本单元，通常由半导体器件、传感器元件、硬件电路等经连接件组合而成，通过数据总线在底层设备、传感器和控制系统之间实现信息交互，具有实时性、确定性和安全性的特点。随着电力电子系统向多样化、规模化、智能化发展，系统内的信息流和能量流互连互通日趋复杂，不断促进电力电子系统向高度集成化发展。复杂的互连线缆严重制约了电力电子系统的智能制造、柔性扩展,而现有的基础理论和设计理念难以支撑电力电子系统和这些新技术手段的深度融合[229]。电力电子无缆化正逐步成为重构能量传输模式、突破系统性能极限的发展方向。这一技术通过消除物理线缆的束缚,将能量传递从"有线连接"转向"自由耦合",不仅大幅提升了系统的灵活性与可靠性,更为电磁发射技术在极端环境下的应用开辟了全新可能。从物理本质来看,电力电子无缆化的实现依赖于电磁场能量的精准调控。

在工程实践中,无线能量传输(wireless power transmission,WPT)技术已成为无缆化的关键支柱[230]。更深层次的突破来自超导技术的引入——日本铁道技术研究所利用YBCO高温超导带材构建非接触式变压器,在液氮温区(77 K)下实现了 10 MW 级功率传输,损耗低于 0.1%。这种近乎零损耗的能量传递方式,为深空探测器的电磁推进系统提供了可行性:探测器可通过轨道微波基站接收能量,驱动离子推进器实现数年的持续轨道机动,比冲达到 4 000 s,远超化学推进的极限[231,232]。

集成化电力电子模块(IPEM)的进步则从结构层面推动了无缆化进程[233]。特斯拉 Model S Plaid 的 48 V 域控制器采用双面冷却 SiC 模块,将功率密度提升至 50 W/cm^3,线束长度从 3 000 m 缩减至 100 m,重量降低 70%。海军工程大学提出了电能变换单元无缆化思想,解决了信息流系统维护性差、可靠性差等问题;提出了高过载制导弹弹载器件少缆化思想,进一步缩小了制导元器件的体积重量,提高了耐冲击性能。目前已研制出抗高过载能力的制导、导航与控制(Guidance、Navigation and Control System,GNC)模块,未来将会全面覆盖电磁发射系统的信息流层面,并将推广到其他民用及航天领域[229,234]。

然而,电力电子无缆化仍面临严峻挑战。无缆化需要解决瞬态电磁能量精确表征与平衡调控、状态管理智能决策与高效控制、高功率密度集成单元无缆化封装电磁兼容及散热等问题。在千米级距离传输兆瓦级功率时,微波能量传输的效率仅 25%,需通过负折射率超材料中继器增强电磁场聚焦能力;集成模块的热流密度超过 500 W/cm^2,迫使散热技术向纳米流体与相变材料复合体系演进。这些问题的突破依赖材料科学与量子计算的交叉创新——拓扑绝缘体材料(如 Bi_2Se_3)可构建表面无损电流通道,4D 打印智能材料则使结构能根据温度或电场激励自适应优化刚度分布。

展望未来,电力电子无缆化将推动电磁发射直线电机从"工程装备"向"自主能控系统"跃迁。当电磁场能量摆脱线缆的物理束缚,人类对极限速度与精度的追求将突破传统认知的边界。

7.3.5 轻型化、智能化、无人化

随着材料科技的不断突破和人工智能的飞跃发展,传统依靠人来操作、决策的电磁装备将向轻型化、智能化和无人化方向演进。轻型化设计的技术突破主要依赖材料学科的发展。在电磁发射技术中,储能分系统的体积和重量占比最大。随着储能电介质材料的不断突破和新型储能技术的发展,储能密度可能提升至 3~8 MJ/m^3,将现有体积缩小至原

来的 1/2 至 1/4，大幅减小全系统的体积重量。碳纤维复合材料在电磁发射系统中的应用也将成为轻量化设计的关键。而智能化与无人化技术主要依赖人工智能的发展。智能感知与运行控制系统可充分挖掘并掌握电磁发射系统状态，准确预测故障，在保证安全稳定运行的前提下，根据不同工况和故障状态进行优化调整与容错控制，使其满足高载荷、高动态复杂工况，并为上层武器分系统和下层能量管理分系统提供决策数据，支撑电磁发射系统作战效能最大化，有望使电磁能武器在运行、维护效率和近限运行能力等方面的性能得到大幅提升[229]。

未来战场无人化已成为发展趋势[234]。俄乌冲突中双方在无人机、无人艇和地面机器人等领域进行了激烈对抗，推动了军事技术的快速迭代，成为了全球首个大规模应用无人化作战的现代冲突，将重塑各国军事战略。电磁发射系统无人化主要体现在发射远程监视与操作、自主运行和自动化维护控制上。通过本体传感器实时采集直线电机、电源系统、载荷状态等数据，并传输至中央控制中心，实现远程操控。通过机器学习分析历史发射数据，自动调整电磁加速曲线，自动完成充电、载荷加速、分离控制等流程，减少人工干预，提高载荷投送精度。智能电源管理系统可根据发射需求自动调节电能分配，优化能源利用率，智能实现信息流对能量流的精准控制。利用微型机器人巡检直线电机和健康预测技术，自动检测直线电机、载荷等状态，提前预警故障。

电磁发射装置长期工作于大功率脉冲条件下，信息感知能力和运行控制手段决定着平台的最大化性能，需要不断深化基于人工智能和大数据技术的电磁发射系统状态智能感知与运行控制理论，全面提升全系统的自传感、自诊断和优化控制能力，为发展智能化武器装备提供理论和技术支撑[229]。电磁发射系统智能感知与运行控制系统由集成式智能传感单元、健康状态评估与故障预测单元、运行控制管理单元三部分组成，通过新型集成传感、现代控制理论、最优化理论、数据融合等理论和数据驱动技术，实现全系统健康状态的实时监控和故障预测，并结合电磁发射实时工况需求，实现智能优化控制。需要解决系统集成智能感知、智能决策、复杂工况下系统健康状态监测与故障监测和系统自适应运行优化与容错控制等问题。

7.4 本 章 小 结

本章系统论述了电磁发射用直线电机的典型应用场景和发展趋势，重点介绍了该类电机在军事领域、民用领域的应用前景，指出电磁发射直线电机将向高效率、高速度、高能级、动子轻量化、电力电子无缆化以及轻型化、智能化和无人化等方向发展，旨在为电磁发射用直线电机的理论创新、技术研发及拓展应用提供新的思路。

主 要 符 号 表

a_m	恒加速度
B_g	气隙磁场幅值
B_{im}	铁心磁密
B_{isat1}	线性区与过度区间的分界点磁密值
B_{isat2}	过渡区与深度饱和区间的分界点磁密值
B_i	各电流元在电枢上任一点(x_n,l)所产生的磁感应强度
B_m	基波磁场的磁通密度幅值
c	次级导电板伸出长度
D	风摩系数
E_1	上定子单相感应电动势
E_2	下定子单相感应电动势
E_{z1}	次级感应电动势
F_1	滑入端效应波产生的力
F_2	滑出端效应波产生的力
F_{ac1m}	两倍频力的峰值
F_{av}	电机的时均平均力
F_{brake}	制动力
f_b	弱磁基频
F_{dc1}	滑入端效应波产生的平均力
F_{dc2}	滑出端效应波产生的平均力
F_e	电磁推力
F_{hold}	张紧力
F_L	负载阻力
F_N	恒加速阶段的电磁力
F_s	行波力
f_s	转差频率
F_t	电机驱动力
g	电磁气隙

g_e	等效电磁气隙
g_{ie}	考虑铁心磁阻后的等效气隙
G	品质因数
h_c	铁心轭部高度
$I_{0k}(k=1,2,3,4)$	零序电流
I_{2ea}	单位长度的次级涡流平均值
I_{AK}	晶闸管元件反向恢复电流
i_{ar}	次级等效 a 相绕组电流
I_{FG}	门极触发电流幅值
$i_k(k=1,2,3,4)$	第 k 台定子绕组的电流
I_{m1}	上定子激磁电流
I_{m2}	下定子激磁电流
I_{mea}	单位长度初级励磁电流平均值
I_{ra1}	次级上部分等效绕组 A 相电流
I_{ra2}	次级下部分等效绕组 A 相电流
I_{RC}	阻容吸收回路电流
i_{rd}	动子 d 轴电流
i_{rq}	动子 q 轴电流
i_r	次级电流向量
I_{sa1}	上定子绕组 A 相电流
I_{sa2}	下定子绕组 A 相电流
$I_{sdk}(k=1,2,3,4)$	第 k 台定子 d 轴电流
$I_{sqk}(k=1,2,3,4)$	第 k 台定子 q 轴电流
j_{r1}	动子面电流密度
j_{s1}	定子面电流密度
j_{sm}	定子面电流密度幅值
$\boldsymbol{K}_{\omega 1}$	初级侧运动电动势系数子矩阵
$k_{\phi end}$	端部磁通系数
K_{g3}	第三气隙系数
K_{gsat}	气隙饱和系数
$\boldsymbol{KK}_{\omega}$	运动感应电动势系数矩阵
K_{Lsat}	激磁电感饱和系数
K_m	饱和系数
k_{rip}	直线电机力的纹波系数
$\boldsymbol{K}_{\omega r}$	次级侧运动电动势系数子矩阵
k_w	绕组系数

k_{yv}	短距系数
l_σ	初级间隙(过渡区)的长度
L_0	初始电感
l_1	次级左侧铁心长度
l_2	次级右侧铁心长度
$L_{aal,bbl,ccl}$	次级三相等效绕组的漏感
L_{bp}	屏蔽层电感
L_{bs}	屏蔽层串联等效电感
L_{eff}	定子铁心计算长度
L_{end}	电机端部线圈漏感
L_{gap}	气隙侧线圈电感
L_{lr1}	次级上部分等效漏感
L_{lr2}	次级下部分等效漏感
L_{lr}	动子等效漏感
L_{ls1}	上定子自身漏感
L_{ls2}	下定子自身漏感
L_{lsk}	第 k 台定子漏感
L_{m0}	线性激磁电感
L_{mk}	第 k 台定子与动子互感
L_{msat}	饱和激磁电感
L_m	激磁电感
l_p	单段初级板长度
$\boldsymbol{L}_{RR}$	次级侧等效电感矩阵
L_r	导轨的电感
L'_r	导轨的单位长度电感梯度(H/m)
$\boldsymbol{L}_{Sk}(k=1,2,3,4)$	第 k 定子的自感矩阵
$\boldsymbol{L}_{SkR}(k=1,2,3,4)$	第 k 定子与动子间的互感矩阵
$\boldsymbol{L}_{sl}$	初级绕组漏感
$\boldsymbol{L}_{sp}$	定子漏感(包括绕组漏感和屏蔽层等效漏感)
$\boldsymbol{L}_{ss-ha}$	谐波漏感
$\boldsymbol{L}_{ssm}$	次级覆盖部分气隙磁场对应的激磁电感
$\boldsymbol{L}_{ss-slot}$	槽漏感
$\boldsymbol{L}_{ss-sl}$	初级漏感
$\boldsymbol{L}_{ss-td}$	齿顶漏感
$\boldsymbol{L}_{ss-un}$	次级未覆盖部分气隙磁场对应的漏感
l_s	次级板长度

L_t'	总电感梯度
L_u'	有用电感梯度
L_{xr}	次级中间耦合区域等效漏感
L_{xs}	上下相邻定子间横向端部耦合电感
$M_{ccij}(i,j=1,2,\cdots,m)$	驱动线圈与驱动线圈之间的互感
$M_{cpij}, M_{ppij}(i,j=1,2,\cdots,m)$	驱动线圈与电枢分片之间、电枢分片与电枢分片之间的互感
m_{tot}	次级与负载质量之和
m	次级质量
M	发射载荷质量
N_c	次级等效绕组线圈匝数
N	单个逆变器串联供电初级段数
p	微分算子
P_{eddy}	次级涡流引起的总欧姆损耗
$P_{emk}(k=1,2,3,4)$	第 k 台定子电磁功率
P_{em}	四定子双边 LIM 定子传递给动子的总电磁功率
P_{exit}	滑出端涡流引起的损耗
$P_{ink}(k=1,2,3,4)$	第 k 台定子输入功率
P_{in}	四定子双边 LIM 总输入功率
Q_{RRM}	最大反向恢复电荷
q	每相在每对极下的绕组数
R_0	初始电阻
R_{a1}, L_{a1}	电容器内阻和内感
R_{ai}, L_{ai}	第 i 级驱动线圈电容器内阻和内感
R_a	电枢电阻
R_{bp}	屏蔽层电阻
R_{bs}	屏蔽层串联等效电阻
R_{c1}, L_{c1}	驱动线圈等效电阻和电感
R_{ci}, L_{ci}	第 i 级驱动线圈等效电阻和电感
R_c	枢轨接触电阻
R_{d1}, L_{d1}	回路电阻和电感
R_{di}, L_{di}	第 i 级驱动线圈回路电阻和电感
$R_{dk}(k=1,2,3,4)$	第 k 台定子 d 轴电阻
$R_k(k=1,2,3,4)$	第 k 台定子电阻子矩阵
R_{lr1}	次级上部分等效电阻
R_{pj}, L_{pj}	第 j 片电流丝分片的等效电阻和电感

$R_{qk}(k=1,2,3,4)$	第 k 台定子 q 轴电阻
R_{r2}	次级下部分等效电阻
$\boldsymbol{R}_R$	次级电阻矩阵
R_r'	导轨电阻梯度(Ω/m)
R_r	导轨的电阻
R_{sp}	定子电阻(包括绕组电阻和屏蔽层等效电阻)
R_s	相电阻
R_{xr}	次级中间耦合区域的等效电阻(数值上等于次级上下部分等效绕组的互阻)
R_{xs}	上下相邻定子间横向端部互阻
s	转差率
t_{ed}	过零检测延时
t_{need}	三相完全切换时间
t_{on}	晶闸管开通延时
$U_{0k}(k=1,2,3,4)$	第 k 台定子零序电压
U_A	枢轨接触电阻和电枢体电阻所产生的电压降
U_b	尾部电压
U_D	晶闸管 AK 极电压
U_d	直流母线电压
$U_k(k=1,2,3,4)$	第 k 台定子的电压子向量
U_m	膛口电压
U_{rd}	动子 d 轴电压
U_{rq}	动子 q 轴电压
U_R	反向关断电压
U_{sa1}	上定子绕组 A 相端电压
U_{sa2}	下定字绕组 A 相端电压
$U_{sdk}(k=1,2,3,4)$	第 k 台定子 d 轴电压
U_{sm}	直线电机初级侧输入电压幅值
$U_{sqk}(k=1,2,3,4)$	第 k 台定子 q 轴电压
v_{end}	动子停止速度
V_e	动子同步速度
v_f	发射速度
V_s	动子速度
v_x	电枢运动速度
v	次级速度
w_{iron}	铁心厚度

x	电枢所在位置(m)
X_{1i}	左端第 i 个线圈与次级左边端的距离
X_{2i}	右端第 i 个线圈与次级右边端的距离
x_b	制动冲程
X_f	发射距离
Z_{eq0}	空载正序端口阻抗
Z_{eqk}	堵转正序端口阻抗
Z_{shld}	屏蔽层等效阻抗
ΔB_m	脉振磁场磁通密度幅值
ΔL_s	初级绕组不对称电感
Δt_{drop}	弱磁阶段持续时间
β	旋转角速度与直线速度转换系数
β_e	滑入端及滑出端端效应波的等效转换系数
$\psi_{0k}(k=1,2,3,4)$	零序磁链
$\boldsymbol{\psi}_k(k=1,2,3,4)$	第 k 台定子绕组的磁链子向量
ψ_m^{unsat}	未饱和磁链
$\boldsymbol{\psi}_r$	次级等效绕组的磁链子向量
ψ_{rd}	动子 d 轴磁链
ψ_{rq}	动子 q 轴磁链
ψ_m^{sat}	饱和磁链
$\psi_{sdk}(k=1,2,3,4)$	第 k 台定子 d 轴磁链
$\psi_{sqk}(k=1,2,3,4)$	第 k 台定子 q 轴磁链
μ_0	空气气隙磁导率
μ_{ir}	铁心相对磁导率
ω	定子供电频率
ω_1	同步角频率
ω_s	转差角频率
ω_{sm}	恒加速阶段转差角频率
ω_x	初级注入谐波频率
σ_s	动子等效面电导率
p	极对数
τ	极距
τ_e	滑入端及滑出端效应波半波长
ε	两端无电流区域铁心长度
$\lambda_1、\lambda_2$	滑入边端效应波透入深度和滑出边端效应波透入深度

θ_{ar}	次级 a 相等效绕组轴线位置
ϕ_{end}	端部线圈产生的进入定子铁心的额外磁通
ϕ_{gap}	气隙侧线圈产生的磁通

参 考 文 献

[1] 鲁军勇,马伟明.电磁轨道发射理论与技术[M].北京:科学出版社,2020.

[2] Ma W M, Lu J Y, Liu Y Q. Research progress of electromagnetic launch technology[J]. IEEE Transactions on Plasma Science, 2019, 47(5): 2197-2205.

[3] 马伟明,鲁军勇.电磁发射技术[J].国防科技大学学报,2016,38(6): 1-5.

[4] 李梅武,崔英,薛飞.航母飞机起飞的最佳选择:电磁弹射系统[J].舰船科学技术,2008,30(2): 34-37.

[5] 张明元,马伟明,汪光森,等.飞机电磁弹射系统发展综述[J].舰船科学技术,2013,35(10): 1-5.

[6] Johnson A P. High speed linear induction motor efficiency optimization[D]. Massachusetts: Massachusetts Institute of Technology, 2005.

[7] 鲁军勇,柳应全.电磁发射用直线电机及其控制技术综述[J].电工技术学报,2024,39(19): 5899-5913.

[8] Wang Y, Ren Z X. EML technology research in China[J]. IEEE Transactions on Magnetics, 1999, 35(1): 44-46.

[9] 卢琴芬,沈燚明,叶云岳.永磁直线电动机结构及研究发展综述[J].中国电机工程学报,2019,39(9): 2575-2588.

[10] Haller T, Mischler W. A comparison of linear induction and linear synchronous motors for high speed ground transportation[J]. IEEE Transactions on Magnetics, 1978, 14(5): 924-926.

[11] Stumberger G, Zarko D, Timur Aydemir M, et al. Design and comparison of linear synchronous motor and linear induction motor for electromagnetic aircraft launch system[C]. IEEE International Electric Machines and Drives Conference, Madison, 2003: 494-500.

[12] Mirzaei M, Abdollahi S E. Design optimization of reluctance-synchronous linear machines for electromagnetic aircraft launch system[J]. IEEE Transactions on Magnetics, 2009, 45(1): 389-395.

[13] Patterson D, Monti A, Brice C, et al. Design and simulation of an electromagnetic aircraft launch system[C]. Conference Record of the 2002 IEEE Industry Applications Conference, Pittsburgh, 2002: 1950-1957.

[14] Musolino A, Raugi M, Rizzo R, et al. Optimal design of EMALS based on a double-sided tubular linear i. 37th IAS Annual Meeting. Pittsburghnduction motor[J]. IEEE Transactions on Plasma Science, 2015, 43(5): 1326-1331.

[15] 王福金,姚智慧.舰载机的电磁弹射器研究[J].哈尔滨理工大学学报,2009,14(6): 106-110.

[16] Lu J Y, Zhang X, Tan S, et al. Research on a linear permanent magnet brushless DC motor for electromagnetic catapult[J]. IEEE Transactions on Plasma Science, 2015, 43(6): 2088-2094.

[17] Lu J Y, Ma W M, Zhang X, et al. A multisegmented long-stroke dual-Stator pulsed linear induction motor for electromagnetic catapult[J]. IEEE Transactions on Plasma Science, 2016, 44(10): 2211-2217.

[18] Mu S J, Chai J Y, Sun X D, et al. A variable pole pitch linear induction motor for electromagnetic aircraft launch system[J]. IEEE Transactions on Plasma Science, 2015,43(5): 1346-1351.

[19] 李艳明,彭雪明,梁晓龙,等.基于磁通切换永磁直线电机的导弹电磁发射技术[J].高电压技术,2016,42(9): 2830-2834.

[20] 许金,马伟明,鲁军勇,等.长定子直线感应电机饱和特性和非线性计算[J].电工技术学报,2012,27(9): 183-190.

[21] 罗俊.双交替极横向磁通直线电机的研究[D].哈尔滨:哈尔滨工业大学,2020.

[22] 张育兴,马伟明,陈伯义,等.周期脉冲式直线感应电机定子瞬态温度特性[J].中国电机工程学报,2012,32(9): 86-92.

[23] 张亚东,张为杰,杨胜宽,等.电磁驱动线圈的力学特性及制作方法[J].高电压技术,2014,40(4): 1186-1193.

[24] 柳百毅.高功率密度功率变换器磁技术研究与应用[D].福州:福州大学,2020.

[25] 卢露,晏明,胡安琪,等.高速大载荷直线感应电机动子力学特性分析与结构设计[J].海军工程大学学报,2016,28(S1): 35-39.

[26] Laithwaite E R. Induction machines for special purposes[M]. London: Newnes, 1966.

[27] Nasar S A, Boldea I. Linear motion electric machine[M]. New York: Wiley, 1976: 43-56.

[28] Boldea I, Nasar S A. Linear motion electromagnetic devices[M]. New York: Taylor & Francis, 2001: 35-40.

[29] 李立毅,马明娜,寇宝泉.环形绕组在永磁同步直线电机分段中的应用研究[J].微电机,2010,43(1): 1-5.

[30] Kim D K, Kwon B I. A novel equivalent circuit model of linear induction motor based on finite element analysis and its coupling with external circuits[J]. IEEE Transactions on Magnetics, 2006, 42(10): 3407-3409.

[31] Duncan J. Linear induction motor-equivalent-circuit model[J]. IEE Proceedings B (Electric Power Applications), 1983, 130(1): 51-57.

[32] 王新环,付子义,张宏伟,等.垂直运动用永磁直线同步电动机分段设计研究[J].微电机(伺服技术),2006,39(1): 21-23.

[33] 王福忠,苏波,袁世鹰.分段式永磁直线同步电动机动子位置(功角)和速度的测量[J].电工技术学报,2004,19(11): 20-24.

[34] 董海军.卧龙磁浮列车试验线牵引供电系统的研究[D].杭州:浙江大学,2007.

[35] Becherini G, Di Fraia S, Tellini B. Analysis of the dynamic behavior of a linear induction type catapult[J]. IEEE Transactions on Plasma Science, 2011, 39(1): 59-64.

[36] Lu J Y, Ma W M. Investigation of phase unbalance characteristics in the linear induction coil launcher[J]. IEEE Transactions on Plasma Science, 2011, 39(1): 110-115.

[37] Guan X C, Li S C, Lu J Y, et al. The launch performance analysis of the electromagnetic coil launcher continuous launch process with multiple armature[J]. IEEE Transactions on Plasma Science, 2017, 45(7): 1519-1525.

[38] 张明元,马伟明,何娜.长初级直线电动机分段供电技术综述[J].中国电机工程学报,2013,33(27):96-104.

[39] 鲁军勇,马伟明,许金.高速长定子直线感应电动机的建模与仿真[J].中国电机工程学报,2008,28(27):89-94.

[40] 叶宇豪,彭飞,黄允凯.多电机同步运动控制技术综述[J].电工技术学报,2021,36(14):2922-2935.

[41] 徐兴华,马伟明,崔小鹏,等.分段供电切换传感器的在线故障诊断方法[J].国防科技大学学报,2016,38(6):24-36.

[42] 徐兴华,王洁,崔小鹏,等.分段供电切换控制传感器的故障定位方法[J].海军工程大学学报,2018,30(4):27-33.

[43] 徐兴华,马伟明,崔小鹏,等.分段供电直线电机切换开关的关断故障在线诊断方法[J].电机与控制学报,2018,22(12):1-10.

[44] 刘慧娟,马杰芳,张千,等.双边型长初级直线感应电机电磁推力特性研究[J].中国电机工程学报,2019,39(S1):268-277.

[45] 许金,李明珂,韩正清,等.直线感应电机非线性参数计算[J].华中科技大学学报(自然科学版),2021,49(9):72-76.

[46] 韩正清,许金,芮万智,等.双边十二相直线感应电机端部漏感计算[J].中国电机工程学报,2021,41(7):2519-2526.

[47] 韩一,聂子玲,许金,等.动初级高速六相直线感应电机工作特性分析[J].国防科技大学学报,2021,43(4):85-93.

[48] 许金,韩正清,黄垂兵.大推力六相直线感应电动机数学模型及工作特性[J].海军工程大学学报,2018,30(5):8-14..

[49] 许金,马伟明,鲁军勇,等.一种四定子双边直线感应电动机数学模型和工作特性[J].电工技术学报,2011,26(9):5-12.

[50] 马名中,马伟明,王公宝,等.多定子直线感应电动机任务交班控制策略[J].电机与控制学报,2012,16(3):1-7.

[51] 李卫超,胡安,聂子玲.感应电机并联运行矢量控制系统仿真研究[J].电机与控制学报,2006,10(1):102-105.

[52] 吕敬高,饶金.长初级短次级六相直线感应电机数学模型分析[J].船电技术,2014,34(3):73-77.

[53] 饶金,刘德志,许金,等.长初级短次级十二相直线感应电动机数学模型分析[J].海军工程大学学报,2014,26(2):10-14.

[54] 黄垂兵,许金,马伟明,等.分段供电六相圆筒式直线感应电动机数学模型[J].国防科技大学学报,2016,38(6):18-23.

[55] 谢建隆,陆可,郑云广,等.大功率多相永磁同步直线电机设计[J].微电机,2018,51(2):6-10.

[56] Perreault B M. Optimizing operation of segmented stator linear synchronous motors[J]. Proceedings of

the IEEE,2009,97(11):1777-1785.

[57] 张明元,马伟明,徐兴华,等.一种考虑电流过零的直线电机分段供电策略[J].海军工程大学学报,2019,31(4):11-16.

[58] 孙雨萍,李光友.长定子直线同步电动机抑制推力脉动的新方法及机理分析[J].电工技术学报,2006,21(8):80-82.

[59] 牟树君,柴建云,孙旭东,等.分段供电交流直线电机三相互感不对称分析及抑制[J].电工技术学报,2015,30(1):81-88.

[60] 牟树君,柴建云,孙旭东,等.分段供电交流直线电机中偏置磁通密度的分析及其消除方法[J].电工技术学报,2014,29(3):12-20.

[61] Zou X H, Huang S H, Qin Z Q, et al. A control method for permanent-magnet synchronous motor with unbalanced cable resistor[C]. 2015 6th International Conference on Power Electronics Systems and Applications (PESA), Hong Kong, 2015:1-3.

[62] 邸珺,范纯,刘亚静.基于等效次级的直线感应电机的电磁分析与参数辨识[J].电工技术学报,2017,32(11):145-154.

[63] 黄垂兵,许金,吴振兴,等.分段供电六相圆筒式直线感应电动机阻抗矩阵及参数辨识方法[J].中国电机工程学报,2018,38(10):3087-3093.

[64] 黄垂兵,马伟明,许金,等.六相圆筒式直线感应电机磁路计算及饱和特性分析[J].电工技术学报,2018,33(5):1032-1039.

[65] Zare-Bazghaleh A, Naghashan M R, Khodadoost A. Derivation of equivalent circuit parameters for single-sided linear induction motors[J]. IEEE Transactions on Plasma Science, 2015,43(10):3637-3644.

[66] Xu W, Zhu J G, Zhang Y C, et al. Equivalent circuits for single-sided linear induction motors[J]. IEEE Transactions on Industry Applications, 2010, 46(6):2410-2423.

[67] Pai R M, Boldea I, Nasar S A. A complete equivalent circuit of a linear induction motor with sheet secondary[J]. IEEE Transactions on Magnetics, 1988, 24(1):639-654.

[68] 上官璇峰,励庆孚,袁世鹰,等.不连续定子永磁直线同步电动机运行过程分析[J].西安交通大学学报,2004,38(12):1292-1295.

[69] 上官璇峰,励庆孚,袁世鹰.多段初级永磁直线同步电动机驱动系统整体建模和仿真[J].电工技术学报,2006,21(3):52-57.

[70] Sugimoto H, Tomoe M, Matsumura M, et al. A vector control method of a linear induction motor with asymmetrical constants and its performance characteristics [J]. IEEJ Transactions on Industry Applications, 1994, 114(1):17-24.

[71] Im D H, Kim C E. Finite element force calculation of a linear induction motor taking account of the movement[J]. IEEE Transactions on Magnetics, 1994, 30(5):3495-3498.

[72] Ahn S C, Lee J H, Hyun D S. Dynamic characteristic analysis of LIM using coupled FEM and control algorithm[J]. IEEE Transactions on Magnetics, 2000, 36(4):1876-1880.

[73] Mirsalim M, Doroudi A, Moghani J S. Obtaining the operating characteristics of linear induction motors: A new approach[J]. IEEE Transactions on Magnetics, 2002, 38(2):1365-1370.

[74] Lv G, Zeng D H, Zhou T. An advanced equivalent circuit model for linear induction motors[J]. IEEE

Transactions on Industrial Electronics, 2018, 65(9): 7495 - 7503.

[75] Xu W, Zhu J G, Zhang Y C, et al. An improved equivalent circuit model of a single-sided linear induction motor[J]. IEEE Transactions on Vehicular Technology, 2010, 59(5): 2277 - 2289.

[76] 杨通,周理兵.长初级双边直线感应电机纵向动态端部效应 第一部分：气隙磁场[J].电机与控制学报,2014,18(4):52-59.

[77] Pucci M. State space-vector model of linear induction motors[J]. IEEE Transactions on Industry Applications, 2014, 50(1): 195 - 207.

[78] 聂世雄,付立军,许金,等.分段供电直线感应电机动子不对称模型及参数计算[J].电机与控制学报,2017,21(2):10-17.

[79] Zhang Y X, Lin C M, Xu J, et al. Analysis of coupling effect of double-side linear induction motor with shielding structure [C]. 2014 17th International Conference on Electrical Machines and Systems (ICEMS), Hangzhou, 2014: 3638 - 3641.

[80] 孙兆龙,刘德志,马伟明,等.计及铁心饱和直线感应电动机模型及参数研究[J].中国电机工程学报,2011,31(33):144-150.

[81] 张育兴,马名中,马伟明,等.双定子直线感应电机饱和特性分析[J].中国电机工程学报,2012,32(36):102-108.

[82] 崔小鹏,王公宝,马伟明,等.直线电机分段供电故障诊断研究[J].电机与控制学报,2013,17(8):9-14.

[83] 马名中,马伟明,张育兴,等.多定子直线感应电机故障模式下的电流过载特性[J].中国电机工程学报,2013,33(18):96-102.

[84] 马名中,马伟明,张育兴,等.双初级耦合直线感应电动机集总参数模型[J].电机与控制学报,2012,16(1):1-6.

[85] Sun Z L, Ma W M, Liu D Z, et al. Modeling and parameter measurement scheme for double primaries coupling Linear Induction Motors[C]. The XIX International Conference on Electrical Machines - ICEM 2010, Rome, 2010: 1 - 5.

[86] Meeker D C, Newman M J. Indirect vector control of a redundant linear induction motor for aircraft launch[J]. Proceedings of the IEEE, 2009, 97(11): 1768 - 1776.

[87] Sakae Yamamura. Theory of linear induction motors[M]. Tokyo: University of Tokyo Press, 1978: 111 - 119.

[88] Gieras J F. Linear induction device[M]. Oxford: Clarendon Press, 1994: 52 - 81.

[89] 梁德亮,陈世坤.影响直线异步电机静态纵向边端效应的几种因素[J].中小型电机,1999,26(6):4-7.

[90] 梁得亮,陈世坤.直线感应电动机静态纵向边端效应的研究[J].微电机,1995,28(3):3-6,10.

[91] Patterson D, Monti A, Brice C W, et al. Design and simulation of a permanent-magnet electromagnetic aircraft launcher[J]. IEEE Transactions on Industry Applications, 2005, 41(2): 566 - 575.

[92] 张广溢.直线电机静态纵向边端效应研究[J].电工技术学报,1999,14(5):18-21.

[93] 上海工业大学,上海电机厂.直线异步电动机[M].北京：机械工业出版社,1979:18-19.

[94] 鲁军勇,马伟明,孙兆龙,等.多段初级直线感应电机静态纵向边端效应研究[J].中国电机工程学报,2009,29(33):95-101.

[95] 龙遐令.直线感应电动机的理论和电磁设计方法[M].北京:科学出版社,2006:58-72.

[96] Faiz J, Jagari H. Accurate modeling of single-sided linear induction motor considers end effect and equivalent thickness[J]. IEEE Transactions on Magnetics, 2000, 36(5):3785-3790.

[97] Jeong-huoun Sung, Kwanghee Nam. A new approach to vector control for linear induction motor considering end effects[C]. IEEE Industry Applications Conference-34th IAS Annual Meeting, Phoenix, 1999.

[98] 张育兴.多定子直线感应电机电磁耦合特性及温度特性研究[D].西安:西安交通大学,2011.

[99] 任晋旗,李耀华,王珂.动态边端效应补偿的直线感应电机磁场定向控制[J].电工技术学报,2007,22(12):61-65.

[100] 王敬莆,徐余法,刘昌奇,等.基于2维有限元仿真对电磁发射用直线电机纵向边端效应的研究[J].电力学报,2015,30(6):483-487,494.

[101] Gieras J F, Dawson G E, Eastham A R. A new longitudinal end effect factor for linear induction motors[J]. IEEE Transactions on Energy Conversion, 1987, 2(1):152-159.

[102] 鲁军勇,马伟明,李朗如.电磁发射用直线电机纵向边端效应研究[J].中国电机工程学报,2008,28(30):73-78.

[103] 韩正清,许金,芮万智,等.高速段初级直线感应电动机等效电路模型机时变参数辨识[J].电机与控制学报,2021,25(11):8-15.

[104] Laithwaite E R. Adapting a linear induction motor for the acceleration of large masses to high velocities[J]. IEE Proceedings-Electric Power Applications, 1995, 142(4):262-268.

[105] 严向锋,亢荣.短初级直线感应电机的动态纵向边端效应分析[J].电器工业,2021(5):70-72.

[106] 吕刚,范瑜,马云双,等.直线感应电机推力和法向力的解析计算与分析[J].电机与控制学报,2010,14(3):77-82.

[107] Fujii N, Harada T. A new viewpoint of end effect of linear induction motor from secondary side in ladder type model[J]. IEEE Transactions on Magnetics, 1999, 35(5):4040-4042.

[108] 聂世雄,付立军,许金,等.长初级直线感应电机推力波动产生机理及验证[J].海军工程大学学报,2016,28(S1):50-55.

[109] 聂世雄,马伟明,李卫超,等.对称电流激励长初级直线感应电机推力波动研究[J].中国电机工程学报,2015,35(21):5585-5591.

[110] 张广溢.直线电动机静态横向边端效应研究[J].电机与控制学报,1999,3(2):126-128.

[111] Bolton H. Transverse edge effect in sheet-rotor induction motors[J]. Proceedings of the Institution of Electrical Engineers, 1969, 116(5):725.

[112] Preston T W, Reece A B J. Transverse edge effects in linear induction motors[J]. Proceedings of the Institution of Electrical Engineers, 1969, 116(6):973-979.

[113] Lee S G, Lee H W, Ham S H, et al. Influence of the construction of secondary reaction plate on the transverse edge effect in linear induction motor[J]. IEEE Transactions on Magnetics, 2009, 45(6):2815-2818.

[114] Lee B J, Koo D H, Cho Y H. Investigation of linear induction motor according to secondary conductor structure[J]. IEEE Transactions on Magnetics, 2009, 45(6):2839-2842.

[115] Lu J Y, Zhang X, Liu B G, et al. Research on transverse end effect of linear induction motor for high-

speed industrial transportation[C]. 2014 17th International Symposium on Electromagnetic Launch Technology, La Jolla, 2014: 1-5.

[116] Zhang Y X, Ma W M, Lu J Y, et al. A new approach to research the transverse edge effect in linear induction motor considering the edge fringing flux[J]. IEEE Transactions on Magnetics, 2011, 47(11): 4660-4668.

[117] 张玉秋,刘晓,叶云岳,等.双边空心式永磁直线伺服电机的横向边缘效应[J].浙江大学学报(工学版),2011,45(10):1836-1841.

[118] Nonaka S, Yoshida K. Analysis of linear induction motors using a space harmonic technique[J]. Transport Without Wheels, London, 1977: 187-216.

[119] Nonaka S, Higuchi T. Design of single-sided linear induction motors for urban transit[J]. IEEE Transactions on Vehicular Technology, 1988, 37(3): 167-173.

[120] 卢琴芬,方攸同,叶云岳.大气隙直线感应电机的力特性分析[J].中国电机工程学报,2005,25(21):132-136.

[121] 徐伟,李耀华,孙广生,等.交通用大功率直线异步电动机牵引特性[J].电工技术学报,2008,23(7):14-20.

[122] Lee C H, Chin C Y. A theoretical analysis of linear induction motors[J]. IEEE Transactions on Power Apparatus and Systems, 1979, PAS-98(2): 679-688.

[123] Abdollahi S E, Mirzayee M, Mirsalim M. Design and analysis of a double-sided linear induction motor for transportation[J]. IEEE Transactions on Magnetics, 2015, 51(7): 8106307.

[124] Bolton H. Forces in induction motors with laterally asymmetric sheet secondaries[J]. Proceedings of the Institution of Electrical Engineers, 1970, 117(12): 2241-2248.

[125] 吕刚,曾迪晖,周桐,等.初级横向偏移时直线感应电机磁场与推力的有限元分析[J].电机与控制学报,2016,20(4):64-68,77.

[126] Zeng D H, Lv G, Zhou T. Equivalent circuits for single-sided linear induction motors with asymmetric cap secondary for linear transit[J]. IEEE Transactions on Energy Conversion, 2018, 33(4): 1729-1738.

[127] 杨镜.初级横向偏移时直线感应牵引电机的三维特性分析[D].北京:北京交通大学,2020.

[128] Doyle M R, Samuel D J, Conway T, et al. Electromagnetic aircraft launch system-EMALS[J]. IEEE Transactions on Magnetics, 1995, 31(1): 528-533.

[129] Seki K, Watada M, Torii S, et al. Discontinuous arrangement of long stator linear synchronous motor for transportation system[C]. Proceedings of Second International Conference on Power Electronics and Drive Systems, Singapore, 1997: 697-702.

[130] 上官璇峰,励庆孚,袁世鹰,等.不连续定子永磁直线同步电动机运行过程分析[J].西安交通大学学报,2004,38(12):1292-1295.

[131] 郭科宇,史黎明,郑云,等.双三相分段供电永磁直线同步电机电感分析与不平衡抑制[J].导航与控制,2021,20(5):89-104.

[132] 郭科宇,李耀华,史黎明,等.电枢分段供电永磁直线同步电机的非线性数学模型[J].电工技术学报,2021,36(6):1126-1137.

[133] Liu J H, Shi L M, Guo K Y, et al. A low current fluctuation switching strategy for long primary linear

motors[C]. 2021 13th International Symposium on Linear Drives for Industry Applications (LDIA), Wuhan, 2021: 1-4.

[134] Sun X, Shi L M, Zhang Z H, et al. The thrust fluctuation suppression of segmented double sided linear induction motor[C]. IECON 2017 - 43rd Annual Conference of the IEEE Industrial Electronics Society, Beijing, 2017: 3693-3697.

[135] Sun X, Shi L M, Zhang Z H, et al. Thrust control of a double-sided linear induction motor with segmented power supply[J]. IEEE Transactions on Industrial Electronics, 2019, 66(6): 4891-4900.

[136] Michael R D, Douglas J S, Thomas C, et al. Electromagnetic aircraft launch system-EMALS[J]. IEEE Transactions on Magnetics, 1995, 31(1): 528-533.

[137] 黄永刚.高温超导磁悬浮发射装置供电系统的设计与实现[D].成都:西南交通大学,2007.

[138] Li L Y, Hong J J, Wu H X, et al. Adaptive back-stepping control for the sectioned permanent magnetic linear synchronous motor in vehicle transportation system[C]. 2008 IEEE Vehicle Power and Propulsion Conference, Harbin, 2008: 1-5.

[139] Li L Y, Hong J J, Wu H X, et al. Section crossing drive with fuzzy-PI controller for the long stroke electromagnetic launcher[J]. IEEE Transactions on Magnetics, 2009, 45(1): 363-367.

[140] 许金,马伟明,鲁军勇,等.分段供电直线感应电机气隙磁场分布和互感不对称分析[J].中国电机工程学报,2011,31(15):61-68.

[141] 曹瑞武,苏恩超,张学.轨道交通用次级分段型直线磁通切换永磁电机研究[J].电工技术学报,2020,35(5):1001-1012.

[142] 徐飞,李耀华,史黎明,等.不等长分段供电直线感应电机控制方法及系统:CN 113761819 A[P].2021-12-07.

[143] 牟树君,柴建云,孙旭东,等.长初级分段供电变极距直线感应电机的气隙磁场分布及电感参数特性[J].清华大学学报(自然科学版),2014,54(9):1161-1165.

[144] 张明元.长初级直线电机分段切换供电技术研究[D].武汉:海军工程大学,2013.

[145] 冀相,许金,韩正清,等.基于静态边端效应的分段供电双边直线感应电机不对称等效电路模型[J/OL].电工技术学报,http://doi.org/10.19595/j.cnki.1000-6753.tces.241269.

[146] Kim H S, Park M H, Lee M M, et al. Optimum LIM interval selection of vector controlled moving secondary plate conveyor system using FEM & SUMT[C]. 2007 IEEE International Electric Machines & Drives Conference, Antalya, 2007: 972-976.

[147] Sepe Jr R B. Block switching transient minimization for linear motors and inductive loads: US7969103[P]. 2011-06-28.

[148] Batelaan J. A linear motor design provides close and secure vehicle separation of many transit vehicles on a guideway[J]. IEEE Transactions on Industrial Electronics, 2007, 54(3): 1778-1782.

[149] 李天亮,高海燕,申慧君,等.基于集总参数模型的电磁轨道炮激励电流仿真[J].现代防御技术,2023,51(4):110-115.

[150] Zhu H B, Sun X, Shi L M, et al. A block feeding control strategy of long primary linear induction motor[C]. 2016 19th International Conference on Electrical Machines and Systems (ICEMS), Chiba, 2016: 1-4.

[151] 马逊,毛凯,张艳清,等.一种直线电机分段供电结构 CN 110417327 A[P].2019-11-05.

[152] Hall D, Kapinski J, Krefta M, et al. Transient electromechanical modeling for short secondary linear induction machines[J]. IEEE Transactions on Energy Conversion, 2008, 23(3): 789-795.

[153] 马名中,马伟明,范慧丽,等.长初级直线感应电机分段供电切换暂态过程[J].电机与控制学报, 2015, 19(9): 1-7.

[154] Jahns T M, Kliman G B, Neumann T W. Interior permanent magnet synchronous motors for adjustable-speed drives[C]. 1985 Annual Meeting Industry Applications Society, Toronto, 1985: 814-823.

[155] 宋鑫鑫,赵文祥,成玛.开绕组磁场调制永磁直线电机的单位功率因数弱磁控制[J].电工技术学报,2021,36(5): 893-901.

[156] 尹华杰.主轴永磁同步电机电磁结构及"弱磁"问题的研究[D].武汉:华中理工大学,1994.

[157] 葛宝明,林飞,李国国.先进控制理论及其应用[M].北京:机械工业出版社,2007.

[158] 孙兆龙,刘德志,马伟明,等.双初级耦合直线感应电动机研究[J].中国电机工程学报,2010,30(27): 1-6.

[159] 李卫超,胡安,马伟明,等.新型长定子直线感应电机闭环控制策略[J].中国电机工程学报, 2010,30(s): 226-231.

[160] 马名中,马伟明,郭灯华,等.多定子直线感应电机模型及间接矢量控制算法[J].电机与控制学报,2013,17(2): 1-6.

[161] 聂世雄,马伟明,李卫超,等.对称电流激励长初级直线感应电机推力波动研究[J].中国电机工程学报,2015,35(21): 5585-5591.

[162] 聂世雄,孙兆龙,马伟明,等.大功率直线感应电动机推力脉动研究[J].电机与控制学报,2015, 19(5): 1-6.

[163] Nie J X, Ren M, Kang X P, et al. Study on mechanical character of armature and rail with non-rectangular cross section in EML[C]. 2012 16th International Symposium on Electromagnetic Launch Technology, Beijing, 2012: 1-5.

[164] Wei S Q, Wu Q H, Wang J L. Turbo aided Cyclic Prefix reconstruction for coded Single-Carrier systems with Frequency-Domain Equalization (SC-FDE)[J]. Journal of Electronics (China), 2007, 24(6): 726-731.

[165] 苗海玉,刘少伟,刘明,等.串联增强型四极轨道发射器电磁推力仿真[J].空军工程大学学报(自然科学版),2018,19(3): 71-76.

[166] Miao H Y, Liu S W, Liu M, et al. Simulation and analysis of electromagnetic propulsion for series-connected augmented quadrupole railgun[J]. Journal of Air Force Engineering University (Natural Science Edition), 2018, 19(3): 71-76.

[167] Tang B, Xu Y T, Wan G, et al. Method of ballistic control and projectile rotation in a novel railgun [J]. Defence Technology, 2018, 14(5): 628-634.

[168] Zhang T, Li H T, Zhang C S, et al. Design and simulation of a multimodule superconducting inductive pulsed-power supply model for a railgun system[J]. IEEE Transactions on Plasma Science, 2019, 47(2): 1352-1357.

[169] 侯俊超.电磁轨道发射电磁场及电磁力动态特性研究[D].太原:中北大学,2021.

[170] McNab I R, Crawford M T, Satapathy S S, et al. IAT armature development[J]. IEEE Transactions

on Plasma Science, 2011, 39(1): 442-451.

[171] Marshall R A, 王莹. 电磁轨道炮的科学与技术[M]. 曹延杰 译. 北京: 兵器工业出版社, 2006.

[172] Parker J V. Experimental observation of the rail resistance contribution to muzzle voltage[J]. IEEE Transactions on Magnetics, 1999, 35(1): 437-441.

[173] Dreizin Y A, Barber J P. On the origins of muzzle voltage[J]. IEEE Transactions on Magnetics, 2002, 31(1): 582-586.

[174] Tan S, Lu J Y, Li B, et al. A new finite-element method to deal with motion problem of electromagnetic rail launcher[J]. IEEE Transactions on Plasma Science, 2017, 45(7): 1374-1379.

[175] Tan S, Lu J Y, Zhang X, et al. The numerical analysis methods of electromagnetic rail launcher with motion[J]. IEEE Transactions on Plasma Science, 2016, 44(12): 3417-3423.

[176] Parks P B. Current melt-wave model for transitioning solid armature[J]. Journal of Applied Physics, 1990, 67(7): 3511-3516.

[177] Barber J P, Dreizin Y A. Model of contact transitioning with "realistic" armature-rail interface[J]. IEEE Transactions on Magnetics, 1995, 31(1): 96-100.

[178] Merrill R, Stefani F. Electrodynamics of the current melt-wave erosion boundary in a conducting half-space[J]. IEEE Transactions on Magnetics, 2003, 39(1): 66-71.

[179] Watt T, Stefani F. The effect of current and speed on perimeter erosion in recovered armatures[J]. IEEE Transactions on Magnetics, 2005, 41(1): 448-452.

[180] Zhao K Y, Zhang Q F, Li Z Y, et al. Research on accelerative characteristics of three kinds of coaxial induction coil launchers[J]. IEEE Transactions on Plasma Science, 2011, 39(1): 225-229.

[181] Andrews J A, Devine J R. Armature design for coaxial induction launchers[J]. IEEE Transactions on Magnetics, 2002, 27(1): 639-643.

[182] 刘书蒙, 雷彬, 李治源, 等. 同步感应线圈炮磁场分布研究[J]. 微电机, 2011, 44(11): 18-21.

[183] 彭澜, 杨中海, 胡权, 等. 通电螺线管2维磁场有限元计算[J]. 强激光与粒子束, 2011, 23(8): 2151-2156.

[184] 向茜, 王世庆, 李自成, 等. 带电螺线管磁场的数值研究[J]. 大学物理, 2016, 35(10): 29-34.

[185] 郭赟, 鲁军勇, 龙鑫林, 等. 单级同步感应线圈炮堵驻电磁力研究[J]. 强激光与粒子束, 2015, 27(5): 244-249.

[186] Meng G J, Yu H T, Huang L, et al. A novel position sensorless control of flux-switching permanent magnet linear machine for electromagnetic launch[C]. 2014 17th International Conference on Electrical Machines and Systems (ICEMS), Hangzhou, 2014: 780-785.

[187] 陈金涛, 辜承林. 新型横向磁通永磁电机研究[J]. 中国电机工程学报, 2005, 25(15): 155-160.

[188] Sanada M, Morimoto S, Takeda Y. Interior permanent magnet linear synchronous motor for high-performance drives[J]. IEEE Transactions on Industry Applications, 1997, 33(4): 966-972.

[189] Li L Y, Tang Y B, Kou B Q, et al. Design and analysis of ironless linear electromagnetic launcher with high thrust density for space platform[C]. 2012 16th International Symposium on Electromagnetic Launch Technology, Beijing, 2012: 1-6.

[190] Guderjahn C A, Wipf S L, Fink H J, et al. Magnetic suspension and guidance for high speed rockets by superconducting magnets[J]. Journal of Applied Physics, 1998, 40(5): 3519-3521.

[191] Zou J B, Wang Q, Xu Y X. Influence of the permanent magnet magnetization length on the performance of a tubular transverse flux permanent magnet linear machine used for electromagnetic launch[J]. IEEE Transactions on Plasma Science, 2010, 39(1): 241-246.

[192] Kang D H, Chun Y H, Weh H. Analysis and optimal design of transverse flux linear motor with PM excitation for railway traction[J]. IEE Proceedings-Electric Power Applications, 2003, 150(4): 493-499.

[193] Wang Q, Hu J H, Zhang J, et al. Design considerations of tubular transverse flux linear machines for electromagnetic launch applications[J]. IEEE Transactions on Plasma Science, 2015, 43(5): 1248-1253.

[194] 王骞,赵玫.圆筒型横向磁通直线电机理论与技术[M].北京:国防工业出版社,2019:29-32.

[195] 李俊.基于动圈式直线电机的无人机电磁弹射控制方法研究[D].长沙:国防科技大学,2018.

[196] 肖尧,吴峻.电磁飞机弹射系统永磁涡流制动装置的分析与设计[J].微特电机,2013,41(8):10-12.

[197] 李俊,吴峻.无人机电磁弹射控制策略分析与优化[J].微特电机,2019,47(2):61-64.

[198] 刘亨.基于实时仿真硬件在环的电磁轨道炮内弹道研究[D].南京:南京理工大学,2023.

[199] Egeland A. Birkeland's electromagnetic gun: A historical review[J]. IEEE Transactions on Plasma Science, 1989, 17(2): 73-82.

[200] Widner M M. WARP-10: A numerical simulation model for the cylindrical reconnection launcher[J]. IEEE Transactions on Magnetics, 1991, 27(1): 634-638.

[201] Madhavan S, Sijoy C D, Pahari S, et al. Significance of armature resistivity and deformation in modeling coilgun performance[J]. IEEE Transactions on Plasma Science, 2014, 42(2): 323-329.

[202] 何勇,高贵山,宋盛义,等.电磁线圈炮计算程序的收敛性与实验验证[J].强激光与粒子束,2014,26(10):265-268.

[203] Zhang T, Guo W, Lin F C, et al. Experimental results from a 4-stage synchronous induction coilgun[J]. IEEE Transactions on Plasma Science, 2013, 41: 1084-1088.

[204] Zhang T, Guo W, Lin F C, et al. Design and testing of 15-stage synchronous induction coilgun[J]. IEEE Transactions on Plasma Science, 2013, 41(5): 1089-1093.

[205] 孙东平,冯林平,范作娥.舰艇垂直发射系统现状及发展趋势分析[J].飞航导弹,2020(8):78-81.

[206] 邹本贵,孙学锋,曹延杰,等.舰载导弹电磁线圈垂直发射方案设计[J].弹箭与制导学报,2013,33(5):45-48.

[207] Aubuchont M S, Lockner T R, Turman B N. Results from sandia national laboratories/lockheed martin electromagnetic missile launcher (EMML)[J]. IEEE Transactions on Magnetics, 2005, 41(1): 75-78.

[208] 曹延杰,李瑞锋,邹本贵,等.动能弹丸电磁线圈发射器:ZL200810076651.3[P].2011-12.

[209] 仰泳,张宗科.高密度中低速全垫升气垫船越峰问题的探讨与实践[J].船舶,2014,25(2):15-21.

[210] 路容斐,蒋崇文,高振勋,等.基于盒式翼的地效飞行器气动布局概念设计[J].南京航空航天大学学报,2017,49(S1):6-11.

[211] 郑欣茹,曾友兵,马宝峰.大型水上飞机起飞时动力垫升性能的数值评估[C].第十一届全国流体力学学术会议论文摘要集,深圳,2020.

[212] 吕刚.城市轨道交通车辆概论[M].北京:北京交通大学出版社,2011:208-209.

[213] 庞绍煌,高伟.广州地铁4号线直线电机车辆[J].都市快轨交通,2006,19(1):77-79.

[214] 范瑜,李文球,杨中平,等.国外直线电机轮轨交通[M].北京:中国科学技术出版社,2010:66-67.

[215] None. A super chute[The Big Picture][J]. IEEE Spectrum, 2014, 51(7): 20-21.

[216] Elon M. Hyperloop Alpha. SpaceX[EB/OL]. (2013-08-12)[2025-03-16]. http://www.spacex.com/sites/spacex/files/hyperloop_alpha.pdf.

[217] Nøland J K. Prospects and challenges of the hyperloop transportation system: A systematic technology review[J]. IEEE Access, 2021, 9: 28439-28458.

[218] Ji W Y, Jeong G, Park C B, et al. A study of non-symmetric double-sided linear induction motor for hyperloop all-In-one system (propulsion, levitation, and guidance)[J]. IEEE Transactions on Magnetics, 2018, 54(11): 8207304.

[219] Lipinski R J, Beard S, Boyes J, et al. Space applications for contactless coilguns[J]. IEEE Transactions on Magnetics, 1993, 29(1): 691-695.

[220] 李可,安邦,李航,等.电磁推进航天综合发射系统[J].科技创新导报,2013(3):9-10.

[221] 张千.微重力落塔垂直弹射用直线感应电机电磁及推力特性研究[D].北京:北京交通大学,2022.

[222] Bertola L, Cox T, Wheeler P, et al. Electromagnetic launch systems for civil aircraft assisted take-off [J]. Archives of Electrical Engineering, 2015, 64(4): 535-546.

[223] 汪旭东,孙伟翔,许孝卓,等.直驱多轿厢电梯系统的调度控制策略[J].武汉大学学报(工学版),2019,52(8):716-721,728.

[224] 余德孙,杨铭键,祝晶晶,等.面向建筑电梯的圆筒型永磁直线电机优化设计[J].机械设计与制造,2024(12):285-291.

[225] McNab I R. Electromagnetic space launch considerations[J]. IEEE Transactions on Plasma Science, 2018,46(10):3628-3633.

[226] Solomon D, Greco A, Masselli C, et al. A review on methods to reduce weight and to increase efficiency of electric motors using lightweight materials, novel manufacturing processes, magnetic materials and cooling methods[J]. Annales de Chimie - Science Des Matériaux, 2020, 44(1): 1-14.

[227] 周鹏飞,栗保明.两种数值格式对电磁轨道炮速度趋肤效应的计算与分析[J].高电压技术,2022,48(6):2418-2424.

[228] 徐伟东,叶文怡,王炅.增强型电磁轨道发射技术现状及发展趋势[J].高电压技术,2023,49(2):871-884.

[229] 马伟明,鲁军勇.电磁发射技术的研究现状与挑战[J].电工技术学报,2023,38(15):3943-3959.

[230] 刘小畅.磁耦合谐振式无线能量传输若干关键技术研究[D].武汉:武汉大学,2015.

[231] Stekly Z J J, Zar J L. Stable superconducting coils[J]. IEEE Transactions on Nuclear Science, 1965,

12(3):367-372.

[232] 李龙,张沛,韩家奇,等.基于电磁超材料的微波无线能量传输与收集关键技术[J].光子学报,2021,50(10):11-26.

[233] 王守相,孟子涵.舰船综合电力系统分析技术研究现状与展望[J].中国舰船研究,2019,14(2):107-117.

[234] 王东,纪锋,艾胜,等.无人船综合电力技术应用与发展分析[J].中国舰船研究,2022,17(5):257-267.